AF669088

इंजीनियरिंग ग्राफिक्स

शरद कुमार प्रधान

के. के. जैन

KHANNA BOOK PUBLISHING CO. (P) LTD.
PUBLISHER OF ENGINEERING AND COMPUTER BOOKS
4C/4344, Ansari Road, Darya Ganj, New Delhi-110002
Phone: 011-23244447-48 **Mobile:** +91-99109 09320
E-mail: contact@khannabooks.com
Website: www.khannabooks.com

Dear Readers,

To prevent the piracy, this book is secured with HIGH SECURITY HOLOGRAM on the front title cover. In case you don't find the hologram on the front cover title, please write us to at contact@khannabooks.com or whatsapp us at +91-99109 09320 and avail special gift voucher for yourself.

Specimen of Hologram on front Cover title:

Moreover, there is a SPECIAL DISCOUNT COUPON for you with EVERY HOLOGRAM.

How to avail this SPECIAL DISCOUNT:
Step 1: Scratch the hologram
Step 2: Under the scratch area, your "coupon code" is available
Step 3: Logon to www.khannabooks.com
Step 4: Use your "coupon code" in the shopping cart and get your copy at a special discount
Step 5: Enjoy your reading!

ISBN: 978-93-5538-189-7
Book Code: DIP178HI

Engineering Graphics
by Sharad Kumar Pradhan, K.K. Jain
[Hindi Edition]

First Edition: 2021
Reprint: Oct 2022, **April 2023**

Published by:
Khanna Book Publishing Co. (P) Ltd.
CIN: U22110DL1998PTC095547

Visit us at: **www.khannabooks.com**
Write us at: **contact@khannabooks.com**

To view complete list of books, Please scan the QR Code:	KPH

Printed in India.

प्रो. अनिल डी. सहस्रबुद्धे
अध्यक्ष
Prof. Anil D. Sahasrabudhe
Chairman

सत्यमेव जयते

अखिल भारतीय तकनीकी शिक्षा परिषद्
(भारत सरकार का एक सांविधिक निकाय)
(शिक्षा मंत्रालय, भारत सरकार)
नेल्सन मंडेला मार्ग, वसंत कुंज, नई दिल्ली–110070
दूरभाष : 011–26131498
ई–मेल : chairman@aicte-india.org

ALL INDIA COUNCIL FOR TECHNICAL EDUCATION
(A STATUTORY BODY OF THE GOVT. OF INDIA)
(Ministry of Education, Govt. of India)
Nelson Mandela Marg, Vasant Kunj, New Delhi-110070
Phone : 011-26131498
E-mail : chairman@aicte-india.org

प्राक्कथन

इंजीनियरिंग ने सदियों से समाज की प्रगति और विस्तार में बहुत महत्वपूर्ण भूमिका निभाई है। भारतीय उपमहाद्वीप में उपजे इंजीनियरिंग विचारों ने संपूर्ण विश्व के चिंतन को प्रभावित किया है।

अखिल भारतीय तकनीकी शिक्षा परिषद (अभातशिप) ने वर्ष 1987 में अपने स्थापना से ही तकनीकी विद्यार्थियों को सर्व संभव सहायता देने में अग्रणी भूमिका का निर्वहन किया है। अभातशिप का लक्ष्य गुणवत्तापूर्ण तकनीकी शिक्षा को प्रोत्साहन देते हुए इसके माध्यम से उद्योग जगत को नवीन उत्कर्ष पर पहुँचाना एवं अंततः मातृभूमि भारत को एक आधुनिक विकसित राष्ट्र के रूप में स्थापित करना है| यहां यह उल्लेख करना अनुचित नहीं होगा कि इंजीनियर आधुनिक समाज की रीढ़ हैं - बेहतर इंजीनियर अर्थात बेहतर उद्योग और उद्योग जितने बेहतर होंगे राष्ट्र उतना ही विकास करेगा।

राष्ट्रीय शिक्षा नीति 2020 की परिकल्पना है कि सभी के लिए क्षेत्रीय भाषा में शिक्षा उपलब्ध हो, जो सुनिश्चित करती है कि प्रत्येक विद्यार्थी समग्र रूप से सक्षम एवं दक्ष हो ताकि राष्ट्रीय विकास में सकल योगदान दे सके।

अभातशिप का विगत कुछ वर्षों से यह अथक प्रयास रहा है कि, इंजीनियरिंग के सभी विद्यार्थियों को उच्च गुणवत्ता वाली अंतरराष्ट्रीय स्तर की पुस्तकें क्षेत्रीय भाषाओं में तैयार कर, उचित मूल्य पर उपलब्ध कराई जाएँ। ये पुस्तकें न केवल सरल भाषा में व्यावहारिक जीवन के उदाहरणों तथा समृद्ध विषय सामग्री को ध्यान में रखकर तैयार की गई हैं, अपितु इनमें दिन प्रति दिन बदलते वैश्विक परिदृश्य तथा उद्योग जगत की आवश्यकताओं का भी ध्यान रखा गया है । क्षेत्रीय भाषाओँ में तैयार की गई ये पुस्तकें, अभातशिप के इंजीनियरिंग एवं प्रौद्योगिकी के मॉडल पाठ्यक्रम - 2018 के अनुरूप हैं।

संपूर्ण भारत के अनुभवी एवं विषय के निष्णात प्रख्यात प्राध्यापकों द्वारा इन पुस्तकों को अकादमिक समुदाय के लाभ के लिए लिखा गया है। अभातशिप को पूर्ण विश्वास है कि, विषय सामग्री की दृष्टि से समृद्ध, ये पुस्तकें तकनीकी शिक्षा के विद्यार्थियों को अधिक सुगमता और गुणवत्ता के साथ विषयों में दक्षता प्राप्त करने में सहायक होंगी |

अभातशिप इन पुस्तकों और इंजीनियरिंग विषयों को अधिक सुस्पष्ट एवं प्रभावी बनाने के लिए सभी मूल लेखकों, समन्वयकों तथा अनुवादकों के अथक प्रयास और परिश्रम की प्रशंसा करता है।

(Anil D. Sahasrabudhe)

आभार

इंजीनियरिंग एवं प्रौद्योगिकी के विद्यार्थियों के लिए तकनीकी पुस्तकों के प्रकाशन हेतु कुशल नियोजन, संयोजन एवं क्रियान्वयन हेतु अखिल भारतीय तकनीकी शिक्षा परिषद् के प्रति लेखक हृदय से कृतज्ञ हैं।

पुस्तक को विद्यार्थियों के अनुकूल रोचक एवं कलात्मक रूप देने में पुस्तक के समीक्षक प्रो. टी के श्रीवास्तव के बहुमूल्य योगदान के प्रति भी लेखक हृदय से आभारी है।

लेखक के लिए अत्यंत गौरव का विषय है कि, यह पुस्तक एआईसीटीई के मॉडल पाठ्यक्रम एवं राष्ट्रीय शिक्षा नीति (NEP) - 2020 के दिशानिर्देशों के अनुरूप तैयार की गई है। साथ ही क्षेत्रीय भाषाओं में शिक्षा को बढ़ावा देने के लिए इस पुस्तक का अनुसूचित भारतीय क्षेत्रीय भाषाओं में भी अनुवाद किया जा रहा है।

हम इस पुस्तक के हिंदी भाषा में अनुवाद के लिए प्रो. देव आनंद हिंडोलिया एवं समीक्षा के लिए डॉ. विवेक बंसोड़ के प्रति आभार व्यक्त करते हैं।

हम श्री बुद्धा चंद्रशेखर, मुख्य समन्वय अधिकारी (CCO), NEAT, एआईसीटीई के प्रति हार्दिक सम्मान व्यक्त करते हैं जिनके द्वारा विकसित आर्टिफिशियल इंटेलिजेंस (AI) आधारित ट्रांसलेशन टूल का उपयोग अनुवाद के लिए किया गया।

अंत में, लेखक, खन्ना बुक पब्लिशिंग कंपनी प्राइवेट लिमिटेड, नई दिल्ली, के सभी सदस्यों जिन्होंने प्रकाशन के दौरान तत्परता से सहयोग प्रदान किया एवं इसे एक स्मरणीय अनुभव बनाया, के प्रति भी हार्दिक धन्यवाद ज्ञापित करते हैं।

– शरद कुमार प्रधान एवं के. के. जैन

प्रस्तावना

इंजीनियरिंग ग्राफिक्स पुस्तक का उद्देश्य पारंपरिक और डिजिटल इंजीनियरिंग ड्राइंग प्रथाओं से संबंधित इंजीनियरिंग और प्रौद्योगिकी पाठ्यक्रमों के डिप्लोमा के विद्यार्थियों को व्यापक और योजनाबद्ध ज्ञान प्रदान करना है। इस पुस्तक मे डिप्लोमा इन इंजीनियरिंग और प्रौद्योगिकी के इंजीनियरिंग ग्राफिक्स पाठ्यक्रम से संबंधित एआईसीटीई मॉडल पाठ्यक्रम 2019 में उल्लिखित सभी विषयों को बहुत व्यवस्थित तरीके से सम्मिलित किया गया है। सभी विषयों को उचित चित्रण के साथ एक वैचारिक और चरणबद्ध तरीके से समझाया गया है।

अध्यायों को 'इंजीनियरिंग ड्रॉइंग प्रैक्टिस फॉर स्कूल एंड कॉलेज SP 46:2003' के अनुसार लिखा गया है, जिसे भारतीय मानक ब्यूरो, भारत सरकार, थर्ड रीप्रिंट, अक्टूबर 1998; ISBN: 81-7061-091-2, मानक भवन द्वारा प्रकाशित किया गया है। पुस्तक को सभी पहलुओं में पूर्ण बनाने के लिए विभिन्न मानक पुस्तकों और विषय पर उपलब्ध साहित्य को संदर्भित किया गया है। प्रत्येक विषय को आसान और समझने योग्य बनाने के लिए चित्र और आंकड़े शामिल करने का ध्यान रखा गया है। विद्यार्थियों द्वारा कठिन विषयों को समझने के लिए हल किए गए उदाहरण और वीडियो सम्मिलित किए गए हैं।

पुस्तक में छह इकाइयां हैं। पहली चार इकाइयाँ मैनुअल ड्राइंग उपकरणों का उपयोग करते हुए पारंपरिक इंजीनियरिंग ड्राइंग प्रथाओं पर हैं, जबकि अंतिम दो इकाइयां कंप्यूटर हार्डवेयर और ड्राफ्टिंग सॉफ़्टवेयर का उपयोग करके डिजिटल इंजीनियरिंग ड्राइंग पर हैं। आवश्यक जानकारी के अलावा प्रत्येक इकाई में पाठ्यक्रम से परे सीखने के लिए एक 'अधिक जानिए ' अनुभाग भी प्रदान किया गया है।

प्रत्येक इकाई प्रारम्भ में लर्निंग आउटकम्स को सूचीबद्ध किया गया है ताकि विद्यार्थी यह समझ सके कि उस इकाई का पूर्ण अध्ययन करने के बाद उससे क्या अपेक्षा की जाती है। इसके अलावा, यूनिट आउटकम्स को पुस्तक के प्रारंभिक पृष्ठों में उल्लिखित कोर्स आउटकम्स के साथ मैप किया गया है ताकि विद्यार्थी हमेशा समग्र लक्षित कोर्स आउटकम्स के साथ प्रत्येक इकाई में प्राप्त आउटकम्स को सहसंबंधित करने की स्थिति में रहे।

हमें आशा है कि पुस्तक छात्रों को इस कठिन और कौशल आधारित पाठ्यक्रम 'इंजीनियरिंग ग्राफिक्स' को सीखने के लिए प्रेरित करेगी और उन्हें मैनुअल ड्राइंग इंस्ट्रूमेंट्स और कंप्यूटर एडेड ड्राफ्टिंग सॉफ्टवेयर दोनों का उपयोग करके विभिन्न ड्रॉइंग बनाने हेतु सक्षम बनाएगी। टिप्पणियों और सुझावों का स्वागत है ताकि पाठ्यक्रम की बेहतर शिक्षा के लिए पुस्तक के आगामी संस्करण में सुधार किया जा सके।

- शरद कुमार प्रधान एवं के. के. जैन

परिणाम आधारित शिक्षा

परिणाम आधारित शिक्षा (आउटकम बेस्ड एजुकेशन) के क्रियान्वयन के लिए प्रथम आवश्यकता है, परिणाम आधारित पाठ्यक्रम विकसित करना एवं शिक्षा प्रणाली में परिणाम आधारित मूल्यांकन का समावेश करना। परिणाम आधारित आकलन के माध्यम से मूल्यांकनकर्ता यह मूल्यांकन करने में सक्षम हो सकेंगे कि क्या विद्यार्थियों ने उल्लेखित मानक, विशिष्ट और मापने योग्य लक्ष्यों (परिणामों) को प्राप्त कर लिया है। परिणाम-आधारित शिक्षा के उचित समावेश से सभी विद्यार्थियों में, प्रोग्राम बीच में छोड़े बिना, न्यूनतम मानक अर्जित करने के लिए एक निश्चित प्रतिबद्धता होगी। परिणाम आधारित शिक्षा युक्त प्रोग्राम के अंत में, विद्यार्थी निम्नलिखित लक्ष्यों (परिणामों) तक पहुंचने में सक्षम होगे।

PO1. **मूलभूत एवं अध्ययन संकाय विशिष्ट ज्ञान:** गणित, विज्ञान, इंजीनियरिंग के आधारभूत ज्ञान और इंजीनियरिंग विशेषज्ञता कों इंजीनियरिंग समस्याओं के समाधान के लिए उपयोग करना।

PO2. **समस्या विश्लेषण:** संहिताबद्ध मानक विधियों का उपयोग करके सुपरिभाषित इंजीनियरिंग समस्याओं को पहचानना **एवं** उनका विश्लेषण करना।

PO3. **समाधानों की रूपरेखा / विस्तार:** सुपरिभाषित तकनीकी समस्याओं के लिए समाधानों की रूपरेखा (डिजाईन) तैयार करना और निर्दिष्ट आवश्यकताओं को पूरा करने के लिए प्रणाली के घटकों या प्रक्रियाओं के डिजाइन में सहायता करना।

PO4. **इंजीनियरिंग उपकरण, प्रयोग और परीक्षण:** मानक परीक्षण और माप करने के लिए आधुनिक इंजीनियरिंग उपकरण और उपयुक्त तकनीक का उपयोग करना ।

PO5. **समाज एवं पर्यावरणीय स्थायित्व के लिए इंजीनियरिंग कार्यप्रणाली:** समाज, स्थिरता, पर्यावरण और नैतिक कार्यप्रणालियों के संदर्भ में उपयुक्त प्रौद्योगिकी का उपयोग करना ।

PO6. **परियोजना प्रबंधन:** इंजीनियरिंग और प्रबंधन के सिद्धांतों का उपयोग व्यक्तिगत **एवं** समूह के सदस्य अथवा प्रमुख के रूप में परियोजना प्रबंधन करना एवं सुपरिभाषित इंजीनियरिंग गतिविधियों के विषय में प्रभावी ढंग से संप्रेषित करना।

PO7. **जीवन-पर्यन्त सीखना:** व्यक्तिगत आवश्यकताओं का विश्लेषण करने की क्षमता और तकनीकी परिवर्तनों के व्यापक संदर्भ में जीवन-पर्यन्त सीखना।

पाठ्यक्रम के परिणाम

पाठ्यक्रम पूरा करने के बाद विद्यार्थी निम्न में सक्षम होंगे:

CO-1: ज्यामितीय आकृतियाँ और इंजीनियरिंग स्केल बनाना।

CO-2: इंजीनियरिंग ड्राइंग में IS SP-46 (2003) के अनुसार ड्राइंग कोड, डायमेंशन, कन्वेंशन और प्रतीकों का उपयोग करना।

CO-3: लंबकोणीय प्रक्षेपण के सिद्धांतों का उपयोग करके दिए गए ऑब्जेक्ट के दृश्य बनाना।

CO-4: दिए गए घटक के या लंबकोणीय प्रक्षेपण से सममितीय दृश्य बनाना।

CO-5: दिए गए इंजीनियरिंग तत्वों और उनके लंबकोणीय दृश्य और सममितीय दृश्य के मुक्त हस्त चित्र बनाना।

CO-6: 2-D ज्यामितीय रेखाचित्र बनाने के लिए कंप्यूटर सहायता प्राप्त प्रारूपण सॉफ़्टवेयर का उपयोग करना।

कोर्स आउटकम्स	**प्रोग्राम आउटकम्स के साथ अपेक्षित संबंध** *(1- कमजोर सहसंबंध; 2- मध्यम सहसंबंध; 3- मजबूत सहसंबंध)*						
	PO-1	PO-2	PO-3	PO-4	PO-5	PO-6	PO-7
CO-1	3	-	-	3	-	1	-
CO-2	3	-	1	3	-	1	-
CO-3	3	-	1	3	-	1	-
CO-4	3	-	-	3	-	-	-
CO-5	3	-	1	3	-	-	2
CO-6	3	-	1	3	-	-	2

संक्षेपण और प्रतीक

संक्षेपण सूची

संक्षेपण	विस्तृत	संक्षेपण	विस्तृत
सामान्य पारिभाषिक शब्द			
CO	कोर्स आउटकम्स	TV	टॉप व्यू
PO	प्रोग्राम आउटकम्स	FV	फ्रंट व्यू
UO	यूनिट आउटकम्स	SV	साइड व्यू
LO	लर्निंग आउटकम्स	LSV	लेफ्ट साइड व्यू
BIS	ब्यूरो आफ इंडियन स्टैन्डर्ड	RSV	राइट साइड व्यू
ISI	इंडियन स्टैन्डर्ड इंस्टिटयूट	MS	माइक्रोसॉफ्ट
CAD	कंप्युटर ऐडेड डिजाइन	CD	कम्पैक्ट डिस्क
CADr	कंप्युटर ऐडेड ड्राफ्टिग	HD	हार्ड ड्राइव/डिस्क
V.P.	वर्टिकल प्लेन	PC	पर्सनल कंप्युटर
H.P.	हॉरिजॉन्टल प्लेन	I/O	इनपुट/आउट्पुट
RF	रिप्रेजेनटेटिव फ्रैक्शन	CPU	सेंट्रल प्रोसेसिग यूनिट
UCS	यूजर कोऑर्डनेट सिस्टम	2D	टू डाईमेन्शनल
WCS	वर्ल्ड कोऑर्डनेट सिस्टम	3D	थ्री डाईमेन्शनल
QR Code	क्विक रिस्पान्स कोड		
इकाई			
mm	मिलीमीटर	km	किलोमीटर
cm	सेन्टीमीटर	GH	गीगा हर्ट्ज
m	मीटर	GB	गीगा बाइट

प्रतीक सूची

संक्षेपण	अंग्रेजी विस्तृत	हिन्दी रूपांतरण
D, ϕ	डायमीटर	व्यास
R	रेडियस	त्रिज्या
o	डिग्री	डिग्री
	आर्क	चाप
	थीटा ऐंगल	थीटा ऐंगल
P	पिच	पिच
M	मेट्रिक	मीटर
L	लेंगथ	लंबाई
B, W	विड्थ	चौड़ाई
H, h	हाइट	ऊंचाई
t	थिकनेस्स	मोटाई

चित्र सूची

तालिका सूची

शिक्षकों के लिए दिशानिर्देश

परिणाम आधारित शिक्षा (OBE) की रुपरेखा के क्रियान्वयन और ब्लूम की टैक्सोनॉमी के उपयोग पर अधिक ध्यान देने के लिए आवश्यक है कि विद्यार्थियों के ज्ञान एवं व्यावसायिक कौशल को बढ़ाया जाना चाहिए। इसके उचित क्रियान्वयन के लिए शिक्षकों को एक बड़ी जिम्मेदारी लेनी चाहिए। परिणाम आधारित शिक्षा प्रणाली में शिक्षकों के असीमित उत्तरदायित्वों में से कुछ निम्न प्रकार के हो सकते है:

- यथोचित प्रतिबंधो के अंतर्गत, सभी विद्यार्थियों के सर्वोत्तम लाभ के लिए उन्हें युक्तिपूर्ण तरीके से समय का प्रबंधन करना चाहिए।
- उन्हें विद्यार्थियों का आकलन किसी भेदभाव या अन्य संभावित अपात्रता पर विचार किए बिना केवल कुछ निश्चित मानदंडों के आधार पर ही करना चाहिए।
- उन्हें विद्यार्थियों के संस्थान छोड़ने के पूर्व उनकी सीखने की क्षमता को एक निश्चित स्तर तक बढ़ाने का प्रयास करना चाहिए।
- उन्हें यह सुनिश्चित करने का प्रयास करना चाहिए कि शिक्षा पूर्ण करने तक सभी विद्यार्थी गुणवत्ता पूर्ण ज्ञान एवं योग्यता ग्रहण कर चुके हों।
- उन्हें विद्यार्थियों को उनकी श्रेष्ठ प्रदर्शन करने की क्षमताओं को विकसित करने के लिए हमेशा प्रोत्साहित करना चाहिए।
- उन्हें नए दृष्टिकोण को सुदृढ़ करने के लिए सामूहिक एवं दलगत रूप में कार्य करने के लिए सुविधा एवं प्रोत्साहन देना चाहिए।
- उन्हें आकलन के प्रत्येक चरण में ब्लूम्स टैक्सोनॉमी का पालन करना चाहिए।

ब्लूम्स टैक्सोनॉमी

स्तर	शिक्षक को जांचना चाहिए	विद्यार्थी को सक्षम होना चाहिए	आकलन का संभावित तरीका
सृजन Creating	विद्यार्थियों की सृजन क्षमता	डिजाइन या सृजन	लघु परियोजना
मूल्यांकन Evaluating	विद्यार्थियों की तर्क एवं मूल्यांकन की क्षमता	तर्क या प्रतिरक्षा	निर्दिष्ट कार्य
विश्लेषण Analyzing	विद्यार्थियों की विश्लेषण क्षमता	पृथक करना या भेद करना	परियोजना/प्रयोगशाला पद्धति
अनुप्रयोग Applying	विद्यार्थियों में जानकारी के उपयोग की क्षमता	प्रचालन या प्रदर्शन	तकनीकी प्रस्तुति / प्रदर्शन
समझ Understanding	विद्यार्थियों में विचारों की व्याख्या करने की क्षमता	व्याख्या/ या वर्गीकरण	प्रस्तुति/संगोष्ठी
स्मरण Remembering	विद्यार्थियों की याद करने की क्षमता (या याद रखना)	परिभाषित या याद करना	प्रश्नोत्तरी

विद्यार्थियों के लिए दिशानिर्देश

विद्यार्थियों को परिणाम आधारित शिक्षा (OBE) को लागू करने के लिए समान जिम्मेदारी लेनी चाहिए। परिणाम आधारित शिक्षा प्रणाली में विद्यार्थियों के लिए असीमित जिम्मेदारियों में से कुछ इस प्रकार हैं:

- प्रत्येक पाठ्यक्रम में यूनिट शुरू होने से पहले विद्यार्थियों को प्रत्येक UO के बारे में अच्छी तरह से अवगत होना चाहिए।
- पाठ्यक्रम शुरू होने से पहले विद्यार्थियों को प्रत्येक CO के बारे में अच्छी तरह से अवगत होना चाहिए।
- पाठ्यक्रम शुरू होने से पहले विद्यार्थियों को प्रत्येक PO के बारे में अच्छी तरह से अवगत होना चाहिए।
- विद्यार्थियों को उचित चिंतन और क्रिया के साथ आलोचनात्मक और तर्कसंगत रूप से सोचना चाहिए।
- विद्यार्थियों के सीखने को व्यावहारिक और दैनिक जीवन के परिणामों के साथ सम्बद्ध और एकीकृत किया जाना चाहिए।
- विद्यार्थियों को परिणाम आधारित शिक्षा के प्रत्येक स्तर पर अपनी योग्यता से अच्छी तरह अवगत होना चाहिए।

विषय सूची

1 आरेखण के बुनियादी तत्व

यूनिट विशिष्ट

इस इकाई में निम्नलिखित विषयों पर विस्तार से चर्चा की गई है:

- आरेखण उपकरण और सहायक सामग्री
- रेखाओं के कन्वेन्शन और उनके अनुप्रयोग
- इंजीनियरिंग स्केल
- आयाम तकनीक
- ज्यामितीय और स्पर्श रेखा निर्माण

विषयवस्तु को पढ़ने, हल किए गए प्रश्नों, गतिविधियों को पूरा करने, अभ्यास करने और इस इकाई में उल्लिखित आईसीटी और वेब संसाधनों का अध्ययन करने के बाद इन विषयों की समझ विकसित होगी।

इकाई के अंत में सम्मिलित किए गए विषयों को संक्षेप में प्रस्तुत करने के लिए सारांश प्रदान किया गया है और अनुप्रयोगों का उल्लेख किया गया है ताकि विद्यार्थी प्रस्तुत ज्ञान को वास्तविक जीवन और औद्योगिक स्थितियों के साथ सहसंबद्ध कर सकें। विद्यार्थियों में जिज्ञासा पैदा करने के लिए कुछ गतिविधियों का उल्लेख किया गया है। ज्ञान के सुदृढ़ीकरण के लिए विषयात्मक और वस्तुनिष्ठ प्रश्न दिए गए हैं और आगे सीखने के लिए संदर्भों और अध्ययन हेतु सुझावों की एक सूची भी प्रदान की गई है। क्यूआर कोड के साथ वीडियो संसाधनों का उल्लेख रुचि के विभिन्न विषयों पर अधिक जानकारी प्राप्त करने के लिए किया गया है जिसे देखने के लिए मोबाइल फोन के माध्यम से सर्फ या स्कैन किया जा सकता है। ड्राइंग और ड्राफ्टिंग कौशल को बढ़ाने के लिए विवरण के साथ प्रैक्टिकल प्रदान किए गए हैं।

प्रस्तावना

इंजीनियरिंग ड्रॉइंग इंजीनियरों की एक ऐसी भाषा है जो उन्हें ड्राइंग के माध्यम से विचारों को बोध में बदलने की कल्पना करने में सक्षम बनाती है। यह एक ग्राफिकल भाषा है जो किसी वस्तु के बारे में सभी जानकारी को उस वस्तु को डिजाइन करने वाले इंजीनियर से निर्माण करने वाले कारीगर तक पहुंचाती है। इंजीनियरिंग ड्राइंग में, वस्तुओं की सतहों, किनारों और केंद्रों को दर्शाने के लिए सीधी और घुमावदार रेखाओं का उपयोग करके चित्र तैयार किए जाते हैं। इन लाइनों में प्रतीकों, आयामी मूल्यों और टेक्स्ट को जोड़ा जाता है ताकि वे सामूहिक रूप से संपूर्ण ड्राइंग विवरण बना सकें। इन ड्राइंग को मैन्युअल रूप से या ड्राइंग इंस्ट्रूमेंट्स की मदद से तैयार करना ड्राफ्टिंग कहलाता है।

इस इकाई का उद्देश्य आपको कुछ सामान्य ड्राइंग उपकरणों से परिचित कराना है जिनकी आपको अपने ड्राइंग कार्य के लिए आवश्यकता होती है। एक सही प्रकार के ड्राइंग उपकरण के अलावा, उपकरणों के उपयोग और संचालन की सही तकनीकों, विभिन्न प्रकार की रेखाओं, आयाम विधियों और बीआईएस (BIS) द्वारा अनुशंसित उपयुक्त इंजीनियरिंग पैमानों (Scales) के लिए चित्र तैयार करने की सही तकनीकों को समझना भी महत्वपूर्ण है।

भारतीय मानक ब्यूरो (बीआईएस) भारत का राष्ट्रीय मानक निकाय है जो उपभोक्ता मामले, खाद्य और सार्वजनिक वितरण मंत्रालय, भारत सरकार के सहयोग से कार्य करता है। यह भारतीय मानक ब्यूरो अधिनियम, 1986 द्वारा स्थापित किया गया है जो 23 दिसंबर 1986 को लागू हुआ। इसे पहले भारतीय मानक संस्थान (ISI) के रूप में जाना जाता था। भारतीय मानक ब्यूरो "एसपी 46:2003 स्कूल और कॉलेजों के लिए इंजीनियरिंग ड्राइंग प्रैक्टिस" आपको इंजीनियरिंग ड्राइंग के लिए नियमों और कोडों का एक सेट प्रदान करता है। बीआईएस ने पूरे देश में इंजीनियरिंग ड्राइंग के एक समान मानक को बनाए रखने के लिए इस मानक अभ्यास कोड को विकसित किया है।

पूर्व अपेक्षित ज्ञान

- **गणित:** निर्देशांक और समतल ज्यामिति

यूनिट आउटकम्स

इस इकाई के अध्ययन के पश्चात विद्यार्थी निम्नलिखित मे सक्षम होंगे।

U1-O1: ड्राफ्टिंग के लिए विभिन्न ड्राफ्टिंग उपकरणों का उपयोग करना

U1-O2: BIS code के अनुसार तकनीकी ड्राइंग में विभिन्न प्रकार की रेखाओं (Lines) का प्रयोग करना

U1-O3: इंजीनियरिंग ड्राइंग प्रश्नों को हल करने के लिए इंजीनियरिंग स्केल की अवधारणा (Concept) का उपयोग करना

U1-O4: तकनीकी ड्राइंग में बीआईएस (BIS) मानकों के अनुसार आयामों (Dimensions) का उपयोग करना

U1-O5: विभिन्न ज्यामितीय आकृतियों की रचना करना

कोर्स आउटकम्स (COs) के साथ यूनिट आउटकम्स (UOs) का परस्पर संबंध

यूनिट -1 आउटकम्स	कोर्स आउटकम्स (COs) के साथ अपेक्षित संबंध *(1- कमजोर सहसंबंध; 2- मध्यम सहसंबंध; 3- मजबूत सहसंबंध)*					
	CO-1	CO-2	CO-3	CO-4	CO-5	CO-6
U1-O1	3	3	3	3	2	-
U1-O2	3	3	3	2	3	2
U1-O3	1	2	2	2	2	1
U1-O4	3	3	3	2	3	2
U1-O5	2	2	2	2	2	2

1.1 आरेखण उपकरण और सहायक सामग्री

1.1.1 परिचय

ड्राइंग इंजीनियरों और तकनीशियनों की एक ग्राफिक भाषा है। इसलिए, इसे किसी भी अन्य भाषा के रूप में पढ़ाया जाना चाहिए। हर भाषा के अपने नियम होते हैं। इसी तरह, इंजीनियरिंग ड्राइंग के मामले में, सटीकता प्राप्त करने के लिए उपकरणों का सही ढंग से उपयोग करना आवश्यक है।

इस खंड का उद्देश्य आपको कुछ सबसे सामान्य ड्राइंग उपकरण से परिचित कराना है जिनकी आपको अपने ड्राइंग कार्य के लिए आवश्यकता है। सही प्रकार के ड्राइंग उपकरण के अलावा, उपकरणों के उपयोग और संचालन की सही तकनीकों को जानना

भी महत्वपूर्ण है। भारतीय मानक ब्यूरो (बीआईएस) भारत का राष्ट्रीय मानक निकाय है जो उपभोक्ता मामले, खाद्य और सार्वजनिक वितरण मंत्रालय, भारत सरकार के सहयोग से काम करता है। यह भारतीय मानक ब्यूरो अधिनियम, 1986 द्वारा स्थापित किया गया है जो 23 दिसंबर 1986 को लागू हुआ। इसे पहले भारतीय मानक संस्थान (ISI) के रूप में जाना जाता था। भारतीय मानक ब्यूरो "एसपी 46:2003 स्कूल और कॉलेजों के लिए इंजीनियरिंग ड्राइंग प्रैक्टिस" आपको इंजीनियरिंग ड्राइंग के लिए नियमों और कोडों का एक सेट प्रदान करता है। बीआईएस (BIS) ने पूरे देश में इंजीनियरिंग ड्राइंग के एक समान मानक को बनाए रखने के लिए इस मानक अभ्यास कोड को विकसित किया है।

1.1.2 ड्राइंग उपकरण

इंजीनियरिंग ड्राइंग एक ग्राफिकल भाषा है जिसमें ड्राइंग उपकरणों की मदद से जानकारी दर्ज की जाती है। एक विद्यार्थी को सभी ड्राइंग उपकरणों से परिचित होना चाहिए, ताकि वह परिस्थितियों के अनुसार उपयुक्त उपकरणों का चयन और उपयोग कर सके। प्रस्तुत करने योग्य और सटीक चित्र (Drawing) बनाने के लिए कुछ नियमों और अभ्यास संहिता का पालन करना भी महत्वपूर्ण है। चित्रों की सटीकता काफी हद तक उपकरणों की गुणवत्ता पर निर्भर करती है।

चित्र तैयार करने के लिए सामान्य ड्राइंग उपकरणों की सूची निम्नलिखित है:

1. ड्राइंग बोर्ड
2. टी-स्क्वायर
3. मिनी-ड्राफ्टर
4. सेट स्क्वायर/त्रिकोण के जोड़े ($45° - 45°$ और $30° - 60°$)
5. ड्राइंग इंस्ट्रूमेंट बॉक्स जिसमें डिवाइडर, इन्टरचेंजेबल पेंसिल और पेन लेग्स के साथ कॉम्पास, बो-पेंसिल, बो-डिवाइडर, लेंगथनिंग बार, इंकिंग पेन, लीड का बॉक्स पेंचकस एवं अन्य सामग्री होती है।
6. चांदा (गोलाकार या अर्धवृत्ताकार)
7. ड्राइंग पेंसिल
8. ड्राइंग पेपर
9. पेंसिल पॉइंटर
10. ड्राइंग क्लिप
11. डस्टिंग क्लॉथ
12. रबड़/इरेज़र
13. इरेजिंग शील्ड
14. रोल-एन-ड्रा

ड्रॉइंग उपकरण के उपयोग-I

ड्राइंग बोर्ड

ड्राइंग बोर्ड एक सपाट, आयताकार सतह है जिसका उपयोग स्केचिंग, ड्राइंग, लेखन आदि के लिए किया जाता है। बोर्ड की सतह चिकनी और मुलायम होनी चाहिए ताकि पेंसिल आसानी से रेखाएँ खींच सकें। जैसा कि चित्र 1.1 में दिखाया गया है, ड्राइंग बोर्ड को श्रेष्ठ परिपक्व, अच्छी गुणवत्ता वाली लकड़ी (सफेद पाइन, मेसोनाइट आदि) से तैयार करने की आवश्यकता होती है और विस्तार और संकुचन के लिए पीतल के गोल स्लॉट के साथ पीछे की तरफ बैटन लगे होते हैं। ईबोनी एज को एक किनारे पर फिट किया जाता है और विस्तार और संकुचन के लिए कट दिया जाता है । बोर्ड के बाएं हाथ के किनारे को वर्किंग एज कहा जाता है क्योंकि टी-स्क्वायर हेड इस पर स्लाइड करता है, जैसा कि चित्र 1.2 में दिखाया गया है। इसे आमतौर पर ड्राइंग टेबल पर 20 डिग्री के कोण पर रखा जाता है। बीआईएस द्वारा अनुशंसित ड्राइंग बोर्ड के मानक आकार तालिका 1.1 में दिखाए गए हैं।

तालिका 1.1: ड्राइंग बोर्ड के मानक आकार

क्रमांक	कोड	आयाम (लंबाई × चौड़ाई × मोटाई) (मिमी)	अनुशंसित ड्राइंग शीट
1	D0	1500 × 1000 × 25	A0
2.	D1	1000 × 700 × 25	A1
3.	D2	700 × 500 × 15	A2
4.	D3	500 × 350 × 15	A3

ड्राइंग बोर्ड की लंबाई 1500 से 500 मिमी, चौड़ाई 1000 मिमी से 350 मिमी और मोटाई 25 मिमी से 15 मिमी तक होती है। D0 और D1 नामित ड्राइंग बोर्ड का उपयोग ड्राइंग कार्यालयों के लिए किया जाता है जबकि इंजीनियरिंग छात्रों के लिए D2 की सिफारिश की जाती है।

टी-स्क्वायर

चित्र 1.2 में दिखाया गया टी-स्क्वायर एक लंबी पट्टी से बना है, जिसे ब्लेड कहा जाता है, जिसे हेड नामक एक छोटे टुकड़े पर समकोण पर कठोरता से कसा जाता है । ब्लेड का ऊपरी किनारा (Edge) और हेड का भीतरी किनारा वर्किंग किनारा है और इसे सीधा होना चाहिए। ब्लेड में पारदर्शी प्लास्टिक के किनारे होने चाहिए और वर्किंग किनारे खरोंच आदि से मुक्त होना चाहिए। पारदर्शी किनारों की सिफारिश की जाती है, क्योंकि वे ड्राफ्ट्समैन को खींची जा रही रेखाओं के आसपास के क्षेत्र में ड्राइंग देखने में मदद करते हैं। टी-स्क्वायर 600 मिमी से 1500 मिमी, और ऊपर के साइज में उपलब्ध होते हैं।

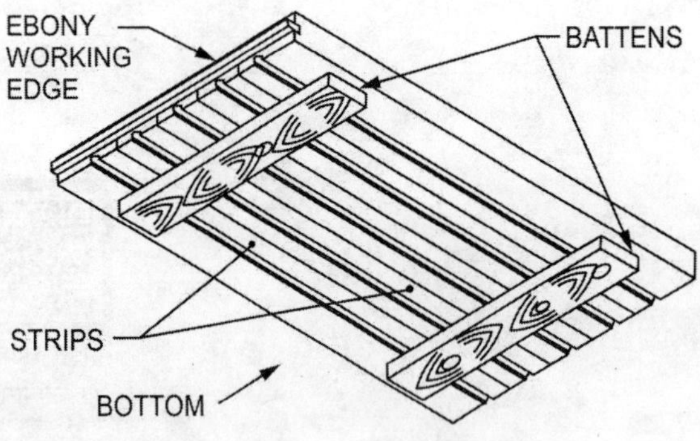

चित्र 1.1: ड्राइंग बोर्ड

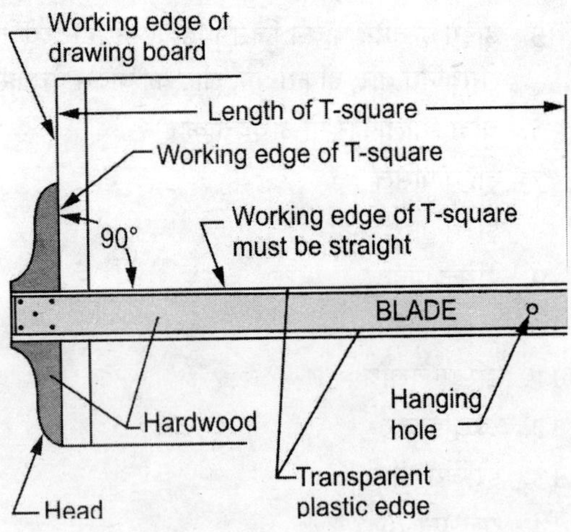

चित्र 1.2: टी-स्क्वायर

मिनी-ड्राफ्टर

चित्र 1.3 में दिखाया गया मिनी-ड्राफ्टर एक ऐसा उपकरण है जो टी-स्क्वायर, त्रिकोण, स्केल और प्रोट्रैक्टर को प्रतिस्थापित करता है। इसमें एक निश्चित क्लैंप (ड्राइंग बोर्ड के साथ डिवाइस को ठीक करने के लिए उपयोग करें) और पिवट प्लेट से जुड़े बार के समानांतर चतुर्भुज के दो सेट होते हैं। सलाखों के समानांतर चतुर्भुज के मुक्त छोर में 90 डिग्री पर रखे गए ग्रेजुएटेड ऐक्रेलिक या धातु के स्केल का एक सेट होता है और एक इंडेक्स प्लेट और एक लॉकिंग स्क्रू नॉब के साथ एक प्रोट्रैक्टर हेड से जुड़ा होता है। मिनी ड्राफ्टर में वह तंत्र होता है जो दो लंबवत भुजाओं को ग्रेजुएटेड स्केल के साथ किसी भी कोण पर घुमा सकता है और बार के समानांतर चतुर्भुज की सहायता से ड्राइंग शीट पर किसी भी स्थान पर ले जाया जा सकता है।

इस प्रकार, ड्राइंग शीट पर कहीं भी काफी आसानी और समय की बचत के साथ वांछित लंबाई की क्षैतिज, ऊर्ध्वाधर या झुकी हुई समानांतर रेखाएँ खींचने के लिए एक मिनी-ड्राफ्टर का उपयोग किया जाता है। मिनी-ड्राफ्टर का मुख्य लाभ यह है कि ड्राफ्टिंग को गति देता है।

सेट-स्क्वायर

उपयोग किए जाने वाले सेट-स्क्वायर दो प्रकार के होते हैं: 45° त्रिभुज और 30° – 60° त्रिभुज। इन्हें त्रिभुज भी कहते हैं। चित्र 1.4(a) में दिखाया गया 45° सेट-स्क्वायर एक समकोण है जिसमें न्यून कोण 45° मापते हैं। चित्र 1.4(b) में दिखाया गया 30° – 60° सेट-स्क्वायर एक समकोण है जिसमें न्यून कोण 30° और 60° मापते हैं। सेट-स्क्वायर पारदर्शी प्लास्टिक से बने होते हैं ताकि उनके माध्यम से ड्राइंग की रेखाएं देखी जा सकें। क्षैतिज रेखाओं को छोड़कर सभी सीधी रेखाएँ सेट स्क्वायर की सहायता से खींची जा सकती हैं। टी-स्क्वायर और सेट स्क्वायर के साथ लंबवत या सीधी रेखाएं खींची जाती हैं।

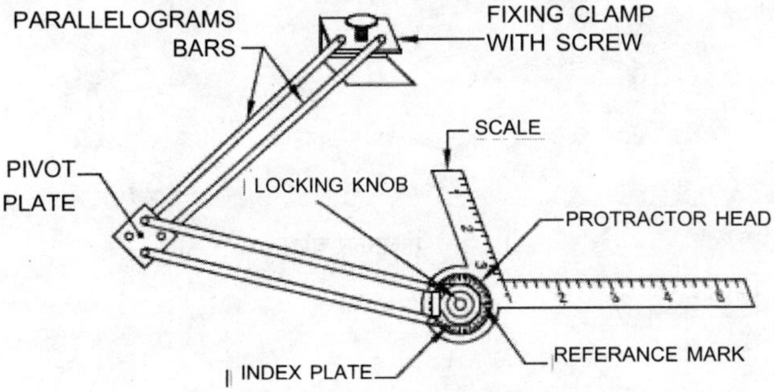

चित्र 1.3: मिनी-ड्राफ्टर

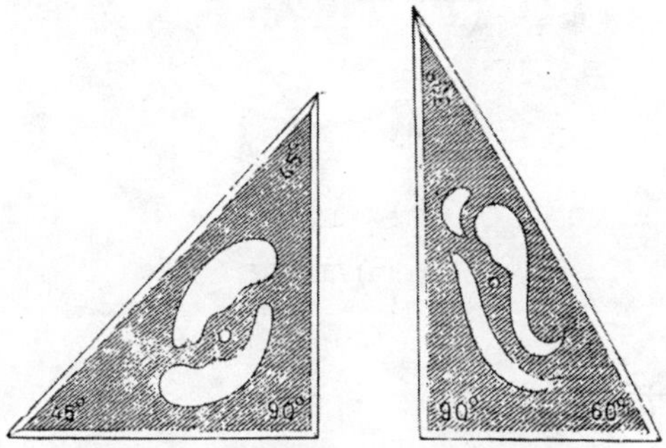

चित्र 1.4: (a) और चित्र 1.4: (b) सेट-स्क्वायर

ड्राइंग इंस्ट्रूमेंट बॉक्स

तकनीकी ड्राइंग में सटीकता, साफ-सफाई और गति आवश्यक है। इन उद्देश्यों को सस्ते या घटिया ड्राइंग उपकरणों के साथ प्राप्त होने की संभावना नहीं है। इसलिए, छात्र को अपने ड्राफ्टिंग इंस्ट्रक्टर या किसी अनुभवी ड्राफ्टर से सलाह लेनी चाहिए। निकेल, सिल्वर या क्रोमियम प्लेटेड उपकरण महंगे होते हैं। उपकरणों की लागत को इसके काम की अच्छी गुणवत्ता से उचित ठहराया जा सकता है। एक विशिष्ट ड्राइंग इंस्ट्रूमेंट सेट को चित्र 1.5 में दिखाया गया है।

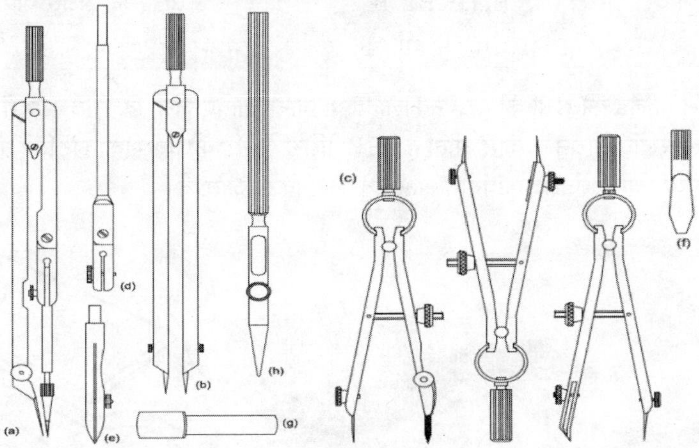

चित्र 1.5: ड्राइंग इंस्ट्रूमेंट सेट

चांदा

विभिन्न कोणों को मापने के लिए प्रोट्रैक्टर का उपयोग किया जाता है। वे विभिन्न आकारों-गोलाकार या अर्ध-गोलाकार में उपलब्ध हैं। वे निकल चांदी, प्लास्टिक या शीट धातु से बने होते हैं। चित्र 1.6 (aऔर b) एक पारदर्शी गोलाकार और अर्ध-गोलाकार चांदा दिखाता है जो आधा डिग्री तक पढ़ता है।

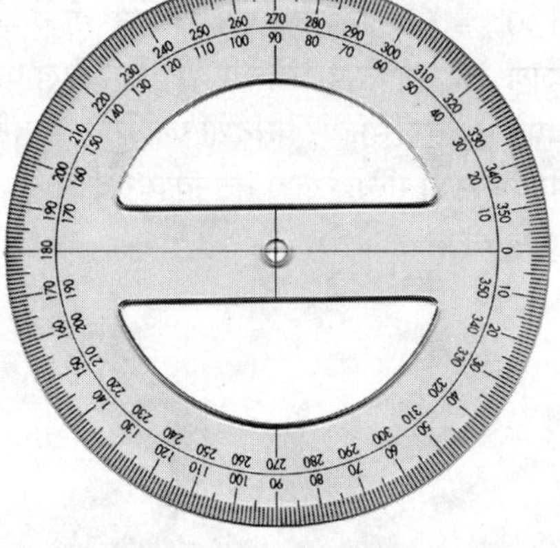

(a) गोलाकार

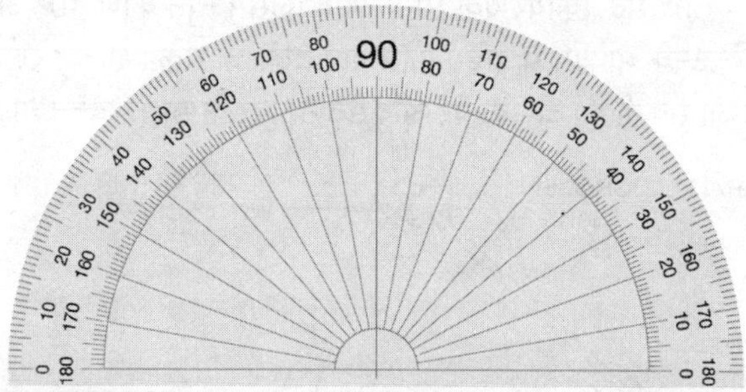

(b) अर्ध-गोलाकार चांदा

चित्र: 1.6:

पेंसिल

मूल उपकरण ग्रेफाइट लेड पेंसिल है। ये विभिन्न कठोरता और ग्रेड में उपलब्ध हैं। अच्छी गुणवत्ता वाली पेंसिलों का हमेशा उपयोग किया जाना चाहिए क्योंकि ये ड्राइंग कार्य की सटीकता और दिखावट में बहुत बड़ा योगदान करती हैं। सामान्यतः अठारह ग्रेड में पेंसिलें निम्न प्रकार से मिलती हैं:-

अच्छे और सटीक कार्य के लिए पेंसिल की नोक (point) को तेज (Sharp) करना बहुत आवश्यक है।

प्रकार	कोड	उद्देश्य
हार्ड ग्रेड	9H, 8H, 7H, 6H, 5H, 4H	फाइन लाइन वर्क
मध्यम ग्रेड	3H, 2H, HF, HB, B	लाइन वर्क, लेटरिंग और एरोहेड्स
नरम ग्रेड	2B, 3B, 4B, 5B, 6B, 7B	मैकेनिकल ड्राफ्टिंग, आर्किटेक्चर और आर्ट वर्क

3H और 2H पेंसिल के लेड को छेनी की तरह नुकीला किया जाना चाहिए जैसा कि चित्र 1.7 में दिखाया गया है। यह एक समान मोटाई की लंबी पतली रेखाएँ खींचने के काम आता है। HB पेंसिल के लेड को एक शंक्वाकार बिंदु तक तेज किया जाना चाहिए जैसा कि चित्र 1.8 में दिखाया गया है, जिसका उपयोग अक्षरों के लिए किया जाता है।

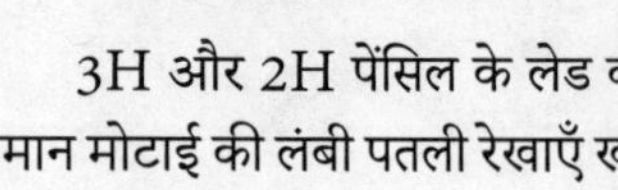

चित्र 1.7: छेनी प्वाइंट पेंसिल

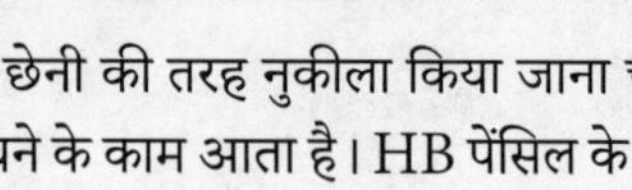

चित्र 1.8: शंक्वाकार प्वाइंट पेंसिल

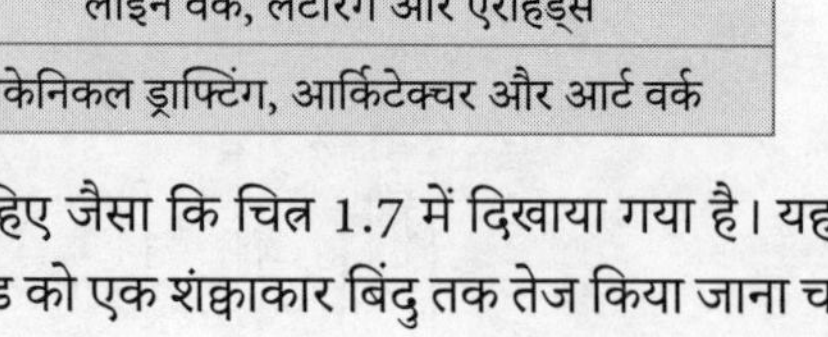

चित्र 1.9: पेंसिल के बिंदु को तेज करने का तरीका

ड्राइंग पेपर

आजकल ड्राइंग पेपर के विभिन्न ग्रेड और गुण उपलब्ध हैं। कार्ट्रिज या मशीन मोड पेपर का उपयोग बड़े पैमाने पर ड्राइंग के लिए किया जाता है। ड्राइंग पेपर की दो सतहें होती हैं, खुरदरी और चिकनी। चिकनी सतह उपयोग करने के लिए होता है। बीआईएस और इसके विशेष प्रकाशन एसपी 46-2003 द्वारा अनुशंसित ड्राइंग पेपर के मानक आकार तालिका 1.2 में दिखाए गए हैं।

तालिका 1.2: ड्राइंग शीट के मानक आकार (मुख्य आईएसओ-ए सीरीज-एसपी46-2003)

कोड	ट्रिम्ड का आकार (मिमी)	अनट्रिम्डआकार (मिमी)
A0	841 × 1189	880 × 1230
A1	594 × 841	625 × 880
A2	420 × 594	450 × 625
A3	297 × 420	330 × 450
A4	210 × 297	240 × 330
A5	148 × 210	165 × 24

फ्रेंच वक्र *(French Curves)*

फ्रेंच कर्व्स अनियमित कर्व्स के लिए गाइड किनारों के रूप में काम करते हैं। वे विभिन्न आकृतियों और आकारों में उपलब्ध हैं। चित्र 1.10 फ्रेंच कर्व्स के सामान्य रूपों को दर्शाता है। अच्छे फ्रेंच कर्व्स आम तौर पर अत्यधिक पारदर्शी प्लास्टिक से बने होते हैं। एडजस्टेबल कर्व्स भी उपलब्ध हैं। इसका उद्देश्य/कार्य भी वही है जो जो फ्रेंच कर्व्स का होता है। चित्र १.११ में दिखाया गया वक्र एक लचीली पट्टी से जुड़ी कुंडल वसंत (कॉइल स्प्रिंग) से घिरी हुई सीसे(Lead) की एक कोर से बना है। इसे किसी भी वांछित वक्र के लिए मोड़ा जा सकता है। वक्र किनारे(Edge) को व्यावहारिक रूप से खींची जाने वाली रेखा तक सेट किया जा सकता है, जो पेंसिल या पेन के साथ बड़ी सटीकता से कार्य करने का आश्वासन देता है।

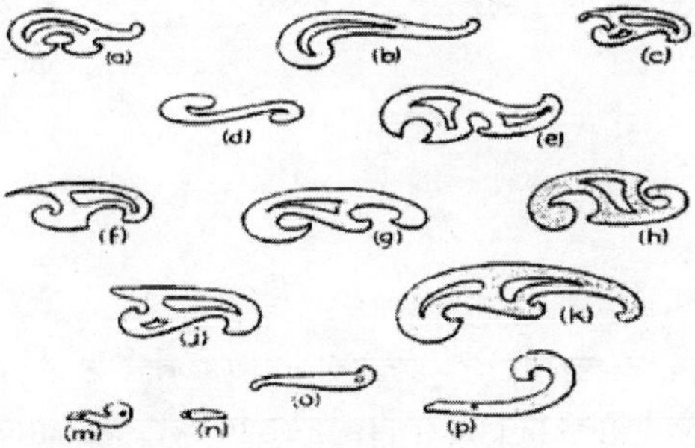

चित्र 1.10: फ्रेंच वक्र

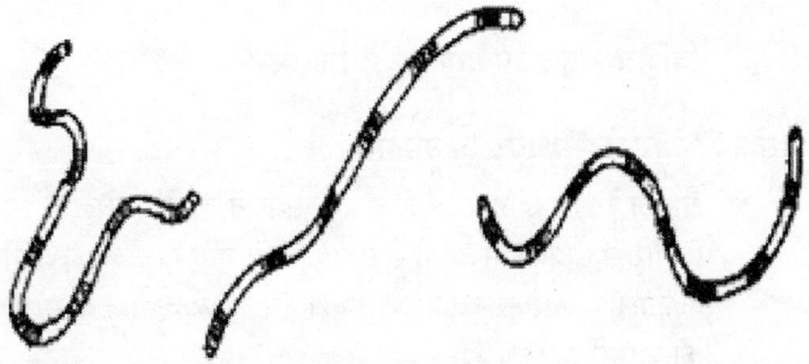

चित्र 1.11: लचीला वक्र

ड्राइंग क्लैंप

यदि ड्राइंग पेपर ड्राइंग बोर्ड के समान आकार का है, तो सभी चार ड्राइंग क्लैम्प का उपयोग किया जा सकता है, अन्यथा, छोटे ड्राइंग पेपर के लिए ड्राइंग पिन या सेलो-टेप का उपयोग किया जा सकता है। जहां तक हो सके ड्राइंग पिन और सेलो-टेप के प्रयोग से बचना चाहिए। पिन के लगातार इस्तेमाल से बोर्ड और ड्राइंग शीट खराब हो जाती है।

डस्टिंग कपड़ा

एक पूरी ड्राइंग शीट गंदी न होने पर अधिक आकर्षक लगेगी। रबड़ से लाइनों को मिटाने के बाद शीट को साफ करने के लिए फलालैन या तौलिया का एक साफ टुकड़ा डस्टर के रूप में इस्तेमाल किया जा सकता है।

मिटाने वाला रबर

अच्छी गुणवत्ता का एक नरम रबर का उपयोग किया जाना चाहिए जो शीट की सतह को खराब नहीं करे। इरेज़िंग बहुत हल्के ढंग से की जानी चाहिए ताकि ड्राइंग शीट पर कोई प्रभाव न पड़े।

मिटाने वाली ढाल

धातु और प्लास्टिक के मिटाने वाली ढाल (Shield) के विभिन्न आकार उपलब्ध हैं। इसमें विभिन्न धारक और रेखाएँ होती हैं जिनके माध्यम से काम के छोटे हिस्से को अन्य भागों को नुकसान पहुँचाए बिना मिटाया जा सकता है।

ड्रॉइंग उपकरण के उपयोग-II

रोल-एन-ड्रा

इसमें एक रोलर, प्रोटेक्टर और एक ग्रेजुएशन स्केल होता है जिसे चित्र 1.12 में दिखाया गया है। यह एक सुविधाजनक लाइन बनाने का ड्राइंग उपकरण है जिसका उपयोग क्षैतिज, ऊर्ध्वाधर और झुकी हुई दिशा में रेखाएं खींचने के लिए किया जाता है। इसका उपयोग कोणों और वृत्तों को बनाने के लिए भी किया जाता है।

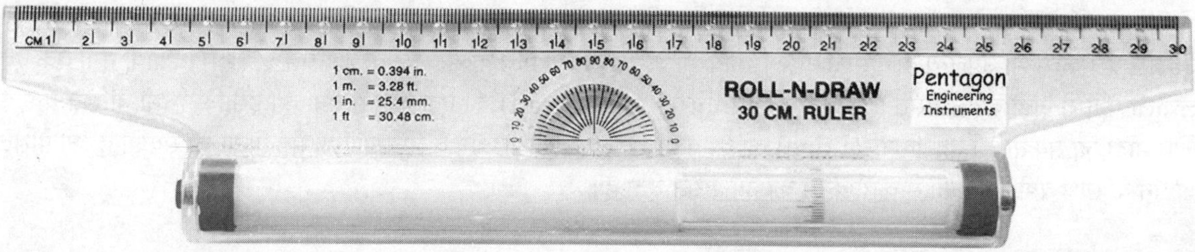

चित्र 1.12: रोल-एन-ड्रा

1.1.3 विभिन्न ड्राइंग उपकरणों के उपयोग

टी-स्क्वायर और सेट-स्क्वायर का उपयोग

1. **क्षैतिज रेखाएँ खींचना:** क्षैतिज रेखा खींचने के लिए चित्र 1.13 देखें, टी-स्क्वायर के हेड को बाएं हाथ से बोर्ड के वर्किंग किनारे से सटाकर मजबूती से दबाएं। फिर बाएं हाथ को (A) में दिखाए गए स्थान पर स्लाइड करें ताकि ब्लेड को कागज के खिलाफ कसकर दबाया जा सके। पेंसिल को कागज के साथ लगभग 60° के कोण पर रेखा की दिशा में रखें और रेखा को बाएं से दाएं खींचें।
2. **खड़ी रेखाएँ खींचना:** आकृति 1.13 में दर्शाई गई ऊर्ध्वाधर रेखाएं खींचने के लिए या तो 45° त्रिभुज या 30° – 60° त्रिभुजों का उपयोग करें। त्रिभुज को टी-स्क्वायर पर लंबवत किनारे के साथ रखें जैसा कि (B) में दिखाया गया है। बाएं हाथ से बोर्ड के खिलाफ टी-स्क्वायर के हेड को दबाएं। अब हाथ को उस स्थिति में स्लाइड करें जहां वह टी-स्क्वायर और त्रिकोण दोनों को मजबूती से स्थिति में रखता है। फिर रेखा खींचे।

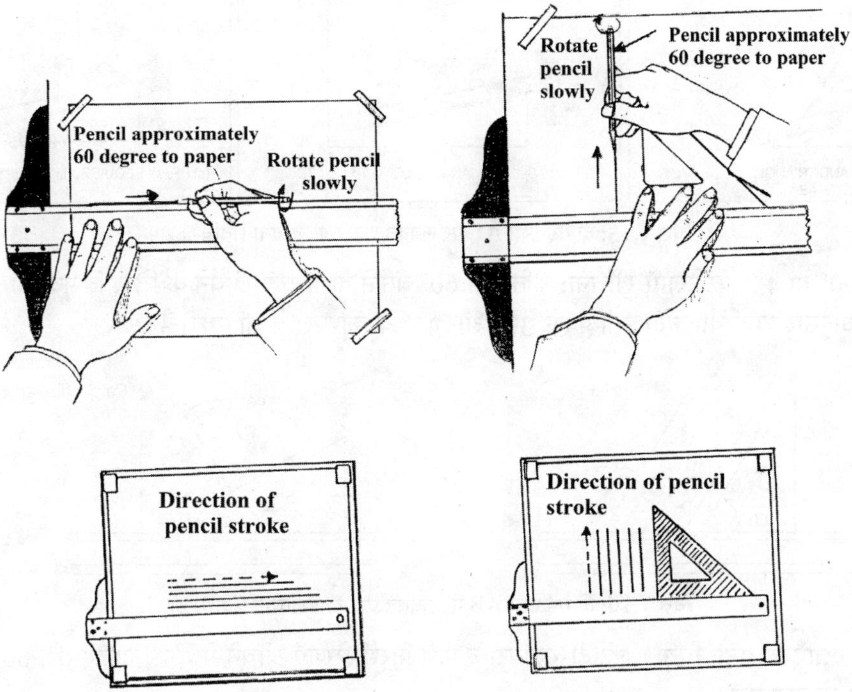

(A) (B)

चित्र 1.13: क्षैतिज और लंबवत रेखाएँ खींचना

3. **समानांतर रेखाएँ खींचना:** दी गई रेखा के समानांतर एक रेखा खींचने के लिए आकृति 1.14 देखें, त्रिभुज और टी-स्क्वायर को एक इकाई के रूप में तब तक खिसकाएँ जब तक कि त्रिभुज का कर्ण दी गई रेखा के साथ ऊपर न आ जाए। टी-स्क्वायर को इस स्थिति में मजबूती से पकड़ें और त्रिकोण को रेखा से दूर खिसकाएं और कर्ण के साथ आवश्यक रेखा खींचें।
4. **लंबवत रेखा खींचना:** किसी दी गई रेखा पर लंबवत रेखा खींचने के लिए, टी-स्क्वायर पर त्रिभुज को चलाएं जैसा कि चित्र 1.15 में दिखाया गया है।

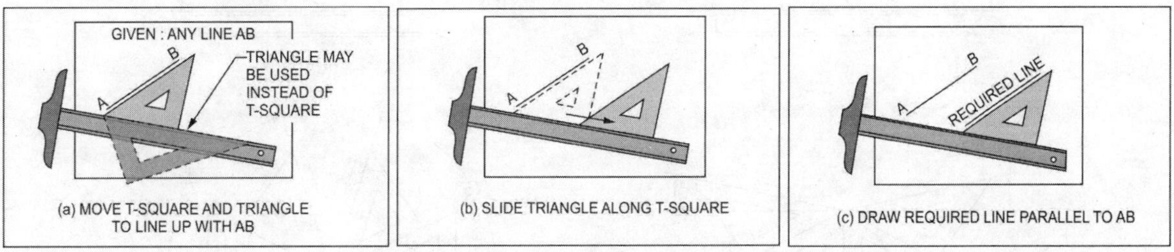

चित्र 1.14: दी गई रेखा AB के समांतर एक रेखा खींचना

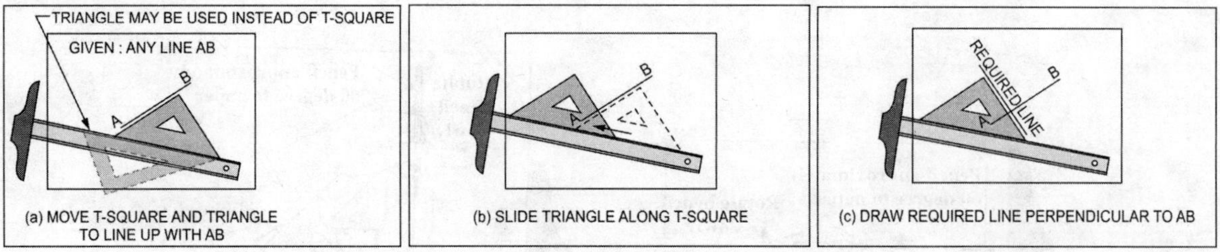

चित्र 1.15: दी गई रेखा AB पर लंबवत एक रेखा खींचना (विधि-1)

5. **30°, 60° या 45° पर रेखाएँ खींचना:** क्षैतिज से 60° बनाने वाली रेखा खींचने के लिए, त्रिभुज को आकृति 1.16 में दर्शाए अनुसार व्यवस्थित करें। इसी प्रकार 30° और 45° के कोण खींचे जा सकते हैं।

चित्र 1.16: दी गई रेखा AB पर लंबवत एक रेखा खींचना (विधि-2)

6. **तिरछी रेखाएँ खींचना:** चित्र 1.17 टी-स्क्वायर के साथ तिरछी रेखाएँ खींचने में 45°, और 30°, 60° सेट-स्क्वायर के उपयोग को दर्शाता है।

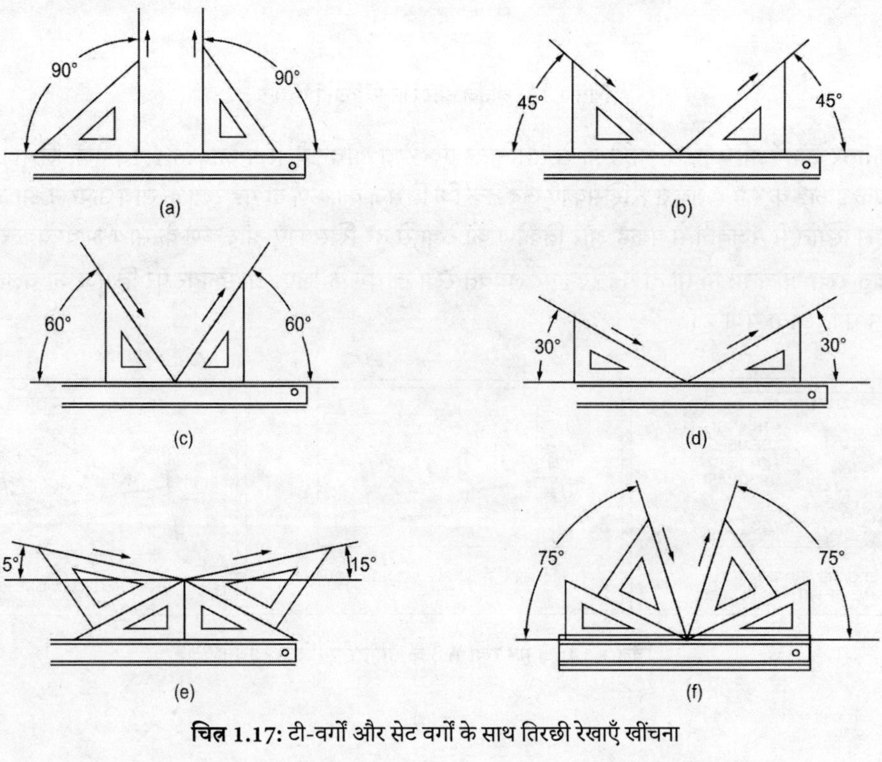

चित्र 1.17: टी-वर्गों और सेट वर्गों के साथ तिरछी रेखाएँ खींचना

परकार (कम्पास) का उपयोग

वृत्त और वृत्तों के चाप कम्पास की सहायता से खींचे जाते हैं जैसा कि चित्र 1.18 में दिखाया गया है। पेंसिल और इनकिंग अटैचमेंट वाले परकार का उपयोग लगभग 12 सेमी, व्यास के वृत्त बनाने के लिए किया जाता है। उनके पैर (legs) सीधे रखे जाते हैं। लेकिन यदि बड़े वृत्त खींचे जाने हैं, तो परकार के पैरों को मोड़ें जैसा कि चित्र 1.19 में दिखाया गया है, ताकि वे कागज के लगभग लंबवत खड़े हों। स्याही के वृत्त बनाने में टाँगों (legs) का झुकाना आवश्यक है अन्यथा कलम के दोनों किनारों को कागज पर समान रूप से स्पर्श नहीं किया जा सकेगा ।

एक पेंसिल वाले वृत्त को खींचने के लिए कम्पास का उपयोग करने में निम्नलिखित चरणों का पालन किया जा सकता है: -

चरण-1: आवश्यक वृत्त की केंद्र रेखाएँ खींचिए और उनमें से किसी पर आवश्यक त्रिज्या निर्धारित कीजिए।

चरण-2: सुई बिंदु को केंद्र रेखाओं के सटीक चौराहे (Intersecting point) पर रखें।

चरण-3: केंद्र रेखा पर पहले से चिह्नित की गई आवश्यक त्रिज्या के अनुसार वांछित लंबाई लेने के लिए परकार के पैर खोलें / एडजस्ट करें।

चरण-4: परकार को आगे की दिशा में थोड़ा सा झुकाव दें और दाहिने हाथ की पहली दो अंगुलियों और अंगूठे के बीच के हैंडल को घुमाते हुए घड़ी की दिशा में वृत्त बनाएं (चित्र 1.18 देखें)। पेंसिल वाले वृत्त को काला करने के लिए, यही प्रक्रिया घड़ी की दिशा में ही दोहराएं।

विभक्त (डिवाइडर) का उपयोग

विभक्त, निर्माण में परकार के समान होते हैं और चोकोर, चपटे और गोल अनुप्रस्थ काट (क्रॉस-सेक्शन) में बने होते हैं। कई विभक्त एक पैर में स्प्रिंग और अंगूठे का पेंच (थंब-स्क्रू) के साथ बनाए जाते हैं, ताकि छोटे अंगूठे के पेंच को घुमाकर सूक्ष्म दूरी को समायोजित किया जा सके।

विभक्त को निम्नलिखित के लिए उपयोग में लाया जा सकता है :

1. दूरियों को कई बराबर भागों में बाँटना।
2. दूरियों को स्थानांतरित करना या समान दूरी की श्रृंखला की स्थापना करना।

विभक्त का उपयोग लगभग 25 मिमी या उससे अधिक दूरियों के लिए किया जाता है। 25 मिमी से कम दूरियों के लिए धनुष विभक्त का उपयोग करें। जहां धनुष विभक्त का उपयोग किया जा सकता हो वहां छोटी दूरियों के लिए कभी भी बड़े विभक्त का उपयोग न करें।

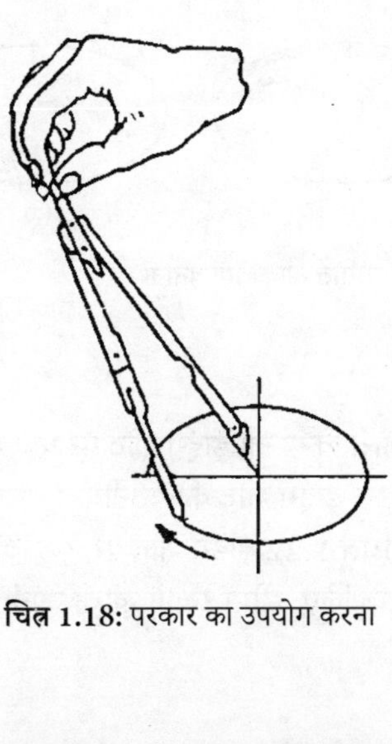

चित्र 1.18: परकार का उपयोग करना

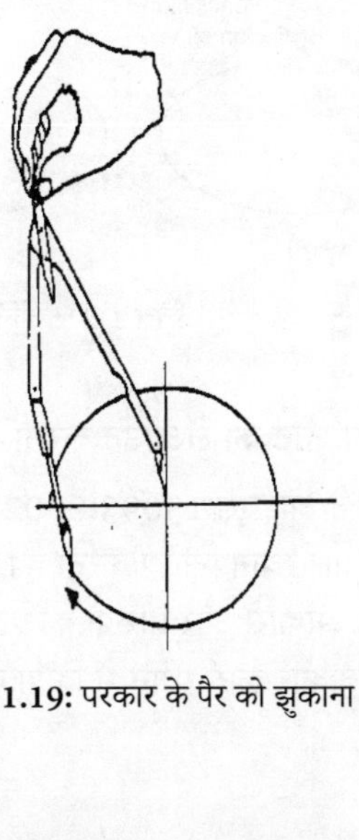

चित्र 1.19: परकार के पैर को झुकाना

फ्रांसीसी वक्र (French Curves) का प्रयोग

फ्रांसीसी वक्र की सहायता से मुक्तहस्त रेखा पर एक यांत्रिक रेखा खींचने के लिए, केवल फ्रांसीसी वक्र के विभिन्न खंडों को मुक्तहस्त वक्र के क्रमिक भागों के साथ मिलाना और किनारे पर पेंसिल या शासक कलम के साथ रेखा खींचना आवश्यक है। वक्र का। यह बहुत महत्वपूर्ण है कि अनियमित वक्र, वक्र की किसी भी एक सेटिंग के लिए खींचे जाने वाले खंड से कुछ दूरी के लिए से मेल खाता हो, जैसा कि चित्र 1.20 में दिखाया गया है।

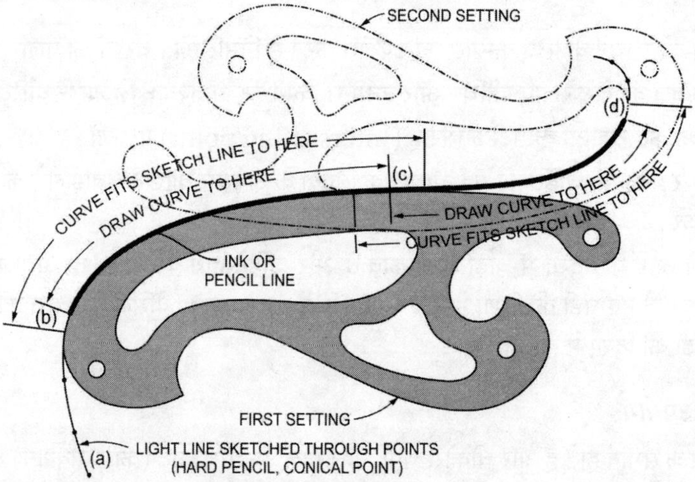

चित्र 1.20: अनियमित वक्र को सेट करना

सममित वक्रों के लिए, जैसे अंडाकार वक्र, दो या अधिक विपरीत स्थानों में अनियमित वक्र के समान खंड का उपयोग करें (देखें आकृति 1.21(a))। अनियमित वक्र और दिए गए वक्र का मिलान किया जाता है तथा 1 से 2 तक रेखा खींची जाती है। अनियमित वक्र के इन बिंदुओं पर हल्की पेंसिल द्वारा डैश खींचे जाते हैं। चित्र 1.21(b) से पता चलता है कि अनियमित वक्र को पलट दिया गया है और मिलान किया गया है ताकि रेखा 2 से 1 तक खींची जा सके। इसी तरह, उसी खंड का फिर से उपयोग किया जाता है जैसा कि चित्र 1.21(c) और 1.21(d) में दिखाया गया है।) अनियमित वक्र या फ्रेंच वक्र का उपयोग करके अंडाकार के सिरों पर अंतराल को भरकर पूरा किया जाता है।

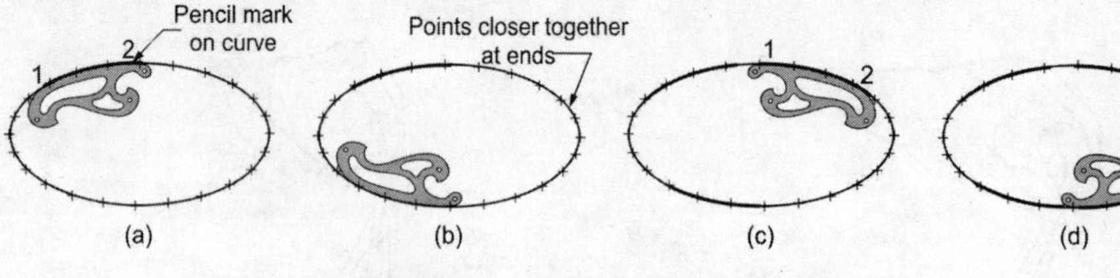

चित्र 1.21: अनियमित वक्र का उपयोग करके सममित आकृतियां बनाना

1.1.4 एक ड्राइंग शीट का लेआउट करना

भारतीय मानक ब्यूरो ने आईएस 15093:2002 और एसपी 46:2003 जारी किया जो ड्राइंग शीट पर पाए गए प्रत्येक आइटम के लिए सटीक आकार और स्थान निर्दिष्ट करता है। यह अनुशंसा की जाती है कि ड्राइंग शीट की पठनीयता, फाइलिंग और हैंडलिंग में सुधार के लिए मानक आकारों और प्रारूपों का पालन किया जाना चाहिए। चित्र 1.22 ड्राइंग शीट पर एक विशिष्ट लेआउट दिखाता है। ड्राइंग कार्य आयताकार कार्य स्थान में किया जाना चाहिए। इस उद्देश्य के लिए, सीमा रेखाएँ खींची जाती हैं। आकार A0 और

A1 के लिए अनुशंसित न्यूनतम बोर्डर चौड़ाई 20 मिमी और आकार A2, A3 और A4 के लिए 10 मिमी न्यूनतम चौड़ाईअनुशंसित है। ले-आउट में एक छोटा सा शीर्षक ब्लॉक (Title Block) भी होना चाहिए जो शीट के निचले दाएं कोने में स्थित होना चाहिए। शीर्षक ब्लॉक में निम्नलिखित जानकारी होना चाहिए:

1. ड्राइंग का शीर्षक,
2. ड्राइंग संख्या,
3. संस्था का नाम
4. पैमाना (Scale)
5. ड्राइंग की तिथि,
6. ड्राइंग आदि तैयार करने, सत्यापित करने और अनुमोदित करने वाले तकनीकी कर्मचारियों के हस्ताक्षर।

ड्रॉइंग के तत्व

अनुशंसित शीर्षक ब्लॉक का आकार 65×170 मिमी है और यह सभी आकार की ड्राइंग शीट के लिए एक समान होता है। हालांकि, छोटे ब्लॉक की सामग्री के साथ ड्राइंग शीट लेआउट को कक्षा प्रशिक्षण आवश्यकताओं के अनुरूप संशोधित किया जा सकता है।

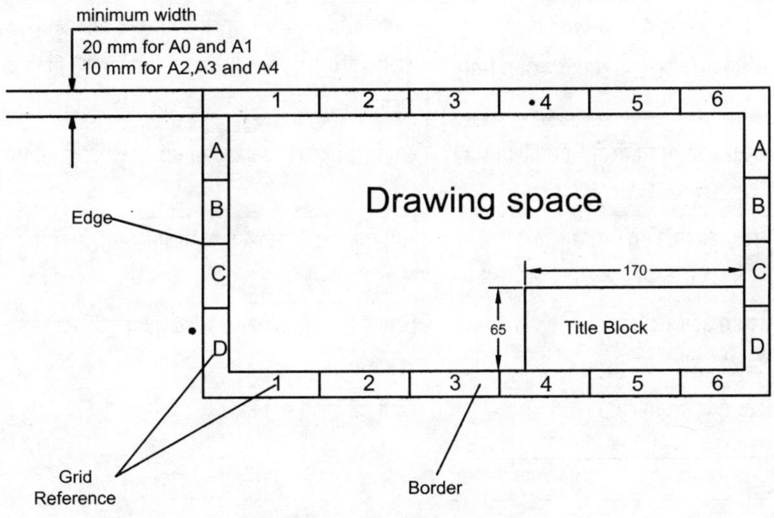

चित्र 1.22: ड्राइंग शीट का लेआउट

1.2 रेखाओं के कन्वेंशन और उनके अनुप्रयोग

1.2.1 रेखा और रेखा-कार्य की आवश्यकता

रेखाओं (lines) से रेखाचित्र बनता है, इसलिए, किसी वस्तु का सही ढंग से वर्णन करने के लिए सही प्रकार की का उपयोग महत्वपूर्ण है, ताकि वस्तु के आकार को स्पष्ट रूप से और पूरी तरह से पाठक तक पहुँचाया जा सके। इंजीनियरिंग ड्राइंग में, विभिन्न प्रकार की रेखाओं का उपयोग करके रेखाचित्र तैयार किए जाते हैं। समानार्थी रूप से, रेखाओं को ड्राइंग के अक्षर के रूप में माना जा सकता है और इसलिए प्रत्येक प्रकार की रेखा, यदि ठीक से उपयोग की जाती है, तो अपने उद्देश्य के बारे में बताती है जिसके लिए इसे नियोजित किया जा रहा है।

इस खंड में विभिन्न बुनियादी प्रकार की रेखाओं, अनुप्रयोगों और इंजीनियरिंग ड्राइंग में उनके प्रतिनिधित्व पर जोर दिया गया है, जैसा कि नवीनतम बीआईएस (BIS) और इसके विशेष प्रकाशन एसपी 46:2003 में अनुशंसित है ।

एसपी 46:2003 में दिए गए इंजीनियरिंग ड्राइंग में बुनियादी प्रकार की रेखाएं और उनके अनुप्रयोग तालिका 1.3 में संक्षेपित हैं। पूरी जानकारी के लिए, संबंधित बीआईएस कोड को संदर्भित किया जा सकता है।

तालिका 1.3: रेखाओं के प्रकार और इंजीनियरिंग ड्राइंग में उनके अनुप्रयोग

क्र.	ब्रॉड केटेगरी	आमतौर पर इस्तेमाल की जाने वाली लाइनें डेसिग्नेशन नंबर और उनका प्रतिनिधित्व	सामान्य उपयोग
1	निरंतर रेखा	निरंतर संकीर्ण रेखा (1.1) मोटाई = 0.13 मिमी	इंटरसेक्शन की काल्पनिक रेखाएं, निर्माण, प्रक्षेपण, लघु केंद्र, विस्तार,आयाम,लीडर, हैचिंग, रिवॉल्व्ड सेक्शन की बाहरी रेखा, पेंच की चूड़ी की जड़, शंकुकार फीचर की व्याख्या रेखा
		निरंतर चौड़ी रेखा (1.2) अधिकतम चौड़ाई या मोटाई =0.25 मिमी	जब हैचिंग का उपयोग किया जाता है, तो कट सेक्शन में भागों की दृश्यमान बाहरी रेखाएं, दृश्य की दिखने वाली बाहरी रेखा, प्रक्षेपण में संदर्भ रेखाएँ, जमीनी रेखाएँ, दृश्य, कट और खंड बनाने के लिए तीर रेखाएँ, सीमा रेखाएं, शीर्षक ब्लॉक आदि।
		निरंतर अतिरिक्त चौड़ी रेखा (1.3) अधिकतम चौड़ाई या मोटाई =0. 5 मिमी	दृश्य की दिखने वाली बाहरी रेखा, कट और खंड में भागों के दृश्य की दिखने वाली बाहरी रेखा, जब हैचिंग का उपयोग नहीं किया जाता है, विशेष महत्व की रेखाएं
		निरंतर रेखा, मुक्त हस्तरेखा संकीर्ण (1.4)	लघु विराम रेखाएं, आंशिक या बाधित दृश्यों की सीमाएं
		निरंतर लाइनें, ज़िग ज़ैग संकीर्ण	लंबी ब्रेक लाइनें, आंशिक या बाधित दृश्यों की सीमाएं
2	डैश्ड रेखा	डैश्ड संकीर्ण रेखा (2.1)	छिपी हुई रेखाएँ या किनारे,छिपी हुई बाहरी रेखा
		डैश्ड संकीर्ण रेखा (2.2)	छिपी हुई रेखाएँ या किनारे
3	डैश्ड स्पेस रेखा		
4	लंबी डैश्ड बिंदीदार रेखा	लंबी डैश्ड बिंदीदार संकरी रेखा (श्रृंखला संकरी रेखा) (4.1)	केंद्र रेखाएं, समरूपता की रेखाएं,छेद का पिच सर्कल, गियर का पिच सर्कल, काटने वाली सतह का संकेत
		लंबी डैश्ड बिंदीदार चौड़ी रेखा (श्रृंखला चौड़ी रेखा) (4.2)	सिरों पर और दिशा के परिवर्तन के स्थानों पर, काटने वाली सतह का प्रतिनिधित्व
5	लंबी डैश्ड डबल बिंदीदार रेखा	लंबी डैश्ड दोहरी बिंदीदार संकरी रेखा (5.1)	केन्द्रक रेखाएं, लोकस रेखाएं चल भागों की वैकल्पिक स्थिति, चल भागों की चरम स्थिति, आसन्न पाटों की बाहरी रेखा

1.2.2 रेखाओं (Lines) के प्रकार

इंजीनियरिंग अभ्यास में उपयोग की जाने वाली 15 बुनियादी प्रकार की रेखाएँ हैं जिन्हें बीआईएस विनिर्देशों के अनुसार उनके पदनाम संख्या द्वारा पहचाना जाता है। इन रेखाएँ पर नीचे चर्चा की गई है:

निर्माण रेखाएँ (प्रकार 1.1: सतत संकरी रेखाएं)

ये रेखाएँ आकृतियों के निर्माण के लिए बनाई गई हैं। उन्हें ज्यामितीय चित्रों में दिखाया गया है। उन्हें बहुत पतले और हल्के रंग से खींचना चाहिए जिससे यह तैयार ड्राइंग में मुश्किल से दिखाई दे।

विस्तार या प्रक्षेपण रेखाएं (प्रकार 1.1: सतत संकरी रेखाएं)

ये रेखाएँ निरंतर पतली रेखाएँ हैं। वे आयाम रेखाओं से लगभग 3 मिमी आगे बढ़ी हुई होती हैं।

आयाम रेखाएं (प्रकार 1.1: सतत संकरी रेखाएं)

आयाम रेखा, चित्र में आयामों का प्रतिनिधित्व करती है और आम तौर पर किनारे के समानांतर खींची गई एक सतत रेखा होती है। उन्हें बाहरी सिरों पर नुकीले तीरों द्वारा रूपरेखा, विस्तार रेखाओं या केंद्र रेखाओं को छूते हुए समाप्त किया जाता है।

हैचिंग रेखाएं / सेक्शन रेखाएं (प्रकार 1.1: सतत संकरी रेखाएं)

इनका उपयोग एक कटी हुई सतह को इंगित करने के लिए किया जाता है। समानांतर झुकी हुई रेखाओं की एक श्रृंखला कटी हुई सतह पर मुख्य आउटलाइन से 450 के कोण पर चिह्नित की जाती है। उनके बीच समान रूप से लगभग 1 मिमी से 2 मिमी का अंतर होता है।

लीडर लाइन्स (प्रकार 1.1: सतत संकरी रेखाएं)

किसी चित्र में किसी स्थान या विशेषता को इंगित करने के लिए लीडर लाइनों का उपयोग किया जाता है। वे आमतौर पर के समकोण पर खींचे जाते हैं और एक तीर के संकेत के साथ फीचर को स्पर्श करते हैं।

लघु केंद्र रेखाएं (प्रकार 1.1: सतत संकरी रेखाएं)

इनका उपयोग चित्रों में दर्शाए गए छोटे वृत्तों के केंद्र को चिह्नित करने के लिए किया जाता है और इन्हें + (धन) चिह्न से चिह्नित किया जाता है।

आउटलाइंस या दृश्यमान रेखा (प्रकार 1.2: सतत चौड़ी रेखाएं)

दृश्यमान किनारों और वस्तुओं की सतह की सीमाओं का प्रतिनिधित्व करने के लिए खींची गई रेखाएं आउटलाइंस या प्रमुख रेखाएं कहलाती हैं। वे सतत चौड़ी या मोटी रेखाएं हैं।

सीमा रेखाएं और शीर्षक ब्लॉक रेखाएं (प्रकार 1.2: सतत चौड़ी रेखाएं)

ये किसी भी ड्राइंग कार्य के शुरू होने से पहले ड्राइंग में बॉर्डर और टाइटल ब्लॉक बॉर्डर लाइन को दर्शाने वाली निरंतर रेखाएं हैं।

लघु विराम रेखाएं (टाइप 1.4: निरंतर मुक्त हाथ संकीर्ण रेखाएं)

ये रेखाएँ सतत, पतली और लहरदार होती हैं। वे मुक्तहस्त खींचे जाते हैं और एक छोटे विराम या अनियमित सीमाओं को दिखाने के लिए उपयोग किए जाते हैं।

लंबी ब्रेक रेखाएं (प्रकार 1.5: कंटीन्यूअस ज़िग ज़ैग नैरो लाइन्स)

इन रेखाओं का उपयोग लंबी वस्तुओं जैसे बार और चैनलों में एक ब्रेक को इंगित करने के लिए किया जाता है जो समान क्रॉस सेक्शन (नियमित या अनियमित) होते हैं और फ्रीहैंड के साथ ज़िगज़ैग वेवी पैटर्न में चिह्नित होते हैं।

छिपी हुई रेखाएं (प्रकार 2.1: डैश्ड नैरो लाइन्स)

इनका उपयोग किसी वस्तु के अदृश्य या छिपे हुए किनारे या विशेषताओं को चिह्नित करने के लिए किया जाता है। वे 1 मिमी के अंतराल के साथ लगभग 2 मिमी की लगभग समान लंबाई के छोटे डैश से बने होते हैं। इन्हें बिंदीदार रेखाएं भी कहा जाता है।

केंद्र रेखाएं (प्रकार 4.1: लंबी डैश वाली बिंदीदार संकरी रेखाएं)

ये लंबी और छोटी डैश से बनी पतली रेखाएं होती हैं, जो बारी-बारी से दूरी और लंबाई में सुसंगत होती हैं, शुरुआत और अंत में लंबी डैश के साथ समाप्त होती हैं। ये बेलनाकार, शंक्काकार और गोलाकार वस्तु की अक्ष (Axis) दर्शाने के लिए खींची जाती हैं और वस्तु की आउटलाइन से थोड़ा आगे निकलकर चिह्नित होती हैं। इन रेखाओं का उपयोग वृत्तों और चापों के केंद्रों को दिखाने के लिए भी किया जाता है।

लंबी डबल-डॉट्स रेखाएं (प्रकार 5.1: लंबी डैश्ड डबल डॉटेड संकरी रेखा)

इस रेखा में 9-12 मिमी लंबे डैश, जिनके बीच में दो बिंदु होते हैं और डैश के सिरों से उनके बीच 1 मिमी की दूरी होती है। विभिन्न प्रकार की रेखाओं के अनुप्रयोग चित्र 1.23 (a) और (b) में दिखाया गया है।

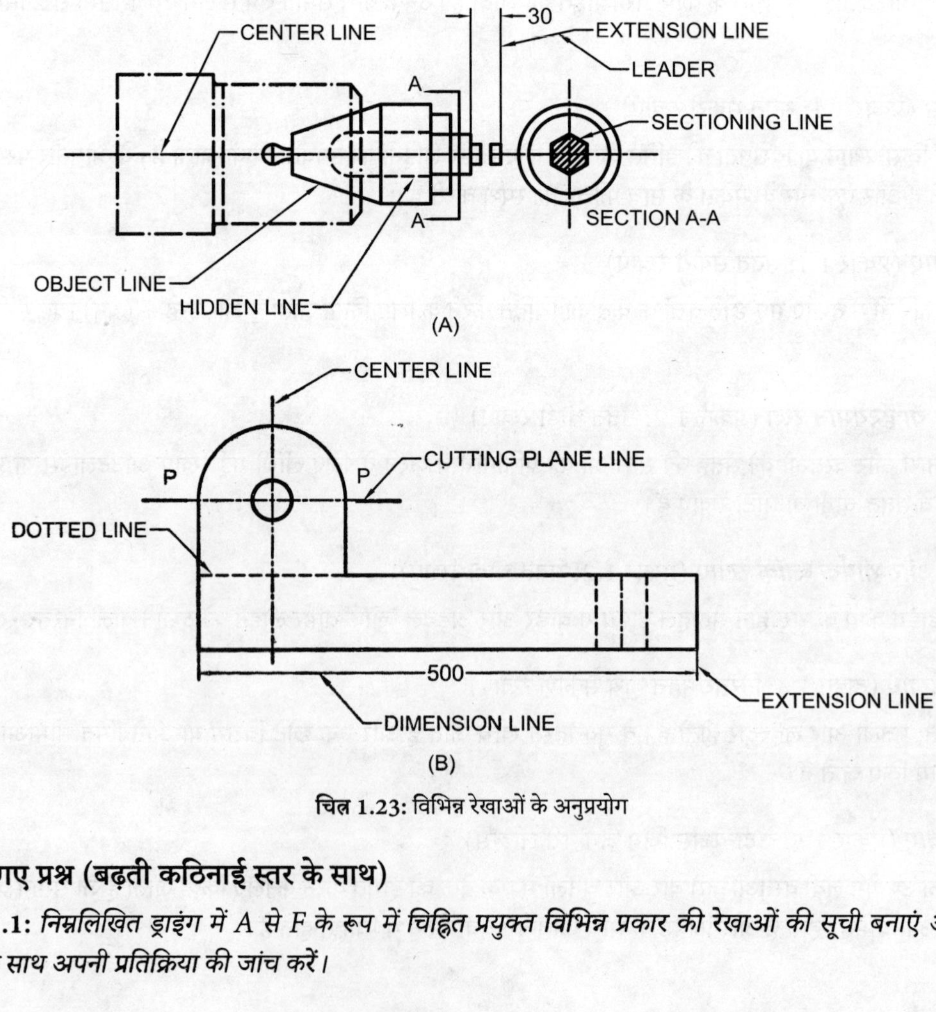

चित्र 1.23: विभिन्न रेखाओं के अनुप्रयोग

हल किए गए प्रश्न (बढ़ती कठिनाई स्तर के साथ)

उदाहरण 1.1: *निम्नलिखित ड्राइंग में A से F के रूप में चिह्नित प्रयुक्त विभिन्न प्रकार की रेखाओं की सूची बनाएं और दिए गए समाधान के साथ अपनी प्रतिक्रिया की जांच करें।*

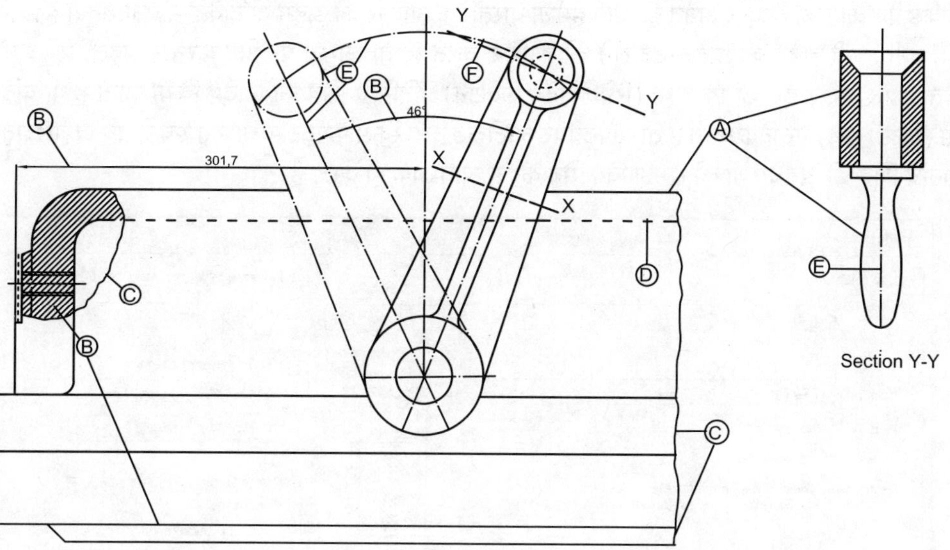

समाधानः

निरंतर चौड़ी रेखा (Continuous Broad Line)-A: दृश्यमान किनारे, दृश्यमान आउटलाइन, आरेखों, मानचित्रों, प्रवाह चार्टों में मुख्य निरूपण।

निरंतर संकीर्ण रेखा (Continuous Narrow Line) B: आयाम रेखाएं, विस्तार रेखाएं, प्रमुख रेखाएं, संदर्भ रेखाएं, लघु केंद्र रेखाएं, प्रक्षेपण रेखाएं, हैचिंग, निर्माण रेखाएं, गाइड लाइन, घुमावदार वर्गों की आउटलाइन, इंटरसेक्शन की काल्पनिक रेखाएं।

निरंतर संकीर्ण मुक्तहस्त रेखा (Continuous Narrow Free Hand) C: अधिमानतः मैन्युअल रूप से आंशिक या बाधित दृश्यों, कट्स और सेक्शन की समाप्ति (Termination), यदि समरूपता की रेखा या केंद्र रेखा सीमा नहीं है।

डैश्ड नैरो रेखा-D: हिडन एज, हिडन आउटलाइन।

लंबी-डैश्ड बिंदीदार संकीर्ण (Long-dashed dotted narrow)-E: केंद्र रेखाएं, अक्ष, समरूपता की रेखाएं, कटिंग प्लेन।

लंबी-डैश्ड बिंदीदार चौड़ी रेखा-F: कटिंग प्लेन के सिरे और कटिंग प्लेन के सामने स्थित दृश्य भागों की दिशा परिवर्तन की आउटलाइन।

1.3 अभियांत्रिकी पैमाना

1.3.1 परिचय

जब भी आप किसी वस्तु का चित्र बनाना शुरू करते हैं, तो आप सहज रूप से, या तो उसे छोटा कर देते हैं, या उसे बड़ा कर देते हैं, या उसे सही आकार का रखते हैं, ताकि वह कागज पर आवंटित स्थान घेर ले। यदि आप किसी भवन का चित्र कागज पर बनाते हैं, तो आपको उसी अनुपात में आयामों को कम करना होगा, ताकि चित्र कागज के अंदर आ जाए।

यदि आप कंप्यूटर प्रोसेसर के सर्किट की ड्राइंग बनाते हैं, तो स्वाभाविक रूप से आपको एक आवर्धित (वास्तविक से बड़ा) चित्र बनाना होगा, ताकि सूक्ष्म सर्किट दिखाई दे और विवरण को लेबल किया जा सके। और, यदि वस्तु का आकार कागज पर उपलब्ध आकार के बराबर है, तो चित्र को कम करने या बड़ा करने की कोई आवश्यकता नहीं है, आप सही आकार का चित्र बना सकते हैं।

आजकल लगभग सभी तकनीकी ड्राइंग कुछ प्रारूपण सॉफ्टवेयर की मदद से तैयार की जाती हैं, उदाहरण के लिए ऑटोकैड।

चूंकि ऑटोकैड के स्क्रीन का आकार अनंत है, आप हमेशा वास्तविक आकार की ड्राइंग ऑटोकैड में बना सकते हैं। लेकिन जब आप ऑटोकैड में बनी किसी ड्राइंग का प्रिंटआउट लेने की कोशिश करते हैं, तो कागज पर प्रिंट करने से पहले, प्लॉट मॉडल डायलॉग बॉक्स (चित्र 1.24) में, ड्राइंग का स्केल या (रिप्रेजेंटेटिव फ्रेक्शन) प्रतिनिधि भिन्न को निर्दिष्ट किया जाना है या यदि आप फिट टू पेपर बॉक्स (चित्र 1.24) पर टिक करते हैं तो सॉफ्टवेयर ऑटोकैड द्वारा स्केल फैक्टर स्वचालित रूप से तय किया जाता है। इसलिए, पहले प्रतिनिधि भिन्न की अवधारणा की समझ विकसित करना आवश्यक हो जाता है।

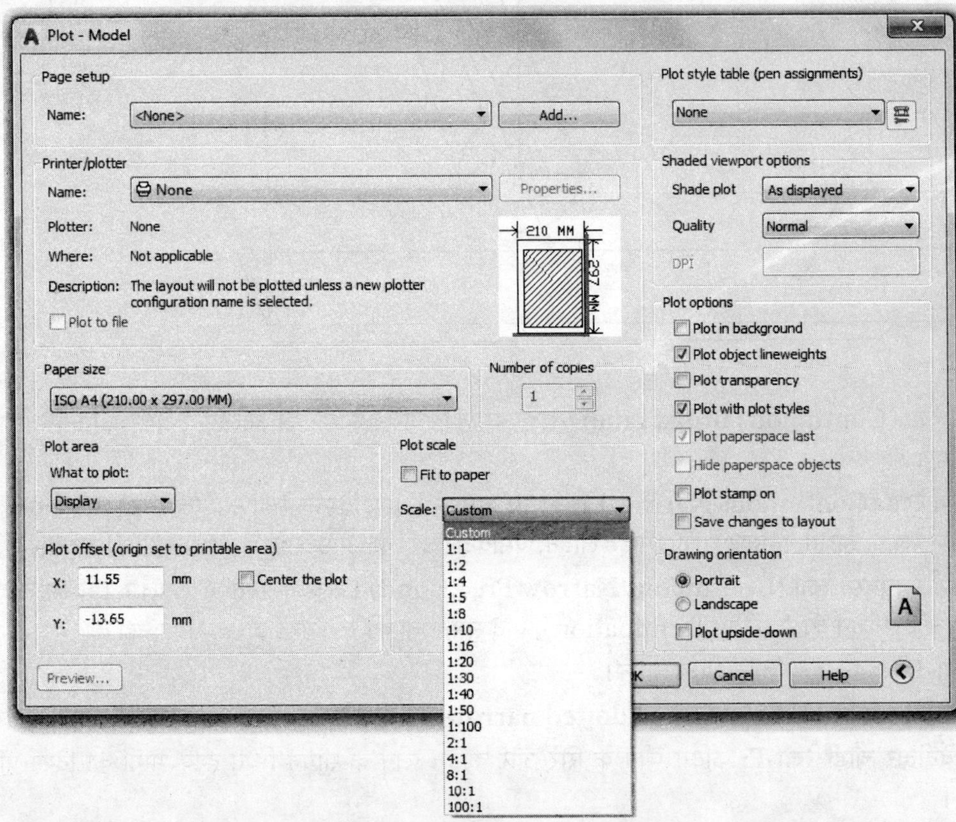

चित्र 1.24: ऑटोकैड प्लॉट डायलॉग बॉक्स जिसमें प्रिंटेड ड्रॉइंग के प्लॉट स्केल के विकल्प दिखाई दे रहे हैं

एक ड्राइंग का प्रतिनिधि भिन्न (अंश) या स्केल फैक्टर

एक ड्राइंग का प्रतिनिधि भिन्न, एक संख्यात्मक भिन्न मान है। प्रतिनिधि भिन्न का मान इंगित करता है कि वास्तविक दूरी की तुलना में ड्राइंग में रैखिक दूरी कितनी गुना कम या अधिक है। यदि किसी चित्र का प्रतिनिधि भिन्न (1/4) है, तो इसका अर्थ है कि आरेखण पर रैखिक दूरियां वास्तविक दूरियों की तुलना में 4 गुना कम हो जाती हैं। यानी 4 सेमी लंबाई की एक वास्तविक रेखा, चित्र पर 1 सेमी लंबी रेखा के रूप में खींची जाती है। और यदि किसी रेखाचित्र का प्रतिनिधि भिन्न (4/1) है, तो इसका अर्थ है कि रेखाचित्र पर रैखिक दूरी वास्तविक दूरियों की तुलना में 4 गुना बढ़ जाती है। यानी वास्तविक लंबाई 1 सेमी की रेखा, ड्राइंग में 4 सेमी लंबी रेखा के रूप में खींची गई है।

एक ड्राइंग के प्रतिनिधि भिन्न के लिए गणितीय सूत्र है

$$\text{प्रतिनिधि भिन्न} = \frac{\text{ड्राइंग पर दो बिंदुओं A और B के बीच की दूरी}}{\text{बिंदु A और B के बीच की वास्तविक दूरी}}$$

उपरोक्त सूत्र से यह स्पष्ट है कि प्रतिनिधि भिन्न एक इकाई रहित और आयामहीन मान है। कम किए गए आरेखण (ड्राइंग) के लिए, इसका मान 1 से कम होता है, पूर्ण आकार के आरेखण के लिए, इसका मान 1 के बराबर होता है, और बढ़े हुए आरेखण के लिए इसका मान 1 से अधिक होता है ।

एक ड्राइंग के प्रतिनिधि अंश (R.F.) के सूत्र के अन्य रूप हैं,

$$\text{प्रतिनिधि भिन्न (R.F.)} = \sqrt{\left(\frac{\text{ड्राइंग का क्षेत्रफल}}{\text{वास्तविक क्षेत्रफल}}\right)}$$

और एक बड़े ढांचे या मशीन घटक के लघु 3डी मॉडल के मामले में, प्रतिनिधि अंश होगा:

$$\text{प्रतिनिधि भिन्न (R.F.)} = \left(\frac{\text{मॉडल का आयतन}}{\text{वास्तविक वस्तु का आयतन}}\right)^{1/3}$$

घटाया गया आरेखण

1 से कम प्रतिनिधि भिन्न के मान वाले आरेखण को घटाया गया आरेखण कहा जाता है। जब वस्तु का आकार ड्राइंग शीट के आकार से बड़ा होता है, तो आपको घटाए गए आरेखण बनाने होते हैं।

बढ़ा हुआ आरेखण

1 से अधिक प्रतिनिधि भिन्न के मान वाले आरेखण को बढ़ा हुआ आरेखण कहा जाता है। जब ड्राइंग शीट के आकार की तुलना में वस्तु का आकार बहुत छोटा होता है, तो आपको आवर्धित चित्र बनाने होते हैं, ताकि सूक्ष्म विवरण स्पष्ट रूप से दिखाई दे।

वास्तविक आकार ड्राइंग

1 के बराबर प्रतिनिधि भिन्न के मान वाले आरेखण को वास्तविक आकार की ड्राइंग कहा जाता है।

किसी ड्राइंग के प्रतिनिधि भिन्न या स्केल फ़ैक्टर का मान कैसे निर्धारित करें?

जब भी आप किसी तकनीकी ड्राइंग को कागज पर बनाना शुरू करते हैं, तो सबसे पहले आपको ड्राइंग का प्रतिनिधि भिन्न या स्केल फैक्टर तय करना होगा। प्रतिनिधि भिन्न के सही मान का चुनाव दो बातों पर निर्भर करता है:

1. वास्तविक वस्तु के आयाम
2. कागज पर उपलब्ध स्थान के आयाम

मैं आपको केवल एक व्यावहारिक स्थिति से समझाता हूं कि R.F के सही मूल्य तक कैसे पहुंचा जाए। मान लीजिए, आप A3 आकार की ड्राइंग शीट (297 मिमी × 420 मिमी) पर फर्श आयाम 3 मीटर × 4.5 मीटर के साथ एक कमरे की फर्श योजना बनाना चाहते हैं।

अब, पहला कदम यह है कि आप वस्तु और कागज के आयाम को समान इकाइयों में लाएं। वास्तविक फर्श आयाम = 3 मीटर × 4.5 मीटर = 3000 मिमी × 4500 मिमी

A3 आकार की ड्राइंग शीट का आकार = 297 मिमी × 420 मिमी

केवल तालिका 1.4 में अनुशंसित मानों में से प्रतिनिधि भिन्न के मानों का चयन करने का प्रयास करें। यदि आप आर.एफ. का मान 1:10 चुनते हैं तो, 3000 मिमी वास्तविक लंबाई के लिए, ड्राइंग पर लंबाई 3000 × 1/10 = 300 मिमी होगी और 4500 मिमी वास्तविक लंबाई के लिए, ड्राइंग पर लंबाई 4500 × 1/10 = 450 होगी

अब, 300 मिमी × 450 मिमी की ड्राइंग शीट, ए3 आकार (297 मिमी × 420 मिमी) से बड़ी है और इसलिए, आपको अनुशंसित मूल्य में से आरएफ के अगले निम्न मूल्य का चयन करना होगा, ताकि ड्राइंग ड्राइंग शीट के अंदर आ जाए।

तालिका 1.4: आई.एस:एसपी 46 (2003) के अनुसार अनुशंसित प्रतिनिधि भिन्न

श्रेणी	अनुशंसित स्केल
बढ़ाया हुआ स्केल	50:1, 20:1, 10:1,5:1,2:1
पूर्ण आकार	1:1
घटाया हुआ स्केल	1:2, 1:20, 1:200,1:2000
	1:5, 1:50, 1:500, 1:5000
	1:10,1:100, 1:1000,1:10000

अगला निचला प्रतिनिधि भिन्न अनुशंसित मान 1:20 है। यदि आप R.F का मान 1:20 चयन करते हैं, 3000 मिमी वास्तविक लंबाई के लिए, ड्राइंग पर लंबाई $3000 \times 1/20 = 150$ मिमी और 4500 मिमी की वास्तविक लंबाई के लिए, ड्राइंग पर लंबाई $4500 \times 1/20 = 225$ मिमी होगी।

अब, 150 मिमी × 225 मिमी ड्राइंग, आसानी से ए 3 आकार की ड्राइंग शीट, (297 मिमी × 420 मिमी) के अंदर आ सकती है। इसलिए आप आर.एफ.= 1/20 का चयन करें।

यदि आपने ऑटोकैड में वास्तविक आकार की ड्राइंग बनाई है, तो प्रिंट करने से पहले, प्लॉट मॉडल डायलॉग बॉक्स में, आपको स्केल का मान (1/20) के रूप में निर्दिष्ट करना होगा।

1.3.4 इंजीनियर पैमाना या आर्किटेक्ट पैमाना

ऑटोकैड जैसे ड्राफ्टिंग सॉफ्टवेयर की उपलब्धता के साथ, ड्राइंग की मैनुअल ड्राफ्टिंग अब अप्रचलित हो गई है। नतीजतन, इंजीनियर का पैमाना या आर्किटेक्ट का पैमाना, जो मैनुअल ड्राइंग बनाने के लिए उपयोग किया जाता है, भी फैशन से बाहर हो गया है। लेकिन फिर भी, स्केल और स्केल फैक्टर की आपकी समझ को विकसित करने में, इंजीनियर के पैमाने की अवधारणा उपयोगी है।

एक सामान्य स्केल (लंबाई मापने का उपकरण) के साथ, यदि आप आर.एफ. के एक विशेष मान, मान लीजिए (1/20), के साथ, कागज पर मैन्युअल रूप से एक छोटी की हुई (Reduced) ड्राइंग बनाने का प्रयास करते हैं, तो प्रत्येक रैखिक आयाम को पहले 20 से विभाजित करना होगा, और फिर प्राप्त लंबाई की रेखा को एक स्केल द्वारा खींचा जाता है। बार-बार गणना करने की प्रक्रिया को दोहराने के कारण इसमें समय लगता है, और आपकी ऊर्जा बर्बाद होती है। गणना की यह दोहराव प्रक्रिया, एम3 इंजीनियर के पैमाने के उपयोग द्वारा आसानी से स्वचालित की जा सकती है,

जैसा कि चित्र 1.25 में दिखाया गया है। M3 इंजीनियर के पैमाने में दो कम करने वाले पैमाने होते हैं, एक तरफ आर.एफ.=1/20 का और दूसरी तरफ आर.एफ.=1/10 का । यदि आप आर.एफ.=1/20 के अपचायक पैमाने (Reducing Scale) से 100 सेमी लंबाई की एक रेखा खींचते हैं, तो, यह वास्तव में लंबाई (100/20) = 5 सेमी (चित्र 1.25 देखें) की एक रेखा है।

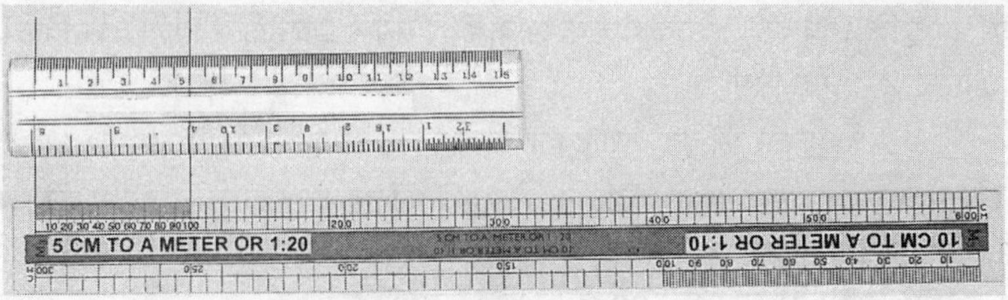

चित्र 1.25: पूर्ण आकार के पैमाने के साथ M3 कम करने वाले पैमाने (एक तरफ R.F 1/20 और दूसरी तरफ R.F 1/10) की तुलना

इसलिए आप इंजीनियर के पैमाने को उस पैमाने के रूप में परिभाषित कर सकते हैं जो स्वचालित रूप से एक अनुपात में दूरियों को कम या बड़ा करता है, जिसका मान पैमाने पर मुद्रित R.F के बराबर है।

तालिका 1.5: इंजीनियरिंग स्केल का सामान्य रूप से उपलब्ध सेट

नाम	प्रतिनिधि भिन्न (R.F.)
एम1	1:1,1:2
एम2	1:5,1:2.5
एम3	1:10,1:20
एम4	1:50,1:100
एम5	1:200,1:500
एम6	1:300, 1:600
एम7	1:400,1:800
एम8	1:1000,1:2000

1.3.5 ग्राफिकल पैमाना

ग्राफिकल पैमाना, ड्राइंग शीट पर ही खींचा गया पैमाना है। जब आप R.F. के गैर-मानक मान का उपयोग कर रहे हैं, जिसके लिए इंजीनियर का पैमाना उपलब्ध नहीं है, तो आप पहले ड्राइंग शीट पर ही आर.एफ. के आवश्यक मान का एक ग्राफिकल स्केल बनाते हैं। यह आपको गणना के बिना आर.एफ. के दिए गए मान के साथ चित्र बनाने में मदद करता है।

आप पर्यटक मानचित्रों और सर्वेक्षण मानचित्रों पर ग्राफिकल स्केल भी देख सकते हैं। वहां तैयार किए गए ग्राफिकल स्केल का मुख्य लाभ यह है कि आप मानचित्र पर मुद्रित ग्राफिकल स्केल की सहायता से मानचित्र पर दो स्थानों ए और बी के बीच वास्तविक दूरी को सीधे माप सकते हैं।

अब दो प्रकार के ग्राफिकल पैमाने पर चर्चा की जाएगी,

1. सादा पैमाना
2. विकर्ण पैमाना

Scale (स्केल)

सादा पैमाना

एक ग्राफिकल पैमाना, जो केवल दो इकाइयों या एक इकाई और उसके सबयूनिट को दर्शाता है, या केवल एक इकाई और इकाई के गुणकों को दर्शाता है, एक सादा पैमाना कहलाता है। नीचे दी गई उदाहरण समस्या, ग्राफिकल प्लेन स्केल बनाने की अवधारणा और प्रक्रिया की व्याख्या करती है।

विकर्ण पैमाना

उदाहरण 1.1 में, यदि आपको 17.4 किमी मापने के लिए कहा जाता है, तो आपको चित्र 1.26 में खींचे गए ग्राफिकल प्लेन स्केल द्वारा इसे मापना मुश्किल होगा। तैयार किया गया सादा पैमाना, कम से कम 1 किमी की गणना करता है, और इसलिए यह 17 किमी या 18 किमी को माप सकता है, लेकिन यह 17.4 किमी नहीं माप सकता है। 0.1 किमी की कम से कम गिनती मापने के लिए, आपको एक ग्राफिकल विकर्ण पैमाना बनाना होगा।

विकर्ण पैमाना तीन इकाइयों, यानी इकाई, उप इकाई और उप-उप इकाई या 10 इकाइयों, 1 इकाइयों और 0.1 इकाई या किसी अन्य समान संयोजन में दूरियों को मापने में मदद करता है। नीचे दी गई निदर्शी समस्या 1.2 ग्राफिकल विकर्ण स्केल बनाने के सिद्धांत और प्रक्रिया की व्याख्या करती है।

हल किए गए प्रश्न (बढ़ती कठिनाई स्तर के साथ)

उदाहरण 1.2: *मुंबई के पर्यटन मानचित्र पर, वास्तविक दूरी के 10 किमी को मानचित्र पर 5 सेमी लंबाई द्वारा दर्शाया गया है। मानचित्र आरेखण का प्रतिनिधि अंश क्या है? 30 किमी तक और कम से कम १ किमी को पढ़ने के लिए मानचित्र पर एक सादा पैमाना बनाएं। पैमाने पर चिह्नित 17 किमी की दूरी दिखाएं।*

समाधान:

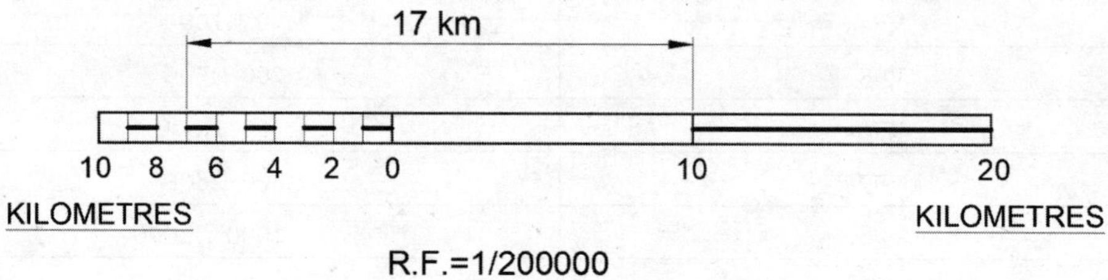

चित्र 1.26: उदाहरण 1.2 के लिए रेखाचित्र

$$\text{एक ड्राइंग का प्रतिनिधि अंश} = \frac{\text{ड्राइंग पर दो बिंदुओं A और B के बीच की दूरी}}{\text{बिंदु A और B के बीच की वास्तविक दूरी}}$$

$$\text{एक ड्राइंग का प्रतिनिधि अंश} = \frac{5 \text{ cm}}{10 \text{ km}} = \frac{5 \text{ cm}}{10 \times 1000 \times 100 \text{ cm}} = \frac{1}{200000}$$

अब ड्राइंग का आर.एफ. और सादे पैमाने का आर.एफ., उस चित्र के तत्वों को बनाने या मापने के लिए हमेशा समान होता है।

$$\text{सादे पैमाने का प्रतिनिधि अंश} = \frac{\text{सादे पैमाने की लंबाई}}{\text{मापी जाने वाली वास्तविक लंबाई}}$$

=> सादे पैमाने की लंबाई = सादे पैमाने का प्रतिनिधि अंश $\times$ मापी जाने वाली वास्तविक लंबाई

$$\Rightarrow \text{सादे पैमाने की लंबाई} = \frac{1}{200000} \times 30 \text{ km} = \frac{1}{200000} \times 30 \times 1000 \times 100 \text{ cm} = 15 \text{ cm}$$

1. 15 सेमी लंबा एक रेखाखंड खींचिए और उसे ३ बराबर भागों में बाँटिए।
   (**तर्क:**– ड्राइंग पर 15 सेमी की दूरी, 30 किमी की वास्तविक दूरी का प्रतिनिधित्व करती है, और इसलिए आप इसे 3 बराबर भागों में विभाजित करते हैं, प्रत्येक भाग 10 किमी की दूरी को 200000 गुना कम करता है।)
2. प्रथम भाग के अंत में 0 अंकित करें, और बाद के विभाजनों के अंत में इसके दाईं ओर 10 और 20 अंकित करें। प्रथम भाग को 10 बराबर भागों में विभाजित करें, प्रत्येक भाग 1 किमी की दूरी को 200000 गुना कम करता है। प्रथम भाग पर, 1 से 10 तक किलोमीटर को 0 से शुरू करके बाईं ओर ले जाएं।
   (**तर्क:**– प्रथम भाग के प्रारंभ में 0 अंकित नहीं है, परन्तु प्रथम भाग के अंत में अंकित है। लाभ यह है कि सभी 3 भागों को 10 बराबर भागों में विभाजित करने की आवश्यकता नहीं है। केवल प्रथम भाग को 10 बराबर भागो में विभाजित करने की आवश्यकता है। चाहे आप 17 किमी या 7 किमी या 27 किमी मापना चाहते हैं, यह इस तकनीक से आसानी से किया जा सकता है।)
3. पैमाने को 3 मिमी से 6 मिमी की ऊँचाई के आयत के रूप में दिखाएँ, और माप में आसानी के लिए, एक एक विभाजन छोड़कर विभाजनों में मोटी और गहरी क्षैतिज रेखाएँ बनाएँ। चित्र 1.26 में दर्शाए अनुसार 17 किमी की दूरी को चिह्नित करें।

उदाहरण 1.3: मुंबई के पर्यटन मानचित्र पर, 10 किमी की वास्तविक दूरी, मानचित्र पर 5 सेमी लंबाई द्वारा प्रदर्शित की जाती है। मानचित्र आरेखण का प्रतिनिधि भिन्न क्या है? 30 किमी तक पढ़ने के लिए मानचित्र पर एक विकर्ण पैमाना बनाएं, और कम से कम 0.1 किमी की गिनती के साथ। पैमाने पर चिह्नित 17.4 किमी की दूरी दिखाएं।

समाधान

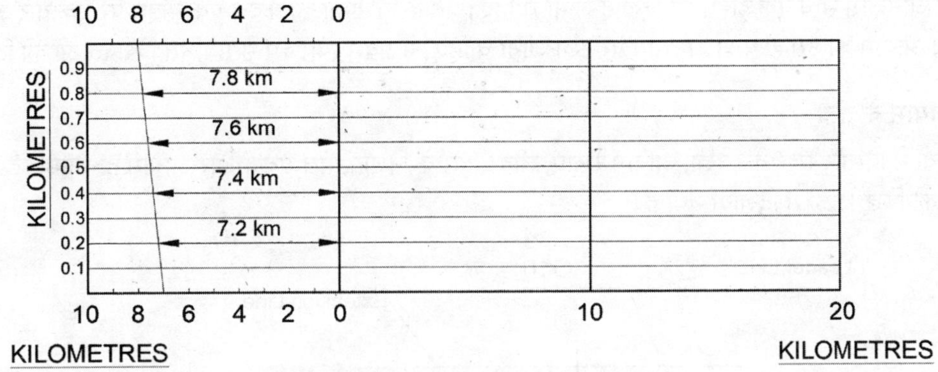

R.F.=1/200000

चित्र 1.27: उदाहरण 1.3 के लिए रेखाचित्र (1)

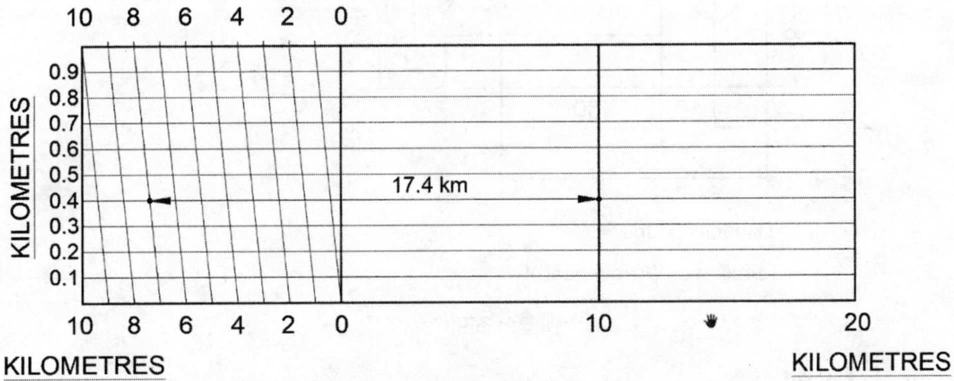

R.F.=1/200000

चित्र 1.28: उदाहरण 1.3 के लिए रेखाचित्र (2)

चित्र 1.27, विकर्ण पैमाने के सिद्धांत की व्याख्या करता है, अर्थात, एक विकर्ण पैमाने में आप सूक्ष्म दूरी को कैसे माप सकते हैं, जिसे सादे पैमाने से नहीं मापा जा सकता है। लाइन सेगमेंट 00 और लाइन सेगमेंट 78 का निरीक्षण करें। जैसे ही आप नीचे से ऊपर की ओर जाते हैं, दो-लाइन सेगमेंट के बीच क्षैतिज दूरी 7 किमी से बढ़कर 8 किमी (R.F. = 1/200000) हो जाती है। क्षैतिज स्तर 0.1 पर रेखा खंड 00 और रेखा खंड 78 के बीच की दूरी 7.1 किमी (आरएफ = 1/200000) है। क्षैतिज स्तर 0.4 पर रेखा खंड 00 और रेखा खंड 78 के बीच की दूरी 7.4 किमी (आर.एफ. = 1/200000) और इसी तरह अन्य दूरियां भी है।

चित्र 1.28 समाधान है। बिंदु 10 से बाईं ओर एक ऊर्ध्वाधर रेखा खींचिए, और इसे 10 बराबर भागों में विभाजित कीजिए, क्योंकि लीस्ट काउंट 0.1 किमी होना आवश्यक है। (यदि लीस्ट काउंट 0.2 किमी आवश्यक होती तो आप बिंदु 10 से बाईं ओर खड़ी रेखा को केवल 5 बराबर भागों में विभाजित करते)। क्षैतिज स्तरों को 0.1, 0.2….. 0.9,1 के रूप में चिह्नित करें। आयत और सभी स्तरों के लिए क्षैतिज रेखाएँ खींचिए। विकर्ण पैमाना अब पूरा हो गया है।17.4 किमी की दूरी को मापने के लिए, बस 0.4 के क्षैतिज स्तर पर जाएं और दूरी को चित्र 1.28 में दिखाए अनुसार मापें।

1.4 आयाम तकनीक

आयाम एक ड्राइंग में विभिन्न भागों के आकार और स्थानों का वर्णन करने की एक तकनीक है। यह माप की उपयुक्त इकाइयों में व्यक्त एक संख्यात्मक मान है। किसी वस्तु की ज्यामितीय विशेषताओं को परिभाषित करने के लिए रेखाओं, प्रतीकों और पाठ के साथ एक चित्र पर इसकी पहचान की जाती है। किसी भाग या घटक को स्पष्ट रूप से और पूरी तरह से परिभाषित करने के लिए आवश्यक सभी आयामी जानकारी सीधे एक ड्राइंग पर दिखाई जानी चाहिए। प्रत्येक विशेषता को केवल एक ड्राइंग पर एक बार आयाम दिया जाना चाहिए। आयाम को उस दृश्य या अनुभाग पर रखा जाना चाहिए जो सबसे स्पष्ट रूप से संबंधित विशेषताओं को दिखाता है।

1.4.1 आयाम के तत्व

आयाम के तत्वों में विस्तार रेखा, केंद्र रेखा, आयाम रेखाएं, लीडर, तीर के निशान, मूल संकेत और आयाम ही शामिल हैं। आयाम के विभिन्न तत्वों को चित्र 1.29 में दिखाया गया है।

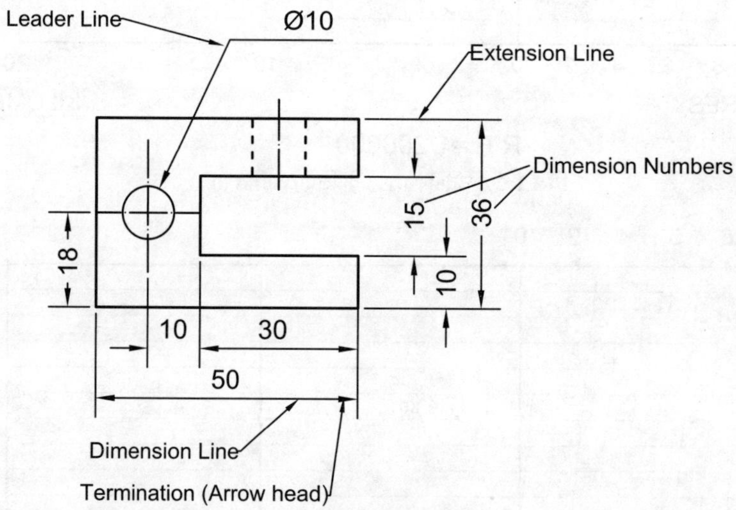

चित्र 1.29: आयाम के तत्व

1.4.2 आयाम की विधियाँ

आयाम देने की दो विधियाँ हैं। बीआईएस (एसपी 46:2003) में अनुशंसित निम्न विधियों में से एक के अनुसार आयामों को एक ड्राइंग पर दर्शाया गया है।

विधि 1- संरेखित प्रणाली (एलाइंड)

इस प्रणाली में, सभी आयामों को मध्य के पास और आयाम रेखाओं के ऊपर रखा जाता है जो बिना किसी विराम के खींची जाती हैं और उनके समानांतर लिखी जाती हैं। विमीय मान इस प्रकार इंगित किया जाता है कि उन्हें क्षैतिज आयामों के लिए नीचे से और ऊर्ध्वाधर आयामों के लिए दाईं ओर से पढ़ा जा सकता है। चित्र (1.30) आयाम की इस विधि को दिखाता है।

विधि 2- यूनिडायरेक्शनल प्रणाली

इस प्रकार की प्रणाली में, दी गई ड्राइंग-शीट के नीचे की ओर से आयाम पठनीय होते हैं। आयाम डालने के लिए आयाम रेखाएं बीच में टूट जाती हैं। चित्र (1.31) आयाम की इस विधि को दिखाता है। आयाम की यह प्रणाली आम तौर पर बड़े आकार के ड्राइंग पर उपयोग की जाती है, जहां दाहिनी ओर से आयामों को पढ़ना सुविधाजनक नहीं होता है।

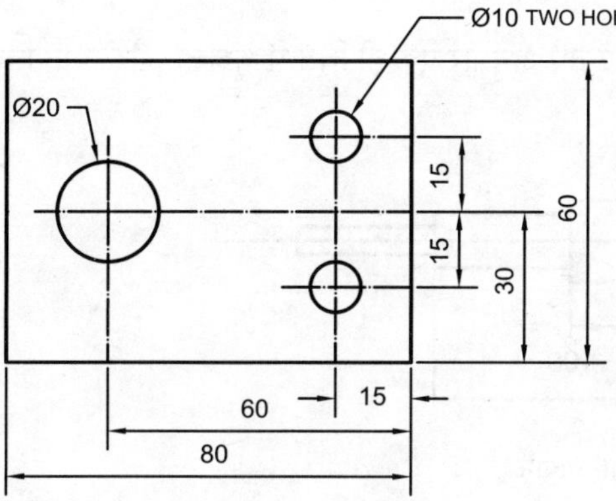

चित्र 1.30: आयाम की संरेखित प्रणाली

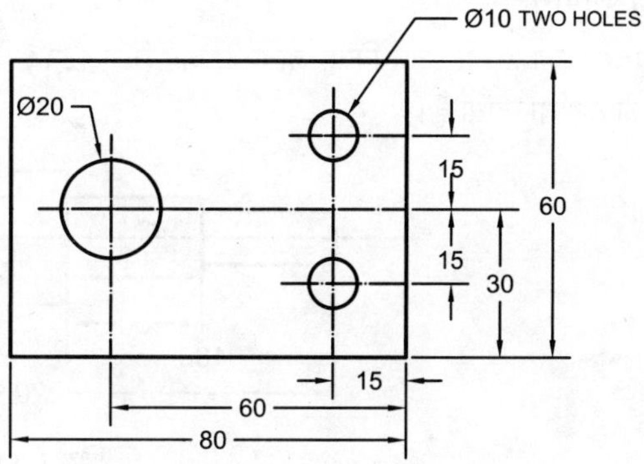

चित्र 1.31: आयाम की यूनिडायरेक्शनल प्रणाली

1.4.3 आयामों की व्यवस्था

श्रृंखला आयाम

इस व्यवस्था में, आयाम रेखाएँ एक श्रृंखला की तरह खींची जाती हैं ताकि क्रमिक तीर एक दूसरे को स्पर्श करें जैसा कि चित्र 1.32 में दिखाया गया है। इसे निरंतर आयाम के रूप में भी जाना जाता है।

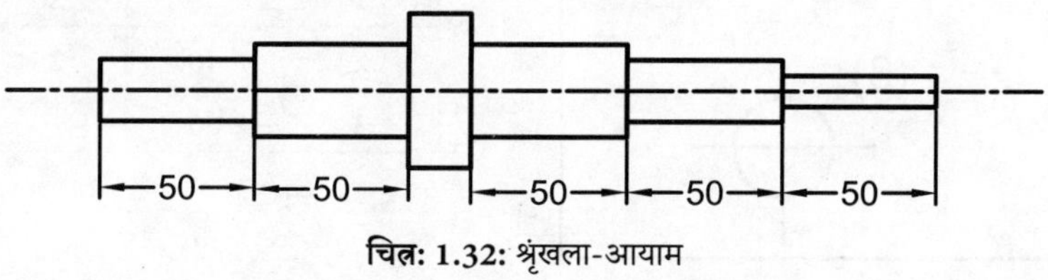

चित्र: 1.32: श्रृंखला-आयाम

समानांतर आयाम

इस प्रकार की व्यवस्था का उपयोग तब किया जाता है जब कई आयाम रेखाएं एक दूसरे के समानांतर और क्रमिक रूप से एक दूसरे के नीचे होती हैं। यह एक कॉमन डेटम से कई आयामों को प्रगतिशील तरीके से संदर्भित करने में मदद करता है जैसा कि चित्र 1.33 में दिखाया गया है।

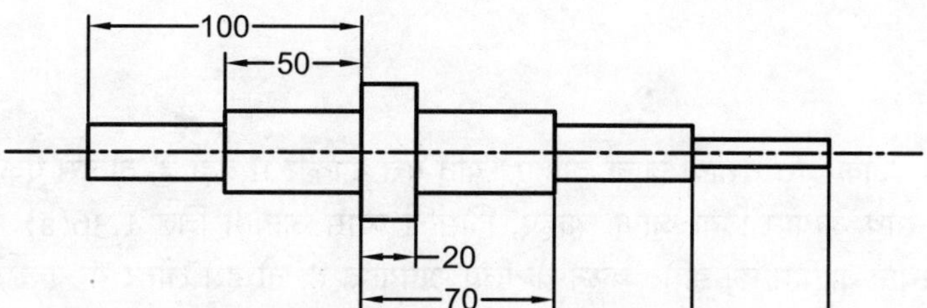

चित्र 1.33: श्रृंखला-आयाम

संयुक्त आयाम

इस व्यवस्था का उपयोग तब किया जाता है, जब चित्र 1.34 में दिखाए गए अनुसार एक ही चित्र में श्रृंखला और समानांतर आयाम दोनों को दर्शाया जाता है।

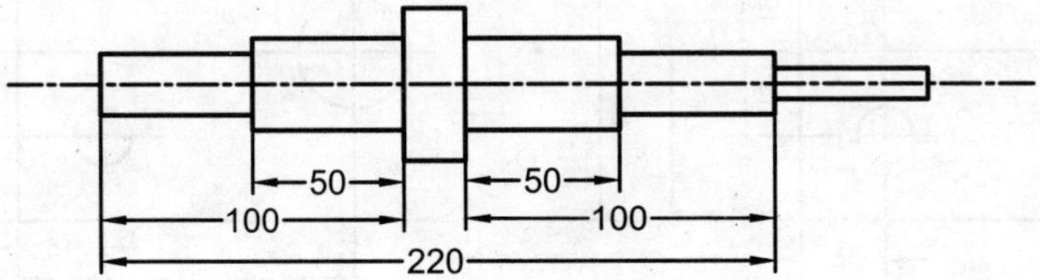

चित्र 1.34: श्रृंखला-आयाम

निर्देशांक द्वारा आयाम

इस प्रकार के आयाम में, अन्य आयाम शैलियों के स्थान पर एक तालिका का उपयोग किया जा सकता है। यह विधि तब उपयोगी होती है जब विभिन्न आकारों के कई छेदों को आयाम देना होता है। चित्र 1.35 निर्देशांकों द्वारा विमाओं को दर्शाता है।

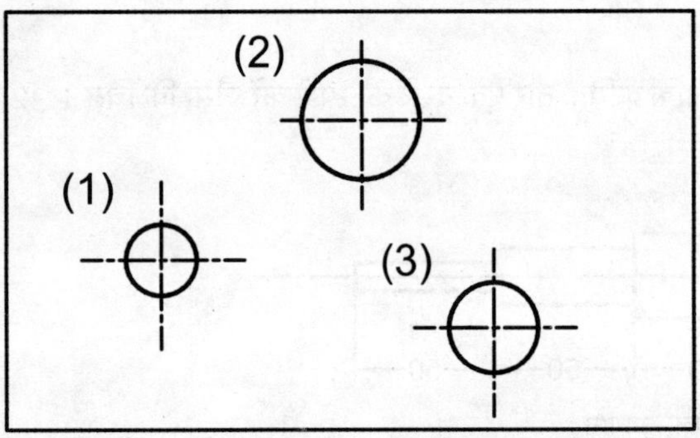

	X	Y	Ø
1	20	20	10
2	40	25	20
3	60	10	15

चित्र 1.35: निर्देशांक द्वारा आयाम

1.4.4 कुछ सामान्य फीचर को आयाम देने के उदाहरण

इंजीनियरिंग ड्राइंग में कुछ सामान्य फीचर जैसे वृत्त, त्रिज्या, जीवा और छोटे चाप, कोण आदि का उपयोग विभिन्न आकारों के साथ किया जाता है। इन सामान्य फीचर पर आयामों को इंगित करने संबंधी कुछ उदाहरण दिखाए गए हैं।

आयाम-I

वृत का आयाम

एक वृत्त के आयाम को ø प्रतीक द्वारा दर्शाया जाना चाहिए। यदि वृत्त आकार में बड़ा है, तो इसे एक कोण पर वृत्त पर खींची गई एक आयाम रेखा के साथ आयाम दिया जाना चाहिए, जिसका व्यास आयाम चित्र 1.36(a) में दिखाया गया है। यदि सर्कल के अंदर उपलब्ध स्थान आयाम को इंगित करने के लिए अपर्याप्त है, तो इसे लीडर या एक्सटेंशन लाइनों का उपयोग करके आयाम दिया जा सकता है जैसा कि चित्र 1.36(b) में दिखाया गया है। यदि छोटे व्यास के छिद्रों के मामले में तीर के सिरों को अंदर रखने के लिए स्थान अपर्याप्त है, तो व्यास को आयाम दिया जा सकता है जैसा कि चित्र 1.36(c) में दिखाया गया है। चित्र 1.36(a), (b) और (c) में दिखाए गए अनुसार आकार के आधार पर सर्कल को किसी एक तरीके से आयाम दिया जाना चाहिए।

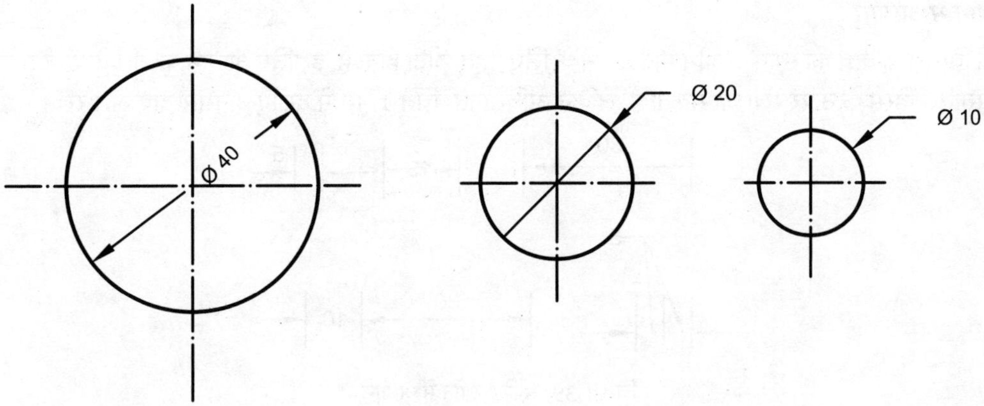

चित्र 1.36: वृत्त का आयाम

त्रिज्या का आयाम

एक त्रिज्या के आयाम को 'R' अक्षर द्वारा दर्शाया जाना चाहिए। जहाँ तक संभव हो, त्रिज्या की आयाम रेखा चाप के केंद्र से होकर गुजरनी चाहिए। छोटी त्रिज्या को आयाम देते समय, तीर को उलटा किया जा सकता है। त्रिज्या इंगित करने वाले लीडर को हमेशा रेडियल रेखाएं होनी चाहिए। त्रिज्या को चित्र 1.37 में दिखाए गए तरीकों में से किसी एक से आयाम दिया जाना चाहिए।

आयाम-II

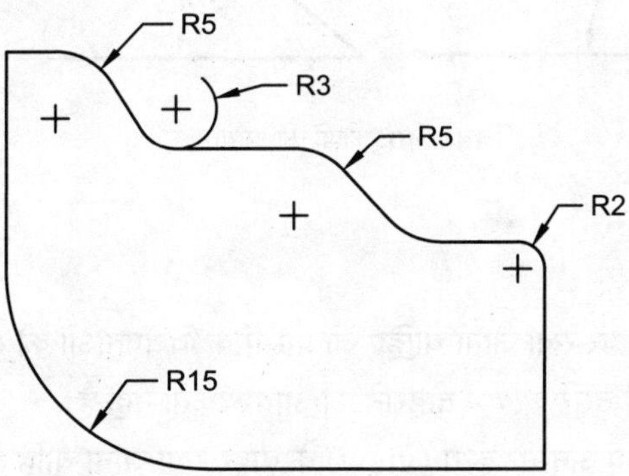

चित्र 1.37: त्रिज्या का आयाम

जीवा और चाप की लंबाई का आयाम

चित्र 1.38(a) और 1.38(c) जीवाओं और चापों को आयाम देने की विधि को दर्शाता है।

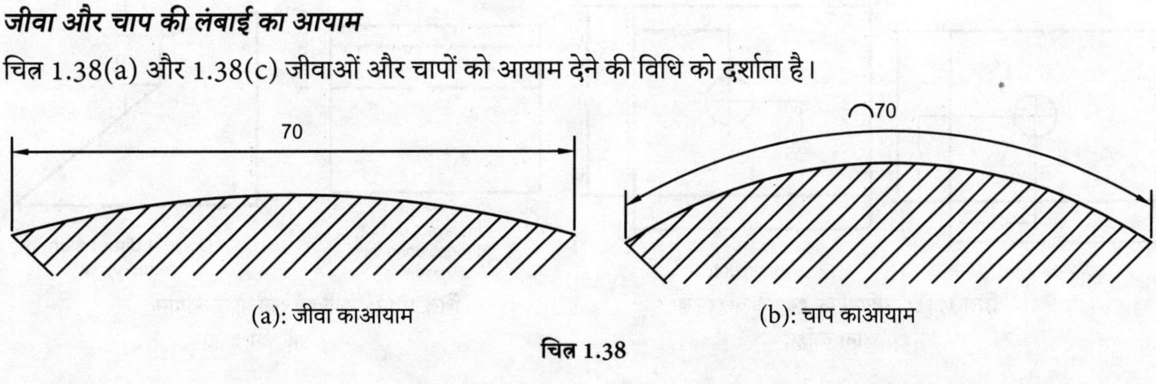

(a): जीवा काआयाम (b): चाप काआयाम

चित्र 1.38

संकीर्ण स्थान में आयाम

कभी-कभी विस्तार के बीच का स्थान आयाम मान डालने के लिए बहुत छोटा होता है, इसलिए आयाम को तीर के शीर्ष से परे आयाम रेखा के विस्तारित हिस्से के ऊपर रखा जा सकता है, लेकिन अधिमानतः चित्र 1.39 में दर्शाए अनुसार दाएं और रखें।

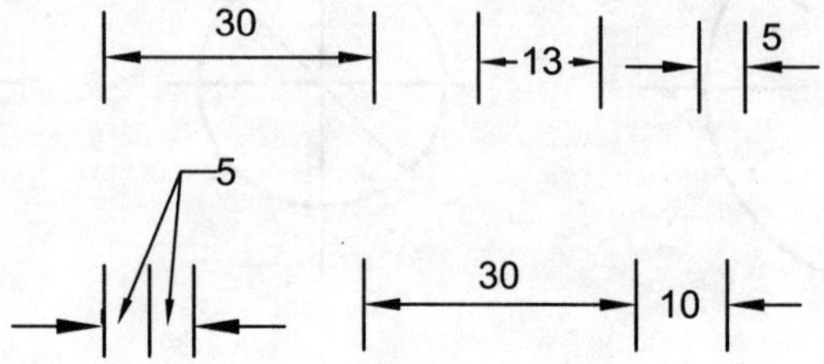

चित्र 1.39: संकीर्ण स्थान में आयाम

कोणों का आयाम

कोण आमतौर पर डिग्री में इंगित किए जाते हैं। विभिन्न कोणों को चित्र 1.40 में दर्शाए अनुसार किसी भी एक विधि द्वारा विमापित किया जाना चाहिए।

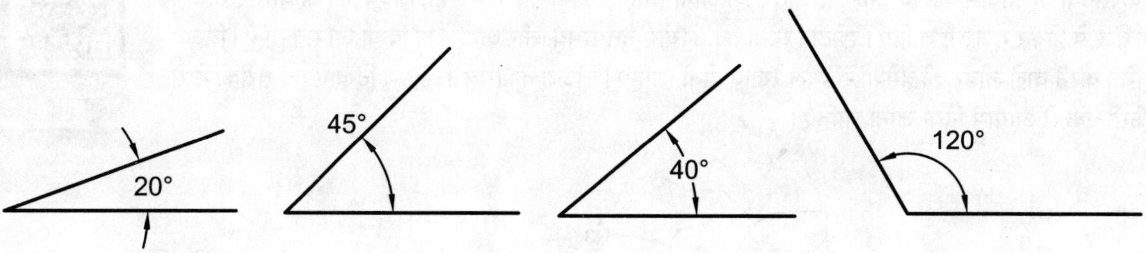

चित्र 1.40: कोणों का आयाम

1.4.5 आयाम के लिए सामान्य नियम

आयाम के लिए कुछ नियम नीचे दिए गए हैं:

1. आयामों को उस दृश्य (view) पर रखा जाना चाहिए जो प्रासंगिक विशेषताओं को स्पष्ट रूप से दिखाता है।
2. एक दृश्य में चिह्नित आयामों को दूसरे दृश्य में दोहराने की आवश्यकता नहीं है।
3. आयामों को चित्र 1.41 में दर्शाए अनुसार दृश्य (view) के बाहर रखा जाना चाहिए।
4. आयाम को छिपी हुई रेखाओं से नहीं लिया जाना चाहिए जैसा कि चित्र 1.42 में दिखाया गया है।

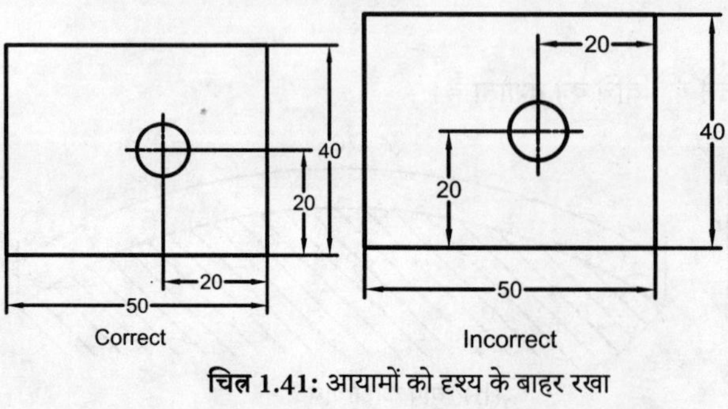

चित्र 1.41: आयामों को दृश्य के बाहर रखा जाना चाहिए

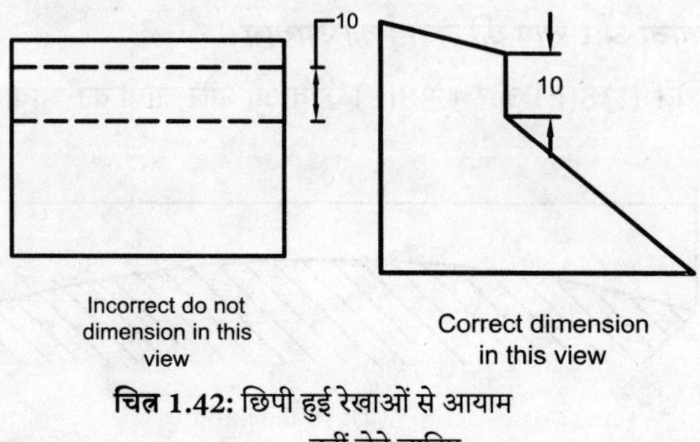

चित्र 1.42: छिपी हुई रेखाओं से आयाम नहीं लेने चाहिए

5. आयाम एक आधार रेखा, छेद की एक केंद्र रेखा या एक तैयार सतह से दिए जाने चाहिए। एक केंद्र रेखा के आयाम से बचा जाना चाहिए, सिवाय इसके कि जब केंद्र रेखा छेद के केंद्र से होकर गुजरती है। जैसा कि चित्र 1.43 में दिखाया गया है।

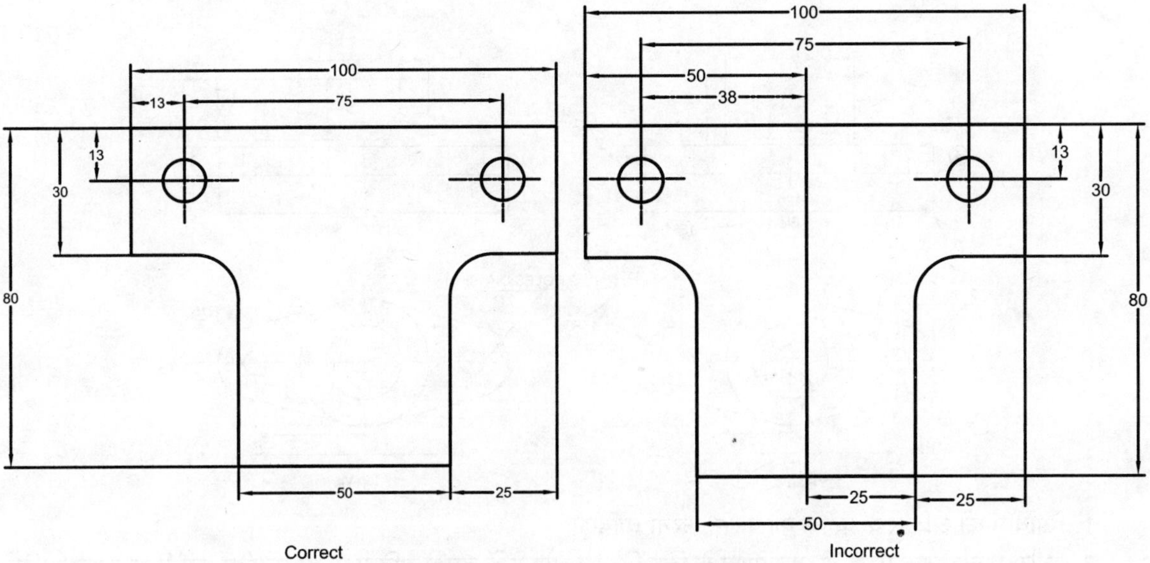

चित्र 1.43: आयाम का सही एवं गलत तरीका

6. जितना हो सके आयाम रेखाओं को पार करने से बचना चाहिए।
7. आयाम की संरेखित प्रणाली की अनुशंसा की जाती है।

तीर का शीर्ष (एरोहेड्स) का आरेखण

1. तीर के शीर्ष मुक्त हाथ खींचे जाते हैं।
2. तीर का शीर्ष आयाम रेखा के बारे में सममित होना चाहिए।
3. तीर का सिरा खुला या ठोस हो सकता है जो कि चित्र 1.44 में दिखाए गए तीर के सिरे के ठोस या खुले होने पर निर्भर करता है।
4. तीर का शीर्ष का आकार ड्राइंग लाइनों की मोटाई और ड्राइंग के आकार के अनुपात में होना चाहिए। आम तौर पर, इसकी लंबाई गहराई से लगभग तीन गुना होती है। चित्र 1.45 देखें।

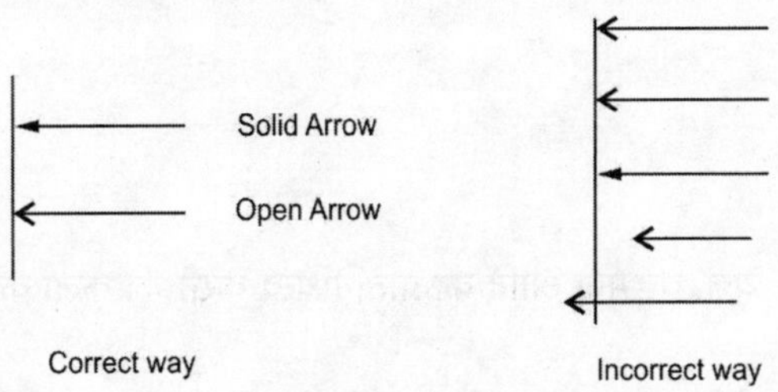

चित्र 1.44: ठोस और खुला तीर

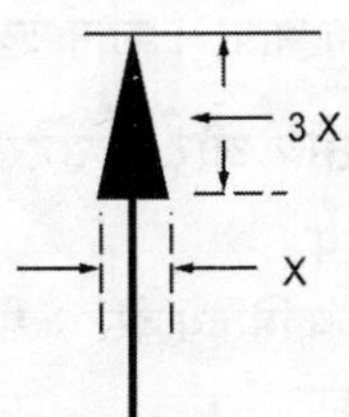

चित्र 1.45: एरोहेड का आकार

उदाहरण 1.4: *ड्राइंग के कुछ सिद्धांतों का उल्लंघन निम्नलिखित आकृति में दर्शाया गया है। समाधान में बीआईएस एसपी 46-2003 के अनुसार इसका सही संस्करण दिया गया है। चित्र में दर्शाए गए 1 से 16 तक के उल्लंघनों की व्याख्या नीचे की गई है।*

समाधान

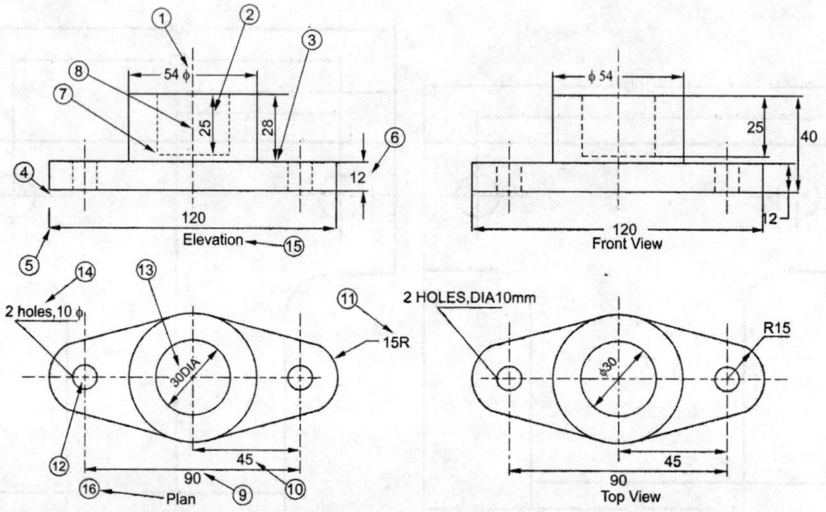

1. आयाम को आकार के प्रतीक का पालन करना चाहिए।
2. और 3. जहां तक संभव हो, डायमेंशन के लिए विस्तार लाइनों के रूप में सुविधाओं का उपयोग नहीं किया जाना चाहिए।
4. एक्सटेंशन लाइन को फीचर को छूना चाहिए।
5. विस्तार रेखा को आयाम रेखा से परे प्रोजेक्ट करना चाहिए।
6. आयाम लिखना संरेखित पद्धति के अनुसार नहीं है।
7. छिपी हुई रेखाएं बिना अंतराल के मिलनी चाहिए।
8. केंद्र रेखा प्रतिनिधित्व गलत है। डॉट्स को छोटे डैश से बदला जाना चाहिए।
9. संरेखित और एक-दिशा दोनों विधियों में आयाम के मान को सम्मिलित करने के लिए क्षैतिज आयाम रेखा को तोड़ा नहीं जाना चाहिए।
10. आयाम को आयाम लाइन के ऊपर रखना चाहिए।
11. आयाम से पहले त्रिज्या चिन्ह होना चाहिए।
12. केंद्र रेखा को लंबे डैश के साथ पार करना चाहिए, न कि छोटे डैश के साथ।
13. आयाम को प्रतीक द्वारा उसके मूल्यों के बाद लिखा जाना चाहिए न कि संक्षेप में।
14. विमाओं के साथ नोट को बड़े अक्षरों में लिखा जाना चाहिए।
15. ऊंचाई सही उपयोग नहीं है।
16. ग्राफिक भाषा में प्लान शब्द अप्रचलित है

1.5 ज्यामितीय और स्पर्शरेखा निर्माण

1.5.1 परिचय

एक कागज पर ज्यामितीय वस्तु जैसे त्रिभुज, आयत, वर्ग, वृत्त, बहुभुज आदि का प्रतिनिधित्व करने की कला को ज्यामितीय चित्र के रूप में जाना जाता है।

एक ड्राइंग तैयार करने की प्रक्रिया में, ऐसे कई अवसर होंगे जब एक या अधिक ज्यामितीय निर्माण का उपयोग करना आवश्यक होगा। ये निर्माण तकनीकें बिंदुओं, रेखाओं, कोणों और वक्र सतहों के अनुप्रयोग से संबंधित समस्या को हल करने में सहायक होंगी।

1.5.2 परिभाषा

शब्दों की परिभाषा

बिंदु: एक बिंदु की स्थिति होती है लेकिन कोई परिमाण नहीं होता है या रेखाओं के प्रतिच्छेदन का स्थान बिंदु कहलाता है।

चित्र 1.46 में एक बिंदु को दो रेखाओं (A) के प्रतिच्छेदन द्वारा, एक छोटी क्रॉस बार द्वारा एक रेखा (B), एक छोटे क्रॉस (C) द्वारा दर्शाया गया है।

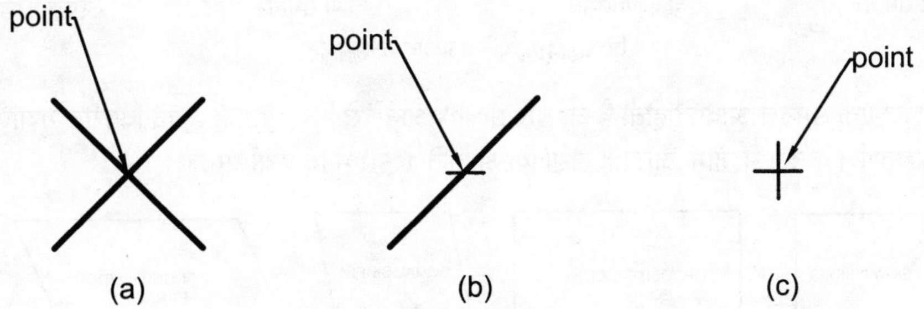

चित्र.1.46: बिंदु

रेखा:

1. एक सीधी रेखा दो बिंदुओं के बीच की सबसे छोटी दूरी है।
2. वक्र रेखा वह होती है जो एक बिंदु से दूसरे बिंदु पर अपनी दिशा बदलती है (देखिए आकृति 1.47)

कोण: एक कोण दो प्रतिच्छेदी रेखाओं से बनता है।

विभिन्न प्रकार के कोणों को चित्र 1.48 में दर्शाया गया है। तकनीकी ड्राइंग में उपयोग किए जाने वाले अधिकांश कोणों को मिनी ड्राफ्टर, टी-स्क्वायर या सीधे किनारे और त्रिकोण के साथ आसानी से खींचा जा सकता है। विषम कोण बनाने के लिए प्रोट्रैक्टर का प्रयोग करें।

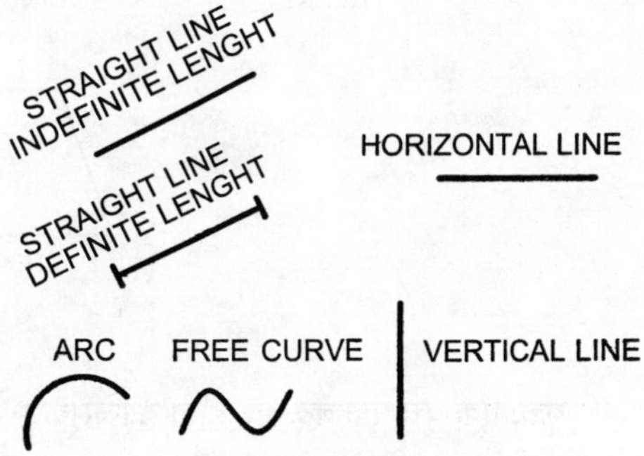

चित्र 1.47: रेखा के प्रकार

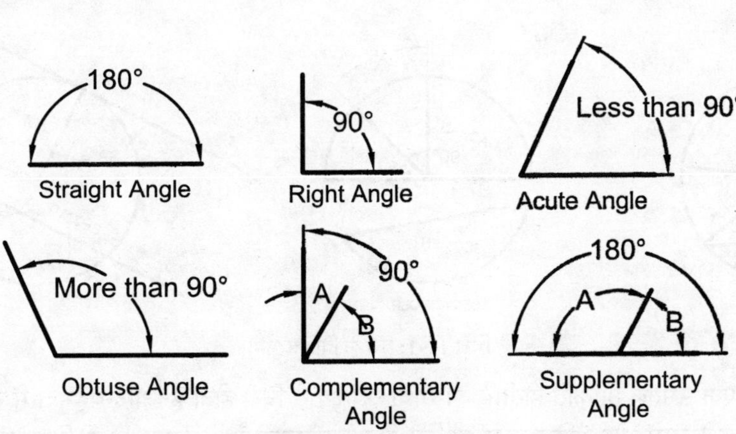

चित्र 1.48: कोणों के प्रकार

त्रिभुज: त्रिभुज तीन सीधी भुजाओं से घिरी एक समतल आकृति होती है और अंत: कोणों का योग हमेशा 180o होता है। विभिन्न प्रकार के त्रिभुजों को आकृति 1.49 में दिखाया गया है।

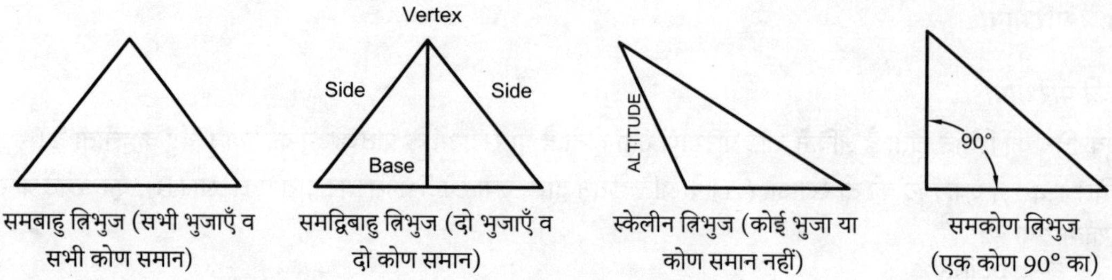

चित्र 1.49: विभिन्न प्रकार के त्रिभुज

चतुर्भुजः चतुर्भुज एक समतल आकृति होती है जो चार सीधी भुजाओं से घिरी होती है। यदि विपरीत भुजाएँ समानांतर हैं, तो चतुर्भुज को समांतर चतुर्भुज के रूप में जाना जाता है जैसा कि आकृति 1.50 में दिखाया गया है।

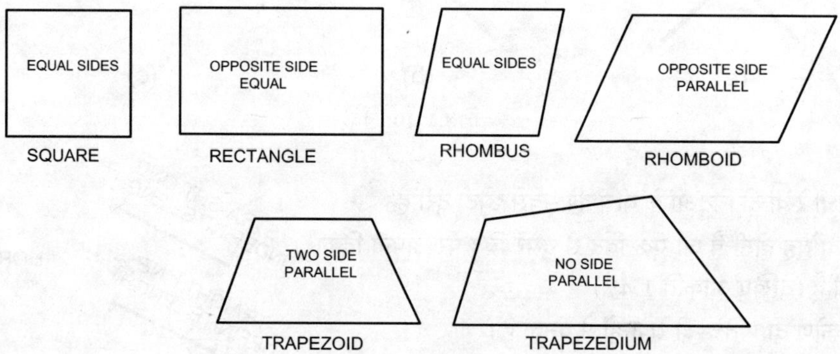

चित्र 1.50: चतुर्भुज के प्रकार

वृत्तः एक वृत्त एक बंद वक्र होता है जिसके सभी बिंदु केंद्र कहे जाने वाले बिंदु से समान दूरी पर होते हैं। वृत्तों के विभिन्न भागों को आकृति 1.51 में दिखाया गया है।

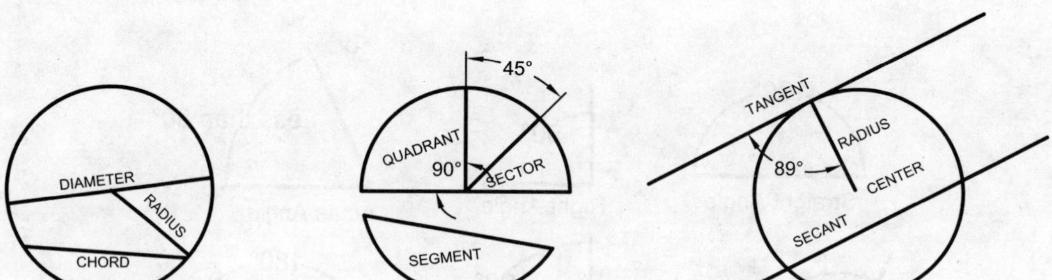

चित्र 1.51: वृत्त के विभिन्न भाग

बहुभुजः बहुभुज एक समतल आकृति होती है जो सीधी रेखाओं से घिरी होती है। यदि बहुभुज में समान कोण और समान भुजाएँ हैं, तो इसे एक वृत्त के चारों ओर अंकित या परिचालित किया जा सकता है। ऐसे बहुभुज को नियमित बहुभुज के रूप में जाना जाता है। विभिन्न प्रकार के बहुभुजों को चित्र 1.52 में दर्शाया गया है।

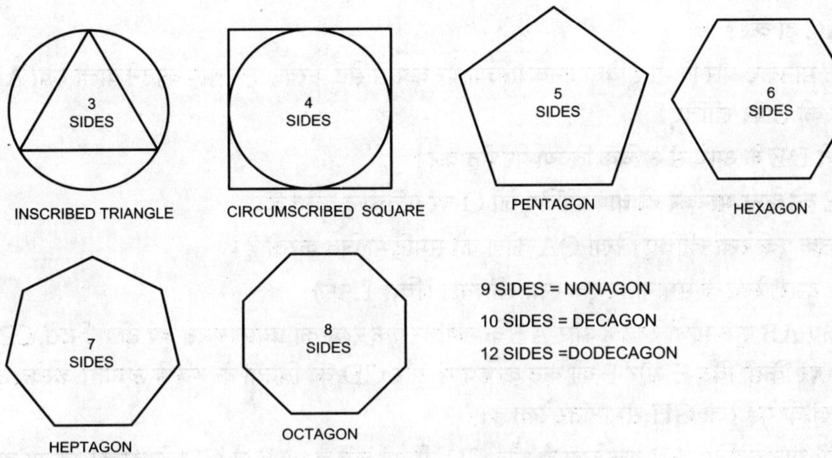

चित्र 1.52: विभिन्न प्रकार के बहुभुज

1.5.3 रेखाएं और कोण

किसी रेखा या चाप को समद्विभाजित करना। (चित्र1.53 देखें)

1. दी गई लंबाई की एक रेखा या चाप AB खींचिए
2. AB के आधे से अधिक किसी भी त्रिज्या के लिए कंपास सेट करें। A और B को केन्द्र मानकर

दो चाप खींचिए जो C पर प्रतिच्छेद करते हैं और दो चाप D पर प्रतिच्छेद करते हैं। जिस बिंदु पर रेखा CD, AB को पार करती है वह केंद्र है।

नोट: विभाजकों का उपयोग किसी रेखा को समद्विभाजित करने के लिए या उसे कई समान भागों में विभाजित करने के लिए किया जा सकता है।

एक कोण को समद्विभाजित करना। (चित्र1.54)

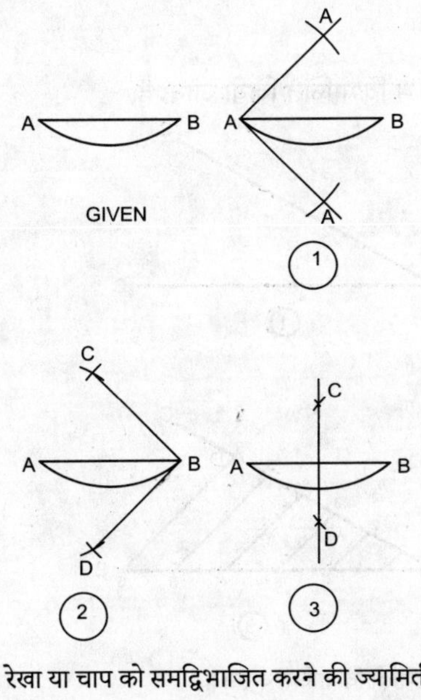

चित्र 1.53: रेखा या चाप को समद्विभाजित करने की ज्यामितीय विधि

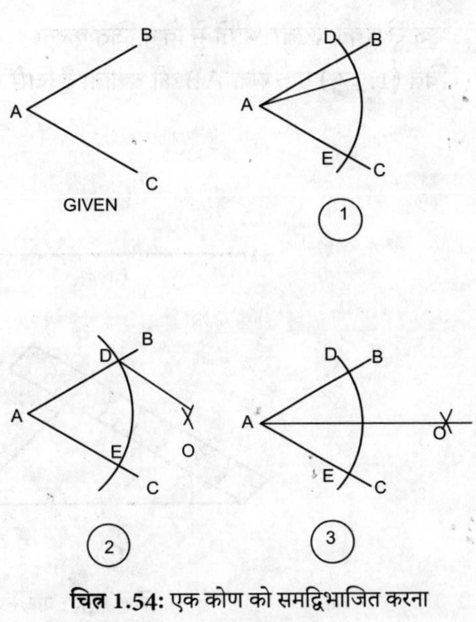

चित्र 1.54: एक कोण को समद्विभाजित करना

1. कोण BAC ड्रा करें।
2. A को केंद्र मानकर और किसी सुविधाजनक त्रिज्या पर कंपास सेट करके, एक चाप काटने वाली रेखा AB को D पर और रेखा AC को E पर खींचिए।
3. कम्पास को DE के आधे से अधिक त्रिज्या पर सेट करें।
4. D और E को केन्द्र मानकर दो चाप खींचिए जो Q पर प्रतिच्छेद करते हैं।
5. Q से A तक एक रेखा खींचिए। रेखा QA कोण को समद्विभाजित करती है।

दी गई दूरी पर दूसरी रेखा के समानांतर एक रेखा खींचना। (चित्र.1.55)

1. मान लीजिए AB एक सीधी रेखा है और AB के समांतर एक रेखा का प्रयोग करते हुए दी गई दूरी CD खींची जानी है। रेखा AB पर किसी बिंदु E और F को केंद्र के रूप में और CD को त्रिज्या के रूप में उपयोग करके, दो चाप खींचे। दो चापों पर खींची गई रेखा GH समानांतर रेखा है।
2. वक्र रेखाएँ: मान लीजिए AB वक्र रेखा है और CD दी गई दूरी है। AB से CD के बराबर त्रिज्या वाले चापों की एक श्रृंखला खींचिए। फ्रेंच वक्र की सहायता से इन चापों पर स्पर्श रेखा खींचिए। (चित्र. 1.56 देखें)

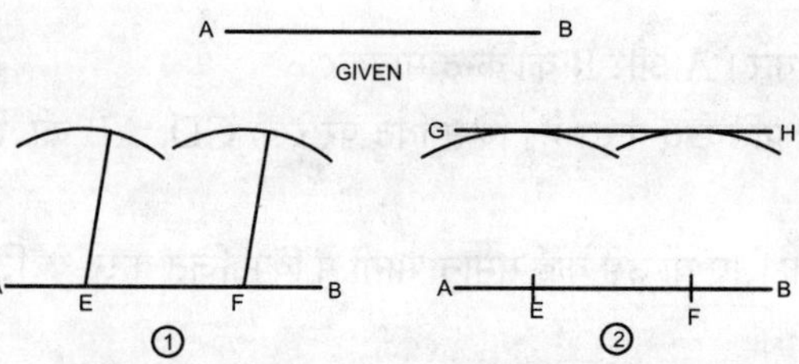

चित्र 1.55: दी गई दूरी पर दूसरी रेखा के समांतर एक रेखा खींचना

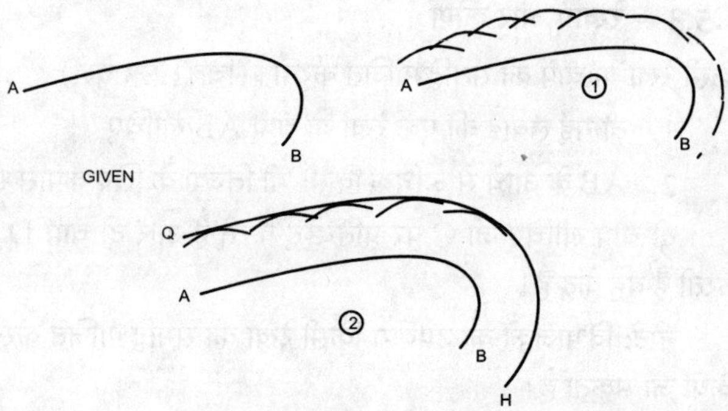

चित्र 1.56: घुमावदार समानांतर रेखाएँ खींचना

एक रेखा को बराबर भागों में विभाजित करना

चित्र (1.57.) एक रेखा AB को दर्शाता है जिसे छह बराबर भागों में विभाजित किया जाना है;

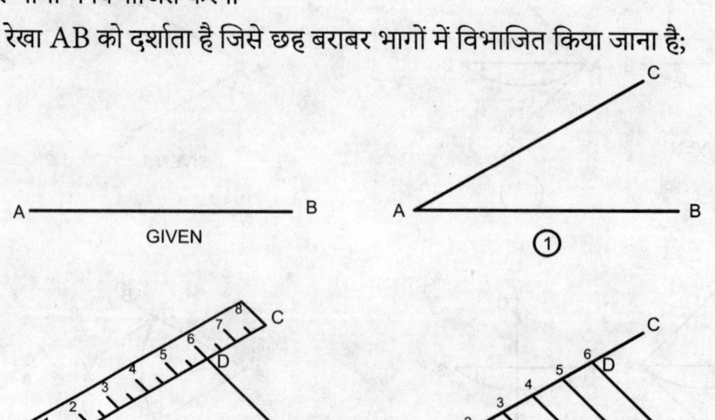

चित्र 1.57: एक रेखा को छह बराबर भागों में विभाजित करना

1. इस रेखा के एक सिरे से किसी सुविधाजनक कोण पर AC खींचिए।
2. लाइन AC पर A से शुरू होकर छह बराबर रिक्त स्थान या तो डिवाइडर या स्केल के साथ रखें।
3. अंतिम स्थान D के समापन बिंदु से, D को B से जोड़ने वाली एक रेखा खींचिए।
4. रेखा DB के समानांतर एक त्रिभुज के किनारे के साथ, रेखा AC पर बिंदुओं से रेखा AB तक रेखाएं खींचें। विभाजन बिंदु वहीं मिलेंगे जहां समांतर रेखाएं रेखा AB को काटती हैं।

1.5.4 परकार का उपयोग करके कोणों का निर्माण

60° का कोण बनाने के लिए।

AB आधार रेखा है, जैसा कि चित्र 1.58 में दिखाया गया है जिसमें A केंद्र है और कोई उपयुक्त त्रिज्या के साथ बिंदु C प्राप्त करने के लिए एक चाप खींचे। उसी त्रिज्या और बिंदु C को केंद्र के रूप में उपयोग करके, बिंदु D को चिन्हित करें। AD को मिलाएं। इस प्रकार प्राप्त कोण DAC 60° का होता है।

30° का कोण बनाने के लिए।

चित्र 1.59 में दिखाए गए अनुसार पिछली रचना की तरह 60° का कोण बनाइए। C और D को केंद्र मानकर और समान त्रिज्या AC से बिंदु E प्राप्त करने के लिए एक चाप खींचे । AE को मिलाइए। इस प्रकार प्राप्त कोण EAC 30° का होता है।

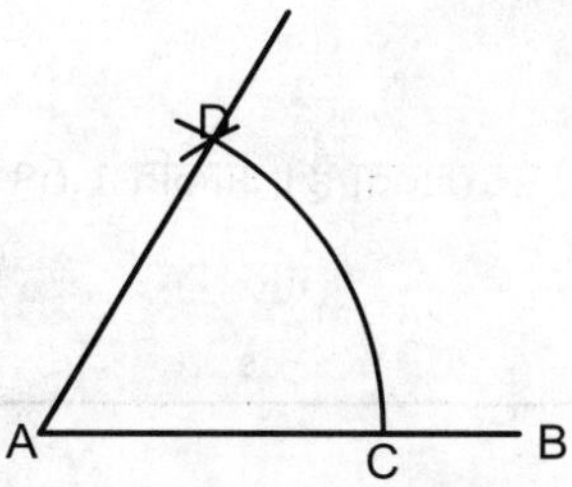

चित्र 1.58: 60° के कोण की रचना

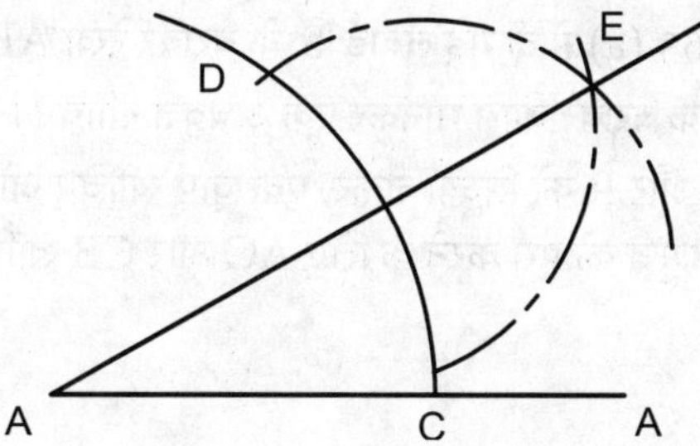

चित्र 1.59: 30° के कोण की रचना

90° का कोण बनाने के लिए।

मान लीजिए AB आधार रेखा है जैसा कि चित्र 1.60 में दिखाया गया है। सुविधाजनक त्रिज्या AC और A को केंद्र मानकर चाप खींचे। उसी त्रिज्या और केंद्र C का उपयोग करके, D को चिन्हित करें । इसी तरह, E को चिन्हित करें। D और E को केंद्र मानकर और समान त्रिज्या का उपयोग करके बिंदु F प्राप्त करें। AF को मिलाएं। तब, इस प्रकार प्राप्त कोण FAC 90° का होता है।

75° का कोण बनाने के लिए।

चित्र 1.61 देखिए।पिछली रचना की तरह 90° के कोण की रचना कीजिए। एक अचर त्रिज्या का प्रयोग करते हुए, बिंदु G प्राप्त करने के लिए चाप DO को समद्विभाजित करें। AG को मिलाइए। इस प्रकार प्राप्त कोण GAC 75° का होता है।

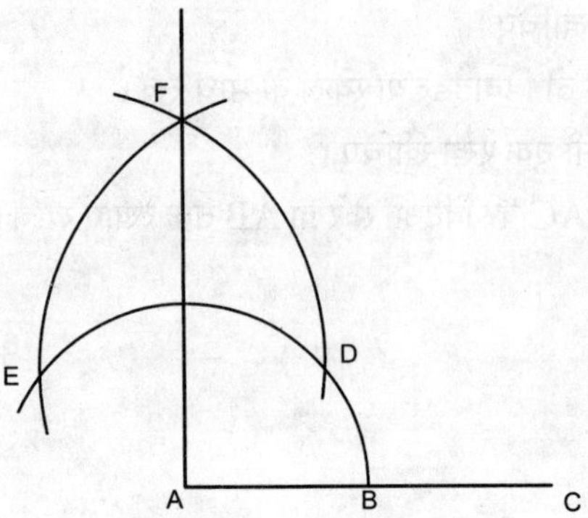

चित्र 1.60: 90° के कोण की रचना

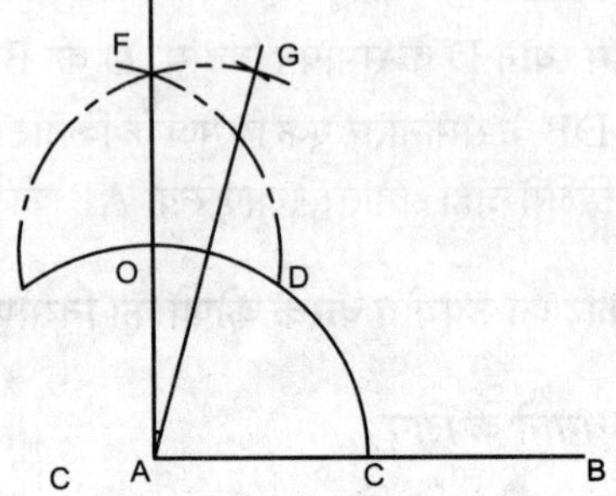

चित्र 1.61: 75° के कोण की रचना

1.5.5 त्रिभुजों और चतुर्भुजों की रचना

आकृति 1.62(a) में दर्शाए अनुसार लंबाई, A, B और C की भुजाओं वाला एक त्रिभुज खींचिए।

1. एक भुजा को C के रूप में वांछित स्थिति में खींचिए और भुजा A के बराबर त्रिज्या वाला एक चाप लगाइए।
2. भुजा B के बराबर त्रिज्या वाला एक अन्य चाप लगाइए ।
3. चापों के प्रतिच्छेदन से भुजाएँ खींचिए जैसा कि चित्र 1.62(III) में दिखाया गया है।

कर्ण एवं एक भुजा की लंबाई ज्ञात होने पर एक समकोण त्रिभुज की रचना करें ।

1. आकृति 1.63 (a) में दी गई लंबाई 'S' के बराबर रेखा AB खींचिए।
2. AB को S के बराबर व्यास मानकर एक अर्धवृत्त खींचिए।
3. A को केंद्र और R को त्रिज्या लेकर, एक चाप खींचिए जो अर्धवृत्त को C पर काटता है। आकृति 1.63 में दिखाए गए समकोण त्रिभुज को पूरा करने के लिए AC और CB खींचिए।

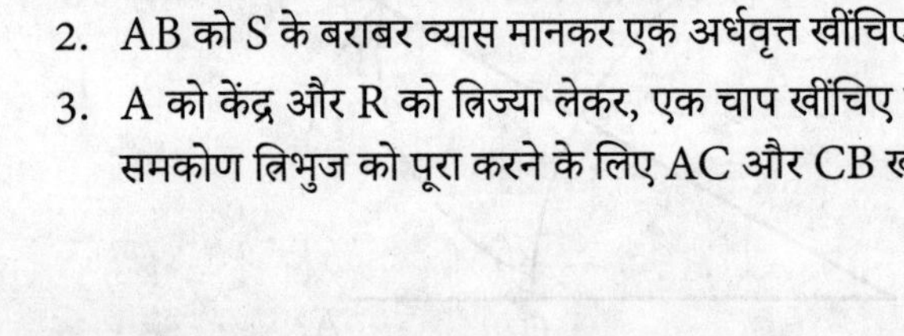

चित्र 1.62: दी गई भुजाओं वाले एक त्रिभुज की रचना

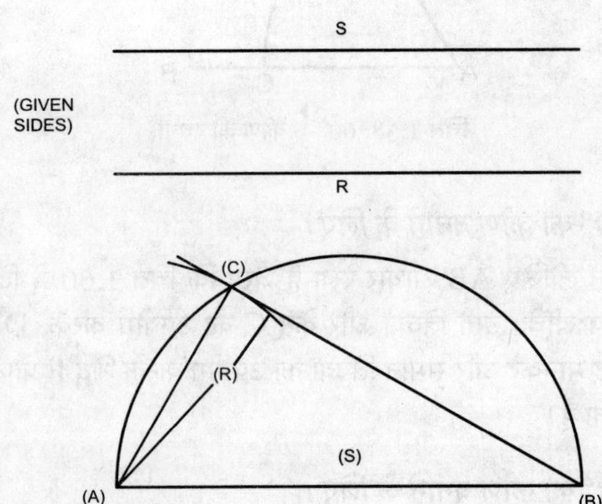

चित्र 1.63: एक समकोण त्रिभुज की रचना जिसके कर्ण एवं एक भुजा की लंबाई ज्ञात है

एक समबाहु त्रिभुज बनाइए।

1. दी गई लंबाई की AB की रेखा खींचिए।

2. A और B को केंद्र और AB को त्रिज्या लेकर, चापों को खींचिए जो C पर प्रतिच्छेद करते हैं।
3. त्रिभुज को पूरा करने के लिए रेखाएँ AC और BC खींचिए जैसा कि चित्र 1.64 में दिखाया गया है।

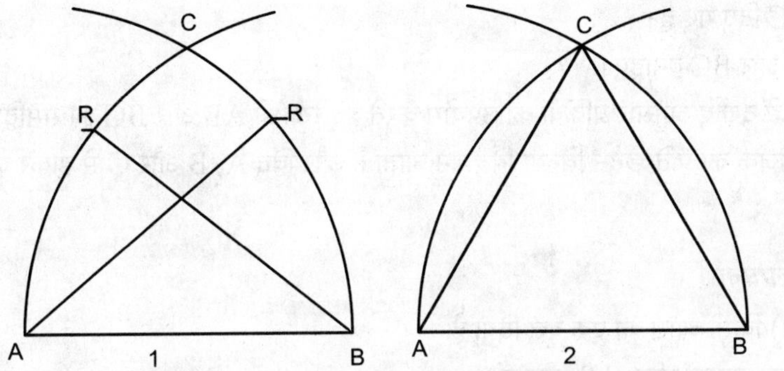

चित्र 1.64: एक समबाहु त्रिभुज की रचना कीजिए

एक वर्ग बनाएं

1. एक बिंदु A का चयन करें जो आवश्यक वर्ग के एक कोने के रूप में कार्य करेगा।
2. बिंदु A से क्षैतिज और ऊर्ध्वाधर रेखाएँ बनाएँ।
3. B को इंगित करने के लिए वांछित लंबाई को मापें और इसके माध्यम से एक लंबवत रेखा बनाएं।
4. बिंदु A (या B) से, बिंदु C को स्थापित करने वाली 45° रेखा की रचना करें।
5. बिंदु C से होकर एक क्षैतिज रेखा की रचना कीजिए और रेखा CD की स्थापना कीजिए और आवश्यक वर्ग ABCD को पूरा कीजिए जैसा कि चित्र 1.65 में दिखाया गया है।

एक आयत की रचना करना, जिसका विकर्ण BD और उसकी एक भुजा दी हुई हो।

1. BD पर O का चयन करें।
2. O को केंद्र मानकर OB त्रिज्या लेकर एक वृत्त खींचिए।
3. B और D को केंद्र मानकर और दी गई भुजा की लंबाई के बराबर त्रिज्या लेकर, वृत्त C और A को काटने के लिए चाप खींचिए जैसा कि चित्र 1.66 में दिखाया गया है।
4. AD, BC और फिर AB और CD को मिलाइए। अत: ABCD अभीष्ट आयत है।

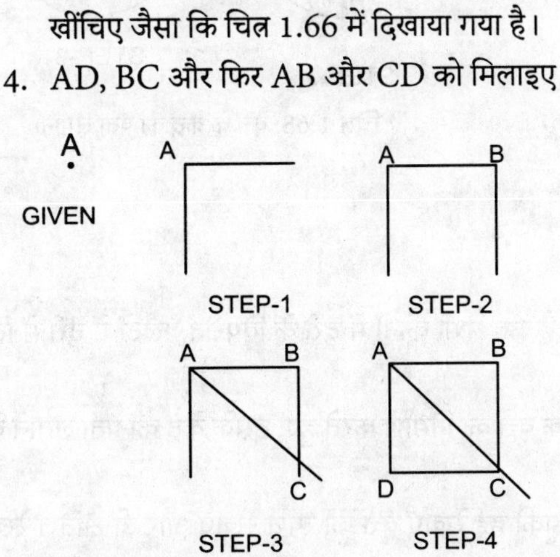

चित्र 1.65: केवल एक भुजा को मापकर एक वर्ग की रचना करना

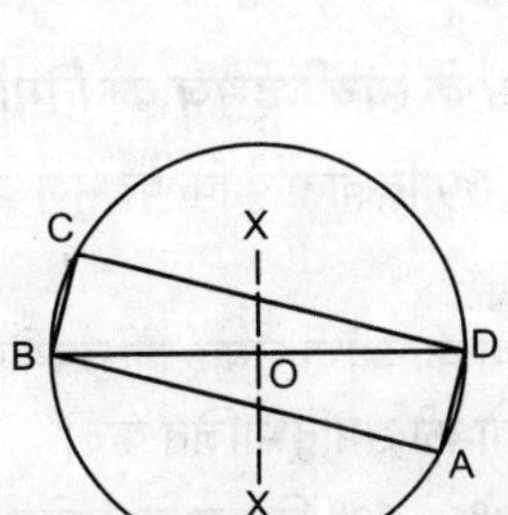

चित्र 1.66: विकर्ण और एक भुजा की माप ज्ञात होने पर एक आयत की रचना करना

1.5.6 वृत्त का निर्माण

तीन बिंदुओं से होकर एक वृत्त या चाप की रचना करना

तीन बिंदु A, B और C दिए गए हैं।

1. रेखाएँ AB और BC बनाइए।
2. चित्र 1.67 में दर्शाए अनुसार प्रक्रिया का उपयोग करते हुए रेखाओं AB और BC को समद्विभाजित करें।
3. दो समद्विभाजक का प्रतिच्छेदन त्रिज्या बिंदु बन जाता है और बिंदु A, B और C से होकर एक चाप या वृत्त बनाया जा सकता है।

वृत्त के केंद्र का पता लगाना

(देखिए आकृति 1.68) किसी व्यास का एक वृत्त दिया है

i. वृत्त के भीतर कोई भी जीवा AB खींचिए।
ii. रेखा AB पर लंबवत AC और BD रेखाएँ बनाएँ।
iii. रेखा AD और BC की रचना कीजिए। प्रतिच्छेदन 'X' वृत्त का केंद्र होगा।

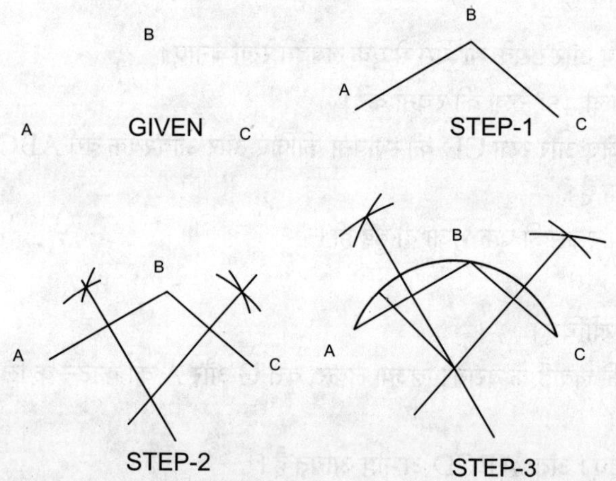

चित्र 1.67: तीन बिंदुओं से होकर जाने वाले एक वृत्त या चाप की रचना

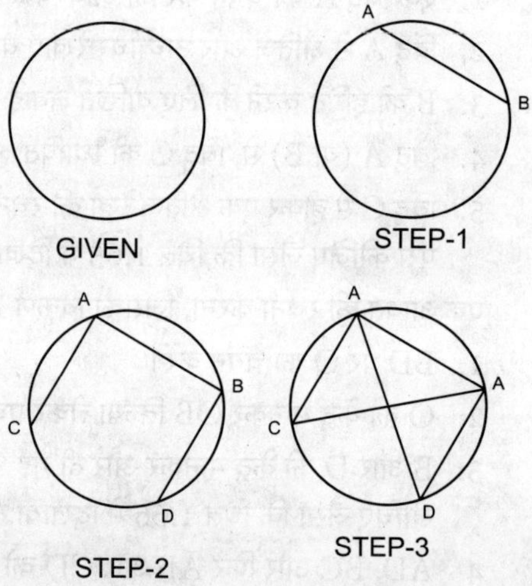

चित्र 1.68: वृत्त के केंद्र का पता लगाना

1.5.7 नियमित बहुभुजों का निर्माण

ड्राफ्टिंग टूल्स के साथ षट्भुज का निर्माण

चित्र 1.69 दिखाता है कि षट्भुज का निर्माण कैसे किया जाता है जब सभी कोनों में दूरी के विपरीत फ्लैटों में दूरी में दिए गए आयाम।

1. रेखा की आधी लंबाई का उपयोग करके त्रिज्या के रूप में एक वृत्त का निर्माण करते हुए, इसके केंद्र का पता लगाने के लिए रेखा को समद्विभाजित करें।
2. 30° – 60° त्रिभुज का प्रयोग करते हुए 30° और 60° झुकी हुई रेखाएं वृत्त की स्पर्श रेखाएं और दो क्षैतिज रेखाएं भी वृत्त की स्पर्श रेखाएं खींचती हैं।
3. षट्भुज की भारी वस्तु रेखाएँ बनाएँ और सभी निर्माण रेखाएँ मिटाएँ।

एक वृत्त के अंदर एक षट्भुज खींचिए

(चित्र 1.70 देखें) केंद्र बिंदु वाला एक वृत्त दिया गया है।

1. वृत्त के केंद्र के माध्यम से बिंदु A और B बनाते हुए एक क्षैतिज रेखा खींचें।
2. 30°-60° त्रिभुज का प्रयोग करते हुए बिन्दु A और B से षट्भुज की चारों भुजाओं की रचना कीजिए।
3. षट्भुज की क्षैतिज शीर्ष और निचली रेखाएँ खींचें।

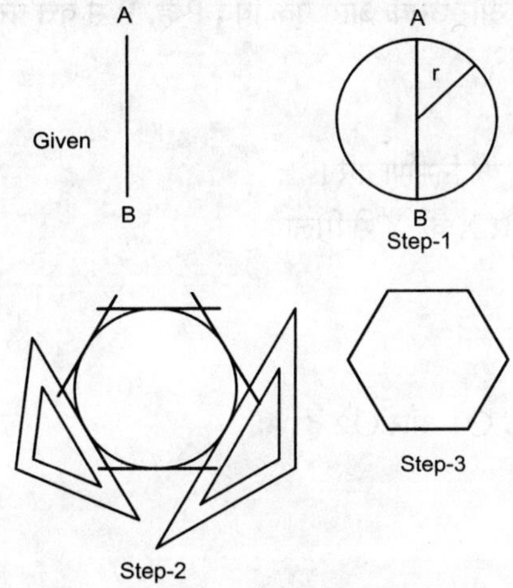

चित्र 1.69: षट्भुज का निर्माण

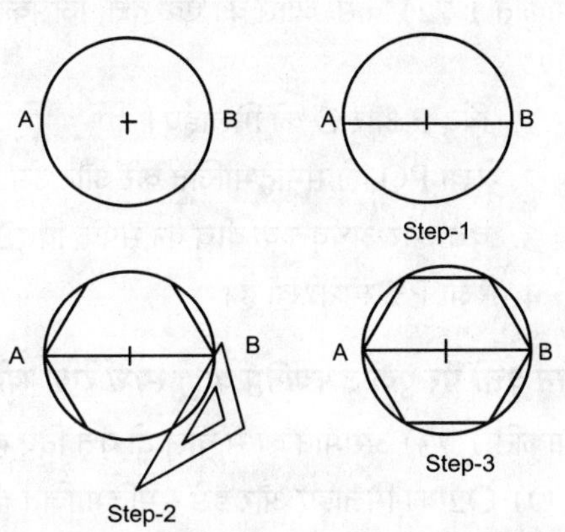

चित्र 1.70: एक वृत्त के अंदर एक षट्भुज खींचिए

अष्टभुज की रचना करें

चित्र 1.71 दिखाता है कि जब फ्लैटों के बीच की दूरी दी गई हो तो एक अष्टभुज की रचना कैसे की जाती है।

1. रेखा AB के केंद्र का पता लगाएँ। AZ को त्रिज्या के रूप में प्रयोग करते हुए, एक पूर्ण वृत्त खींचिए।
2. वृत्त के चाप पर दो क्षैतिज और दो लंबवत रेखाएँ खींचिए 45° त्रिभुज का प्रयोग करते हुए वृत्त के चाप पर स्पर्श रेखा वाली चार झुकी हुई रेखाएँ बनाएँ।
3. अष्टभुज की आउट लाइंस बनाएँ और सभी निर्माण रेखाएँ मिटाएँ।

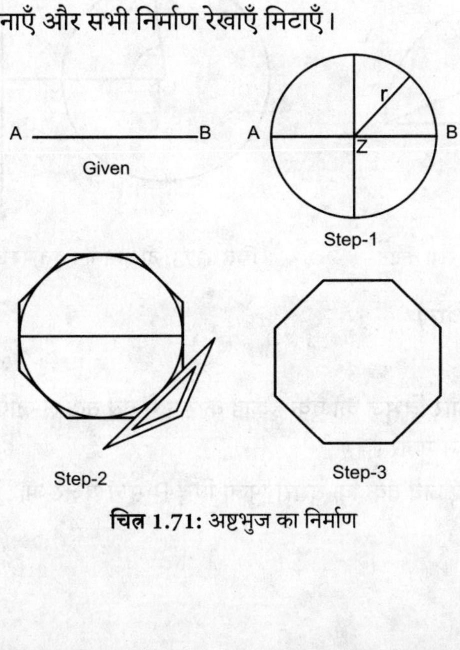

चित्र 1.71: अष्टभुज का निर्माण

1.5.8 स्पर्श रेखा निर्माण

मशीनों, उपकरणों, और उपकरणों के कई हिस्सों की आउटलाइन में सीधी रेखाएँ और चाप धीरे-धीरे एक दूसरे में विलीन हो जाते हैं। एक रेखा की चाहे सीधी हो या घुमावदार, दूसरी सीधी या घुमावदार रेखा में, ऐसी क्रमिक निरंतरता स्पर्श रेखा कहलाती है।

वृत्त पर स्पर्श रेखा खींचिए

(देखिए आकृति 1.72) किसी व्यास का एक वृत्त, जिसका केंद्र बिंदु O है और उसके आगे एक बिंदु P है, P से वृत्त पर एक स्पर्श रेखा खींचिए।

1. बिंदु P और O को मिलाइए।
2. रेखा PO को समद्विभाजित करें और उस पर एक अर्धवृत्त का निर्माण करें।
3. वृत्त और अर्धवृत्त के बीच का संपर्क बिंदु X है। बिंदु P और X को Y से मिलाएँ।
4. रेखा PY स्पर्शरेखा है।

दो असमान वृत्तों पर एक उभयनिष्ठ बाह्य स्पर्श रेखा खींचिए।

(देखिए आकृति 1.73) असमान व्यास वाले दो वृत्त दिए हुए हैं जिनके केंद्र O1 और O2 हैं।

1. O1 O2 को मिलाइए और इसे समद्विभाजित कीजिए।
2. O1 और O2 पर एक अर्धवृत्त बनाएं।
3. CE को DO2 के बराबर चिह्नित करें।
4. O1 को केंद्र मानकर O1E त्रिज्या एक चाप EF से टकराती है। O1F को मिलाइए और इसे बिंदु A प्राप्त करने के लिए बढ़ाइए।
5. BO2 को O1A के समांतर खींचिए।
6. AB को मिलाइए जो अभीष्ट स्पर्श रेखा है जैसा कि चित्र 1.73 में दिखाया गया है।

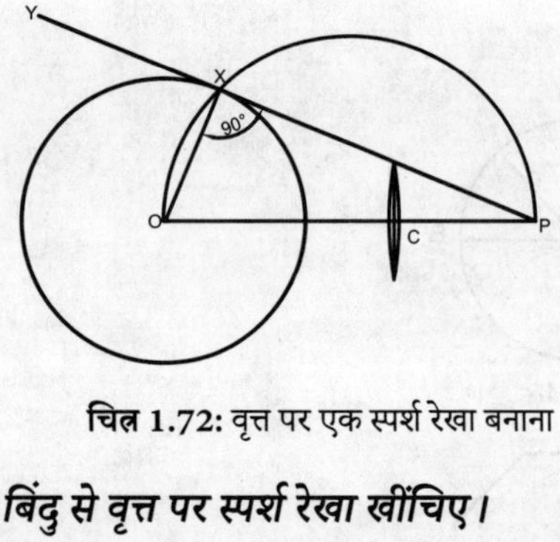

चित्र 1.72: वृत्त पर एक स्पर्श रेखा बनाना

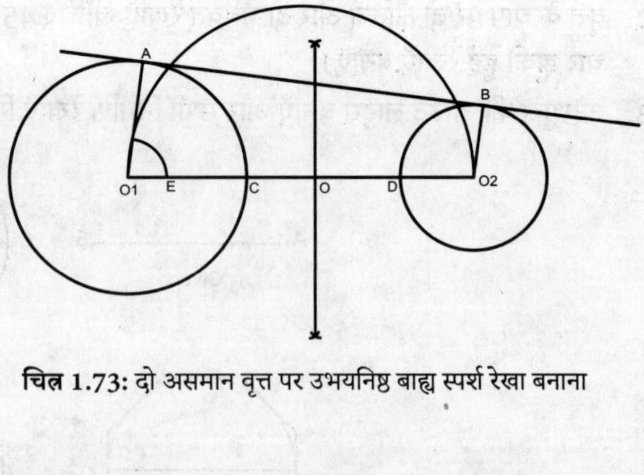

चित्र 1.73: दो असमान वृत्त पर उभयनिष्ठ बाह्य स्पर्श रेखा बनाना

किसी बिंदु से वृत्त पर स्पर्श रेखा खींचिए।

वृत्त पर बिंदु P दिया गया है।

1. मिनी ड्राफ्टर क्षैतिज पैमाने और त्रिभुज को एक इकाई के रूप में तब तक ले जाएँ जब तक कि त्रिभुज की एक भुजा बिंदु P और वृत्त के केंद्र से होकर न गुज़रे।
2. त्रिभुज को तब तक खिसकाएँ जब तक कि दूसरी भुजा बिंदु P से न गुजरे और आवश्यक स्पर्श रेखा खींचे। चित्र 1.74 देखें।

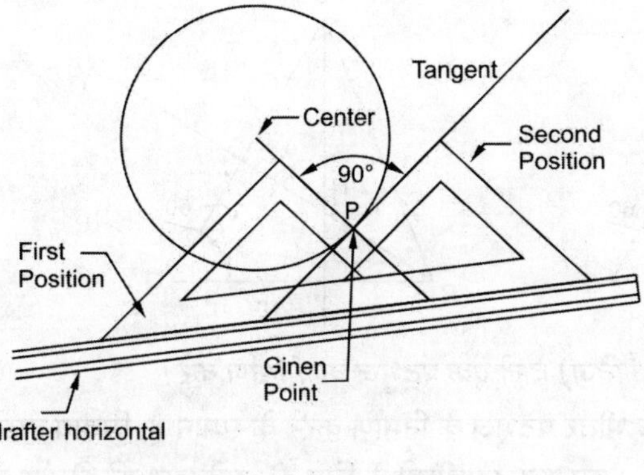

चित्र 1.74: किसी बिंदु से वृत्त पर स्पर्श रेखा बनाना

उदाहरण 1.5: *$AB = 5$ सेमी, कोण $A = 60°$ और कोण $B = 80°$ के साथ ΔABC के परिकेन्द्र की रचना कीजिए और ΔABC की परिधि त्रिज्या ज्ञात कीजिए।*

समाधान:

चरण 1: दिए गए मापों के साथ ΔABC खीचें।

चरण 2: किन्हीं दो भुजाओं (AC और BC) के लंब समद्विभाजक की रचना कीजिए और उन्हें S पर मिलने दें जो कि परिकेन्द्र है।

चरण 3: केंद्र के रूप में S और SA = SB = SC, त्रिज्या के रूप में, A, B और C के माध्यम से जाने के लिए सर्कल बनाएं।

परिधि त्रिज्या = 3.9 सेमी.

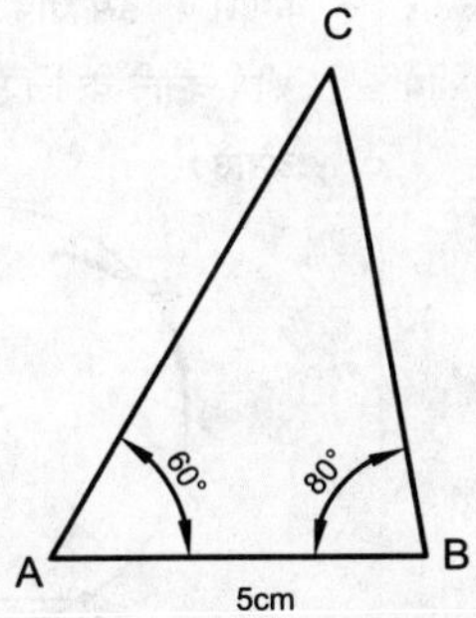

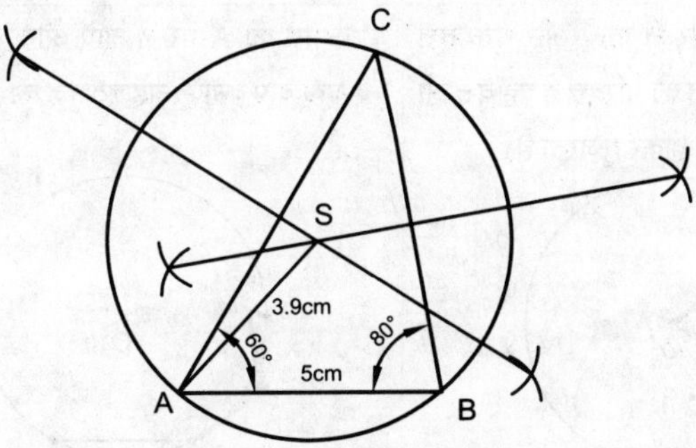

उदाहरण 1.6: *ΔPQR की रचना कीजिए, जिसकी भुजाएँ $PQ = 6$ सेमी $\Delta Q = 60o$ और $QR = 7$ सेमी हैं और इसका लंबकेंद्र ज्ञात कीजिए।*

समाधान:

चरण 1: दिए गए मापों से PQR खीचें

चरण 2: किन्हीं दो शीर्षों R और P से उनकी सम्मुख भुजाओं PQ और QR पर क्रमशः शीर्षलंबों की रचना कीजिए। ऊंचाई H का प्रतिच्छेदन बिंदु दिए गए PQR का लंबकेन्द्र है।

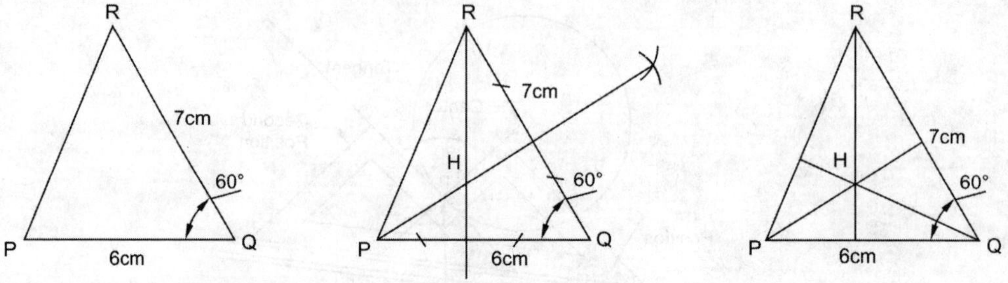

उदाहरण 1.7: *50 मिमी भुजा (क्षैतिज) वाले एक षट्भुज का निर्माण करें।*

समाधान: यह निर्माण एक वृत्त के भीतर षट्भुज के निर्माण करने के समान है, सिवाय इसके कि हमें वृत्त नहीं दिया गया है, षट्भुज की एक भुजा दी गई है। चरण 1-3 इस वृत्त को खींचने के लिए हैं, इसके बाद की निर्माण विधि पहले के समान हैं। वृत्त का केंद्र इस तथ्य का उपयोग करके पाया जाता है कि एक नियमित षट्भुज की त्रिज्या (केंद्र से एक शीर्ष तक की दूरी) प्रत्येक भुजा की लंबाई के बराबर है।

1. 50 मिमी लंबाई के लाइन सेगमेंट AF से शुरू करें। यह षट्भुज की एक भुजा बन जाएगी। चूँकि हम एक नियमित षट्भुज का निर्माण कर रहे हैं, अन्य पाँच भुजाओं की भी यही लंबाई होगी। 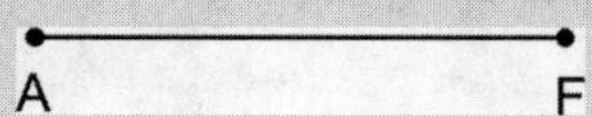	2. कंपास बिंदु को A पर सेट करें, और इसकी चौड़ाई F पर सेट करें। शेष निर्माण के लिए कंपास इस चौड़ाई पर रहना चाहिए। 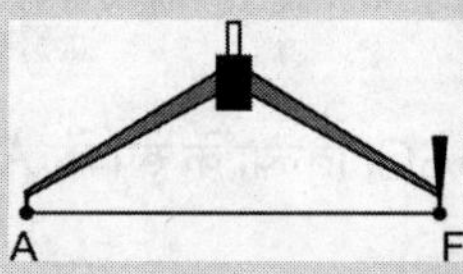	3. बिंदुओं A और F से, दो चाप खींचिए ताकि वे प्रतिच्छेद करें। इसे बिंदु O के रूप में चिह्नित करें। यह षट्भुज के परिवृत्त का केंद्र है। 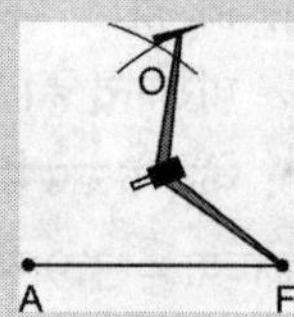
4. कंपास को O पर ले जाएँ और एक वृत्त बनाएँ।यह षट्भुज का परिवृत्त है वह वृत्त जो सभी छह शीर्षों से होकर गुजरता है। 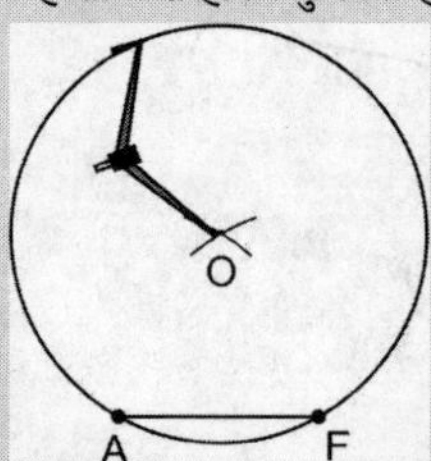	5. कंपास को A पर ले जाएँ और वृत्त के ऊपर एक चाप बनाएँ। यह षट्भुज का अगला शीर्ष है। 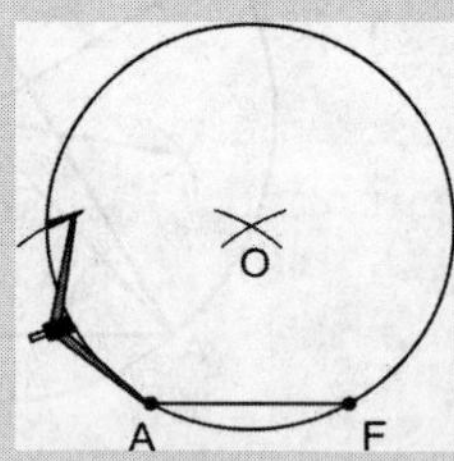	6. कंपास को इस चाप पर ले जाएँ और अगला शीर्ष बनाने के लिए वृत्त के ऊपर एक चाप बनाएँ। 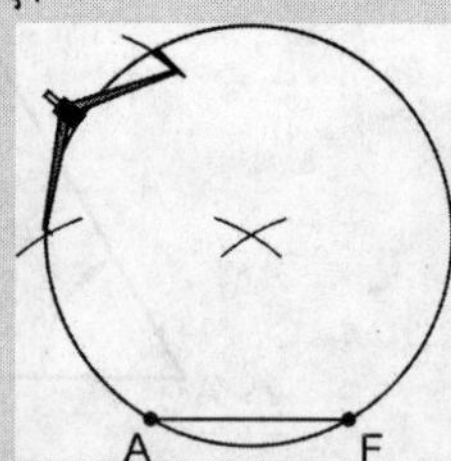
7. इस तरह से तब तक जारी रखें जब तक आपके पास सभी छह कोने न हों। (चार नए बिंदु तथा A और F जिससे आपने शुरुआत की थी।) 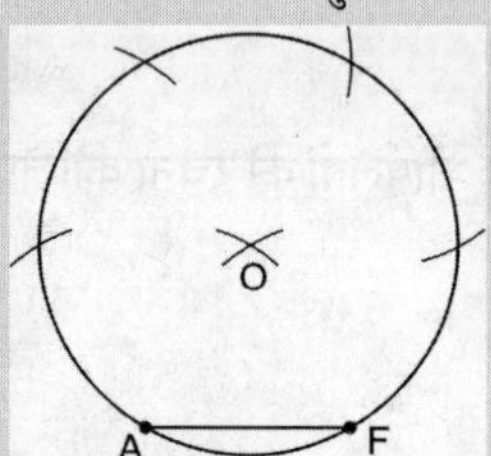	8. शीर्षों के प्रत्येक क्रमागत युग्मों के बीच एक रेखा खींचिए। 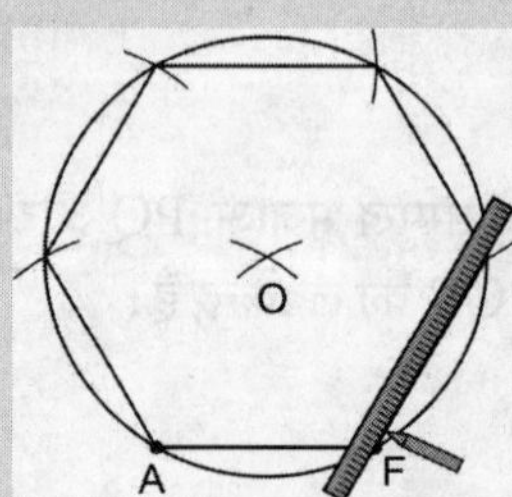	9. हो गया। ये रेखाएँ एक नियमित षट्भुज बनाती हैं जहाँ प्रत्येक भुजा की लंबाई AF=50mm के बराबर है। 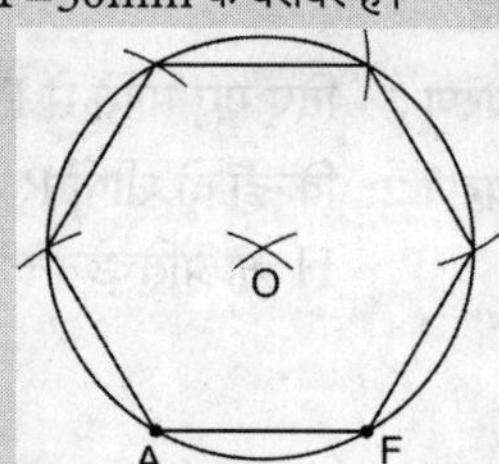

अभ्यास 1.8: *25 मिमी भुजा वाले एक उत्कीर्ण वर्ग (inscribed square) की रचना कीजिए।*

समाधान:

1. दिए गए वृत्त से प्रारंभ करें, केंद्र O और 25 मिमी की त्रिज्या। यदि वृत्त का केंद्र बिंदु नहीं दिया गया है, तो आप वृत्त का केंद्र ज्ञात करने में दर्शाई गई विधि का उपयोग करके केंद्र की रचना कर सकते हैं। 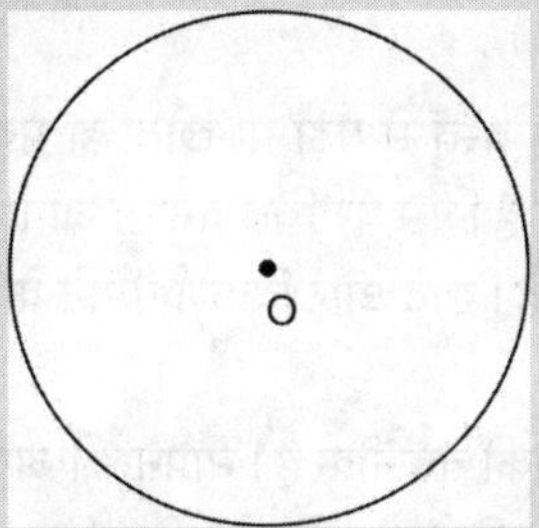 	2. वृत्त पर एक बिंदु A अंकित करें। यह वर्ग के शीर्षों में से एक बन जाएगा। 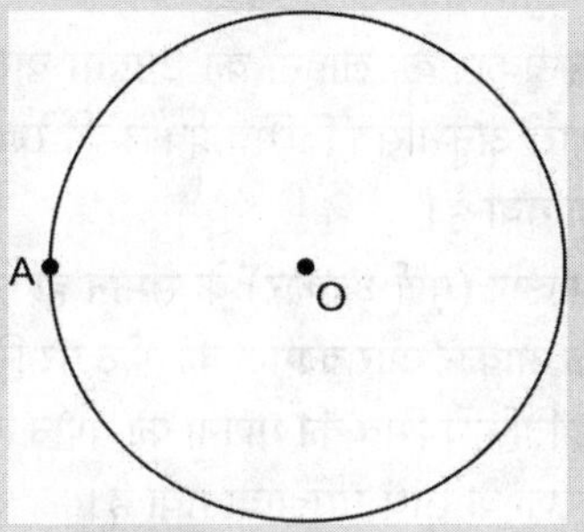 	3. बिंदु A और वृत्त के केंद्र को मिलाते हुए एक व्यास रेखा AC खींचें। 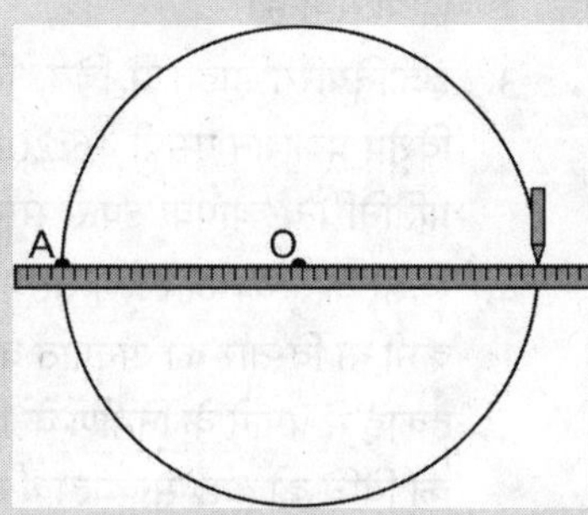
4. कंपास को A पर सेट करें और चौड़ाई को O से थोड़ी अधिक दूरी पर सेट करें। 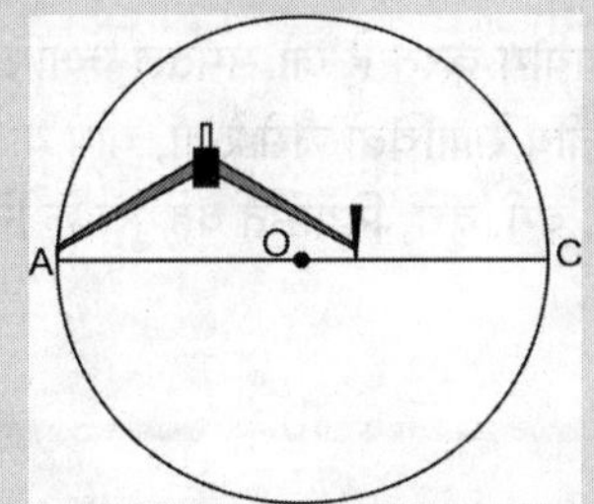 	5. O के ऊपर और नीचे एक चाप खींचिए। 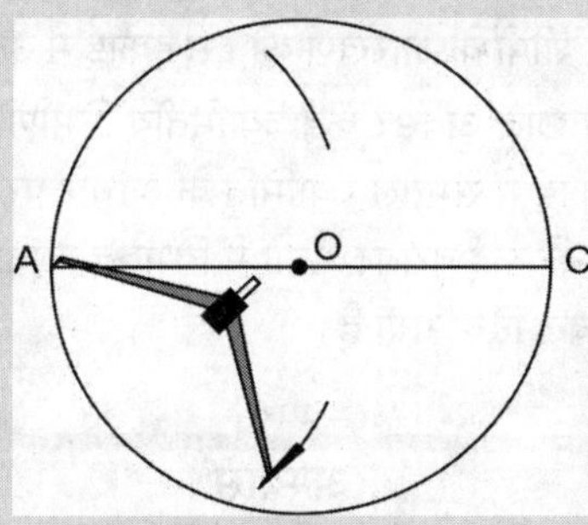 	6. कंपास को C पर ले जाएँ और दोहराएँ। 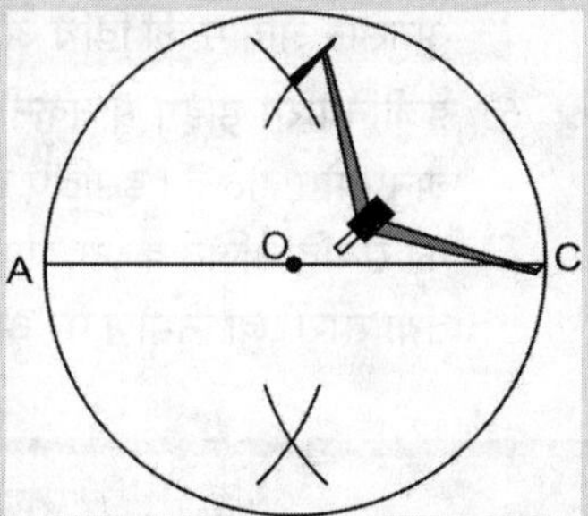
7. चाप जोड़े को मिलाते हुए एक रेखा खींचें जो सर्कल को बिंदु B और D पर काटती है यह पहले AC के समकोण पर एक व्यास है। 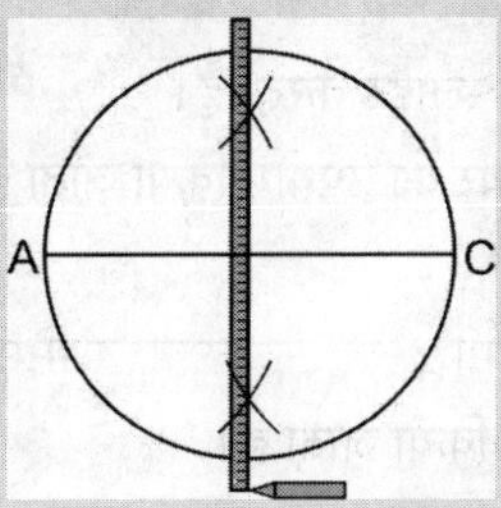 	8. बिन्दुओं A, B, C, D के प्रत्येक क्रमागत युग्मों के बीच एक रेखा खींचिए। 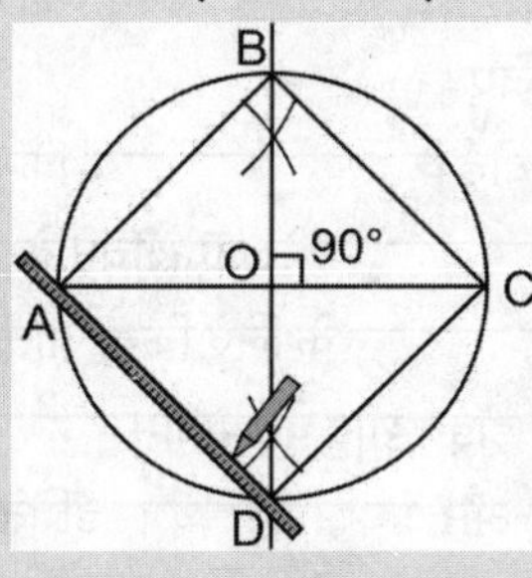 	9. ABCD दिए गए वृत्त में अंकित एक वर्ग है। 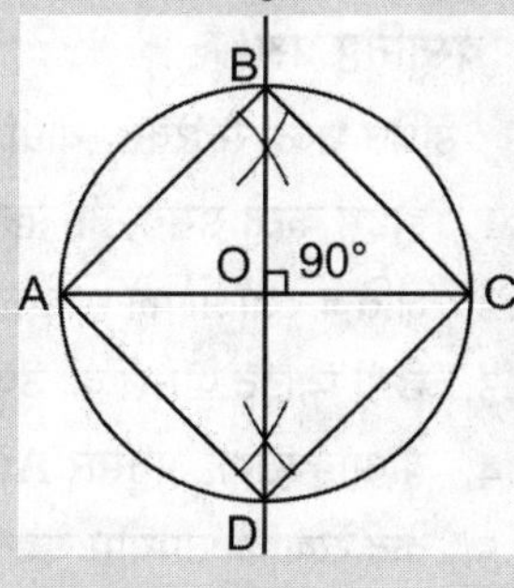

यूनिट सारांश

1. भारतीय मानक संस्थान (आईएसआई) का नाम बदलकर भारतीय मानक ब्यूरो (बीआईएस) रखा गया है। BIS ने पूरे देश में इंजीनियरिंग ड्राइंग के समान मानक को बनाए रखने के लिए अलग-अलग मानक कोड विकसित किए हैं।

2. इंजीनियरिंग या तकनीकी ड्राइंग को मैनुअल उपकरण की मदद से ड्राइंग शीट पर तैयार किया जा सकता है। ड्राइंग की सटीकता काफी हद तक उपकरणों की गुणवत्ता पर निर्भर करती है। विभिन्न प्रकार के उपकरण और सामग्री जैसे ड्राइंग बोर्ड, टी-स्क्वायर, मिनी-ड्राफ्टर, ड्रॉइंग शीट इत्यादि को बीआईएस द्वारा अनुशंसित उनके आयामों के साथ दिखाया गया है। इस इकाई में विभिन्न ड्राइंग उपकरणों के उपयोग और भारतीय मानकों के अनुसार ड्राइंग शीट के लेआउट का भी वर्णन किया गया है।
3. इंजीनियरिंग ड्राइंग में चित्र, विभिन्न प्रकार की लाइनों का उपयोग करके तैयार किए जाते हैं। बीआईएस और इसके विशेष प्रकाशन एसपी 46:2003 द्वारा अनुशंसित विभिन्न प्रकार की रेखाएं, अनुप्रयोग और इंजीनियरिंग ड्राइंग में उनका प्रतिनिधित्व व्यापक रूप से समझाया गया है।
4. किसी वस्तु का आरेखण वस्तु के आकार (पूर्ण आकार) के समान हो सकता है या वस्तु से बड़ा या छोटा हो सकता है। कमी या विस्तार का अनुपात वस्तु के आकार और कागज की शीट पर निर्भर करता है जिस पर चित्र बनाया जाना है। इस इकाई में पैमाने के निर्माण के लिए प्रतिनिधि भिन्न की गणना का वर्णन किया गया है। सादे और विकर्ण पैमाने के निर्माण की विधि को कुछ संख्यात्मक उदाहरणों के साथ समझाया गया है।
5. आयाम (डायमेंशन), ड्राइंग में विभिन्न भागों के आकार और स्थान का वर्णन करने की तकनीक है। मापन की अनुपयुक्त इकाइयों को व्यक्त किया गया यह संख्यात्मक मान है। किसी वस्तु की ज्यामितीय विशेषताओं को परिभाषित करने के लिए रेखाओं, प्रतीकों और पाठ के साथ-साथ आरेखण द्वारा इसकी पहचान की जाती है। आयाम के तत्व, बीआईएस के अनुसार आयाम की विधि और तीर शीर्षों के आरेखण को इस इकाई में उदाहरणों के साथ वर्णित किया गया है।
6. इंजीनियरिंग ड्राइंग मैं तकनीकी के छात्र अक्सर कई ज्यामितीय निर्माणों का उपयोग करते हैं जो समतल ज्यामिति के अनुप्रयोग होते हैं। इसलिए इस इकाई में समतल ज्यामिति के आधार पर ज्यामितीय रेखाचित्रों जैसे रेखा, चाप या कोण को समद्विभाजित करना, एक रेखा को कई बराबर भागों में विभक्त करना, कोण, वर्ग, वृत्त, नियमित बहुभुज के निर्माण तथा स्पर्शरेखा निर्माण पर अधिक बल दिया गया है।

अभ्यास

A. वस्तुनिष्ठ प्रश्न

A1. उचित शब्दों से रिक्त स्थानों की पूर्ति कीजिए।

1.1. ड्राइंग करते समय, टी-स्क्वायर का सिर बोर्ड के ____________ किनारे के खिलाफ स्लाइड करता है।

1.2. क्षैतिज रेखाओं को छोड़कर सभी ____________ रेखाएं खींचने के लिए सेट-स्क्वायर का उपयोग किया जाता है।

1.3. छेनी प्वाइंट पेंसिल का उपयोग ____________ के लिए किया जाता है।

1.4. बीआईएस के अनुसार A0 आकार की ड्रॉइंग शीट के आयाम ____________ मिमी x ____________ मिमी है।

1.5. केंद्र रेखा का उपयोग ____________ और ____________ इंगित करने के लिए किया जाता है।

1.6. सेक्शन रेखाएं आमतौर पर ____________ के कोण पर खींची जाती हैं।

1.7. भवन का आरेखण ____________ पैमाने का उपयोग करके किया जाता है।

1.8. जब दो कोण मिलकर 900 बनाते हैं, तो उन्हें ____________ कोण कहा जाता है।

1.9. आयाम में सभी आयाम एक कॉमन डेटम से दिखाए जाते हैं।

1.10. विस्तार रेखा ____________ से लगभग 3 मिमी होनी चाहिए।

उत्तर		
1.1. वर्किंग	1.2. सीधा	1.3. लंबी पतली रेखाएँ। 1.4. 841 × 1189 मिमी
1.5. एक बेलनाकार और गोलाकार विशेषता की धुरी।	1.6. 45 डिग्री	1.7. कम करने वाला पैमाना
1.8. पूरक कोण	1.9. समानांतर	1.10. आयाम रेखा

A2. बहुविकल्पी प्रश्न

1.1. निम्नलिखित में से किसकी ड्राइंग के लिए कंपास का प्रयोग किया जाता है।
(a) परिप्रेक्ष्य (b) वर्ग (c) सर्कल (d) त्रिकोण

1.2. एक मिनी ड्राफ्टर का उपयोग किस आकृति को खींचने के लिए किया जाता है।
(a) चिकनी और अनियमित वक्र (b) समानांतर और लंबवत रेखाएं
(c) केवल फ्री हैंडलाइन (d) केवल लंबवत रेखाएं

1.3. निम्नलिखित में से एक फ्रेंच वक्र का प्रयोग किस आकृति को खींचने के लिए किया जाता है।
(a) बहुभुज (b) वृत्त (c) त्रिकोण (d) चिकनी मुक्त रूप वक्र

1.4. केंद्र रेखाएँ खींची जाती हैं:
(a) निरंतर संकीर्ण रेखाएं (b) धराशायी संकीर्ण रेखाएं
(c) लंबी-धराशायी बिंदीदार संकीर्ण रेखाएं (d) लंबी धराशायी डबल बिंदीदार संकीर्ण रेखाएं

1.5. निम्नलिखित में से कौन सा नवीनतम मानक भारतीय मानकों के ब्यूरो के अनुसार लाइन सम्मेलनों के लिए उपयोग किया जाता है?
(a) एसपी 46 (b) आईएसडी 609 (c) आईएस 696 (d) आईएसओ 9000

1.6. एक लंबी डैश डबल बिंदीदार संकीर्ण रेखा का उपयोग किसका प्रतिनिधित्व करने के लिए किया जाता है?
(a) केंद्र रेखा (b) सीमा रेखा (c) केन्द्रक रेखा (d) छिपी रेखा

1.7. बीआईएस के अनुसार, आयाम रेखाएं, हैचिंग और विस्तार रेखाएं खींची जाती हैं:
(a) निरंतर चौड़ी रेखा (b) निरंतर पतली रेखा
(c) निरंतर अतिरिक्त चौड़ी रेखा (d) निरंतर हस्त मुक्त रेखा

1.8. एक पैमाने का प्रतिनिधि भिन्न निम्नलिखित अनुपात होता है।
(a) (वास्तविक में एक रेखा की लंबाई)/(ड्राइंग में रेखा की लंबाई)
(b) (एक रेखा की ड्राइंग में लंबाई)/(वस्तु पर रेखा की वास्तविक लंबाई)
(c) (रेखाचित्र मे रेखा की लंबाई)/(सममितीय आरेखण मे रेखा की लंबाई)
(d) रेखाचित्र मे रेखा की लंबाई रेखा की वास्तविक लंबाई

1.9. निम्नलिखित में से प्रतिनिधि भिन्न की इकाई क्या होती है?
(a) घन सेंटीमीटर (b) वर्ग सेंटीमीटर (c) सेंटीमीटर (d) इकाई रहित

1.10. ड्राइंग पर एक 2 सेमी लंबी रेखा 70 सेमी की दूरी का प्रतिनिधित्व करती है, आरेखण का प्रतिनिधि भिन्न है:
(a) 1/70 (b) 1/35 (c) 35 (d) (1/35)1/2

1.11. यदि मकान की छत का क्षेत्रफल 1/100 का वास्तविक क्षेत्रफल है तो चित्र का प्रतिनिधित्वात्मक अंश है:
(a) 1/100 (b) 100/1 (c) 1/10000 (d) 1/10

1.12. 125m3 आयतन का एक ठोस 1 cm3 के समान ठोस मॉडल द्वारा दर्शाया जाता है। पैमाने का प्रतिनिधि भिन्न है:
(a) 1:12500 (b) 1:500 (c) 1:125 (d) 1:2500

1.13. जब तीन लगातार इकाइयों में माप की आवश्यकता होती है, तो उपयुक्त पैमाना होता है:
(a) सादे पैमाने (b) विकर्ण पैमाने (c) आइसोमेट्रिक स्केल (d) जीवाओं का पैमाना

1.14. वृत्त के व्यास का आयाम होना चाहिए:
(a) प्रतीक 'ϕ' से पहले (b) प्रतीक द्वारा प्रत्यय (c) प्रतीक 'd ' से पहले (d) प्रतीक 'd ' द्वारा प्रत्यय

1.15. निम्नलिखित में से कौन सी आयाम निर्धारण की विधि निर्दिष्ट नहीं है?
(a) श्रृंखला आयाम (b) लंबवत आयाम (c) समानांतर आयाम (d) प्रगतिशील आयाम

उत्तर			
1.1. (c)	1.2. (b)	1.3. (d)	1.4. (c)
1.5. (a)	1.6. (c)	1.7. (b)	1.8. (b)
1.9. (d)	1.10. (b)	1.11. (d)	1.12. (b)
1.13 (b)	1.14. (a)	1.15. (b)	

B. विषयात्मक प्रश्न

1.1. ड्राइंग को इंजीनियरों की भाषा क्यों कहा जाता है?
1.2. विभिन्न प्रकार के ड्राइंग इंस्ट्रूमेंट्स की सूची बनाएं?
1.3. बीआईएस के अनुसार मानक आकार के ड्राइंग बोर्ड की सूची बनाएं। ड्राइंग बोर्ड का कौन सा आकार इंजीनियरिंग छात्रों के अभ्यास के लिए उपयुक्त है?
1.4. उन कोणों के नाम लिखिए जिन्हें सेट स्क्वायर जोड़ी की सहायता से खींचा जा सकता है।
1.5. इंजीनियरिंग ड्राइंग कार्य के लिए पेंसिल की ग्रेडिंग कैसे करते हैं? उनके अनुप्रयोगों के क्षेत्र के साथ पेंसिल लीड के आकार का वर्णन करें।
1.6. बीआईएस के अनुसार ड्राइंग शीट के मानक आकार क्या हैं। तकनीकी ड्राइंग के लिए कौन सा आकार उपयुक्त है?
1.7. सेट स्क्वायर की सहायता से समानांतर रेखाएँ कैसे खींची जाती हैं? नीट-स्केच द्वारा समझाइए।
1.8. कम्पास और डिवाइडर के उपयोग की व्याख्या करें।
1.9. ड्राइंग शीट के लेआउट से आप क्या समझते हैं? नीट-स्केच द्वारा समझाइए।
1.10. ड्रॉइंग शीट के टाइटल ब्लॉक में क्या जानकारी शामिल होनी चाहिए?
1.11. रेखाओं के विभिन्न प्रकार और उनके सामान्य अनुप्रयोग क्या हैं?
1.12. निरंतर मोटी और धराशायी (Dashed) पतली रेखाओं के अर्थ के बीच अंतर करें।
1.13. पूर्ण आकार, कम आकार, और बड़े आकार के आरेखण में अंतर करना।
1.14. ग्राफिकल स्केल के साथ इंजीनियर के पैमाने की तुलना करें।
1.15. एक स्वच्छ स्केच के साथ वृत्तों के विभिन्न आकार को आयाम देने का तरीका समझाइए।
1.16. संरेखित और यूनिडायरेक्शनल डायमेंशन सिस्टम के बीच अंतर करें।
1.17. श्रृंखला और समानांतर आयाम के बीच अंतर करें।

प्रायोगिक कार्य

पाठ्यचर्या के अनुसार इकाई-1 से संबंधित निम्नलिखित प्रायोगिक कार्य हैं:

1. टी और सेट स्क्वेयर/ड्राफ्टर का उपयोग करके क्षैतिज, लंबवत, 30 डिग्री, 45 डिग्री, 60 और 75 डिग्री की रेखाएं, विभिन्न प्रकार की रेखाएं, आयाम शैलियों को बनाएं। (इस अभ्यास को स्केच बुक में करें)
2. अंग्रेजी वर्ण माला एवं संख्या (alphabets and numerical) (केवल लंबवत) लिखें (इस अभ्यास को स्केच बुक में करें)
3. नियमित ज्यामितीय रचनाएँ बनाएँ और दी गई आकृति को फिर से बनाएँ (इस अभ्यास को स्केच बुक में करें) भाग I।
4. नियमित ज्यामितीय रचना बनाएं और दी गई आकृति को फिर से बनाएं (इस अभ्यास को स्केच बुक में करें) भाग II।

प्रयोग-1: रेखाएँ और आयाम खींचना

प्रायोगिक कथन

टी और सेट स्क्वायर/ड्राफ्टर का उपयोग करके क्षैतिज, लंबवत, 30 डिग्री, 45 डिग्री, 60 और 75 डिग्री रेखाएं, विभिन्न प्रकार की रेखाएं, आयाम शैलियों को ड्रा करें।

प्रायोगिक महत्त्व

आमतौर पर जटिल चित्र कई अलग-अलग मूल आदिम आकृतियों को मिलाकर और संशोधित करके बनाए जाते हैं, जैसे कि रेखाएं, वृत्त, चाप, बहुभुज आदि।

प्रासंगिक सिद्धांत

अनुभाग 1.1.3 देखें (टी-स्क्वायर, सेट-स्क्वायर और ड्राफ्टर का उपयोग) अनुभाग 1.2 देखें (लाइनों के प्रकार)

अनुभाग 1.4 देखें (आयाम शैली)

प्रैक्टिकल आउटकम्स (PrO)

इस पाठ्यक्रम के पाठ्यक्रम से निम्नलिखित प्रैक्टिकल आउटकम्स प्राप्त होते हैं:

PrO1: विभिन्न ओरिएंटेशन पर रेखाएँ खींचने के लिए T-Square और Set-Square का उपयोग करें।

PrO2: उपयुक्त रेखा और आयाम शैली का प्रयोग करें।

प्रायोगिक व्यवस्था (ड्राइंग/स्केच/सर्किट आरेख/कार्य स्थिति)

1. टी और सेट स्क्वायर/ड्राफ्टर का उपयोग करके क्षैतिज, लंबवत, 30 डिग्री, 45 डिग्री, 60 और 75 डिग्री रेखाएं बनाएं।
2. टी और सेट स्क्वायर/ड्राफ्टर का उपयोग करके विभिन्न प्रकार की रेखाएं बनाएं।
3. विभिन्न आयाम शैलियों को ड्रा करें।
4. स्केच बुक में निम्नलिखित आकृति बनाएं:

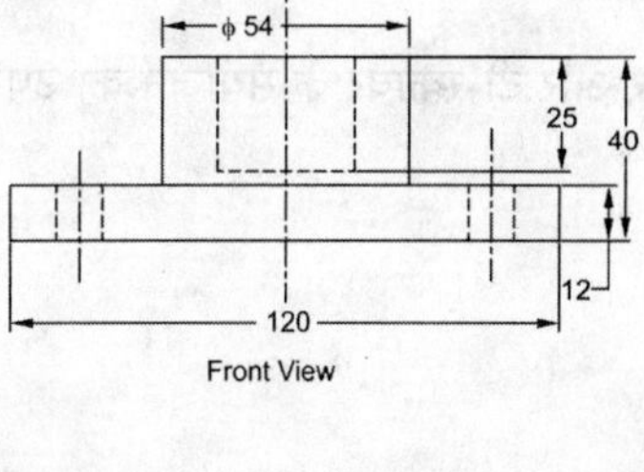

Front View

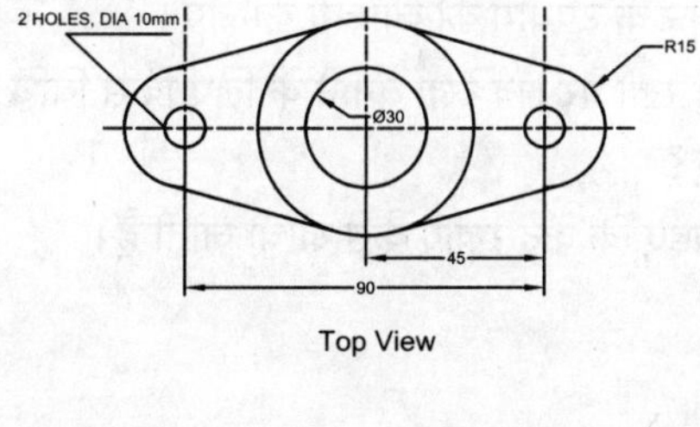

Top View

आवश्यक संसाधन

क्र.	सुझाए गए संसाधन आवश्यक मशीनें/उपकरण/ महत्वपूर्ण विशिष्टताओं वाले उपकरण	नग	वास्तविक संसाधनों की आवश्यकता व्यापक विशिष्टताओं वाली मशीनें/उपकरण/ उपकरण (छात्र द्वारा भरा जाना है)	टिप्पणी (यदि कोई हो)
1	ड्राइंग शीट / स्केच बुक	1		
2	ड्राइंग बोर्ड के साथ ड्राइंग टेबल	1		
3	मिनी ड्राफ्टर, टी-स्क्वायर,सेट स्क्वेर (450 और 300-600) प्रोट्रैक्टर, इंस्ट्रूमेंट बॉक्स (कम्पास और डिवाइडर के सेट से युक्त)	1 सेट		
4	पेंसिल और पेंसिल लीड (एच, एचबी, बी)	3		
5	इन्सुलेशन इलेक्ट्रिक टैप	1		

सावधानियाँ

1. ड्राइंग बोर्ड पर ड्राइंग शीट और ड्राफ्टर को ठीक से लगाएं।
2. लाइन उपयोग के प्रकार के आधार पर उपयुक्त प्रकार की पेंसिल का प्रयोग करें।
3. इरेज़र का इस्तेमाल कम से कम करें।
4. ड्राइंग करते समय शीट पर पैचिंग से बचने के लिए अपने हाथों के नीचे एक रूमाल/कपड़ा रखें।
5. पेंसिल को तेज करने के लिए ब्लेड या पेपर कटर का प्रयोग न करें।

प्रयोग विधि

1. जैसा कि पुस्तक के खंड 1.1.3 में उल्लिखित है। (टी-स्क्वायर, सेट-स्क्वायर और ड्राफ्टर का उपयोग)
2. जैसा कि पुस्तक के खंड 1.2 में उल्लिखित है। (रेखाओं के प्रकार)
3. जैसा कि पुस्तक के खंड 1.4 में बताया गया है। (आयाम शैलियाँ)
4. जैसा कि उदाहरण 1.4 के समाधान में बताया गया है ।

प्रेक्षण

जैसा कि पुस्तक के 1.13 से 1.17 , उदाहरण 1.4 के समाधान में दिखाया गया है।

प्रयोग संबंधी प्रश्न

1. सेट स्क्वेर के उपयोग की व्याख्या कीजिए।
2. दी गई रेखा पर लंब रेखा बनाने के लिए किस विधि और सेटस्क्वेयर और टी-स्क्वायर के संयोजन का उपयोग किया जाना चाहिए?
3. समझाइए कि केंद्र रेखाएँ कैसे खींची जाती हैं।

अपशिष्ट का निपटान

इस प्रयोग में फेंके जाने वाले अपशिष्ट पदार्थों को निम्नलिखित कूड़ेदानों में वर्गीकृत करें:

कचरे का प्रकार	बिन का रंग	वस्तु का नाम
बायोडिग्रेडेबल कचरा	हरा बिन	पांच साल पुरानी ड्राइंग शीट ने दोनों तरफ उपयोग की गई, शार्पनिंग के दौरान पेंसिल की छीलन
ई-कचरा	काला बिन	
प्लास्टिक और धातु अपशिष्ट	नीला बिन	
अन्य		

पर्यावरण अनुकूल दृष्टिकोण: पुन: उपयोग, कम उपयोग करना और रीसायकल करना (Reuse, Reduce and Recycle)

पुनः उपयोग: ड्राइंग शीट को दोनों तरफ से इस्तेमाल किया जाना चाहिए।

कम करें: अभ्यासों की संख्या के आधार पर खाली जगह के रूप में अपव्यय को कम करने के लिए ड्राइंग शीट के उपयुक्त आकार का उपयोग किया जाना चाहिए।

रीसायकल करें : पांच साल पुरानी ड्राइंग शीट को रिसाइकिल किया जा सकता है।

सुझाए गए शिक्षण संसाधन

यूनिट-1 देखें

सुझाई गई मूल्यांकन योजना

(शिक्षक द्वारा भरा जाना है)

अंकों के मूल्यांकन के लिए दिए गए प्रदर्शन सूचक, प्रक्रिया और उत्पाद से संबंधित एक दिशानिर्देश के रूप में कार्य करना चाहिए।

	प्रदर्शन संकेतक	वेटेज / अंक	प्रदान किए गए अंक
प्रक्रिया से संबंधित: 5 अंक* (33%)			
1	ड्राइंग शीट को ठीक से फिक्स करना	1	
2	विभिन्न वस्तुओं को चित्रित करते समय उपयुक्त पेंसिल और उपकरण का प्रयोग	2	
3	दिए गए कार्य/प्रश्न को हाल करने के लिए दूसरों की मदद नहीं लेना	2	
उत्पाद से संबंधित: 10 अंक* (67%)			
4	ड्राइंग शीट/स्केच बुक पर साफ-सफाई	1	
5	आउटपुट की आयामी सटीकता	1	
6	ड्राइंग और लाइन वर्क में एकरूपता	1	
7	दी गई ड्राइंग बनाकर सभी समस्याओं का समाधान किया	5	
8	दिए गए आरेखण को आयाम देना और टेक्स्ट लिखना	1	
9	समय पर ड्राइंग जमा करना	1	
	कुल	100 %	

* उत्पाद और प्रक्रिया मूल्यांकन के लिए अंक और प्रतिशत भार शिक्षक द्वारा तय किया जाएगा।

विद्यार्थी का नाम .... प्राप्तांक		दिनांक के साथ शिक्षक के हस्ताक्षर
प्रक्रिया से संबंधित	उत्पाद से संबंधित	कुल

प्रयोग 2: अंग्रेजी वर्ण माला एवं संख्या (alphabets and numerical) (केवल लंबवत) लिखें।

प्रायोगिक कथन

स्केल या सेटस्क्वेयर और फ्री हैंड का उँपयोग करके लंबवत शैली में 10 मिमी सिंगल स्ट्रोक कैपिटल अक्षरों और अंकों को ड्रॉ करें।

प्रायोगिक महत्व

ग्राफिकल एलिमेंट्स (लाइन्स, आर्क्स, सर्कल्स आदि) के अलावा टेक्निकल ड्रॉइंग में लिखित जानकारी भी होती है इस लिखित जानकारी को "लेटरिंग" कहा जाता है। टेक्स्ट , लेबल, आयाम, भाग सूची, प्रतीक, लीडर , बलून आदि जैसे एनोटेशन लिखते समय, अक्षर और संख्याएँ BIS SP:46-2003 के अनुसार मैनुअल ड्राइंग के दौरान हाथ से लिखी जाती हैं।

प्रासंगिक सिद्धांत

अक्षरों का आकार

- अक्षरों तथा अंकों का आकार कैपिटल अक्षरों की ऊंचाई h से मापा जाता है। बीआईएस एसपी: 46-2003 द्वारा अनुशंसित मानक ऊंचाई "वर्गमूल 2" के प्रगतिशील अनुपात में होती हैं। अर्थात् 2.5 – 3.5 – 5 – 7 – 10 – 14 और 20 मिमी होती हैं। लोअर केस लेटर की ऊंचाई (पूंछ या तने के बिना) 2.5, 3.5, 5, 7, 10 और 14 मिमी होती हैं। ड्राइंग के आकार के आधार पर अक्षरों के आकार का चयन किया जा सकता है।

लेटरिंग की प्रक्रिया

- पतली क्षैतिज गाइड लाइन पहले 'h' की दूरी पर खींची जाती हैं।
- अक्षरों की क्षैतिज रेखाएँ बाएँ से दाएँ खींची जाती हैं। ऊपर से नीचे की ओर खड़ी, झुकी हुई और घुमावदार रेखाएँ खींची जाती हैं।
- लेटरिंग को पूरा करने के बाद इन रेखाओं को मिटाया नहीं जाना चाहिए।

प्रैक्टिकल आउटकम्स (PrO)

इस पाठ्यक्रम के पाठ्यक्रम से निम्नलिखित प्रैक्टिकल आउटकम्स प्राप्त होते हैं:

PrO1- दिए गए 2D पेपर पर टेक्स्ट और नंबर लिखें।

प्रायोगिक व्यवस्था (ड्राइंग/स्केच/सर्किट आरेख/कार्य स्थिति)

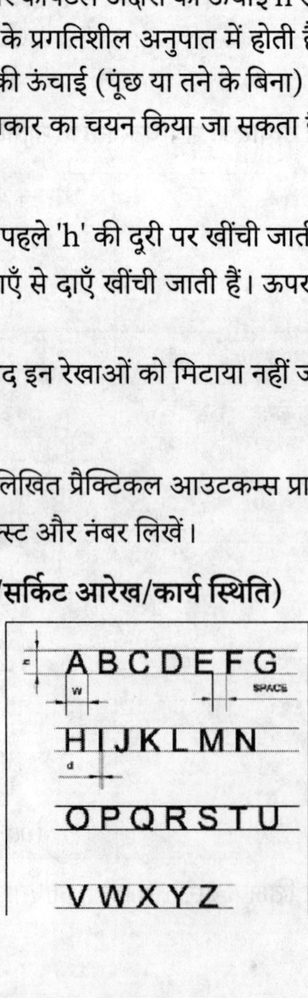

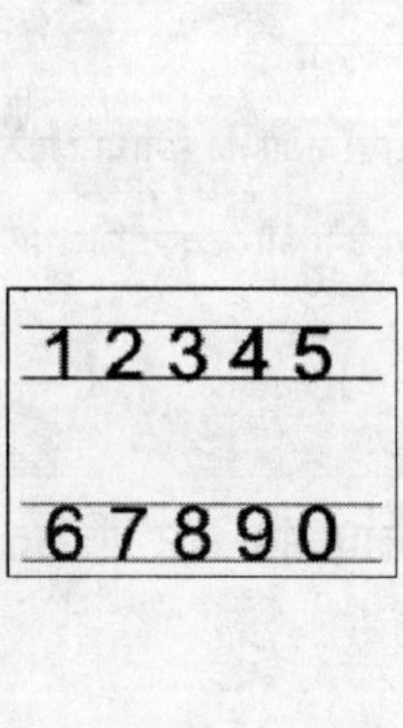

आवश्यक संसाधन

जैसा कि प्रैक्टिकल-1 में बताया गया है।

लेटरिंग (अक्षरों को लिखने की प्रक्रिया)

सावधानियाँ

जैसा कि प्रैक्टिकल-1 में बताया गया है।

प्रयोग विधि

1. 10 मिमी की दूरी की क्षैतिज पतली समानांतर रेखाएं (गाइड लाइन) बनाएं। h = 10 मिमी दूरी अक्षर की ऊंचाई को दर्शाती है।
2. बीआईएस (आईएस:9609-1983) द्वारा अनुशंसित अक्षरों की चौड़ाई को चिह्नित करें। विभिन्न अक्षरों की चौड़ाई `d' के संदर्भ में इस प्रकार है। d स्ट्रोक की मोटाई को इंगित करता है और h/10 के बराबर होता है। उदाहरण के लिए, निम्नलिखित तालिका के अनुसार J लिखने के लिए चौड़ाई (10/10 ×4) =4mm. होनी चाहिए।
3. घुमावदार अक्षरों के लिए स्मूद फ्री हैंड कर्व का इस्तेमाल करें।
4. स्केल या सेटस्क्वेयर का उपयोग करके सीधी रेखा के अक्षरों को ड्रॉ करें।
5. लाइन की एक समान मोटाई बनाए रखने के लिए, शंक्वाकार बिंदु सॉफ्ट ग्रेड पेंसिल का उपयोग करें और बहुत अधिक तीक्ष्णता (HB) से बचें।
6. ऊपर और नीचे दोनों गाइड लाइंस हमेशा तेज पेंसिल (2H) से बनाए जाने चाहिए।

Width (w)	Capital letters
1	I
4	J
5	C, E, F, L
6	B,D,G,H,K,N,O,P,R,S,T,U & Z
7	A, M, Q, V, X, Y
9	W

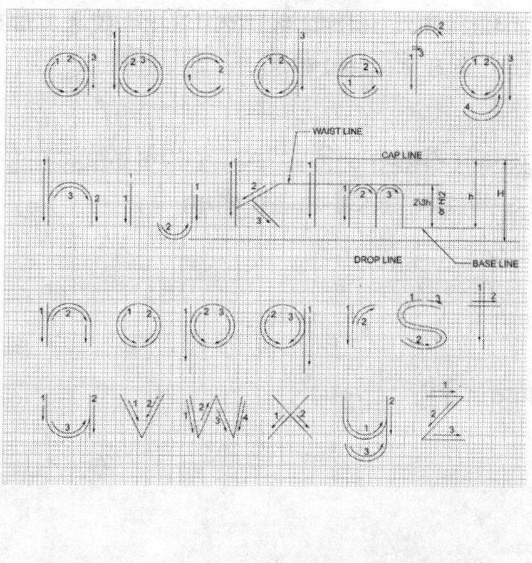

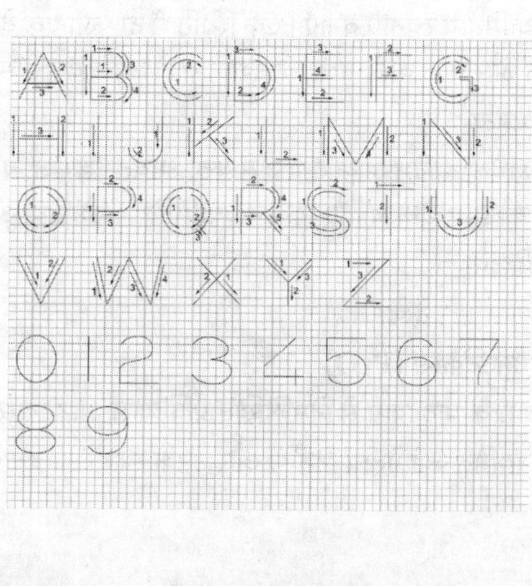

प्रेक्षण

ABCDEFG

HIJKLMN

OPQRSTU

VWXYZ

प्रयोग संबंधी प्रश्न

1. J और I अक्षरों की ऊँचाई और चौड़ाई के मान बताएं, यदि गाइड लाइन 10 मिमी की दूरी पर हैं।
2. संख्या 6 और 1 की ऊंचाई और चौड़ाई के मान बताएं यदि गाइड लाइन 10 मिमी की दूरी पर हैं।

अपशिष्ट का निपटान

जैसा कि प्रयोग-1 में बताया गया है।

पर्यावरण के अनुकूल दृष्टिकोण: कम उपयोग (रिड्यूज), पुनः उपयोग (रियूज) एवं पुनर्चक्रण (रिसायकल)

जैसा कि प्रयोग-1 में बताया गया है।

अध्ययन हेतु सुझाए गए संसाधन

यूनिट-1 देखें

सुझाई गई मूल्यांकन योजना

जैसा कि प्रयोग-1 में बताया गया है।

प्रयोग-3 : नियमित ज्यामितीय रचनाएँ बनाएं।-I

प्रायोगिक कथन

नियमित ज्यामितीय रचनाएँ बनाएँ। एक स्थिति में दो पुली एक बेल्ट (ओपन बेल्ट व्यवस्था) के माध्यम से जुड़े हुए हैं, पुली को दर्शाने वाले सर्कल और बेल्ट के किनारों को दर्शाने वाले उनके बाहरी स्पर्शरेखा के साथ सेटअप बनाएं।

प्रायोगिक महत्व

जटिल 2D चित्र आदिम आकृतियों जैसे वृत्त, आयत, त्रिभुज, बहुभुज और दीर्घवृत्त आदि का उपयोग करके बनाए जाते हैं। इसलिए विद्यार्थियों को ज्ञात होना चाहिए कि इन ज्यामितीय आकृतियों और उनकी स्पर्शरेखाओं को कैसे खींचना है।

प्रासंगिक सिद्धांत

पुस्तक का खंड 1.5 देखें।

प्रैक्टिकल आउटकम्स (PrO)

इस पाठ्यक्रम के पाठ्यक्रम से निम्नलिखित प्रैक्टिकल आउटकम्स प्राप्त होते हैं:

PrO1- नियमित ज्यामितीय निर्माण और उनके स्पर्शरेखा बनाएं।

प्रायोगिक व्यवस्था (ड्राइंग/स्केच/सर्किट आरेख/कार्य स्थिति)

बड़ी चरखी का व्यास = 40 मिमी

छोटी चरखी का व्यास = 30 मिमी

चरखियों के केंद्र के बीच की दूरी = 60 मिमी

आवश्यक संसाधन

जैसा कि प्रयोग-1 में बताया गया है

सावधानियाँ

जैसा कि प्रयोग-1 में बताया गया है

प्रयोग विधि

1. 60 मिमी की एक रेखा खींचे और दो अंतिम बिंदुओं को C1 और C2 के रूप में चिह्नित करें।
2. केंद्र C1 और C2 के साथ क्रमशः 40 मिमी और 30 मिमी व्यास के दो वृत्त बनाएं।
3. 40 मिमी वृत्त (D1) पर 10 मिमी (40 मिमी - 30 मिमी) व्यास का एक संकेंद्रित वृत्त (D3) बनाएं।
4. केंद्र C2 से वृत्त D3 को P पर स्पर्श करते हुए एक रेखा 't' खींचिए।
5. C1 और P को मिलाएं (कोण P समकोण है) और इसे P1 पर मिलने वाले वृत्त D1 तक बढ़ाएँ।
6. C1-P1 के समांतर C2-P2 खींचिए।
7. P1 और P2 को मिलाकर (सामान्य) स्पर्श रेखा T1 को वृत्त D1 और D2 से मिलाएँ।
8. इसी प्रकार स्पर्श रेखा T2 , खींचिए। स्पर्श रेखाएँ T1 तथा T2 बाह्य स्पर्श रेखाएँ कहलाती हैं।

प्रेक्षण

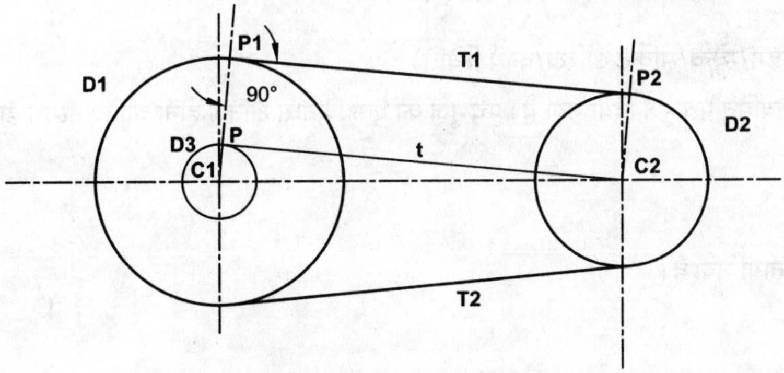

प्रयोग संबंधित प्रश्न

1. बड़े चरखी पर लपेट के कोण की पहचान करें।
2. यदि यह एक क्रॉसबेल्ट स्थिति है, तो स्पर्शरेखा खींचने के लिए आपका दृष्टिकोण कैसा होगा।

अपशिष्ट का निपटान

जैसा कि प्रैक्टिकल-1 में बताया गया है

पर्यावरण के अनुकूल दृष्टिकोण: कम उपयोग (रिड्यूज), पुनः उपयोग (रियूज) एवं पुनर्चक्रण (रिसायकल)

जैसा कि प्रयोग-1 में बताया गया है

अध्ययन हेतु सुझाए गए संसाधन

यूनिट -1 देखें

सुझाई गई मूल्यांकन योजना

जैसा कि प्रयोग-1 में बताया गया है

प्रयोग-4: नियमित ज्यामितीय रचनाएँ बनाएं- II

प्रैक्टिकल का कथन

एक दी गई भुजा की लंबाई के साथ एक पंचभुज की तरह नियमित ज्यामितीय रचनाएँ बनाएँ।

प्रायोगिक महत्व

जटिल 2D चित्र आदिम आकृतियों जैसे वृत्त, आयत, त्रिभुज, बहुभुज और दीर्घवृत्त आदि का उपयोग करके बनाए जाते हैं। इसलिए विद्यार्थियों को ज्ञात होना चाहिए कि इन ज्यामितीय आकृतियों और उनकी स्पर्शरेखाओं को कैसे खींचना है।

प्रासंगिक सिद्धांत

पुस्तक का खंड 1.5 देखें।

प्रैक्टिकल आउटकम्स (PrO)

इस पाठ्यक्रम के पाठ्यक्रम से निम्नलिखित प्रैक्टिकल आउटकम्स प्राप्त होते हैं:

PrO1-नियमित ज्यामितीय रचनाएँ और उनकी स्पर्श रेखाएँ खींचिए।

प्रायोगिक व्यवस्था (ड्राइंग/स्केच/सर्किट आरेख/कार्य स्थिति)

50 mm भुजा वाला नियमित पंचभुज दिया गया है। पंचभुज का एक किनारा क्षैतिज होना चाहिए। साथ ही पंचभुज में भीतर एक वृत्त भी खींचिए।

आवश्यक संसाधन

जैसा कि प्रयोग -1 में बताया गया है।

सावधानियाँ

जैसा कि प्रयोग -1 में बताया गया है।

प्रयोग विधि

विधि-1

1. दी गई भुजा (50mm) की लंबाई के बराबर एक रेखा AB खींचिए।
2. AB को P पर समद्विभाजित करें।
3. AB के बराबर लंबाई और AB पर लंबवत एक रेखा BQ खींचिए।

4. केंद्र P और त्रिज्या PQ से, AB को R पर प्रतिच्छेद करते हुए एक चाप खींचिए। AR पंचभुज की विकर्ण लंबाई के बराबर है।
5. केंद्र A और B और त्रिज्या AR और AB लेकर क्रमशः चाप खींचिए जो C पर प्रतिच्छेद करते हैं।
6. केंद्र A और B और त्रिज्या AR लेकर चाप खींचिए जो D पर प्रतिच्छेद करते हैं।
7. केंद्रों A और B और त्रिज्या AB और AR को लेकर चाप खींचिए जो E पर प्रतिच्छेद करते हैं।
8. ABCDE अभीष्ट पंचभुज है।

विधि-2

1. दी गई भुजा (60mm) की लंबाई के बराबर एक रेखा AB खींचिए।
2. एक रेखा B1 इस प्रकार खींचिए कि <AB 1 = 108° (कोण सहित)
3. B पर C इस प्रकार अंकित करें कि BC = AB
4. चरण 2 और 3 दोहराएँ और पंचभुज ABCDE को पूरा करें

अंकित वृत्त (Inscribed Circle)

1. किन्हीं दो कोणों को एक दूसरे को 0 पर प्रतिच्छेद करने वाली रेखाओं द्वारा समद्विभाजित कीजिए।
2. 0 से, पंचभुज की किसी एक भुजा को P पर काटते हुए एक लंब खींचिए।
3. केंद्र 0 और त्रिज्या OP को लेकर अभीष्ट वृत्त खींचिए।

प्रेक्षण

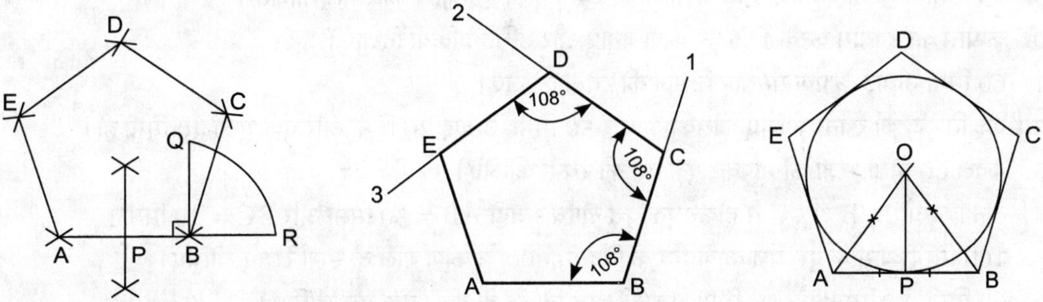

प्रयोग संबंधी प्रश्न

1. विधि-2 में शामिल(included) कोण का अनुमान कैसे लगाया गया था।
2. यदि एक परिबद्ध वृत्त की आवश्यकता है, तो किस प्रकार बनाना चाहिए।

अपशिष्ट का निपटान

जैसा कि प्रयोग-1 में बताया गया है।

पर्यावरण के अनुकूल दृष्टिकोण: कम उपयोग (रिड्यूज), पुनः उपयोग (रियूज) एवं पुनर्चक्रण (रिसायकल)

जैसा कि प्रयोग-1 में बताया गया है।

अध्ययन हेतु सुझाए गए संसाधन

यूनिट-1 देखें

सुझाई गई मूल्यांकन योजना

जैसा कि प्रयोग-1 में बताया गया है।

डिजाइन नवोन्मेषी अभ्यास/प्रोजेक्ट /गतिविधियां

छात्र 5-6 छात्रों का एक समूह बनाएगा और संकाय के मार्गदर्शन में एक या दो सूक्ष्म परियोजना (ओं) / गतिविधि (ओं) को शुरू करेगा और इसे व्यक्तिगत भागीदारी के साथ समूह के रूप में भी प्रस्तुत करेगा। एक नमूना सूची नीचे दी गई है:

1. टी-स्क्वायर और सेट-स्क्वायर का उपयोग करके क्षैतिज के साथ 30 डिग्री पर समानांतर रेखाएं बनाएं।
2. टी-स्क्वायर और सेट-स्क्वायर का उपयोग करके, यदि कोई एक रेखा 15 डिग्री पर हो , तो लंबवत रेखाएं बनाएं।
3. AB 70 मिमी लंबी एक रेखा खींचिए। विभक्त की सहायता से रेखा को चार बराबर भागों में बाँट लें।
4. 45° सेट-स्क्वायर का उपयोग करके वर्ग की रचना करें।
5. आपके पास A2 आकार की ड्राइंग शीट है और आप एक ऐसे घर की योजना बनाना चाहते हैं जिसका क्षेत्रफल 30 फीट गुणा 50 फीट हो। आप R.F के किस मूल्य का उपयोग करेंगे?
6. 50 फीट तक की दूरी मापने के लिए एक ग्राफिकल स्केल बनाएं। R.F मान को 1/100 लें। यदि :
   (a) लीस्ट काउन्ट = 1 फुट
   (b) लीस्ट काउन्ट = 1 इंच
7. किसी भी कोण पर 119 मिमी लंबी एक रेखा खींचिए और उसे समद्विभाजित करने की उचित प्रक्रिया दिखाइए।
8. 150 मिमी लंबी एक रेखा खींचें। ड्राफ़्टिंग टूल का उपयोग करके, रेखा को 5 बराबर भागों में विभाजित करें।
9. 75 मिमी भुजाओं के साथ 45० के कोण की रचना करें। इस कोण को समद्विभाजित करें।
10. कम्पास का उपयोग करके 150 का कोण बनाएं और उचित प्रक्रिया दिखाएं।
11. 60 मिमी ऊँचाई के एक समबाहु त्रिभुज की रचना कीजिए।
12. एक त्रिभुज की रचना कीजिए जिसका आधार 50 मिमी, ऊँचाई 20 मिमी और एक भुजा 40 मिमी हो।
13. केवल 60 मिमी भुजा को मापकर एक वर्ग की रचना कीजिए।
14. तीन बिंदुओं A, B और C से होकर एक वृत्त खींचिए जहाँ AB = 30 मिमी और BC = 20 मिमी।
15. 100 मिमी व्यास के एक वृत्त के बाहर एक बिंदु से, 60० के कोण वाले दो स्पर्श रेखाएँ खींचिए।
16. 60 मिमी, 35 मिमी और 55 मिमी भुजाओं वाले त्रिभुज के बाहर एक वृत्त खींचिए।
17. केंद्र 60 मिमी अलग रखते हुए क्रमशः 50 मिमी व्यास और 40 मिमी व्यास के दो वृत्त बनाएं। वृत्तों पर खुली-बेल्ट स्पर्श रेखाएँ खींचिए।
18. 35 मिमी त्रिज्या के एक वृत्त के भीतर एक षट्भुज बनाएं।
19. दो समानांतर भुजाओं के बीच की दूरी 50 मिमी रखते हुए एक अष्टकोण बनाएं।

अधिक जानिए

- शिक्षक और छात्र कुछ उत्पादन/निर्माण/इलेक्ट्रिकल/इलेक्ट्रॉनिक्स वास्तविक औद्योगिक घटक चित्र एकत्र करेंगे।
- शिक्षक को कक्षा सत्र के दौरान आभासी ड्राइंग उपकरणों के साथ ड्राइंग बनाने की प्रक्रिया को प्रदर्शित करने के लिए उपलब्ध मुफ्त सॉफ्टवेयर डाउनलोड करना चाहिए।

- इनपुट सत्र के दौरान शिक्षक को विद्यार्थी की संबंधित इंजीनियरिंग शाखा से संबंधित उदाहरण देना चाहिए। जैसे मैकेनिकल और संबद्ध विषयों / इलेक्ट्रिकल और संबद्ध विषयों / इलेक्ट्रॉनिक्स आदि।
- उल्लिखित अवधारणाओं को समझाने के लिए वीडियो/एनीमेशन फिल्में दिखाएं।
- मानक प्रतीकों और वर्तमान औद्योगिक/शिक्षण पद्धतियों को पढ़ाने के लिए अनुभवी शिक्षकों द्वारा विकसित चार्ट और औद्योगिक ड्राइंग/ड्राइंग शीट का उपयोग करें।
- शिक्षकों को विद्यार्थियों को अवधारणाओं को और अधिक समझने/अभ्यास करने के लिए पुस्तक में उपलब्ध यूआरएल/क्यूआर कोड का उपयोग करने के लिए कहना चाहिए।

अनुप्रयोग (वास्तविक जीवन/औद्योगिक)

1. स्वच्छ और सटीक चित्र तैयार करने के लिए ड्राइंग उपकरणों का उपयोग किया जाता है जैसे सिविल ड्रॉइंग, आर्किटेक्चरल ड्रॉइंग, स्ट्रक्चरल ड्रॉइंग, मैकेनिकल सिस्टम ड्रॉइंग, इलेक्ट्रिकल ड्रॉइंग, प्लंबिंग ड्रॉइंग आदि।
2. आकृतियों, ज्यामितीय आकृतियों और वस्तुओं के निर्माण, सिविल निर्माण चित्र, मैकेनिकल इंजीनियरिंग चित्र आदि मे विभिन्न प्रकार की रेखाओं का उपयोग किया जाता है । मैकेनिकल इंजीनियरिंग ड्रॉइंग मे लाइनों के प्रकारों का उपयोग आसन्न भागों की आउट लाइंस, असेंबली ड्रॉइंग मे चल भागों की चरम स्थिति को दर्शाने के लिए किया जाता है। भवन निर्माण कार्यों में दरवाजे, खिड़कियां, सीढ़ियों, रैंप और ढलान वाले क्षेत्रों को दर्शाने के लिए निरंतर संकरी रेखाओं का उपयोग किया जाता है।
3. यांत्रिक ड्राइंग, सिविल ड्राइंग, प्रोडक्शन ड्राइंग, कंस्ट्रक्शन ड्राइंग, आर्किटेक्चरल ड्राइंग आदि में घटकों / विशेषताओं को चित्रित करते समय ज्यामितीय निर्माण का उपयोग किया जाता है जैसे बोल्ट हेड, नट, गियर टूथ, स्प्रोकेट टूथ, कैम, की-वे, विशेष रूप से डिजाइन दरवाजे और खिड़कियां, वाटर बॉडी, आंतरिक भाग, टेक्सटाइल ड्रॉइंग।
4. इंजीनियरिंग ड्राइंग में जैसे ही आप किसी भी कंपोनेंट की ड्रॉइंग बनाना शुरू करते हैं, चाहे वह मैकेनिकल, इलेक्ट्रिकल, सिविल, इलेक्ट्रॉनिक्स आदि से हो, सबसे पहले एक स्केल चुनना होता है। इसलिए कोई भी वस्तु, तत्व और घटक घरेलू या औद्योगिक बिना स्केल के नहीं ड्रॉ की जा सकती है।
5. आयाम (डायमेंशन) का प्रयोग ड्राइंग शीट पर किसी भी 2डी और 3डी इकाई की जानकारी देने के लिए किया जाता है। आयाम का उपयोग इंजीनियरिंग ड्राइंग, मशीन ड्राइंग, कंस्ट्रक्शनल ड्राइंग, इलेक्ट्रिकल वायरिंग लेआउट ड्राइंग, इलेक्ट्रॉनिक्स घटक और प्लेसमेंट ड्राइंग, प्रोडक्शन ड्राइंग, ऑर्थोग्राफिक व्यू, आइसोमेट्रिक व्यू आदि में किया जाता है। डायमेंशन का उपयोग घटकों (components) से संबंधित आकार की जानकारी प्रदान करने के लिए भी किया जाता है जैसे- होल, ब्लाइंड होल, स्टेप्ड होल, काउंटर ड्रिल होल, काउंटरसंक होल, स्पॉट फेस, मोटाई, ऊंचाई, लंबाई, चौड़ाई, त्रिज्या, व्यास, आर्क, कॉर्ड लेंथ, कर्व्स, एंगल, रिपीट फीचर्स, पिच लेंथ, टेंपर, चम्फर, प्रतिबंधित क्षेत्र, अंडरकट, स्लॉट, नाली, पेंच, नट, स्टड, कीलक, बोल्ट, वॉशर, सील, की, शाफ्ट, एक्सल, स्टड, रॉड, लीवर, कपलिंग, गियर, चेन, बियरिंग्स, बेल्ट, दरवाजे, खिड़कियां , ट्रस, सर्किट लेआउट, प्लंबिंग लाइन, आदि।

जिज्ञासा हेतु

कक्षा और ड्राइंग अभ्यास सत्रों के अलावा, सुझाए गए छात्र-संबंधित सह-पाठ्यचर्या संबंधी गतिविधियाँ निम्नलिखित हैं जिन्हें इस इकाई में विभिन्न परिणामों की प्राप्ति में तेजी लाने के लिए किया जा सकता है:

1. छात्रों को पास की कार्यशालाओं/उद्योगों/बिल्डरों/ठेकेदारों से प्रोडक्शन ड्रॉइंग, बिल्डिंग ड्रॉइंग, लेआउट एकत्र करना चाहिए और प्रयास करना चाहिए कि :
   (a) उपयोग की गई रेखाओं के प्रकार को फिर से बनाएं
   (b) उपयोग की गई अक्षरों की शैली को फिर से बनाएं

(c) संदर्भित बीआईएस कोड की सूची तैयार करें।

(d) उपयोग किए गए सकलेस के प्रकार की सूची बनाएं। वास्तविक घटक के साथ ड्राइंग शीट पर घटक के आकार की तुलना करें।

(e) बुनियादी ड्राइंग इंस्ट्रूमेंट्स और टूल्स जैसे मिनीडाफ्टर, टी-स्क्वायर, कंपास, सेट-स्क्वायर, फ्रेंच कर्व आदि की मदद से ड्रॉइंग बनाएं।

2. छात्रों को कुछ पर्यटन मानचित्र एकत्र करना चाहिए और उस पर खींचे गए चित्रमय पैमाने की सहायता से किन्हीं दो स्थानों के बीच की दूरी ज्ञात करने का प्रयास करना चाहिए।
3. वेब सर्फ करें और कलाई घड़ी में उपयोग किए जाने वाले पैमाने को सूचीबद्ध करें। एक छात्रावास भवन, अस्पताल भवन, 2बीएचके फ्लैट की ड्राइंग के लिए उपयोग किए जाने वाले पैमाने का निरीक्षण करें। एक बाइक की एक विशिष्ट कनेक्टिंग रॉड को आरेखित करने के लिए उपयोग किए जाने वाले पैमाने का निरीक्षण करें। एकीकृत परिपथ के आरेखण के लिए उपयोग किए जाने वाले पैमाने का अध्ययन कीजिए।
4. प्रत्येक छात्र को पाठ्यक्रम शिक्षक की उपस्थिति में अपनी कक्षा के अन्य छात्रों को ज्यामितीय निर्माण का कम से कम एक उदाहरण समझाना चाहिए।
5. विद्यार्थी को एक अलग ए3 आकार की स्केच बुक रखनी चाहिए जो कि टर्म वर्क का हिस्सा होगी और इसे ड्राइंग शीट के साथ जमा करें। स्केच बुक में ज्यामितीय निर्माण से संबंधित कम से कम 5 ड्रॉइंग बनाएं (शीट पर और स्केच बुक में प्रश्न अलग-अलग होना चाहिए)।
6. छात्र को अपनी इंजीनियरिंग शाखा से संबंधित कम से कम पांच घटकों(Components) की पहचान और सूची बनानी चाहिए जहां उन्होंने ज्यामितीय निर्माण का उपयोग देखा है

संदर्भ एवं अध्ययन हेतु सुझाव

1. Engineering Drawing Practices for School and Colleges SP 46:2003, published by Bureau of Indian Standards, Government of India, Third Reprint, October 1998; ISBN:. 81-7061-091-2, Manak Bhavan, 9 Bahadur Shah Zafar Marg , New Delhi
2. A work book of Engineering Drawing by T.T.T.I., Bhopal, 1999
3. A text Book of Engineering Drawing, K Venkata Reddy, BS Publication, 2008
4. Bureau of Indian Standards: https://en.wikipedia.org/wiki/Bureau_of_Indian_Standards
5. Use of Virtual drawing instruments: https://www.triumphcloud.com/
6. Virtual drawing environment: https://www.mathspad.co.uk/

2 लंबकोणीय प्रक्षेपण

यूनिट विशिष्ट

- लंबकोणीय, परिप्रेक्ष्य, आइसोमेट्रिक और तिरछे प्रक्षेपण की अवधारणा और अनुप्रयोग।
- लंबकोणीय प्रक्षेपण (ऑर्थोग्राफिक प्रोजेक्शन), फर्स्ट एंगल और थर्ड एंगल विधि, उनके प्रतीक।
- एक्सोनोमेट्रिक प्रक्षेपण।
- तिरछा प्रक्षेपण।
- परिप्रेक्ष्य प्रक्षेपण।
- सचित्र दृश्य का सांकेतिक दृश्यों में रूपांतरण।

विषयवस्तु को पढ़ने, हल की गई समस्याओं, गतिविधियों को पूरा करने, अभ्यास करने और इस इकाई में उल्लिखित आईसीटी और वेब संसाधनों को देखने के बाद इन विषयों की समझ विकसित होगी।

इकाई के अंत में कवर किए गए विषयों को पुनः दोहराने के लिए सारांश दिया गया है और अनुप्रयोगों का उल्लेख किया गया है ताकि शिक्षार्थी प्रस्तुत ज्ञान को वास्तविक जीवन और औद्योगिक स्थितियों के साथ सहसंबद्ध कर सके। शिक्षार्थी में जिज्ञासा पैदा करने के लिए कुछ गतिविधियों का उल्लेख किया गया है। ज्ञान के सुदृढ़ीकरण के लिए विषयपरक और वस्तुनिष्ठ प्रश्न प्रदान किए गए हैं और आगे सीखने के लिए संदर्भों और सुझाए गए रीडिंग की एक सूची भी प्रदान की गई है। विभिन्न विषयों पर अधिक जानकारी प्राप्त करने के लिए वीडियो संसाधनों का उपयोग किया जा सकता है इसके लिए क्यूआर उपलब्ध कराए गए है जिसे मोबाइल फोन के माध्यम से सर्फ या स्कैन किया जा सकता है। ड्राइंग और ड्राफ्टिंग कौशल को बढ़ाने के लिए विवरण के साथ प्रायोगिक कार्य भी सुझाए गए हैं।

भूमिका

जब आप किसी वस्तु का चित्र बनाना चाहते हैं, तो सबसे पहले आपको यह निर्णय लेना होता है कि आप किस प्रकार का चित्र बनाना चाहते हैं? यदि आप किसी आम आदमी को किसी वस्तु के आकार और आकृति के बारे में जानकारी देना चाहते हैं, तो आप एक चित्रात्मक चित्र, जो वस्तु की त्रि-आयामी छवि दिखाता है, की सहायता से बता सकतें हैं। लेकिन जब आप तकनीकी व्यक्ति के साथ संवाद कर रहे होते हैं, तो सचित्र ड्राइंग के साथ-साथ, वस्तु की लंबकोणीय ड्राइंग और सेक्शनल लंबकोणीय ड्राइंग का उपयोग भी कर सकते हैं। लंबकोणीय रेखाचित्र और सेक्शनल लंबकोणीय रेखाचित्र का लाभ यह है कि आप विवरण को अधिक स्पष्ट और सटीक रूप से दिखा सकते हैं।

पूर्व अपेक्षित ज्ञान

- **गणित:** निर्देशांक और प्लेन ज्यामिति
- इस पुस्तक की यूनिट -1

यूनिट आउटकम्स

इस इकाई के अध्ययन के पश्चात विद्यार्थी निम्नलिखित मे सक्षम होंगे।

U2-O1: लंबकोणीय, परिप्रेक्ष्य, सममितीय और तिरछे प्रक्षेपों की अवधारणा और अनुप्रयोगों की व्याख्या करना

U2-O2: बीआईएस द्वारा निर्दिष्ट उनके प्रतीक के साथ प्रथम कोण और तृतीय कोण प्रक्षेप विधियों के बीच अंतर करना

U2-O3: समतल सतहों, तिरछी सतहों, खांचों, रिब्स, बेलनाकार आदि सतहों वाली वस्तुओं के दिए गए सचित्र दृश्यों से प्रथम कोण प्रक्षेप में लंबकोणीय दृश्य बनाना

कोर्स आउटकम्स (COs) के साथ यूनिट आउटकम्स (UOs) का परस्पर संबंध

यूनिट -2 आउटकम्स	कोर्स आउटकम्स (COs) के साथ अपेक्षित संबंध *(1- कमजोर सहसंबंध; 2- मध्यम सहसंबंध; 3- मजबूत सहसंबंध)*					
	CO-1	CO-2	CO-3	CO-4	CO-5	CO-6
U2-O1	3	2	3	3	2	-
U2-O2	3	3	3	2	3	2
U2-O3	3	1	2	2	2	1

2.1 लंबकोणीय, परिप्रेक्ष्य, सममितीय और तिर्यक प्रक्षेपण की अवधारणा और अनुप्रयोग

2.1.1 प्रक्षेप (प्रोजेक्शन) का परिचय

प्रोजेक्शन का अर्थ है जब आप किसी वस्तु की छवि को समतल पर प्रक्षेपित करते हैं तो प्राप्त आकृति को प्रक्षेप कहते हैं। शब्द प्रक्षेपण के अर्थ को समझने के लिए महत्वपूर्ण अवधारणाएँ हैं:

वस्तु

चित्र 2.1 (a) और (b) में आयत ABCD वस्तु है। वस्तु एक बिंदु, रेखा, तल, ठोस या खंडित ठोस हो सकती है जिसका प्रतिबिंब आप प्रक्षेपित करने का प्रयास कर रहे हैं।

प्रक्षेपण का तल

यह वह तल है जिस पर आप वस्तु का प्रतिबिम्ब प्रक्षेपित करते हैं। इसे संदर्भ तल (रेफरेंस प्लेन) या पिक्चर प्लेन भी कहा जाता है।

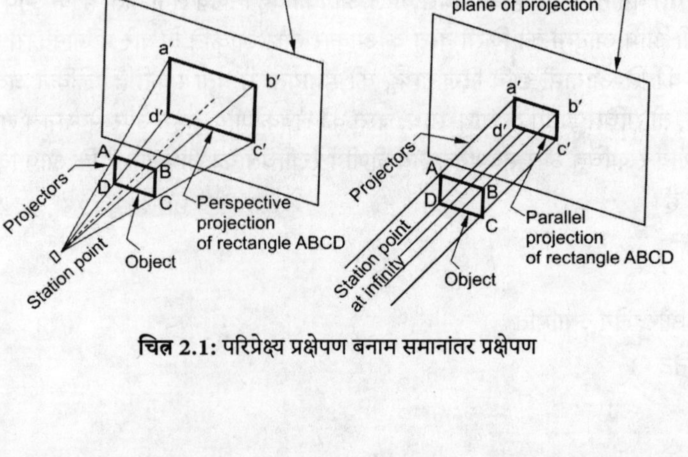

चित्र 2.1: परिप्रेक्ष्य प्रक्षेपण बनाम समानांतर प्रक्षेपण

स्टेशन बिंदु

यह वह बिंदु है जहां से प्रोजेक्टर शुरू होते हैं। परिप्रेक्ष्य प्रक्षेपण में स्टेशन बिंदु एक सीमित दूरी पर है जबकि समानांतर प्रक्षेपण में स्टेशन बिंदु अनंत पर है।

प्रोजेक्टर्स

वस्तु के समोच्च बिंदुओं या कोने के बिंदुओं से खींची जाने वाली सीधी रेखाएँ हैं जो प्रक्षेपण तल पर मिलती हैं, प्रोजेक्टर्स कहलाती हैं।

प्रक्षेपण

जब प्रक्षेपण तल पर प्राप्त प्रोजेक्टर के भेदी बिंदुओं को उचित क्रम में जोड़ा जाता है तो आपको वस्तु का प्रक्षेप मिलता है।

2.1.2 प्रोजेक्शन विधियों का वर्गीकरण

प्रक्षेपण विधियों को दो व्यापक श्रेणियों में वर्गीकृत किया गया है।

1. परिप्रेक्ष्य प्रक्षेपण {चित्र 2.1(a)}
2. समानांतर प्रक्षेपण {चित्र 2.1(b)}

परिप्रेक्ष्य प्रक्षेपण

चित्र 2.1 समानांतर प्रक्षेपण और परिप्रेक्ष्य प्रक्षेपण का तुलनात्मक चित्रमय विवरण दर्शाता है। चित्र 2.1(a) परिप्रेक्ष्य प्रक्षेपण की अवधारणा को दर्शाता है। ध्यान दें कि परिप्रेक्ष्य प्रक्षेपण में प्रोजेक्टर एक बिंदु पर अभिसरण करते हैं जिसे स्टेशन बिंदु कहा जाता है। चित्र 2.1(b) समानांतर प्रक्षेपण की अवधारणा को दर्शाता है। ध्यान दें कि समानांतर प्रक्षेपण में प्रोजेक्टर एक दूसरे के समानांतर होते हैं यानी स्टेशन बिंदु अनंत पर होता है।

समानांतर प्रक्षेपण

जब संदर्भ तल या रेफरेंस प्लेन पर ऑब्जेक्ट के समोच्च बिंदुओं या कोने के बिंदुओं से समानांतर प्रोजेक्टर खींचे जाते हैं, तो संदर्भ तल और प्रोजेक्टर के भेदी बिंदुओं को उचित क्रम में मिलाने पर प्राप्त आकृति को संदर्भ तल पर ऑब्जेक्ट का समानांतर प्रक्षेपण कहा जाता है। समानांतर प्रक्षेपण को दो उपश्रेणियों में वर्गीकृत किया गया है:

1. तिरछा प्रक्षेपण {चित्र 2.2 (a)}
2. लंबकोणीय प्रक्षेपण {चित्र 2.2 (b)}

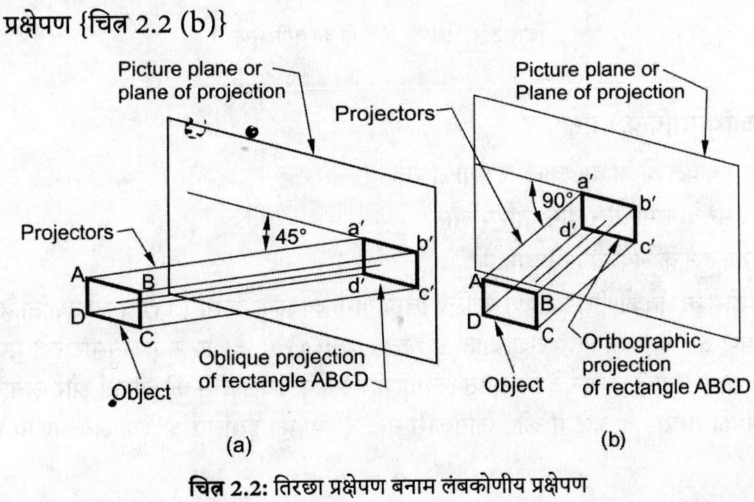

चित्र 2.2: तिरछा प्रक्षेपण बनाम लंबकोणीय प्रक्षेपण

मुख्य विभेदक बिंदु यह है कि तिरछे प्रक्षेपण में प्रोजेक्टर प्रक्षेपण के तल पर झुके होते हैं, जबकि लंबकोणीय प्रक्षेपण में, प्रोजेक्टर हमेशा प्रक्षेपण तल के लंबवत होते हैं।

प्रक्षेपण की विभिन्न विधियों का विस्तृत वर्गीकरण चित्र 2.3 मे दिखाया गया है। बहु-दृश्य प्रक्षेपण को छोड़कर अन्य सभी सचित्र ड्राइंग हैं।

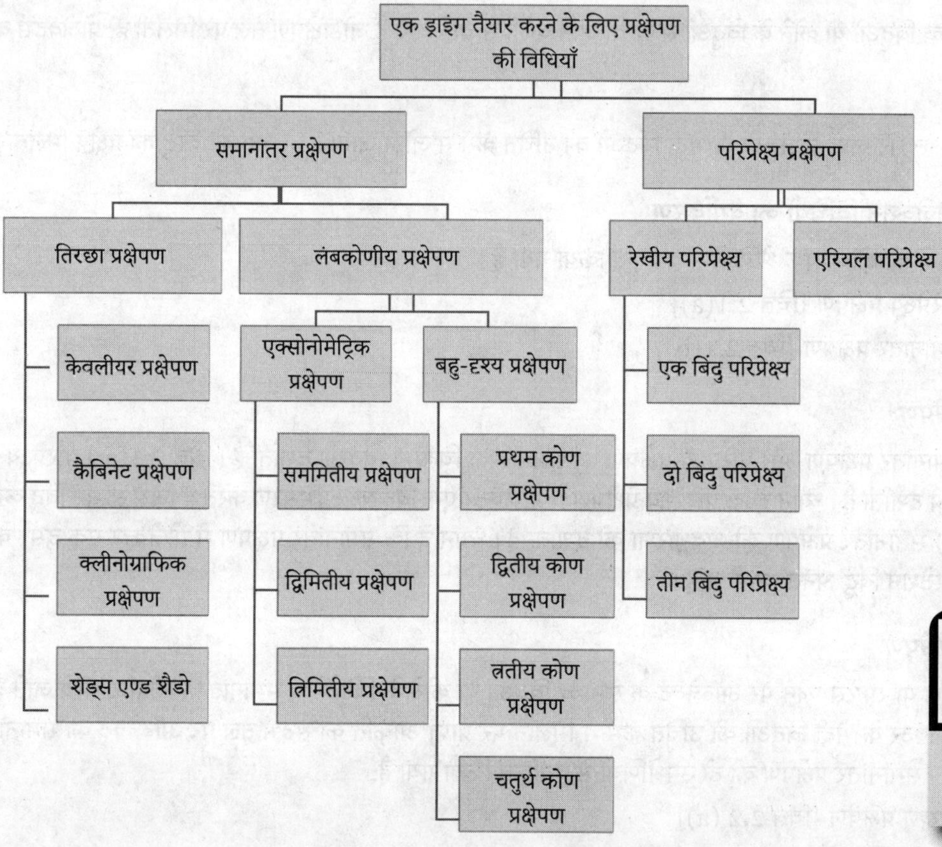

लंबकोणीय प्रक्षेपण का परिचय

चित्र 2.3: प्रक्षेपण विधियों का वर्गीकरण

2.2 लंबकोणीय (ऑर्थोग्राफ़िक) प्रक्षेपण

लंबकोणीय प्रक्षेपण के लिए केवल दो आवश्यक और पर्याप्त शर्तें हैं:

1. प्रोजेक्टर एक दूसरे के समानांतर होने चाहिए और
2. प्रोजेक्टर प्रक्षेपण तल के लंबवत होने चाहिए

चित्र 2.4 (a) एक ठोस के लंबकोणीय प्रक्षेपण के लिए त्रिआयामी व्यवस्था के सचित्र दृश्य को दर्शाता है। ठोस का अधिकतम सूचना युक्त फलक प्रक्षेपण तल के समानांतर रखा जाता है। चित्र 2.4(a) में दिखाए गए अनुसार रखे गए ठोस के लंबकोणीय प्रक्षेप चित्र 2.4 (b) मे दर्शाया गया है। ध्यान दें कि प्राप्त लंबकोणीय प्रक्षेप केवल ठोस की चौड़ाई और ऊंचाई के बारे में जानकारी दे रहा है लेकिन यह ठोस की गहराई के बारे में कोई जानकारी नहीं दे रहा है। इसलिए अधिक लंबकोणीय दृश्य की आवश्यकता होती है।

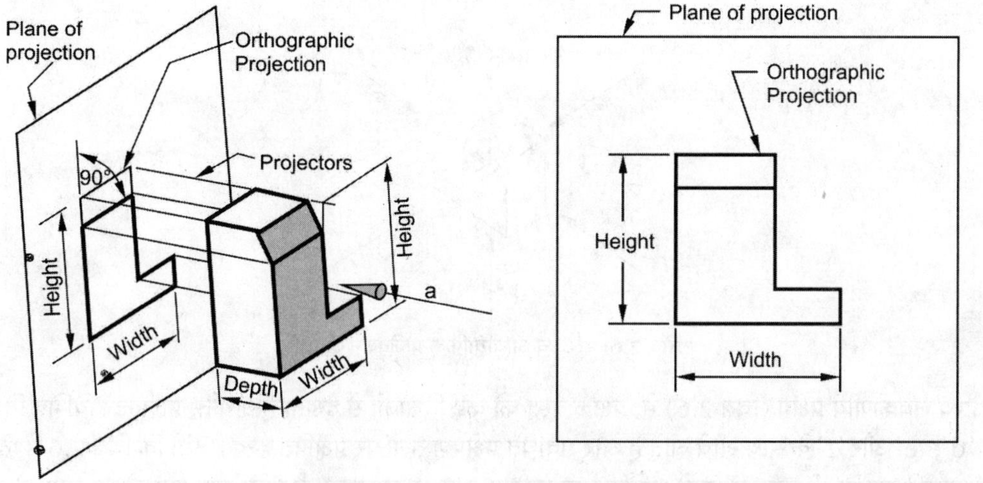

चित्र 2.4: किसी ठोस के लंबकोणीय प्रक्षेपण के लिए 3डी व्यवस्था का सचित्र दृश्य

चित्रा 2.5(a) एक ठोस के लंबकोणीय प्रक्षेप को दर्शाता है जब ठोस के तीनों परस्पर लंबवत समन्वय अक्ष प्रक्षेपण के तल पर समान रूप से झुके होते हैं। प्रक्षेपण तल के साथ ठोस के X, Y और Z अक्ष का कोण 36.46° है। इस प्रकार के लंबकोणीय प्रक्षेपण को सममितीय प्रक्षेपण कहा जाता है और इसकी चर्चा अध्याय 3 में पूर्ण विवरण में की जाएगी। आकृति 2.5(b) में बनी डैश रेखा देखने की दिशा से अदृश्य रेखाओं का प्रतिनिधित्व करती है। समान्यतः सममितीय रेखाचित्र में डैश लाइनों का उपयोग नहीं किया जाता है।

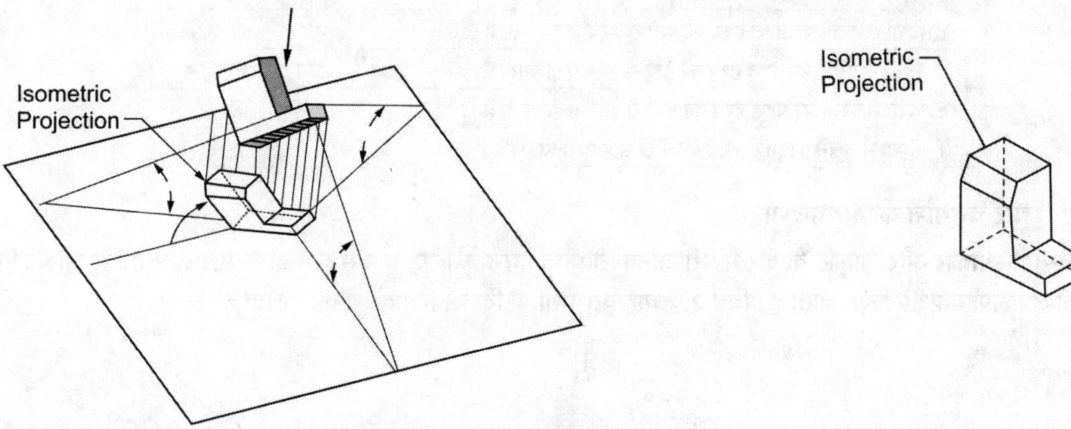

चित्र 2.5: (a) एक ठोस का लंबकोणीय प्रक्षेपण जब ठोस की तीनों परस्पर लंबवत समन्वय अक्ष प्रक्षेपण के तल पर समान रूप से झुकी होती है और (b) सममितीय प्रक्षेपण

2.2.1 ठोस का बहु दृश्य लंबकोणीय प्रक्षेप

आकृति 2.4(a) में ठोस का लंबकोणीय प्रक्षेप केवल ठोस की चौड़ाई और ऊंचाई के बारे में जानकारी दे रहा है। गहराई के बारे में जानकारी के लिए गहराई को दर्शाने वाले एक अन्य लंबकोणीय दृश्य की आवश्यकता होती है। इसलिए बहु दृश्य लंबकोणीय प्रक्षेप आवश्यक होता है। बहु दृश्य लंबकोणीय प्रक्षेप में आप विभिन्न दिशाओं से ठोस के कई लंबकोणीय दृश्य प्रस्तुत करते हैं।

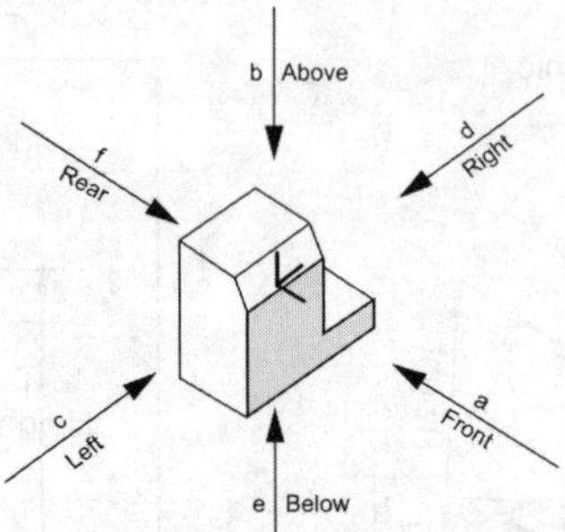

चित्र 2.6: मल्टीव्यू ऑर्थोग्राफिक प्रोजेक्शन अप्रोच

बहु दृश्य लंबकोणीय प्रक्षेप (चित्र 2.6) में, प्रेक्षक वस्तु को कई दिशाओं से देखता है अर्थात, प्रोजेक्टर विभिन्न दिशाओं 'a', 'b', 'c', 'd', 'e' और 'f' के साथ खींचे जाते हैं और संबंधित प्रक्षेपण तलों पर प्रक्षेपित दृश्य। जैसा कि चित्र 2.6 में दिखाया गया है, प्रतिनिधित्व की जाने वाली वस्तु का सबसे अधिक जानकारीपूर्ण दृश्य, सामान्य रूप से मुख्य दृश्य (सामने का दृश्य) के रूप में चुना जाता है। इस दृश्य को 'a' नाम दिया गया है क्योंकि देखने की दिशा 'a' है। अधिकतम सूचना युक्त ठोस के तल को प्रोजेक्टर की 'a' दिशा के लंबवत रखा जाता है।

IS:SP46 के अनुसार दृश्यों के पदनाम तालिका 2.1 में दिया गया है।

तालिका 2.1: दृश्यों के पदनाम

देखने की दिशा	दृश्य का पदनाम
'a' दिशा से देखने पर प्राप्त दृश्य को सामने से दृश्य कहा जाता है	A
'b' दिशा से देखने पर प्राप्त दृश्य को ऊपर का दृश्य कहा जाता है	B
'c' दिशा से देखने पर प्राप्त दृश्य को बाएं से दृश्य कहा जाता है	C
'd' दिशा से देखने पर प्राप्त दृश्य को दाएं से दृश्य कहा जाता है	D
'e' दिशा से देखने पर प्राप्त दृश्य को नीचे से दृश्य कहा जाता है	E
'f' दिशा से देखने पर प्राप्त दृश्य को पीछे से दृश्य कहा जाता है	F

2.2.2 चार चतुर्थांश की अवधारणा

किसी वस्तु के आकार और आकृति के बारे में पूरी जानकारी प्राप्त करने के लिए, कम से कम दो परस्पर लंबवत विमानों पर किसी वस्तु का लंबकोणीय प्रक्षेप लिया जाता है। चित्र 2.7 चार चतुर्थांशों या द्विफलकीय कोणों को दर्शाता है।

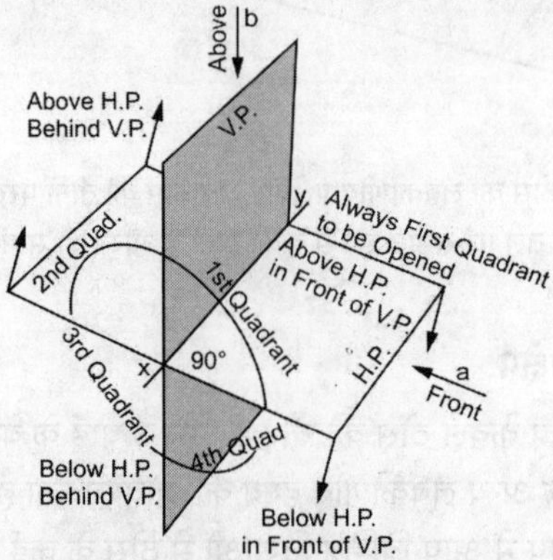

चित्र 2.7: चार चतुर्थांश या द्विफलक कोण

1. एक चतुर्थांश में प्रक्षेपण के दो प्रमुख तल होते हैं जो एक दूसरे से 90° के कोण पर झुके होते हैं।
2. ऊर्ध्वाधर संदर्भ तल (वी.पी.) और क्षैतिज संदर्भ तल (एच.पी.) स्थान को चार क्षेत्रों में विभाजित करता है। जब एक बार सामने से देखने की दिशा 'a' और ऊपर से देखने की दिशा 'b' का निर्धारण कर दिया जाता है तो हम पहले चतुर्थांश, दूसरे चतुर्थांश, तीसरे चतुर्थांश और चौथे चतुर्थांश को परिभाषित कर सकते हैं जैसा कि चित्र 2.7 में दिखाया गया है।
3. पहला चतुर्थांश एच.पी. के ऊपर और वी.पी.के सामने का क्षेत्र होता है।
4. दूसरा चतुर्थांश एच.पी.के ऊपर और वी.पी.के पीछे का क्षेत्र होता है।
5. तीसरा चतुर्थांश एचपी के नीचे और वीपी के पीछे का क्षेत्र होता है।
6. चौथा चतुर्थांश एचपी के नीचे और वीपी के सामने का क्षेत्र होता है।

सामने से दृश्य, एलिवेशन या फ्रन्ट व्यू

चित्र 2.8 सामने से दृश्य, एलिवेशन या फ्रन्ट व्यू प्राप्त करने के लिए सचित्र व्यवस्था को दर्शाता है। बहु दृश्य लंबकोणीय प्रक्षेपण में, ठोस के सामने से दृश्य प्राप्त करने के लिए, आप ऊर्ध्वाधर संदर्भ तल (वी.पी.) के समानांतर ठोस का सबसे अधिक जानकारी पूर्ण चेहरा रखते हैं। प्रोजेक्टर्स 'a' दिशा मे होंगे। प्रोजेक्टर्स और वी.पी. के भेदी बिंदुओं को उचित क्रम में जोड़ने पर ठोस का सामने से दृश्य प्राप्त होता हैं। ध्यान दें कि चित्र 2.8 में सामने से दृश्य ठोस मॉडल की चौड़ाई और ऊंचाई के बारे में जानकारी दे रहा है लेकिन यह ठोस मॉडल की गहराई के बारे में जानकारी नहीं दे रहा है।

ऊपर से दृश्य, प्लान या टॉप व्यू

चित्र 2.9 ऊपर से दृश्य, प्लान या टॉप व्यू प्राप्त करने के लिए त्रिआयामी व्यवस्था का सचित्र दृश्य दिखाता है। प्रोजेक्टर्स 'b' दिशा मे हैं और प्रक्षेपण तल, एच.पी. दिशा 'b' के लंबवत है। ध्यान दें कि ठोस मॉडल की गहराई और चौड़ाई ऊपर से दिखाई दे रही है लेकिन ऊंचाई दिखाई नहीं दे रही है।

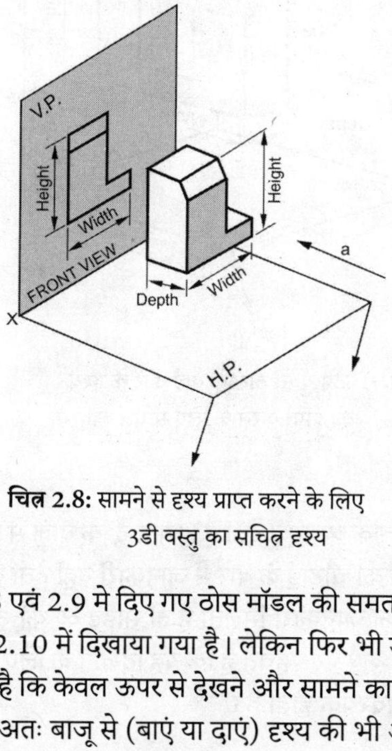

चित्र 2.8: सामने से दृश्य प्राप्त करने के लिए 3डी वस्तु का सचित्र दृश्य

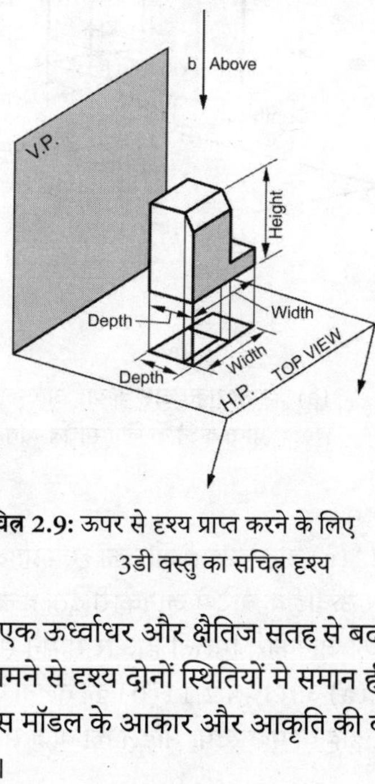

चित्र 2.9: ऊपर से दृश्य प्राप्त करने के लिए 3डी वस्तु का सचित्र दृश्य

चित्र 2.8 एवं 2.9 मे दिए गए ठोस मॉडल की समतल चेमफर सतह को एक ऊर्ध्वाधर और क्षैतिज सतह से बदल दिया गया है जैसा कि चित्र 2.10 में दिखाया गया है। लेकिन फिर भी ऊपर से दृश्य और सामने से दृश्य दोनों स्थितियों मे समान ही प्राप्त होते हैं। इसका मतलब है कि केवल ऊपर से देखने और सामने का दृश्य दिखाए गए ठोस मॉडल के आकार और आकृति की व्याख्या करने में सक्षम नहीं है। अतः बाजू से (बाएं या दाएं) दृश्य की भी आवश्यकता होती है।

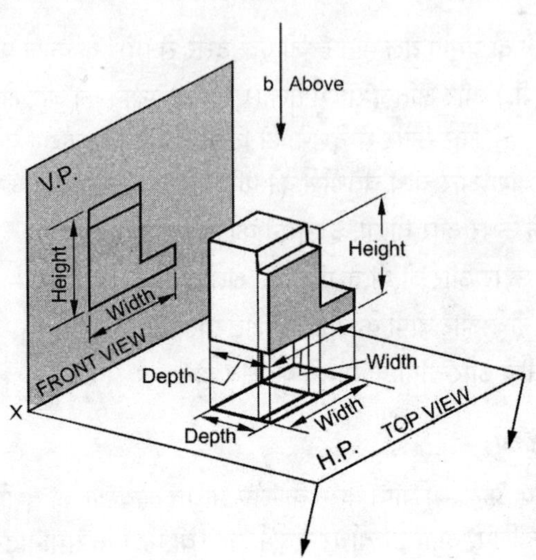

चित्र 2.10: शीर्ष दृश्य प्राप्त करने के लिए एक **स्टेप** के साथ 3D वस्तु का सचित्र दृश्य

View from left

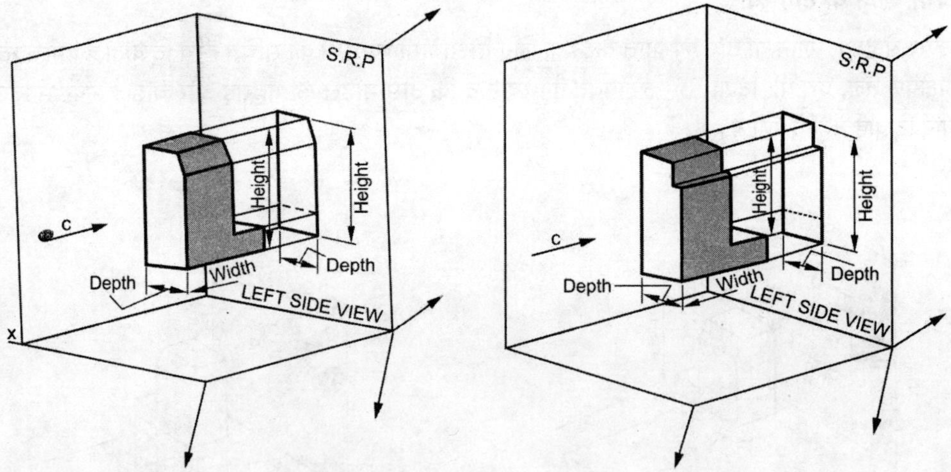

(a) चेमफ़र युक्त ठोस के बाईं ओर का दृश्य प्राप्त करने के लिए सचित्र व्यवस्था

(b) स्टेप युक्त ठोस के बाईं ओर के दृश्य को प्राप्त करने के लिए सचित्र व्यवस्था

चित्र 2.11

चित्र 2.11(a) ठोस के बाईं ओर का दृश्य प्राप्त करने के लिए चित्रात्मक व्यवस्था देता है। ध्यान दें कि बाजू से दृश्य ठोस मॉडल की गहराई और ऊंचाई के बारे में जानकारी देता है लेकिन यह ठोस मॉडल की चौड़ाई के बारे में जानकारी नहीं देता है। ऊपर से दृश्य में भी गहराई की जानकारी मिलती है और सामने से दृश्य में भी ऊंचाई की जानकारी मिलती है तो साइड व्यू की आवश्यकता क्या है? चित्र 2.11(a) और चित्र 2.11(b) की तुलना करने पर आप इस निष्कर्ष पर पहुंचते हैं कि यह दिखाने के लिए कि दी गई सतह एक चम्फर सतह है या एक स्टेप, मॉडल का बाजू से दृश्य (साइड व्यू) आवश्यक होता है।

2.2.3 बहुदृश्य लंबकोणीय प्रक्षेपण की विधियाँ

IS-SP 46 के अनुसार बहु दृश्य लंबकोणीय प्रक्षेपण निम्नलिखित विधियाँ होती है।

1. प्रथम कोण प्रक्षेपण विधि
2. तृतीय कोण प्रक्षेपण विधि

प्रथम कोण प्रक्षेपण विधि

किसी ठोस के बहु दृश्य लंबकोणीय प्रक्षेपण के लिए प्रथम कोण प्रक्षेपण विधि के अनुसार ऑब्जेक्ट ऑब्जर्वर और प्रक्षेपण तल के बीच में होता है। इसे इस प्रकार भी सोच सकतें हैं कि ऑब्जेक्ट प्रथम चतुर्थांश में स्थित है, अर्थात वी.पी.के सामने और एच.पी. के ऊपर।

चित्र 2.12 प्रथम चतुर्थांश अर्थात एच.पी. के ऊपर रखी गई वस्तु के लिए सचित्र चित्र दिखाता है। जब प्रोजेक्टर्स को ऊर्ध्वाधर संदर्भ तल के लंबवत तथा सामने की दिशा 'a' में प्रक्षेपित किया जाता है तो ऊर्ध्वाधर संदर्भ तल पर लंबकोणीय प्रक्षेपण प्राप्त होता है, और इसे सम्मुख दृश्य (फ्रन्ट व्यू) या एलिवेशन कहते हैं। सम्मुख दृश्य से ठोस मॉडल की चौड़ाई और ऊंचाई के बारे में जानकारी मिलती है। जब प्रोजेक्टर्स को क्षैतिज संदर्भ तल के लंबवत शीर्ष दिशा 'b' मे प्रक्षेपित किया जाता है, तो क्षैतिज संदर्भ तल पर प्राप्त होने वाले लंबकोणीय प्रक्षेपण को शीर्ष दृश्य (टॉप व्यू) या प्लान कहा जाता है। शीर्ष दृश्य से सॉलिड मॉडल की चौड़ाई और गहराई के बारे में जानकारी मिलती है। जब प्रोजेक्टर्स को बायीं दिशा 'c' मे बाजू के संदर्भ तल या प्रोफाइल तल के लंबवत प्रक्षेपित किया जाता है, तो प्रोफाइल तल पर लंबकोणीय प्रक्षेपण प्राप्त होता है इसे बाँया दृश्य (लेफ्ट साइड व्यू) कहा जाता है। बाएं से देखने पर ठोस मॉडल की गहराई और ऊंचाई के बारे में जानकारी मिलती है।

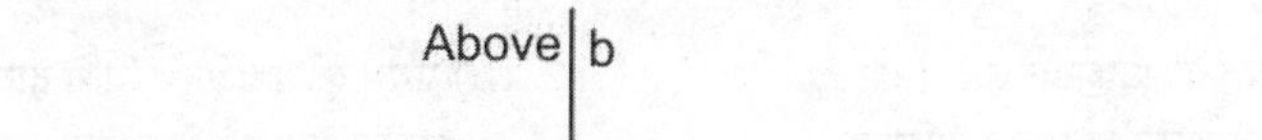

प्रथम कोण एवं तृतीय कोण लंबकोणीय प्रक्षेपण

चित्र 2.12: प्रथम चतुर्थांश में रखी किसी वस्तु का सचित्र आरेखण

अब जब आप एक द्वि-आयामी समतल कागज़ पर ठोस मॉडल के बहु-लंबकोणीय दृश्य बनाना चाहते हैं, तो आपको सभी प्रक्षेपण तलों को समतल बनाने की आवश्यकता होगी। प्रथम कोण प्रक्षेपण विधि में, एच.पी. को 90° के कोण से घुमाया जाता है ताकि यह वी.पी. के साथ समतल हो जाए। और ऊर्ध्वाधर संदर्भ तल के नीचे आ जाए जैसा कि चित्र 2.13(a) में दिखाया गया है।

चित्र 2.12 में घुमावदार तीर के निशान उस दिशा को दर्शाते हैं जिसमें एच.पी. घुमाया गया है और चित्र 2.13 (a) एच.पी. को घुमाने के बाद सचित्र दृश्य दिखाता है। इसी तरह, प्रथम कोण प्रक्षेपण विधि में, प्रोफ़ाइल तल को X1Y1 रेखा के संदर्भ मे 90° के कोण से घुमाया जाता है, ताकि यह वी.पी. के साथ समतल हो जाए। और ऊर्ध्वाधर संदर्भ तल के समान स्तर पर आता है। चित्र 2.12 में एरोहेड्स उस दिशा को दर्शाता है जिसमें प्रोफाइल तल घुमाया जाता है और चित्र 2.13(a) प्रोफाइल प्लेन को घुमाए जाने के बाद सचित्र चित्र दिखाता है। चित्र 2.13 (b) प्रथम कोण प्रक्षेपण विधि द्वारा ठोस के अंतिम बहुदृश्य लंबकोणीय प्रक्षेपण को दर्शाता है। ध्यान दें कि जो रेखा दिखाई नहीं दे रही है उसे डैश कर दिया गया है। इस साधारण ठोस के लिए केवल तीन दृश्य ही पर्याप्त हैं और वहां सभी छह लंबकोणीय दृश्य नहीं दिखाए गए हैं।

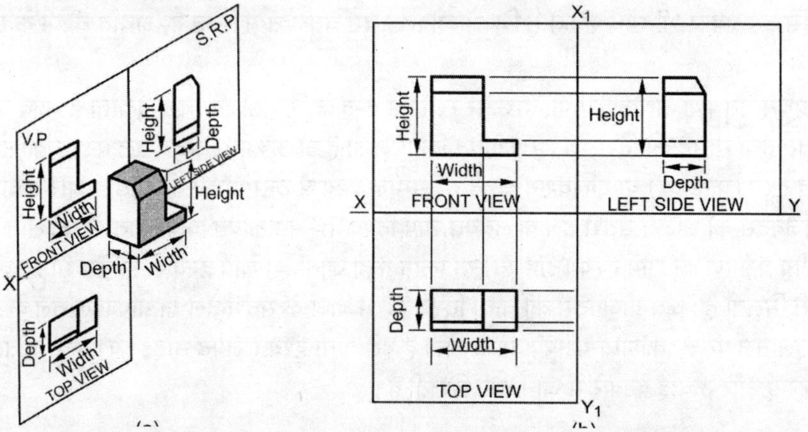

(a) किसी वस्तु का प्रोफ़ाइल तल घुमाए जाने के बाद उसका सचित्र आरेखण

(b) प्रथम कोण प्रक्षेपण विधि द्वारा वस्तु का बहुदृश्य ऑर्थोग्राफिक प्रक्षेपण

चित्र 2.13

चित्र 2.14(a) प्रथम कोण प्रक्षेपण प्रणाली में बनाए गए लंबकोणीय चित्रों के लिए प्रतीक दिखाता है। चित्र 2.14(b) में चित्रात्मक दृश्य से पता चलता है कि जब एक शंकु का छिन्नक पहले चतुर्थांश में इस प्रकार स्थित होता है कि उसकी धुरी एच.पी और वी.पी के समानांतर होती है। फिर इसके सम्मुख दृश्य और बाईं ओर के दृश्य को प्रथम कोण प्रक्षेपण प्रणाली के प्रतीक के रूप में उपयोग किया जाता है।

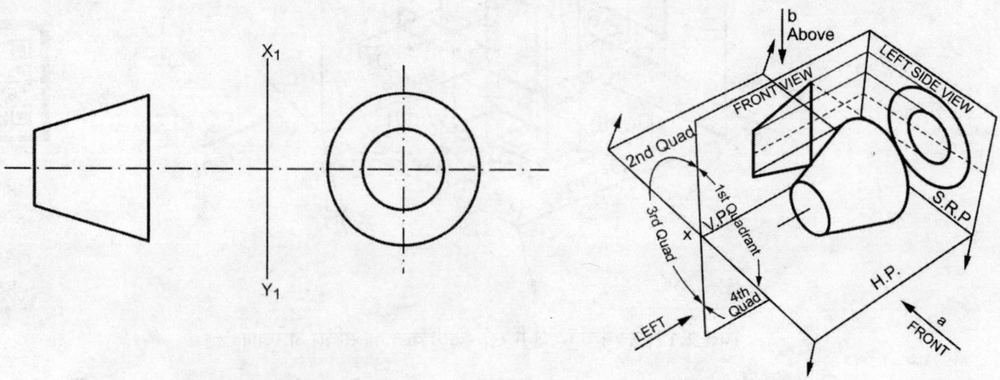

(a) प्रथम कोण प्रक्षेपण प्रणाली में बनाए गए ऑर्थोग्राफिक चित्रों के लिए प्रतीक

(b) एक शंकु के छिन्नक को पहले चतुर्थांश में रखा गया है, जिसकी धुरी एच.पी. और वी.पी.के समानांतर है।

चित्र 2.14

तृतीय कोण प्रक्षेपण विधि

एक ठोस के बहुदृश्य लंबकोणीय प्रक्षेपण को प्रारूपित करने के लिए तृतीय कोण प्रक्षेपण विधि मे, प्रक्षेपण का पारदर्शी तल प्रेक्षक और वस्तु के बीच स्थित होता है। इसको इस तरह से भी सोच सकते हैं कि, तृतीय कोण प्रक्षेपण विधि में वस्तु तीसरे चतुर्थांश में स्थित होती है, यानी वी.पी. के पीछे और एच.पी. नीचे।

चित्र 2.15 में तृतीय चतुर्थांश अर्थात एच.पी. के नीचे रखी और वी.पी. के पीछे रखी गई वस्तु के लिए चित्रात्मक आरेखण दिखाया गया है। सम्मुख दृश्य या एलेवेशन प्राप्त करने के लिए, प्रोजेक्टर्स को सामने की दिशा 'a' मे ठोस मॉडल के समोच्च बिंदुओं की ओर पारदर्शी लंबवत संदर्भ तल के लंबवत प्रक्षेपित किया जाता है। ध्यान दें कि लंबवत संदर्भ तल पर्यवेक्षक और वस्तु के बीच स्थित है। प्रोजेक्टर्स और ऊर्ध्वाधर संदर्भ तल के भेदीय बिंदुओं को उचित क्रम में जोड़कर ऊर्ध्वाधर संदर्भ तल पर सम्मुख दृश्य या एलिवेशन प्राप्त किया जाता है। सामने से देखने पर ठोस मॉडल की चौड़ाई और ऊंचाई के बारे में जानकारी मिलती है।

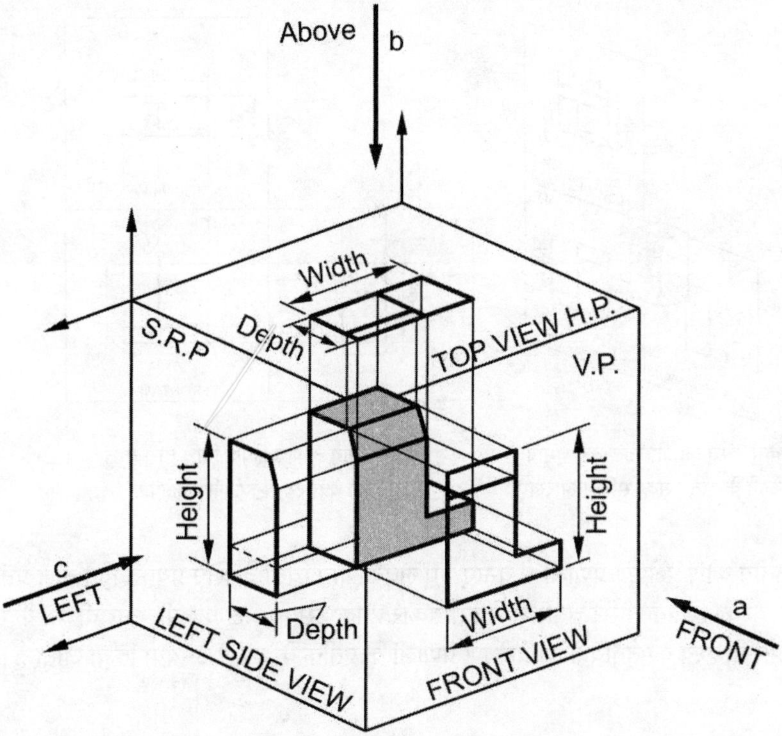

चित्र 2.15: तृतीय चतुर्थांश में रखी किसी वस्तु का सचित्र आरेखण

प्लान या शीर्ष दृश्य प्राप्त करने के लिए, प्रोजेक्टर्स को ऊपर की दिशा 'b' के साथ ठोस मॉडल के समोच्च बिंदुओं की ओर पारदर्शी क्षैतिज संदर्भ तल के लंबवत प्रक्षेपित किया जाता है। ध्यान दें कि क्षैतिज संदर्भ तल प्रेक्षक और वस्तु के बीच स्थित है। प्रोजेक्टर्स और क्षैतिज संदर्भ के भेदीय बिंदुओं को उचित क्रम में जोड़कर क्षैतिज संदर्भ तल पर शीर्ष दृश्य या प्लान प्राप्त किया जाता है। शीर्ष दृश्य ठोस मॉडल की चौड़ाई और गहराई के बारे में जानकारी देता है।

बाईं ओर का दृश्य (साइड व्यू)प्राप्त करने के लिए, प्रोजेक्टर्स को ठोस मॉडल के समोच्च बिंदुओं की ओर 'c' की दिशा मे पारदर्शी संदर्भ तल या प्रोफाइल तल के लंबवत प्रक्षेपित किया जाता है। ध्यान दें कि प्रोफाइल तल ऑब्जर्वर और ऑब्जेक्ट के बीच स्थित है। प्रोजेक्टर्स और प्रोफाइल तल के भेदीय बिंदुओं को उचित क्रम में जोड़कर प्रोफाइल तल पर बाएं से दृश्य या साइड व्यू प्राप्त किया जाता है। बाएं से देखने पर ठोस मॉडल की ऊंचाई और गहराई के बारे में जानकारी मिलती है।

अब जब आप दो-आयामी समतल कागज पर ठोस मॉडल के कई लंबकोणीय दृश्य बनाना चाहते हैं, तो आपको सभी प्रक्षेपण तलों को समतल बनाने की आवश्यकता होती है। तृतीय कोण प्रक्षेपण प्रणाली में एच.पी. को 90° के कोण से इस प्रकार घुमाया जाता है कि ऊर्ध्वाधर संदर्भ तल के साथ समतल हो जाए जैसा कि चित्र 2.16(a) में दिखाया गया है। चित्र 2.15 में घुमावदार तीर के निशान उस दिशा को दर्शाते हैं जिसमें एच.पी. को घुमाया गया है और चित्र 2.16(a) एच.पी. को घुमाने के बाद प्राप्त सचित्र चित्र को दिखाता है। इसी तरह, तृतीय कोण प्रक्षेपण प्रणाली में, प्रोफ़ाइल तल को 90 डिग्री के कोण से घुमाया जाता है ताकि यह वी.पी. के साथ समतल हो जाए और ऊर्ध्वाधर संदर्भ तल के समान स्तर पर आ जाए। चित्र 2.15 में घुमावदार तीर के निशान उस दिशा को दिखाते हैं जिसमें प्रोफ़ाइल तल को घुमाया जाता है और चित्र 2.16(a) प्रोफ़ाइल तल को घुमाए जाने के बाद सचित्र चित्र दिखाता है। चित्र 2.16(b) तृतीय कोण प्रक्षेपण विधि द्वारा ठोस के अंतिम लंबकोणीय प्रक्षेपण को दर्शाता है। ध्यान दें कि जो रेखा दिखाई नहीं दे रही है उसे डैश कर दिया गया है। इस ठोस के लिए केवल तीन दृश्य ही पर्याप्त हैं और इसलिए सभी छह लंबकोणीय दृश्य नहीं दिखाए गए हैं।

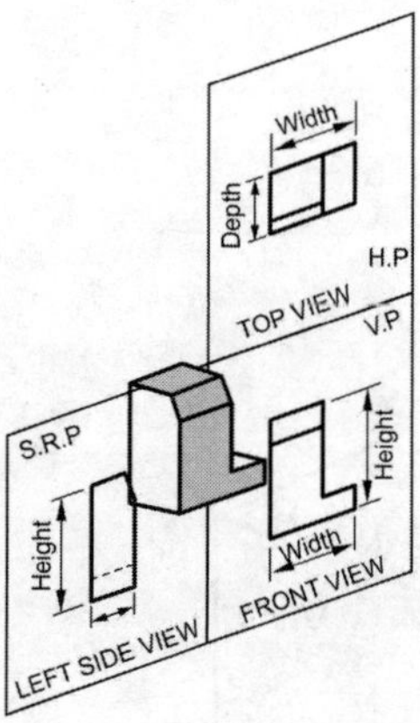

(a) किसी वस्तु का प्रोफ़ाइल तल घुमाए जाने के बाद उसका सचित्र आरेखण

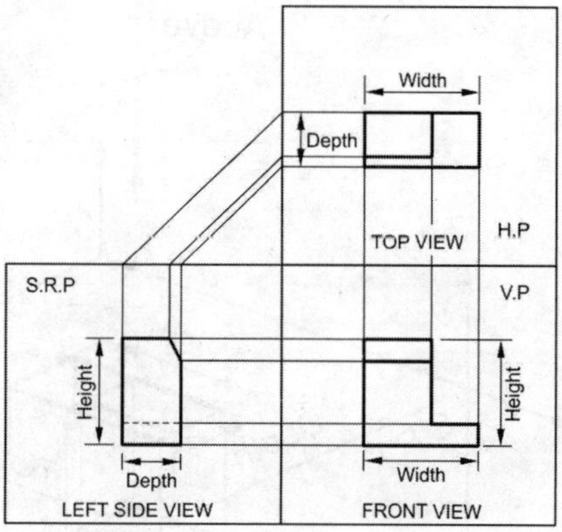

(b) तृतीय कोण प्रक्षेपण विधि द्वारा वस्तु का बहुदृश्य लंबकोणीय प्रक्षेपण

चित्र 2.16

चित्र 2.17 (a) तृतीय कोण प्रक्षेपण प्रणाली में बनाए गए लंबकोणीय चित्रों के लिए प्रयुक्त होने वाले प्रतीक को दिखाता है। चित्र 2.17(b) मे एक शंकु का छिन्नक तीसरे चतुर्थांश में इस प्रकार है कि उसकी अक्ष एच.पी. और वी.पी. के समानांतर है। इसके सम्मुख दृश्य और बाईं ओर के दृश्य को तृतीय कोण प्रक्षेपण प्रणाली के प्रतीक के रूप में उपयोग किया जाता है।

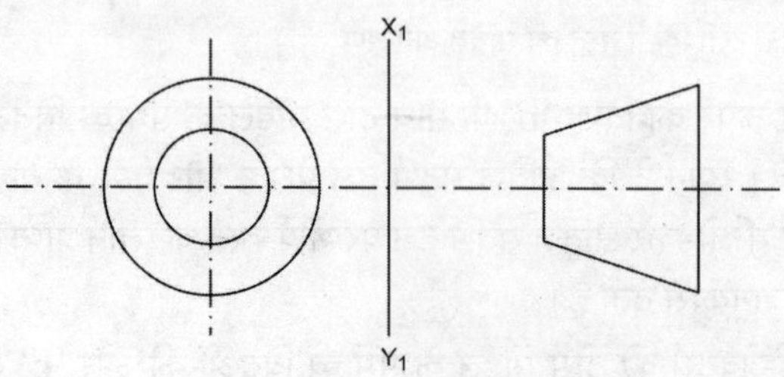

(a) तीसरे कोण प्रक्षेपण प्रणाली में बनाए गए लंबकोणीय चित्रों के लिए प्रतीक

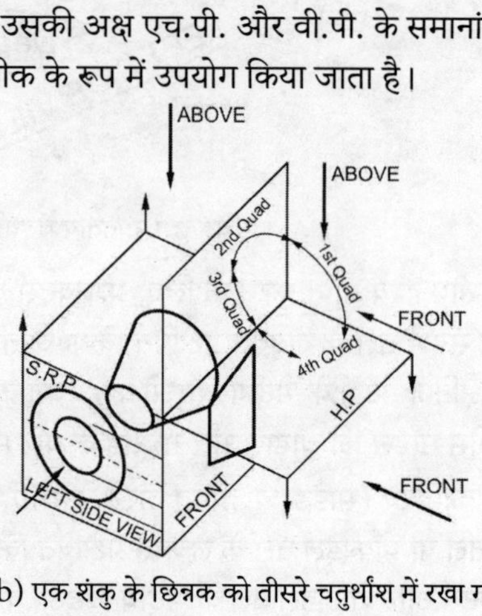

(b) एक शंकु के छिन्नक को तीसरे चतुर्थांश में रखा गया है, जिसकी अक्ष एच.पी. और वी.पी. के समानांतर है।

चित्र 2.17

उपरोक्त दृष्टांतों के आधार पर, यह बिल्कुल स्पष्ट है कि प्रक्षेपण के दो तरीकों से प्राप्त दृश्य आकार, आकृति और अन्य सभी विवरणों में पूरी तरह समान होते हैं। अंतर केवल उनकी सापेक्ष स्थिति में होता है। तालिका 2.2 प्रथम कोण और तृतीय कोण प्रक्षेपण विधियों की तुलना दर्शाती है।

तालिका 2.2: प्रथम कोण और तृतीय कोण प्रक्षेपण विधियों की तुलना

स. क्र.	प्रथम कोण प्रक्षेपण विधि	तृतीय कोण प्रक्षेपण विधि
	वस्तु को एचपी के ऊपर और वी.पी के सामने रखा जाता है।(अर्थात प्रथम चतुर्थांश में)	वस्तु को एचपी के नीचे और वी.पी. के पीछे रखा जाता है। (अर्थात तीसरे चतुर्थांश में)
	शीर्ष दृश्य सम्मुख दृश्य के नीचे होता है	शीर्ष दृश्य सम्मुख दृश्य के ऊपर होता है
	दाहिने हाथ का दृश्य सम्मुख दृश्य के बाईं ओर होता है	दाहिने हाथ का दृश्य सम्मुख दृश्य के दाहिने ओर होता है
	बाईं ओर का दृश्य सम्मुख दृश्य के दाईं ओर होता है।	बाईं ओर का दृश्य सम्मुख दृश्य के बाईं ओर होता है।
	संदर्भ तल को प्रेक्षक के सापेक्ष वस्तु के पीछे रखा जाता है।	संदर्भ तल को प्रेक्षक के सापेक्ष वस्तु के सामने रखा जाता है।
	प्रत्येक दृश्य, आसन्न दृश्य में उससे दूरस्थ वस्तु की साइड को दर्शाता है।	प्रत्येक दृश्य, आसन्न दृश्य में उसकी निकट वस्तु की साइड को दर्शाता है।

2.3 एक्सोनोमेट्रिक प्रक्षेपण

जब ठोस के एक्स, वाई और जेड अक्ष प्रक्षेपण तल पर झुके होते हैं, तो एकल दृश्य समानांतर लंबकोणीय प्रक्षेपण प्राप्त होता है, जिसे एक्सोनोमेट्रिक प्रक्षेपण कहा जाता है। एक्सोनोमेट्रिक प्रोजेक्शन का मुख्य लाभ यह है कि यह वस्तु की 3-आयामी छवि देता है।

एक्सोनोमेट्रिक प्रक्षेपण को आगे तीन उप श्रेणियों में वर्गीकृत किया गया है, अर्थात्, आइसोमेट्रिक, डिमेट्रिक और ट्रिमेट्रिक प्रोजेक्शन (चित्र 2.18)।

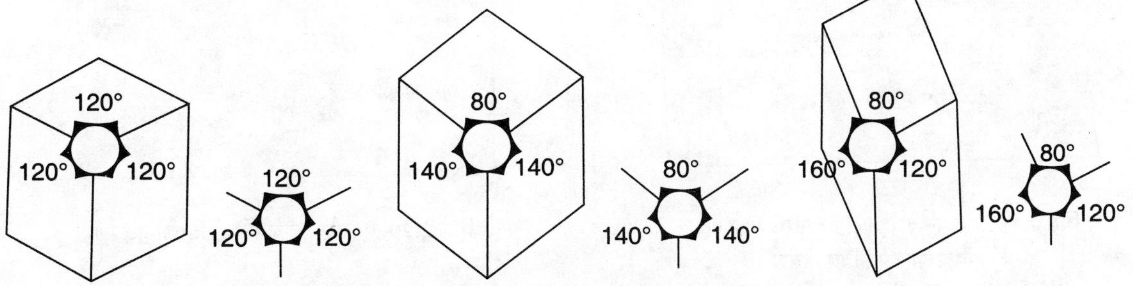

चित्र 2.18: एक्सोनोमेट्रिक प्रोजेक्शन: आइसोमेट्रिक, डाईमेट्रिक और ट्राईमेट्रिक प्रोजेक्शन

2.3.1 आइसोमेट्रिक प्रक्षेपण

जब ठोस के सभी तीन-निर्देशांक अक्ष समान रूप से प्रक्षेपण के तल पर झुके होते हैं तो प्राप्त एकल दृश्य लंबकोणीय प्रक्षेपण को आइसोमेट्रिक प्रक्षेपण कहा जाता है। चित्र 2.5 एक ठोस के सममितीय प्रक्षेपण को दर्शाता है। ध्यान दें कि यह वस्तु की 3-आयामी छवि देता है। आइसोमेट्रिक प्रोजेक्शन की चर्चा अध्याय -3 में विस्तार से की जाएगी।

2.3.2 डाई मेट्रिक प्रक्षेपण

जब ठोस के दो-निर्देशांक अक्ष समान रूप से प्रक्षेपण के तल पर झुके होते हैं, और तीसरा अक्ष प्रक्षेपण तल के लिए एक अलग कोण पर झुका होता है, तो प्राप्त एकल दृश्य लंबकोणीय प्रक्षेपण को डाई मेट्रिक प्रक्षेपण कहा जाता है।

2.3.3 ट्राइ मेट्रिक प्रक्षेपण

जब ठोस के तीनों निर्देशांक अक्ष प्रक्षेपण तल से विभिन्न कोणों पर झुके होते हैं, तो प्राप्त एकल दृश्य लंबकोणीय प्रक्षेपण ट्राइ मेट्रिक प्रक्षेपण कहलाता है।

2.4 तिर्यक प्रक्षेपण

एकल दृश्य समानांतर प्रक्षेपण जब प्रोजेक्टर्स 90 डिग्री के अलावा अन्य कोण पर प्रक्षेपण तल से झुके होते हैं तो इसे ओब्लिक अथवा तिर्यक प्रक्षेपण प्रोजेक्शन कहा जाता है।

चित्र 2.19 एक घन के तिरछे और लंबकोणीय प्रक्षेपण का सचित्र दृश्य दिखाता है और चित्र 2.20 उसी घन के वास्तविक तिरछे और लंबकोणीय प्रक्षेपण को दर्शाता है। आम तौर पर, आप प्रक्षेपण तल के समानांतर अधिकतम जानकारी युक्त ठोस के चेहरे की कल्पना करते हैं। तिरछे प्रक्षेपण में, आप प्रक्षेपण तल के समानांतर ठोस के समतल की सही आकृति और आकार देखते हैं। प्रक्षेपण तल के लंबवत रेखाओं के प्रक्षेपण को आवर्ती रेखाएँ कहा जाता है। यद्यपि सैद्धांतिक रूप से आवर्ती रेखाएँ किसी भी कोण पर खींची जा सकती हैं, सामान्यतः 30°, 45°, 60° के कोण पर आवर्ती रेखाएँ खींचना चाहिए। आपको तिरछे प्रक्षेपण में ठोस का एक सचित्र 3-आयामी दृश्य मिलता है।

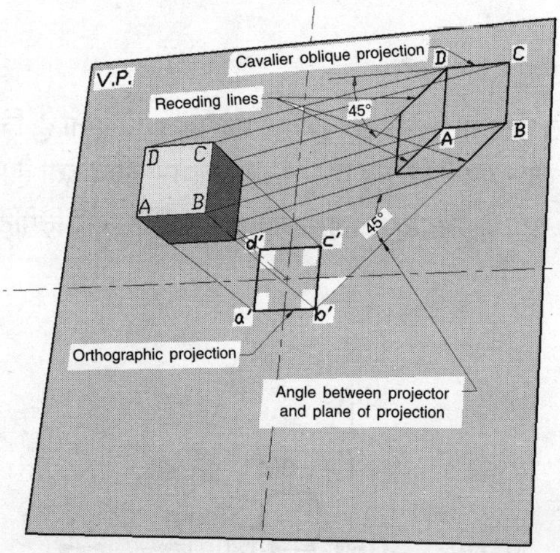

चित्र 2.19: एक घन के cavelier तिरछे प्रक्षेपण की अवधारणा का सचित्र चित्रण

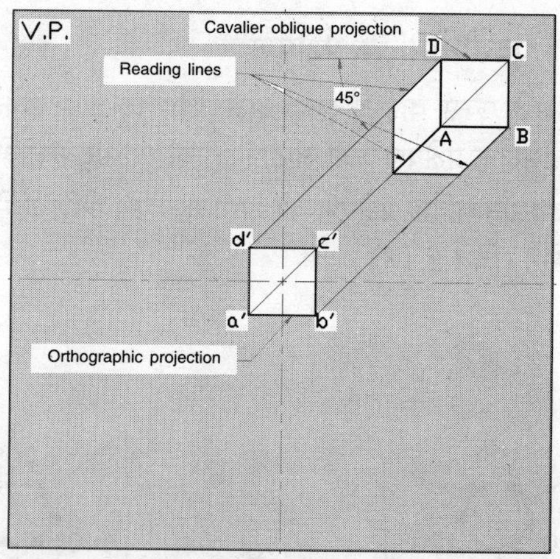

चित्र 2.20: एक घन का कैवेलियर तिरछा प्रक्षेपण

तिरछे प्रक्षेपण को आगे तीन उप श्रेणियों में वर्गीकृत किया गया है।

2.4.1 कैवेलियर तिरछा प्रक्षेपण

प्रक्षेपण तल के लंबवत रेखाओं का प्रक्षेप, यानी आवर्ती रेखाएं, कैवेलियर तिरछा प्रक्षेपण में सही लंबाई की प्रतीत होती हैं। यह तभी संभव है जब प्रोजेक्टर्स और प्रोजेक्शन प्लेन के बीच 3-आयाम कोण 45° हो।

2.4.2 कैबिनेट तिरछा प्रक्षेपण

चित्र 2.21 एक घन का कैबिनेट तिरछा प्रक्षेप और लंबकोणीय प्रक्षेप सचित्र दृश्य में दिखाता है और चित्र 2.22 उसी घन के वास्तविक कैबिनेट तिरछा प्रक्षेप और लंबकोणीय प्रक्षेप दर्शाता है।

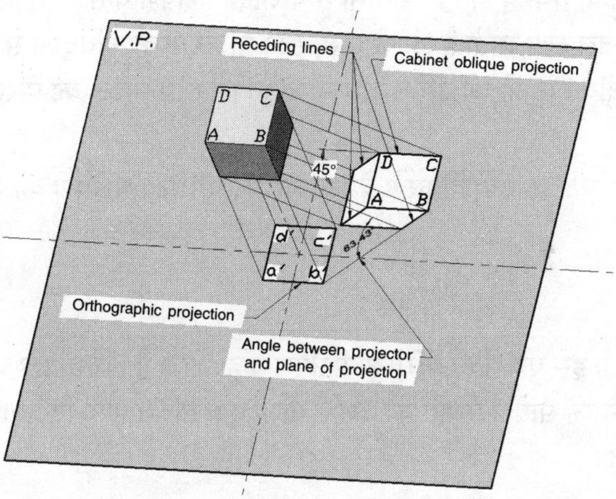

चित्र 2.21: एक घन के कैबिनेट तिरछे प्रक्षेपण की अवधारणा का सचित्र चित्र

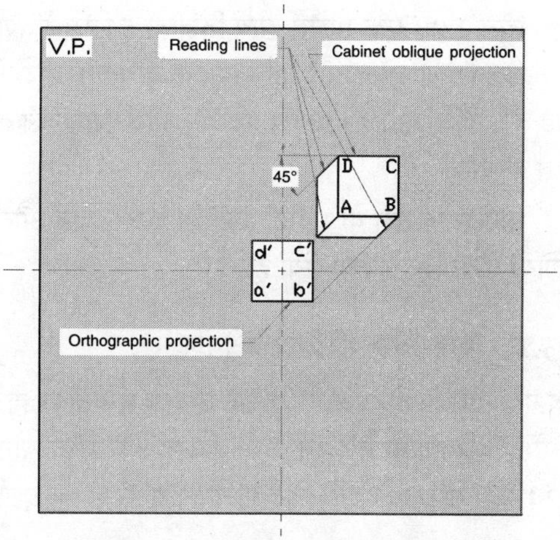

चित्र 2.22: एक घन का कैबिनेट तिरछा प्रक्षेपण

रिसीडिंग (घटती हुई) रेखाएं यानी प्रक्षेपण तल के लम्बवत रेखाओं का प्रक्षेपण सही लंबाई का आधा प्रतीत होता है। यह तभी संभव है जब प्रोजेक्टर्स और प्रोजेक्शन प्लेन के बीच 3-आयामी कोण $\tan(2)=66.43°$ हो। चित्र 2.20 और चित्र 2.22 की तुलना करने पर आप यह निष्कर्ष निकालते हैं कि कैबिनेट तिरछा प्रक्षेपण, कैवेलियर तिरछा प्रक्षेपण की तुलना में घन का अधिक आनुपातिक 3-आयामी रूप देता है।

2.4.3 सामान्य तिरछा प्रक्षेपण

रिसीडिंग (घटती हुई) रेखाएं अर्थात प्रक्षेपण तल पर लंबवत रेखा किसी भी अनुपात में कम लंबाई की प्रतीत होती है। यानी प्रोजेक्टर्स और प्रोजेक्शन प्लेन के बीच 3-आयाम कोण में 45° और 66.43° और 90° और 0° को छोड़कर कोई भी मान होता है।

यद्यपि तिरछे प्रक्षेपण के सभी तीन तरीकों में वस्तु के अप्राकृतिक दृश्य प्राप्त होते हैं, फिर भी कैबिनेट प्रक्षेपण वास्तविक दृश्य के अधिक निकट होता है। तिरछे प्रक्षेपण के मुख्य लाभ हैं:

1. तिरछा प्रक्षेपण तेजी से खींचा जा सकता है।
2. तिरछे प्रक्षेपण में आप प्रक्षेपण तल के समानांतर समतल का सही आकार और आकृति देखते हैं।
3. तिरछा प्रक्षेपण ठोस का एक उचित सूचनात्मक चित्रमय दृश्य देता है।

2.5 परिप्रेक्ष्य प्रक्षेपण

किसी ठोस का त्रिविमीय सचित्र चित्र बनाने की विभिन्न विधियाँ हैं। उनमें से कुछ हैं :

1. कैवेलियर तिरछा प्रक्षेपण
2. कैबिनेट तिरछा प्रक्षेपण
3. लंबकोणीय प्रोजेक्शन
4. द्विमितीय प्रक्षेपण
5. त्रिमितीय प्रक्षेपण
6. परिप्रेक्ष्य प्रक्षेपण

मानव आँख द्वारा देखे जाने वाले दृश्य का सबसे अच्छा सन्निकटन परिप्रेक्ष्य प्रक्षेपण है। यह एक समतल सतह पर किसी वस्तु का त्रि-आयामी प्रतिनिधित्व है, क्योंकि यह एक निश्चित स्थिति से देखने पर आंख को दिखाई देगा।

चित्र 2.23 एक सचित्र दृश्य दिखाता है जिसमें वर्णन किया गया है कि 3-आयामों में परिप्रेक्ष्य प्रक्षेपण कैसे प्राप्त किया जाता है। ऑब्जर्वर की आँख और ऑब्जेक्ट के बीच एक **प्रोजेक्शन** तल रखा जाता है। प्रोजेक्टर्स, स्टेप मॉडल के कोने बिंदुओं से ऑब्जर्वर आई तक खींचे जाते हैं। प्रोजेक्टर्स और **प्रोजेक्शन** तल के भेदीय बिंदुओं को उचित क्रम में जोड़ने पर स्टेप मॉडल का परिप्रेक्ष्य दृश्य प्राप्त होता है।

प्रोजेक्शन तल के सापेक्ष वस्तु के एक्स, वाई और जेड अक्ष के उन्मुखीकरण के आधार पर परिप्रेक्ष्य प्रक्षेपण को आगे तीन श्रेणियों में वर्गीकृत किया गया है।

2.5.1 एक-बिंदु परिप्रेक्ष्य प्रक्षेपण

जब एक ठोस के दो अक्ष प्रोजेक्शन तल के समानांतर होते हैं तो इसे एक-बिंदु परिप्रेक्ष्य प्रक्षेपण कहा जाता है। चित्र 2.23 एक बिंदु परिप्रेक्ष्य प्रक्षेपण प्राप्त करने के लिए वस्तु और प्रोजेक्शन प्लेन की सापेक्ष स्थिति को दर्शाने वाला एक सचित्र दृश्य दिखाता है। चित्र 2.24 स्टेप मॉडल के एक-बिंदु परिप्रेक्ष्य प्रक्षेपण को दर्शाता है।

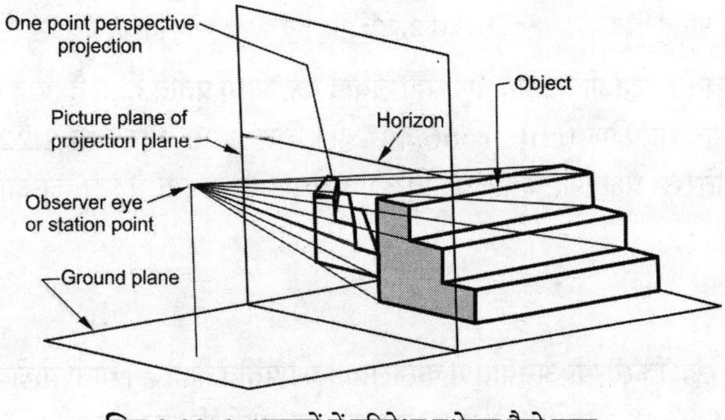

चित्र 2.23: 3-आयामों में परिप्रेक्ष्य प्रक्षेपण कैसे प्राप्त किया जाता है, इसका वर्णन करने वाला सचित्र दृश्य

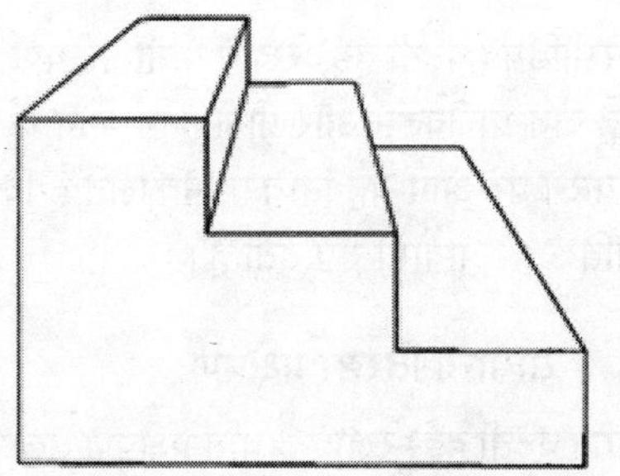

चित्र 2.24: एक-बिंदु परिप्रेक्ष्य स्टेप मॉडल का प्रक्षेपण

2.5.2 दो-बिंदु परिप्रेक्ष्य प्रक्षेपण

जब किसी ठोस की केवल एक अक्ष प्रोजेक्शन तल के समानांतर होता है और शेष दो अक्ष प्रोजेक्शन तल की ओर झुके होते हैं, तो इसे द्वि-बिंदु परिप्रेक्ष्य प्रक्षेपण कहा जाता है।

चित्र 2.25 दो-बिंदु परिप्रेक्ष्य प्रक्षेपण प्राप्त करने के लिए वस्तु और *प्रोजेक्शन तल* की सापेक्ष स्थिति दिखाते हुए एक सचित्र दृश्य दिखाता है। केवल ऊर्ध्वाधर रेखाएँ *प्रोजेक्शन तल* के समानांतर होती हैं। चित्र 2.26 स्टेप्स मॉडल के दो-बिंदु परिप्रेक्ष्य प्रक्षेपण को दर्शाता है।

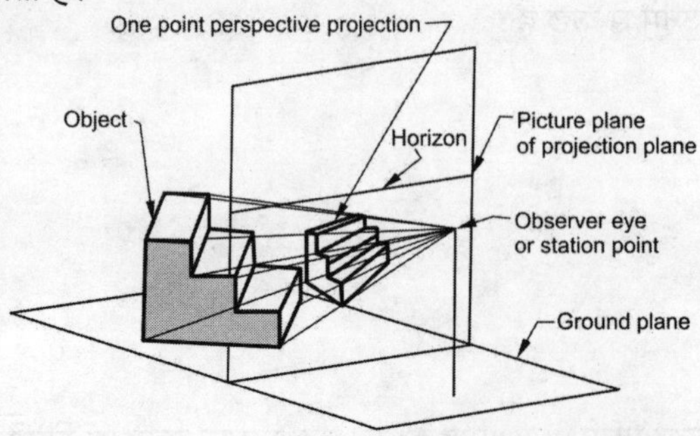

चित्र 2.25: दो-बिंदु परिप्रेक्ष्य प्रक्षेपण प्राप्त करने के लिए वस्तु और चित्र तल की सापेक्ष स्थिति

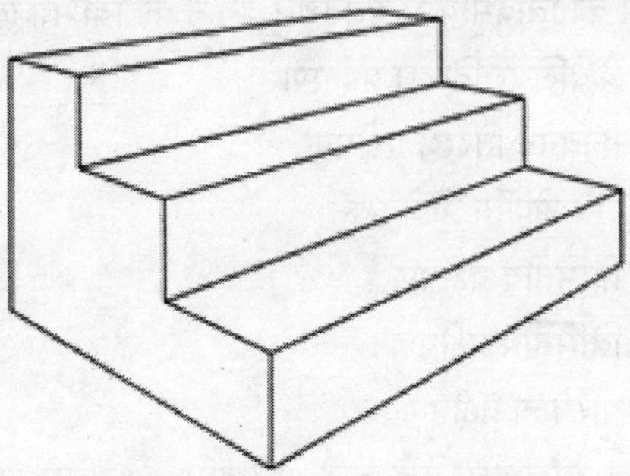

चित्र 2.26: दो-बिंदु परिप्रेक्ष्य प्रक्षेपण

2.5.3 तीन बिन्दु परिप्रेक्ष्य प्रक्षेपण

जब किसी ठोस के तीनों अक्षों का झुकाव प्रोजेक्शन तल की ओर होता है तो प्राप्त होने वाले परिप्रेक्ष्य प्रक्षेपण को तीन-बिंदु परिप्रेक्ष्य प्रक्षेपण कहा जाता है। परिप्रेक्ष्य प्रक्षेपण पर आगे की चर्चा जैसे कि परिप्रेक्ष्य प्रक्षेपण को कैसे आकर्षित किया जाए, इस पुस्तक के दायरे से बाहर है।

2.6 सचित्र दृश्य को लंबकोणीय दृश्यों में रूपांतरण करना

बहु दृश्य लंबकोणीय प्रक्षेपण में सचित्र चित्रों की तुलना में स्पष्टता और विवरण का विशिष्ट लाभ होता है। इसलिए, शॉप फ्लोर पर ऑपरेटर को आम तौर पर बहु दृश्य लंबकोणीय रेखा चित्र प्रदान किए जाते हैं। आंतरिक विवरण को अधिक स्पष्ट रूप से दिखाने के लिए, उसे बहुदृश्य सेक्शनल लंबकोणीय चित्र भी प्रदान किए जाते हैं। इसलिए डिजाइन और ड्राइंग विभाग में काम करने वाले एक इंजीनियर को सचित्र दृश्यों, या 3-डी सॉलिड को लंबकोणीय दृश्यों में बदलने की क्षमता होना महत्वपूर्ण है।

जब भी हमें किसी मशीन घटक का मल्टीव्यू ऑर्थोग्राफ़िक प्रोजेक्शन बनाने की आवश्यकता होती है, इनपुट डेटा के रूप में या तो हमारे पास घटक का सचित्र चित्र या वास्तविक मशीन घटक का त्रि-आयामी दृश्य, या हमारे मस्तिष्क में मशीन घटक की सचित्र कल्पना होती है। आजकल ड्राफ्टिंग सॉफ्टवेयर में ठोस मॉडलिंग को सीधे मल्टीव्यू ऑर्थोग्राफिक प्रोजेक्शन में बदलने की क्षमता होती है।

हल किए गए उदाहरण (बढ़ती कठिनाई स्तर के साथ)

उदाहरण 2.1: *चित्र 2.27 मे दिखाए गए स्टेप्स मॉडल के लंबकोणीय दृश्य को आरेखित करें तथा इसके आकार और आकृति के बारे में सभी विवरणों दर्शाये।*

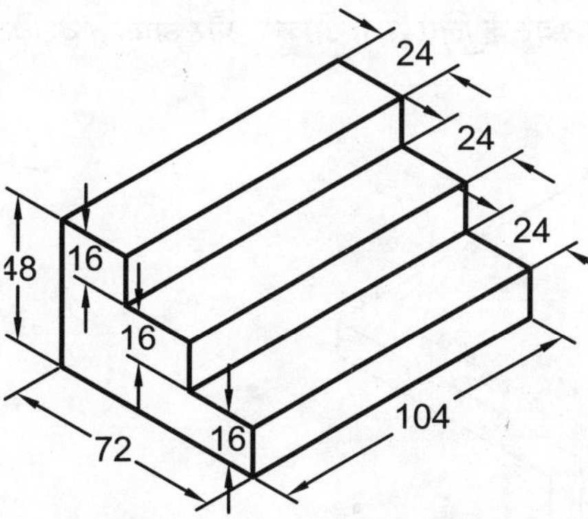

चित्र 2.27: स्टेप्स मॉडल की सममितीय ड्राइंग

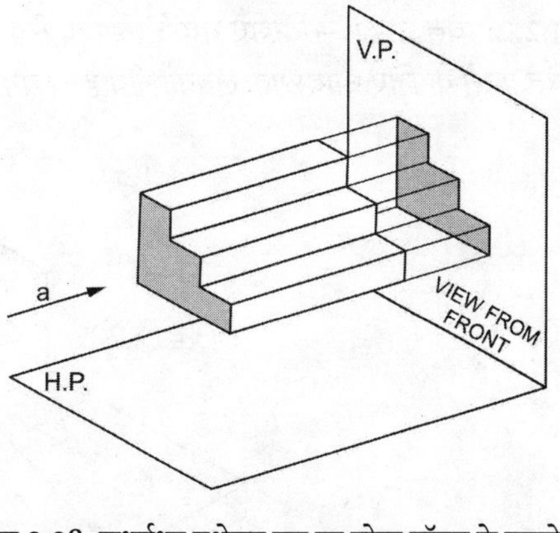

चित्र 2.28: ऊर्ध्वाधर प्रक्षेपण तल पर स्टेप्स मॉडल के सामने से दृश्य दिखाते हुए सचित्र मॉडलिंग

IS विनिर्देशन के अनुसार SP46 अक्षर 'a' देखने की सामने की दिशा को दर्शाता है। चूंकि वस्तु सरल है, केवल शीर्ष दृश्य और सम्मुख दृश्य वस्तु के आकार और आकृति को समझाने के लिए पर्याप्त है।

सम्मुख दृश्य बनाने के लिए सर्वप्रथम कल्पना करें कि ठोस मॉडल पहले चतुर्थांश में स्थित है और सामने से दृश्य के लिए त्रि-आयामी ठोस मॉडल को प्रोजेक्ट करें। चित्र 2.28 तीन आयामों में सामने से दृश्य की कल्पना को दर्शाता है। चित्र 2.29 स्टेप्स मॉडल के लिए शीर्ष दृश्य को दिखाता है।

आम तौर पर, लंबकोणीय ड्राइंग बनाने की शुरुआत उस दृश्य से की जाती है जिसमें ठोस के चेहरों का सही आकार दिखाई देता है। चूंकि स्टेप्स मॉडल के कुछ तल एच.पी. के समानांतर और कुछ तल वी.पी. के समानांतर हैं, शुरुआत ऊपर से देखने

के साथ-साथ सामने से भी की जा सकती है। चित्र 2.30 स्टेप्स मॉडल के लंबकोणीय दृश्य को दर्शाता है। इसके आकार के बारे में पूरी जानकारी समझाने के लिए केवल सामने और ऊपर का दृश्य ही पर्याप्त है, किसी अन्य लंबकोणीय दृश्य की कोई आवश्यकता नहीं है।

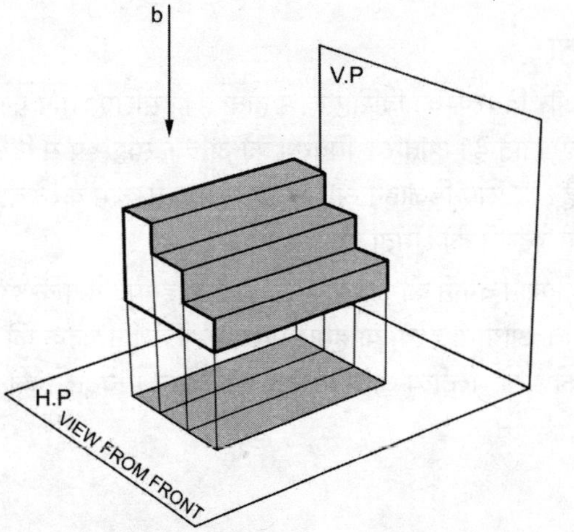

चित्र 2.29: क्षैतिज प्रक्षेपण तल पर स्टेप्स मॉडल के ऊपर से दृश्य (शीर्ष दृश्य) दिखाते हुए चित्रात्मक मॉडलिंग

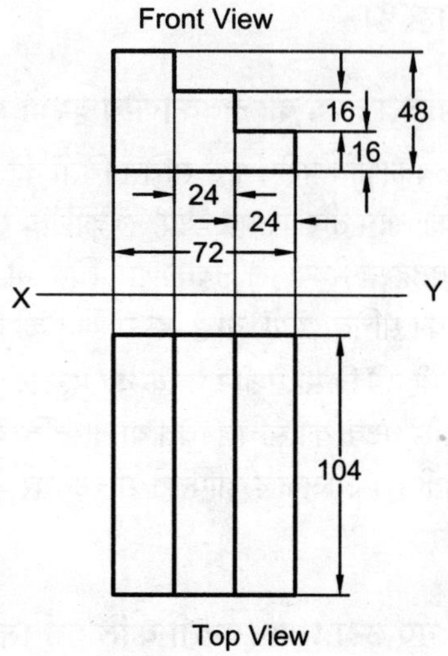

चित्र 2.30: स्टेप्स मॉडल के लंबकोणीय दृश्य

उदाहरण 2.2: *चित्र 2.31 में दिखाए गए त्रिकोणीय रिब के साथ क्लैंपिंग फिक्स्चर के लिए सभी आकार और आकृति के विवरणों को संप्रेषित करने के लिए आवश्यक लंबकोणीय दृश्य बनाएं।*

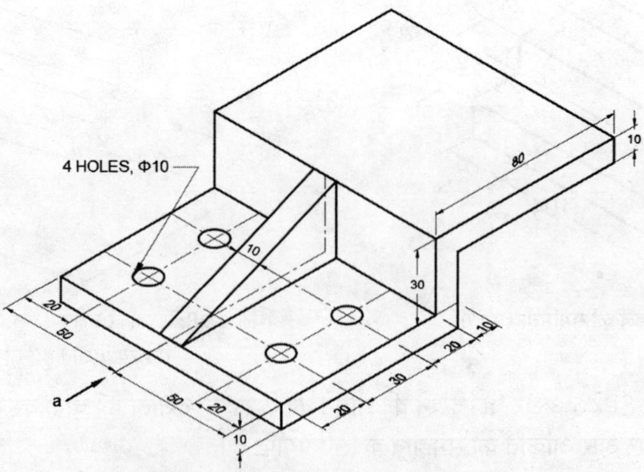

चित्र 2.31: त्रिकोणीय रिब के साथ क्लैंपिंग फिक्स्चर

समाधान: चित्र 2.32 में दिखाए गए अनुसार, तीन आयामों में क्लैम्पिंग फिक्स्चर को सामने से देखने की कल्पना करें तथा चित्र 2.33 में दिखाए गए अनुसार तीन आयामों में क्लैम्पिंग फिक्स्चर के ऊपर से दृश्य की कल्पना करें।

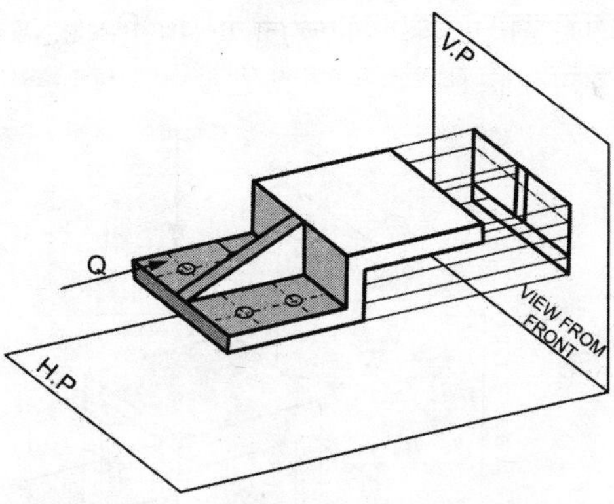

चित्र 2.32: क्लैम्पिंग फिक्स्चर के सामने से दृश्य दिखाते हुए सचित्र चित्र

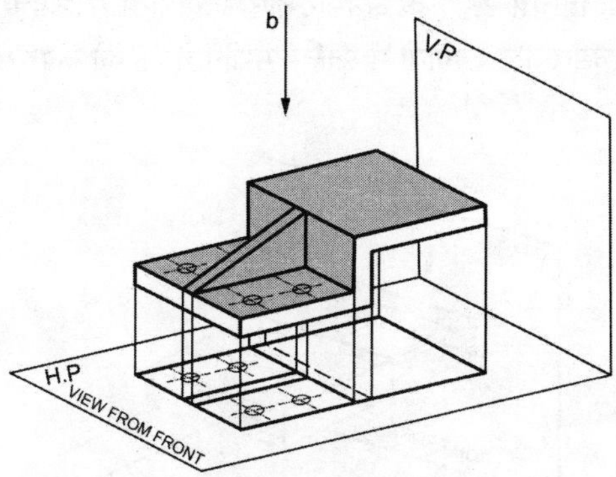

चित्र 2.33: क्लैम्पिंग फिक्स्चर के ऊपर से दृश्य दिखाते हुए सचित्र चित्र

रिब के त्रिकोणीय आकार को समझाने के लिए केवल सामने और ऊपर का दृश्य ही पर्याप्त नहीं है। समझाने के लिए रिब के त्रिकोणीय आकार को बाएं या दाएं से देखना आवश्यक है। जैसा कि चित्र 2.34 में दिखाया गया है, तीन आयामों में क्लैम्पिंग फिक्स्चर के दाईं ओर से देखने की कल्पना करें। चित्र 2.35 त्रिकोणीय रिब के साथ क्लैंपिंग फिक्स्चर के मॉडल के लिए आवश्यक लंबकोणीय दृश्य दिखाता है।

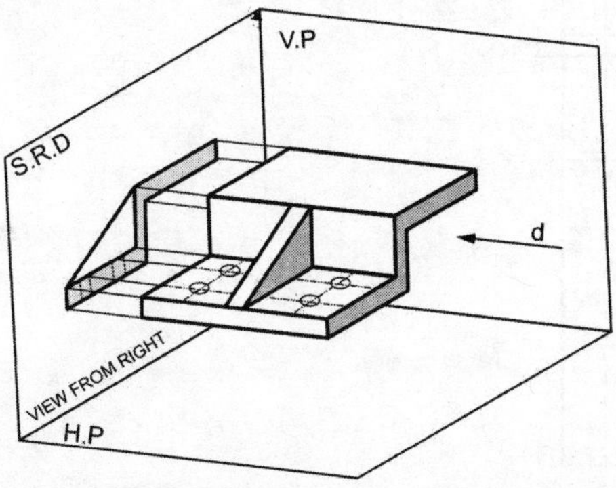

चित्र 2.34: क्लैम्पिंग फिक्स्चर के दाईं ओर से दृश्य दिखाते हुए सचित्र चित्र

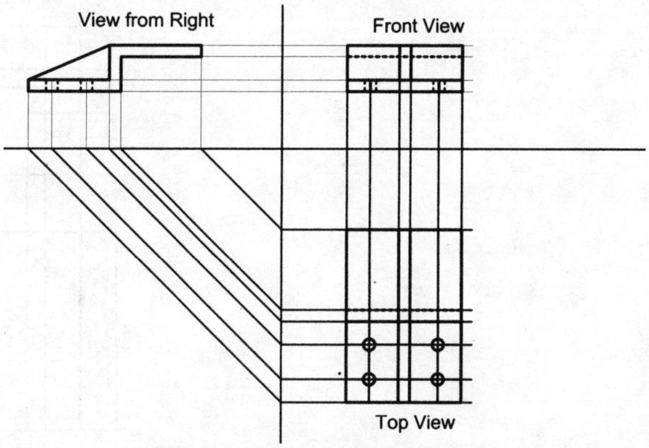

चित्र 2.35: क्लैम्पिंग फिक्स्चर के आवश्यक लंबकोणीय दृश्य दिखाते हुए बहु दृश्य लंबकोणीय प्रक्षेपण

उदाहरण 2.3: *चित्र 2.36 मे दिखाए गए स्लॉटेड मशीन घटक के आकार और आकृति के बारे में सभी विवरणों को संप्रेषित करने के लिए लंबकोणीय दृश्य बनाएं।*

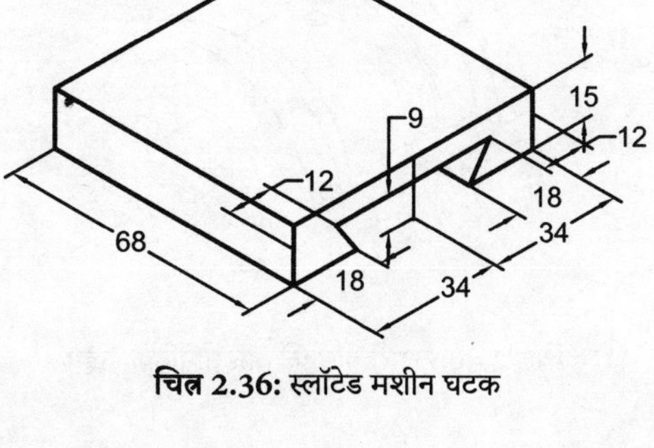

चित्र 2.36: स्लॉटेड मशीन घटक

समाधान: चित्र 2.37 के अनुसार तीन आयामों में स्लोटेड मशीन घटक को सामने से देखने की कल्पना करें तथा चित्र 2.38 में दिखाए गए अनुसार तीन आयामों में स्लॉटेड मशीन घटक को ऊपर से देखने की कल्पना करें।

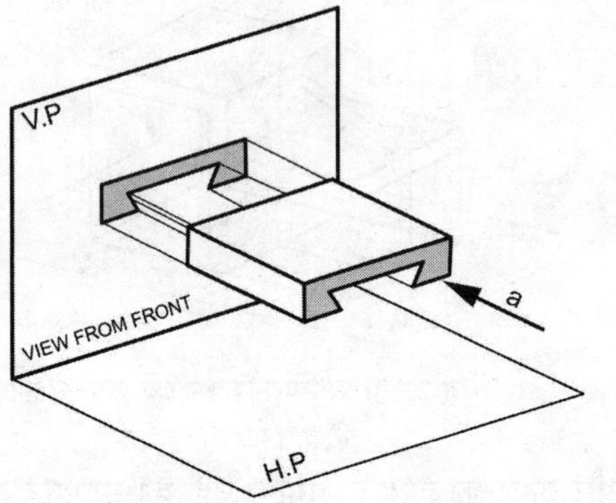

चित्र 2.37: स्लोटेड मशीन घटक के सामने से दृश्य दिखाते हुए सचित्र चित्र

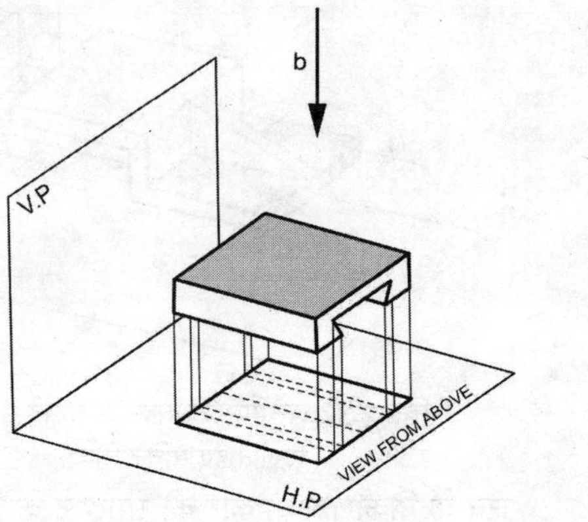

चित्र 2.38: स्लोटेड मशीन घटक के शीर्ष दृश्य दिखाते हुए सचित्र चित्र

स्लॉटेड मशीन घटक के लिए आवश्यक लंबकोणीय दृश्य चित्र 2.39 मे दिखाए गए हैं।

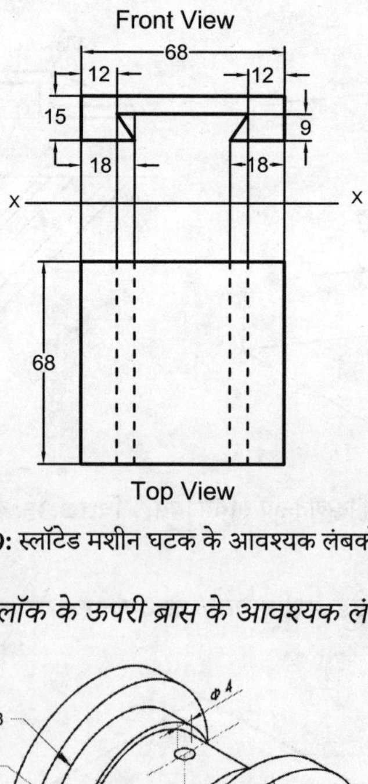

चित्र 2.39: स्लॉटेड मशीन घटक के आवश्यक लंबकोणीय दृश्य

उदाहरण 2.4: *चित्र 2.40 मे दिए गए प्लमर ब्लॉक के ऊपरी ब्रास के आवश्यक लंबकोणीय दृश्य बनाएं।*

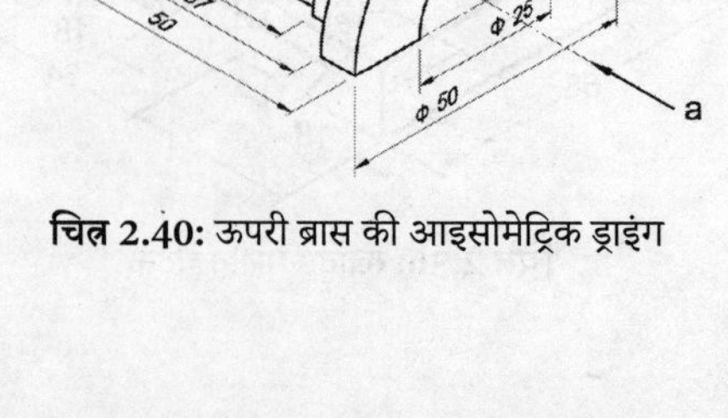

चित्र 2.40: ऊपरी ब्रास की आइसोमेट्रिक ड्राइंग

समाधान: चित्र 2.41 के अनुसार तीन आयामों में ऊपरी ब्रास को सामने से देखने की कल्पना करें तथा चित्र 2.42 में दिखाए गए अनुसार तीन आयामों में ऊपरी ब्रास को ऊपर से देखने की कल्पना करें। बाईं ओर के दृश्य (साइड व्यू) के लिए चित्र 2.43 में दिखाए गए अनुसार तीन आयामों में ऊपरी ब्रास को बाईं ओर से देखने की कल्पना करें। ऊपरी ब्रास के लिए आवश्यक लंबकोणीय दृश्य चित्र 2.44 मे दिखाए गए हैं।

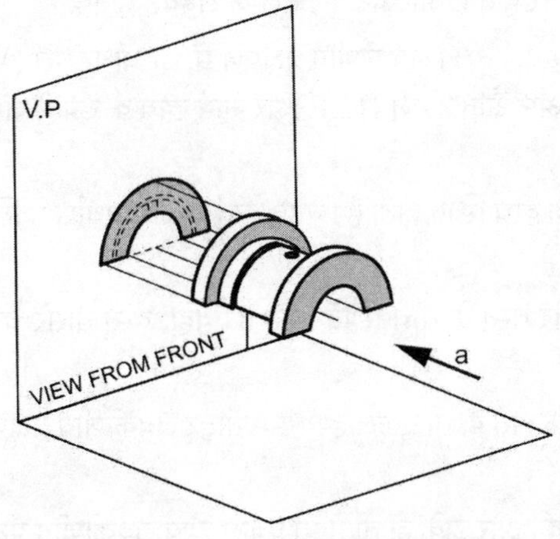

चित्र 2.41: ऊपरी ब्रास के सामने से दृश्य दिखाते हुए चित्रात्मक चित्र

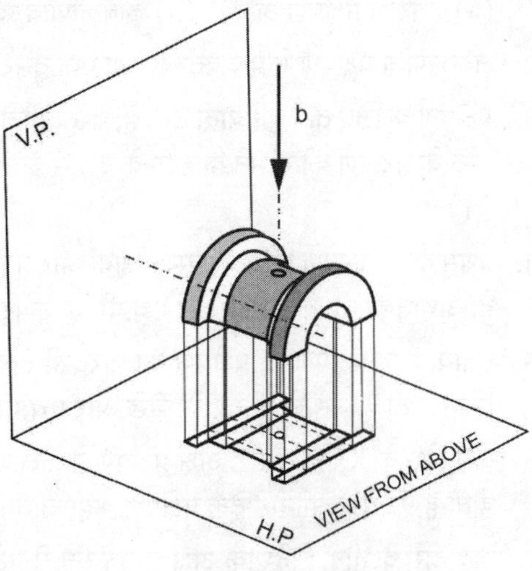

चित्र 2.42: ऊपरी ब्रास के ऊपर से दृश्य दिखाते हुए चित्रात्मक चित्र

सरल लंबकोणीय प्रक्षेपण

तिरछी और घुमावदार सतहों वाली वस्तुओं के लंबकोणीय प्रक्षेपण

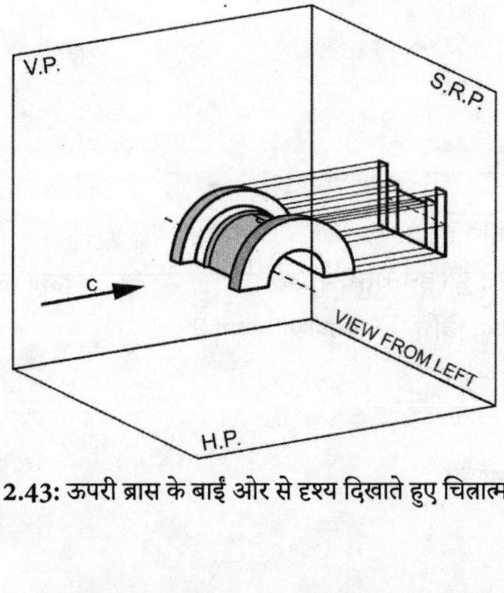

चित्र 2.43: ऊपरी ब्रास के बाईं ओर से दृश्य दिखाते हुए चित्रात्मक चित्र

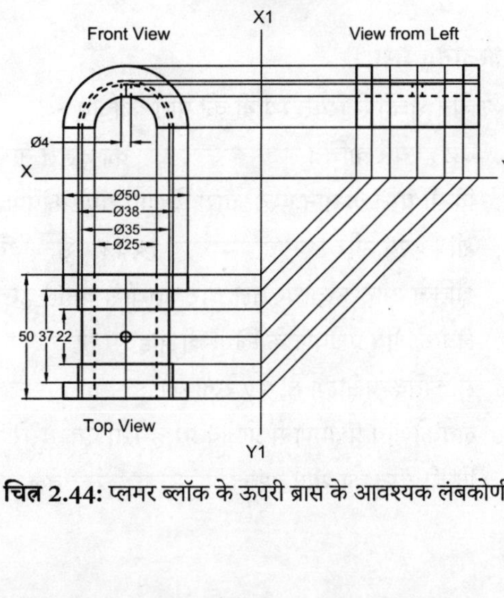

चित्र 2.44: प्लमर ब्लॉक के ऊपरी ब्रास के आवश्यक लंबकोणीय दृश्य

यूनिट सारांश

1. समानांतर प्रक्षेपण को दो उपश्रेणियों में वर्गीकृत किया गया है;
   (a) तिरछा प्रक्षेपण और (b) लंबकोणीय प्रक्षेपण।
2. लंबकोणीय प्रक्षेपण में प्रोजेक्टर हमेशा एक दूसरे के समानांतर होते हैं और प्रक्षेपण तल के लंबवत होते हैं।
3. प्रक्षेपण के लिए तीन बुनियादी तत्व हैं; वस्तु, प्रोजेक्टर और संदर्भ तल। लंबकोणीय प्रक्षेपण में, ऊर्ध्वाधर तल (V.P.) पर वस्तु के प्रक्षेपण को सामने के दृश्य के रूप में जाना जाता है और क्षैतिज तल (H.P.) पर शीर्ष दृश्य के रूप में जाना जाता है।
4. प्रथम कोण प्रक्षेपण विधि में, वस्तु प्रेक्षक और प्रक्षेपण तल के बीच स्थित होती है। यहां, वस्तु पहले चतुर्थांश में स्थित होती है, अर्थात वी.पी. के सामने और एच.पी. के ऊपर।
5. तृतीय कोण प्रक्षेपण में, प्रक्षेपण का पारदर्शी तल प्रेक्षक और वस्तु के बीच स्थित होता है। यहां, वस्तु तीसरे चतुर्थांश में स्थित होती है, अर्थात वी.पी. के पीछे और एच.पी. के नीचे।
6. जब ठोस के X, Y और Z अक्ष प्रक्षेपण के तल की ओर झुके होते हैं, तो एकल दृश्य समानांतर लंबकोणीय प्रक्षेपण प्राप्त होता है, जिसे एक्सोनोमेट्रिक प्रक्षेपण कहा जाता है।
7. जब ठोस के तीनों निर्देशांक अक्ष समान रूप से प्रक्षेपण तल की ओर झुके हों तो प्राप्त एकल दृश्य लंबकोणीय प्रक्षेपण को सममितीय प्रक्षेपण कहा जाता है।
8. जब प्रोजेक्टर 90° के अलावा अन्य कोण पर प्रक्षेपण तल की ओर झुके होते हैं तो सिंगल व्यू समानांतर प्रक्षेपण को तिरछा/ओब्लिक प्रक्षेपण कहा जाता है।
9. परिप्रेक्ष्य प्रक्षेपण एक समतल सतह पर किसी वस्तु का 3-आयामी प्रतिनिधित्व है, जैसा कि एक निश्चित स्थिति से देखने पर यह आंख को दिखाई देगा।
10. वर्तमान में भारत में, बीआईएस द्वारा पहले कोण प्रक्षेपण की सिफारिश की गई है।

अभ्यास

A. वस्तुनिष्ठ प्रश्न

A1. उचित शब्दों से रिक्त स्थानों की पूर्ति कीजिए।

2.1. बहु दृश्य रेखाचित्र ____________ का दूसरा नाम है।

2.2. किसी वस्तु के तीन दृश्यों द्वारा दिखाए गए प्रक्षेपण को ____________ कहा जाता है।

2.3. शीर्ष दृश्य और ____________ दृश्य हमेशा लंबवत पंक्ति में होते हैं।

2.4. क्षैतिज और ऊर्ध्वाधर तल चार चतुर्थांश बनाते हुए प्रतिच्छेद करते हैं। इन चतुर्थांशों को ____________ कहा जाता है।

2.5. लंबकोणीय प्रक्षेपण के लिए, बीआईएस ____________ प्रक्षेपण विधि की अनुशंसा करता है।

2.6. सांकेतिक प्रक्षेपण में, xy रेखा को ____________ कहा जाता है।

2.7. लंबकोणीय प्रक्षेपण में प्रोजेक्टर्स हमेशा एक दूसरे के लिए ____________ होते हैं।

2.8. किसी वस्तु का शीर्ष दृश्य ____________ तल पर प्रक्षेपित होता है।

2.9. तिरछे प्रक्षेपण में प्रोजेक्टर्स प्रक्षेपण के तल पर __________ होते हैं।

2.10. तीसरे कोण के प्रक्षेपण में, चित्र तल को प्रेक्षक के संबंध में __________ रखा जाता है।

उत्तर			
2.1. लंबकोणीय प्रक्षेपण	2.2. लंबकोणीय	2.3. सम्मुख	2.4. कोण
2.5. प्रथम कोण प्रक्षेपण	2.6. संदर्भ रेखा	2.7. समानांतर	2.8. क्षैतिज
2.9. झुका हुआ	2.10. के सामने		

A2. बहुविकल्पी प्रश्न

2.1. लंबकोणीय प्रक्षेपण में, xy रेखा को __________ के रूप में भी जाना जाता है।
(a) क्षैतिज रेखा (b) ऊर्ध्वाधर रेखा (c) संदर्भ रेखा (d) क्षैतिज ट्रेस

2.2. लंबकोणीय प्रक्षेपण में, प्रोजेक्टर्स को माना जाता है:
(a) एक बिंदु बी से विचलन (b) प्रक्षेपण तल से तिरछा
(c) एक दूसरे के लंबवत (d) एक दूसरे के समानांतर

2.3. ऊर्ध्वाधर संदर्भ तल पर किसी वस्तु का रेखांकन प्रक्षेपण __________ के रूप में जाना जाता है।
(a) सम्मुख दृश्य (b) शीर्ष दृश्य (c) पीछे का दृश्य (d) बाजू से दृश्य

2.4. जब प्रोजेक्टर्स को वस्तु के कोने के बिंदुओं से क्षैतिज संदर्भ तल तक खींचा जाता है तो प्रोजेक्टर्स और क्षैतिज संदर्भ तल के भेदीय बिंदुओं को उचित क्रम में मिलाने से प्राप्त आकृति को __________ कहा जाता है।
(a) वस्तु का शीर्ष दृश्य (b) वस्तु का एलीवेशन (c) वस्तु का सम्मुख दृश्य (d) वस्तु का पार्श्व दृश्य

2.5. लंबकोणीय प्रक्षेपण का अर्थ है __________
(a) किसी वस्तु को इस प्रकार प्रक्षेपित करना कि प्रोजेक्टर एक दूसरे के लंबवत हों
(b) प्रोजेक्टर्स एक दूसरे पर तिरछे होते हैं
(c) किसी वस्तु को इस प्रकार प्रक्षेपित करना कि प्रोजेक्टर्स एक दूसरे के समानांतर हों और प्रक्षेपण के तल से तिरछे हों
(d) प्रोजेक्टर्स एक दूसरे के समानांतर और प्रक्षेपण के तल के लंबवत होते हैं

2.6. प्रथम कोण प्रक्षेपण विधि में, वस्तु की सापेक्ष स्थिति, प्रक्षेपण का तल और प्रेक्षण __________ हैं।
(a) प्रक्षेपण तल को बीच मे रखा जाता (b) ऑब्जर्वर को बीच में रखा जाता है
(c) वस्तु को के बीच में रखा जाता है (d) वस्तु को प्रक्षेपण तल और प्रेक्षक के पहले रखा जाता है

2.7. बीआईएस एसपी-2003 के अनुसार, निम्नलिखित में से किस प्रोजेक्शन का उपयोग लंबकोणीय प्रक्षेपण के लिए किया जाता है?
(a) प्रथम कोण प्रक्षेपण (b) द्वितीय कोण प्रक्षेपण (c) तृतीय कोण प्रक्षेपण (d) चतुर्थ कोण प्रक्षेपण

2.8. प्रमुख तल __________ को कहते हैं।
(a) लंबवत तल और सहायक तल (b) ऊर्ध्वाधर तल और क्षैतिज तल
(c) सेंट्रल तल और ग्राउंड तल (d) सहायक तल और चित्र तल

2.9. BIS की अनुशंसा अनुसार प्रक्षेपण कोण विधि के प्रतीक को __________ के छिन्नक के दो दृश्यों से दर्शाया जाता है।
(a) शंकु (b) प्रिज्म (c) पिरामिड (d) गोला

2.10. ऑर्थोग्राफिक प्रोजेक्शन में, किसी वस्तु की ऊंचाई का आयाम ____________ में देखा जाता है।

(a) सम्मुख और शीर्ष दृश्य (b) सम्मुख और बाजू का दृश्य

(c) शीर्ष और बाजू का दृश्य (d) सम्मुख, शीर्ष और बाजू का दृश्य

उत्तर			
2.1. (c)	2.2. (d)	2.3. (a)	2.4. (a)
2.5. (d)	2.6. (c)	2.7. (a)	2.8. (b)
2.9. (a)	2.10. (b)		

B. विषयात्मक प्रश्न

2.1. प्रक्षेपण से आप क्या समझते हैं? प्रक्षेपण के लिए आवश्यक तत्वों की सूची बनाएं।

2.2. चित्र बनाने के लिए प्रक्षेपण विधि का वर्गीकरण दें।

2.3. एक लंबकोणीय प्रक्षेपण को परिभाषित करें? यह तिरछे प्रक्षेपण से किस प्रकार भिन्न है?

2.4. संदर्भ तल क्या हैं? प्रक्षेपण में उनकी आवश्यकता क्या है?

2.5. एक परिप्रेक्ष्य प्रक्षेपण और समानांतर प्रक्षेपण के बीच अंतर करें।

2.6. चतुर्थांश से आप क्या समझते हैं? लंबकोणीय प्रक्षेपण के क्या फायदे हैं?

2.7. उपयुक्त रेखाचित्र की सहायता से प्रथम और तृतीय कोण प्रक्षेपण विधि की अवधारणा को स्पष्ट कीजिए।

2.8. प्रथम कोण और तृतीय कोण प्रक्षेपण विधि मे निम्नलिखित के आधार पर अंतर करें:

(i) विभिन्न दृश्यों की स्थिति और

(ii) वस्तु, पर्यवेक्षक और प्रक्षेपण तल की स्थिति।

2.9. बहु दृश्य प्रक्षेपण को परिभाषित करें। किसी वस्तु का बहु दृश्य प्रक्षेपण प्राप्त करने की विधि का संक्षेप में वर्णन करें।

2.10. प्रथम कोण प्रक्षेपण का प्रतीकात्मक निरूपण दीजिए।

2.11. चित्र 2.45 चार वस्तुओं के सचित्र दृश्य को दिखाता है। देखने की दिशा तीर A द्वारा दिखाई गई है। प्रथम कोण प्रक्षेपण विधि का उपयोग करके इसका सामने का दृश्य और शीर्ष दृश्य बनाएं।

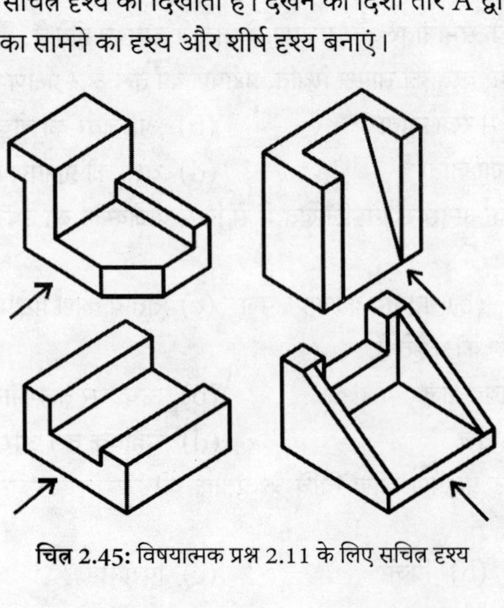

चित्र 2.45: विषयात्मक प्रश्न 2.11 के लिए सचित्र दृश्य

2.12. प्रथम कोण प्रक्षेपण का उपयोग करके चित्र 2.46 में दिखाए गए वस्तुओं के तीन दृश्य बनाएं।

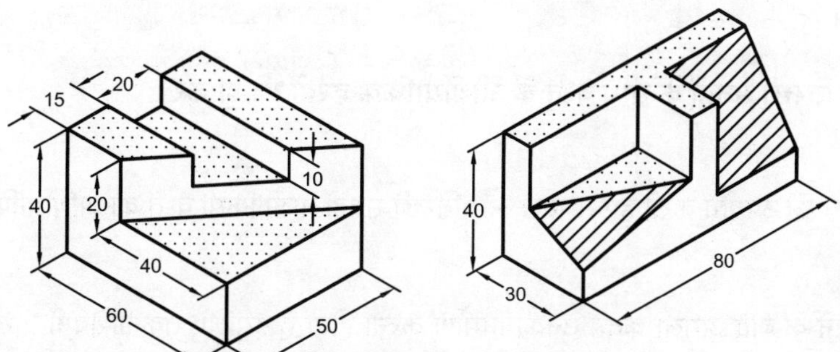

चित्र 2.46: विषयात्मक प्रश्न 2.12 के लिए सचित्र दृश्य

2.13. प्रथम कोण प्रक्षेपण का उपयोग करके चित्र 2.47 में दी गई छह वस्तुओं के सामने और ऊपर का दृश्य बनाएं। देखने की दिशा तीर द्वारा दिखाई गई है।

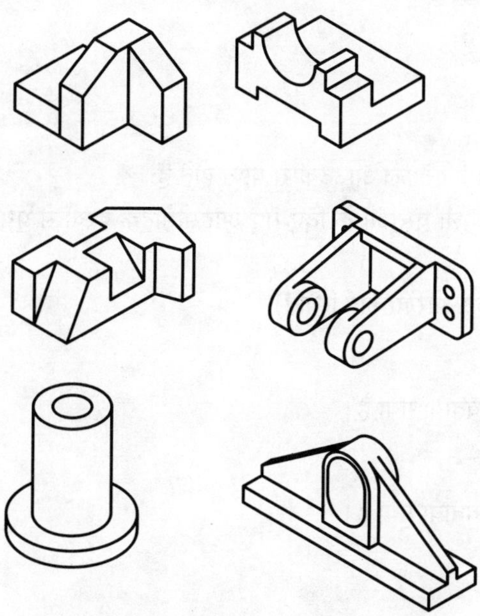

चित्र 2.47: विषयात्मक प्रश्न 2.13 के लिए सचित्र दृश्य

प्रायोगिक कार्य

पाठ्यचर्या के अनुसार यूनिट -2 से संबंधित प्रायोगिक अभ्यास हैं:

1. समतल सतह और तिरछी सतह वाले ऑब्जेक्ट के प्रथम कोण प्रक्षेपण विधि का उपयोग करके लंबकोणीय दृश्यों को आरेखित करें।
2. खांचों (स्लॉट) से युक्त तिरछी सतहों वाले ऑब्जेक्ट्स के प्रथम कोण प्रक्षेपण विधि का उपयोग करते हुए लंबकोणीय दृश्यों को आरेखित करें।

3. बेलनाकार सतह, रिब्स वाले ऑब्जेक्ट्स के प्रथम कोण प्रक्षेपण विधि का प्रयोग करते हुए लंबकोणीय प्रक्षेपण पर दो ड्रॉइंग शीट बनाइए।

प्रयोग-1 समतल और तिरछी सतहों के साथ वस्तु के ओर्थोग्राफिक दृश्यों को ड्रा करें।

प्रायोगिक कथन

प्रथम कोण प्रक्षेपण विधि का उपयोग करते हुए समतल और तिरछी सतहों वाली किसी वस्तु का ऑर्थोग्राफ़िक प्रोजेक्शन बनाएं।

प्रायोगिक महत्त्व

घटकों को डिजाइन करने के बाद अगला कदम उनका निर्माण करना होता है इसलिए तकनीशियनों द्वारा उत्पादन/निर्माण ड्रॉइंग की आवश्यकता होती है। इन तकनीशियनों के साथ संवाद करने के लिए ऑर्थोग्राफिक और सेक्शनल ऑर्थोग्राफिक ड्रॉइंग की आवश्यकता होती है जो सभी संभावित विवरणों को अधिक स्पष्ट और सटीक रूप से दिखाता है ताकि घटक/इकाई का निर्माण किया जा सके। ऑरथोग्राफिक व्यू को पढ़ने के लिए तकनीशियनों को प्रशिक्षित किया जाता है। ये आम तौर पर प्रथम कोण प्रक्षेपण के साथ तैयार किए जाते हैं।

प्रासंगिक सिद्धांत

पुस्तक का खंड 2.0 देखें।

प्रैक्टिकल आउटकम्स (PrO)

इस इकाई के पाठ्यक्रम से निम्नलिखित प्रैक्टिकल आउटकम्स प्राप्त होते हैं:

PrO1: समतल और तिरछी सतहों वाली वस्तुओं के दिए गए आइसोमेट्रिक दृश्यों से प्रथम कोण प्रक्षेपण में ऑर्थोग्राफ़िक दृश्य बनाएं।

प्रायोगिक व्यवस्था (ड्राइंग/स्केच/सर्किट आरेख/कार्य स्थिति)

आवश्यक संसाधन

जैसा कि यूनिट-1 के प्रैक्टिकल-1 में बताया गया है।

सावधानियाँ

जैसा कि यूनिट-1 के प्रैक्टिकल-1 में बताया गया है।

प्रयोग विधि

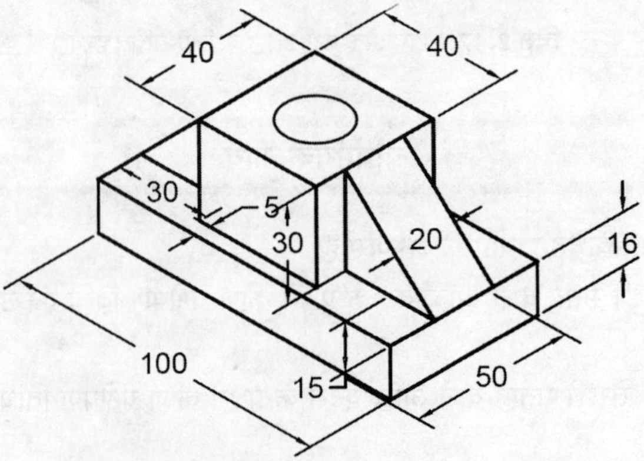

1. वस्तु के दिए गए सममितीय दृश्य को देखते हुए यह निष्कर्ष निकाला जा सकता है कि वस्तु मूल रूप से एक आयताकार ब्लॉक आधार (100 × 16) से बना है जिसमें एक और आयताकार ब्लॉक (40 × 30) है जो इसके शीर्ष पर स्थित है। दोनों तरफ सममित रूप से दो रिब्स (50 मिमी मोटी) को लगाया गया है।
2. सामने के दृश्य से शुरू करें और बेस ब्लॉक के सामने के दृश्य के लिए 100 मिमी गुणा 16 मिमी का एक आयत बनाएं और शीर्ष ब्लॉक को इंगित करने के लिए 40 मिमी लंबाई और 30 मिमी ऊंचाई के आकार का एक और आयत बनाएं।
3. सामने के दृश्य में दिखाए गए अनुसार ढलान वाली रिब्स को चिह्नित करने के लिए आधार ब्लॉक पर वर्ग ब्लॉक के शीर्ष किनारों को मिलाएं।
4. अब शीर्ष दृश्य विकसित करने के लिए प्रोजेक्टर बनाएं। आधार ब्लॉक के लिए लंबाई 100 मिमी और चौड़ाई 50 मिमी का एक आयत स्केच करें और शीर्ष दृश्य में केंद्र ब्लॉक का दर्शाने के लिए केंद्र में 40 मिमी भुजा के एक वर्ग को चिह्नित करें। शीर्ष दृश्य में दिखाए गए अनुसार रिब्स को इंगित करने के लिए छेद और किनारे को चिह्नित करें।
5. दाईं ओर के दृश्य में दिखाए गए अनुसार रिब्स के साथ-साथ आधार इकाई और केंद्र ब्लॉक के पार्श्व दृश्य को प्रोजेक्ट करें। बिंदीदार रेखाओं के साथ छेद को दर्शाए।

प्रेक्षण

प्रयोग संबंधी प्रश्न

1. दाईं ओर के दृश्य में बिंदीदार रेखाएं पूरी लंबाई की नहीं होती हैं जबकि होल एक थ्रू होल होता है। औचित्य बताएं।
2. रिब्स का उद्देश्य स्पष्ट कीजिए।

अपशिष्ट का निपटान

जैसा कि यूनिट-1 के प्रैक्टिकल-1 में बताया गया है।

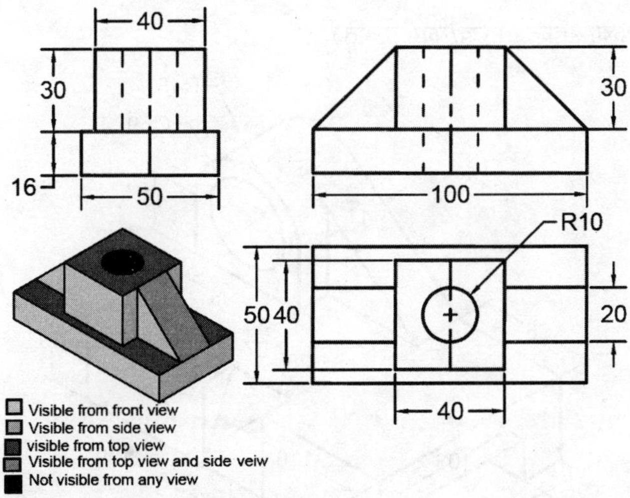

पर्यावरण के अनुकूल दृष्टिकोण: कम उपयोग (रिड्यूज), पुनः उपयोग (रियूज) एवं पुनर्चक्रण (रिसायकल)

जैसा कि यूनिट-1 के प्रयोग-1 में बताया गया है

अध्ययन हेतु सुझाए गए संसाधन

यूनिट-2 देखें

सुझाई गई मूल्यांकन योजना

जैसा कि यूनिट-1 के प्रयोग-1 में बताया गया है।

प्रैक्टिकल-2

तिरछी सतहों और रिब्स युक्त वस्तु के लंबकोणीय प्रक्षेपण ड्रा करें।

प्रायोगिक कथन

प्रथम कोण प्रक्षेपण विधि का उपयोग करके तिरछी सतहों और स्लॉट वाली किसी वस्तु के लंबकोणीय प्रक्षेपण को ड्रा करें।

प्रायोगिक महत्व

घटकों को डिजाइन करने के बाद अगला कदम उनका निर्माण/निर्माण करना है इसलिए तकनीशियनों द्वारा उत्पादन/निर्माण चित्र की आवश्यकता होती है। इन तकनीशियनों के साथ संवाद करने के लिए लंबकोणीय और सेक्शनल लंबकोणीय ड्रॉइंग की आवश्यकता होती है जो सभी संभावित विवरणों को अधिक स्पष्ट और सटीक रूप से दिखाता है ताकि घटक/इकाई का निर्माण किया जा सके। लंबकोणीय दृश्य को पढ़ने के लिए तकनीशियनों को प्रशिक्षित किया जाता है। ये व्यू आम तौर पर प्रथम कोण प्रक्षेपण के साथ तैयार किए जाते हैं।

प्रासंगिक सिद्धांत

पुस्तक का खंड 2.0 देखें।

प्रैक्टिकल आउटकम्स (PrO)

इस इकाई के पाठ्यक्रम से निम्न लिखित प्रैक्टिकल आउटकम्स प्राप्त होते हैं:

PrO1: तिरछी सतहों और स्लॉट वाली वस्तुओं के दिए गए सममितीय दृश्यों से प्रथम कोण प्रक्षेपण में लंबकोणीय दृश्य बनाना।

प्रायोगिक व्यवस्था (ड्राइंग/स्केच/सर्किट आरेख/कार्य स्थिति)

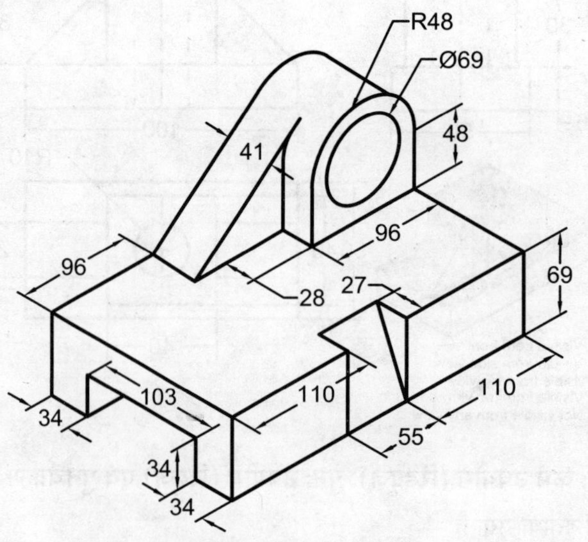

आवश्यक संसाधन

जैसा कि यूनिट-1 के प्रयोग-1 में बताया गया है।

सावधानियाँ

जैसा कि यूनिट-1 के प्रयोग-1 में बताया गया है।

प्रयोग विधि

1. वस्तु के दिए गए सममितीय दृश्य को देखते हुए यह निष्कर्ष निकाला जा सकता है कि वस्तु का आधार एक आयताकार ब्लॉक है जो इसके ऊपर एक अर्धवृत्ताकार ब्लॉक को सपोर्ट करता है। अर्धवृत्ताकार ब्लॉक आधार ब्लॉक के साथ एक ढलान वाली रिब के साथ स्पर्शरेखा से जुड़ा हुआ है। आयताकार ब्लॉक के आधार में एक अनुदैर्ध्य स्लॉट और एक सामने झुका हुआ केंद्रीय स्लॉट प्रदान किया गया है।
2. सामने के दृश्य से शुरू करें और आधार ब्लॉक को दर्शाने के लिए लंबाई 275 मिमी और ऊंचाई 69 मिमी का एक आयत बनाएं। आयत के दाहिने हाथ के शीर्ष कोने से त्रिज्या 34.5 मिमी और केंद्र 48 मिमी ऊपर एक पूरा वृत्त बनाएं।
3. वृत्त के केंद्र के समान लेकिन वृत्त के शीर्ष पर 48 मिमी के बराबर त्रिज्या वाला एक अर्धवृत्त जोड़ें। इस अर्धवृत्त को आयत से जोड़ने के लिए दो लंबवत स्पर्श रेखाएँ खींचिए। आयत के ऊपरी बाएँ कोने से 96 मिमी पर एक बिंदु को चिह्नित करें और इस बिंदु को बाहरी झुकाव वाले स्पर्शरेखा के माध्यम से अर्धवृत्त से जोड़ दें। केंद्रीय झुकाव वाले स्लॉट दर्शाने के लिए आयत के केंद्र में दो लंबवत समानांतर रेखाएं 55 मिमी की दूरी पर ड्रॉ करें। यह सामने के दृश्य को पूरा करता है।
4. आयताकार, वृत्त, अर्धवृत्त, अनुदैर्ध्य स्लॉट और केंद्रीय झुकाव वाले स्लॉट को सामने के दृश्य से शीर्ष दृश्य तक प्रोजेक्ट करें। इनकी संगत चौड़ाई का मान सममितीय दृश्य से लिए जाएंगे। अवलोकन अनुभाग में दिए गए आंकड़े को देखते हुए अनुसरण किए जाने वाले चरणों की सूची बनाएं:
   A. ______________________________।
   B. ______________________________।
5. राइट साइड व्यू में बेस ब्लॉक और बियरिंग ब्लॉक को दर्शाने वाली एक एल-आकार की व्यवस्था दिखाई गई है। रिब के अंतिम बिंदुओं को प्रोजेक्ट करें। केंद्रीय कट-आउट का ढलान 27 मिमी की दूरी पर चिह्नित है। अवलोकन अनुभाग में दिए गए आंकड़े को देखते हुए अनुसरण किए जाने वाले चरणों की सूची बनाएं:
   A. ______________________________।
   B. ______________________________।

प्रेक्षण

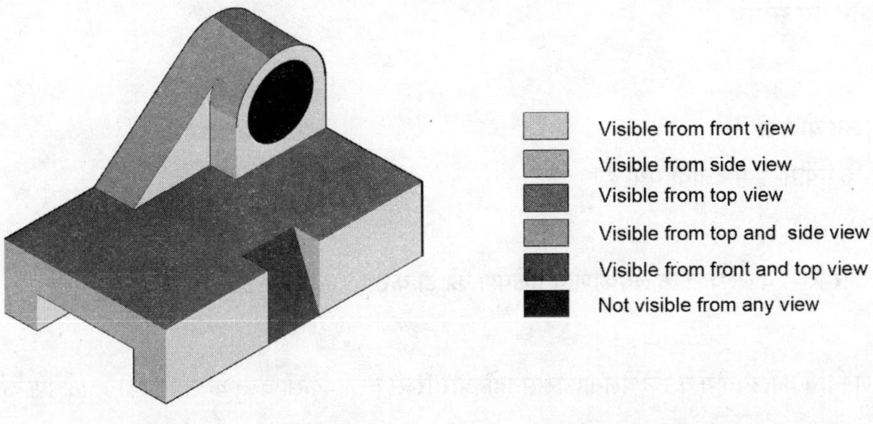

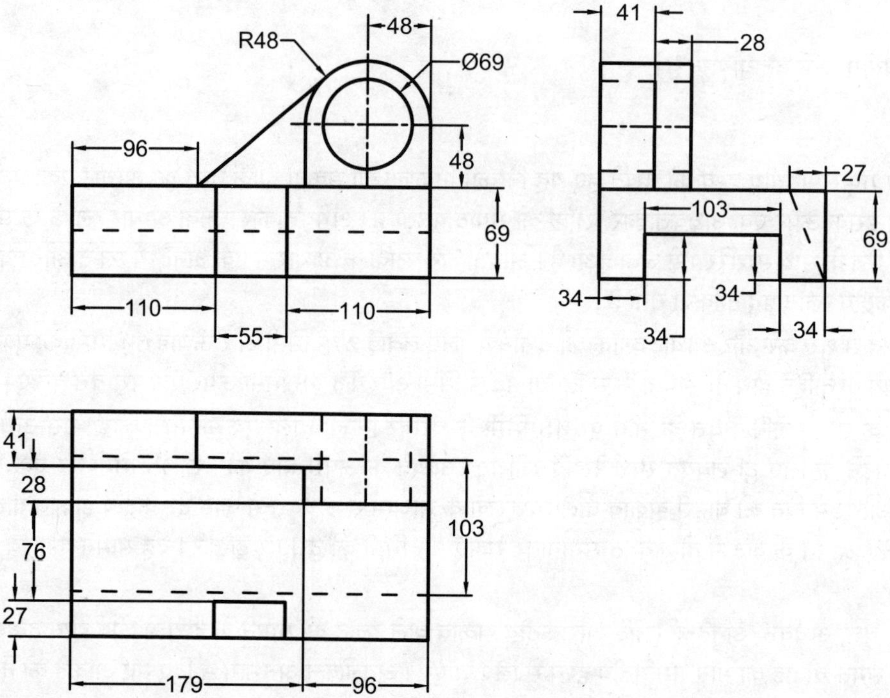

प्रयोग संबंधित प्रश्न

1. दाईं ओर के दृश्य में बिंदीदार रेखाएं पूरी लंबाई की नहीं होती हैं जबकि होल एक थ्रू होल होता है। औचित्य बताइए।
2. रिब्स का उद्देश्य स्पष्ट कीजिए।

उदाहरण -1

अपशिष्ट का निपटान

जैसा कि यूनिट-1 के प्रयोग-1 में बताया गया है।

पर्यावरण के अनुकूल दृष्टिकोण: (Reuse, Reduce and Recycle)

जैसा कि यूनिट-1 के प्रयोग-1 में बताया गया है।

अध्ययन हेतु सुझाए गए संसाधन

यूनिट-2 देखें।

सुझाई गई मूल्यांकन योजना

जैसा कि यूनिट-1 के प्रयोग-1 में बताया गया है।

प्रयोग-3

बेलनाकार सतहों और रिब्स वाली वस्तु के लंबकोणीय प्रक्षेपण को ड्रा करें।

प्रायोगिक कथन

प्रथम कोण प्रक्षेपण विधि का उपयोग करके बेलनाकार सतहों और रिब्स वाली किसी वस्तु के लंबकोणीय प्रक्षेपण को ड्रा करें।

प्रायोगिक महत्व

घटकों को डिजाइन करने के बाद अगला कदम उनका निर्माण/निर्माण करना है इसलिए तकनीशियनों द्वारा उत्पादन/निर्माण चित्र की आवश्यकता होती है। इन तकनीशियनों के साथ संवाद करने के लिए लंबकोणीय और सेक्शनल लंबकोणीय ड्रॉइंग की आवश्यकता होती है जो सभी संभावित विवरणों को अधिक स्पष्ट और सटीक रूप से दिखाता है ताकि घटक/इकाई का निर्माण किया जा सके। लंबकोणीय दृश्य को पढ़ने के लिए तकनीशियनों को प्रशिक्षित किया जाता है। ये व्यू आम तौर पर प्रथम कोण प्रक्षेपण के साथ तैयार किए जाते हैं।

प्रासंगिक सिद्धांत

पुस्तक का खंड 2.0 देखें।

प्रैक्टिकल आउटकम्स (PrO)

PrO1: बेलनाकार सतहों और रिब्स वाली वस्तुओं के दिए गए सममितीय दृश्यों से प्रथम कोण प्रक्षेपण में लंबकोणीय दृश्य बनाएं।

प्रायोगिक व्यवस्था (ड्राइंग/स्केच/सर्किट आरेख/कार्य स्थिति)

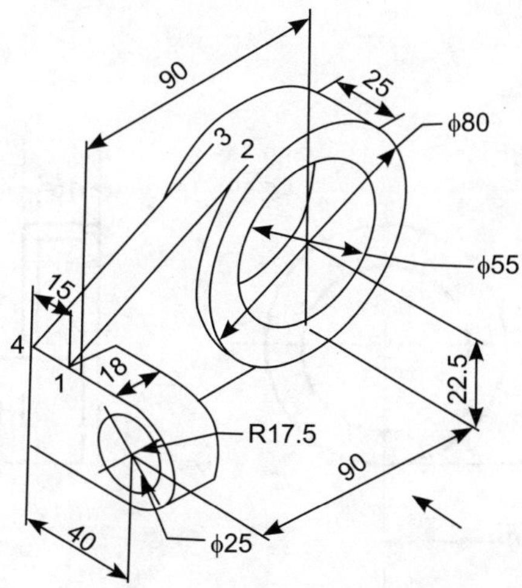

आवश्यक संसाधन

जैसा कि यूनिट-1 के प्रयोग-1 में बताया गया है।

सावधानियाँ

जैसा कि यूनिट-1 के प्रयोग-1 में बताया गया है।

प्रयोग विधि

1. दी गई वस्तु में दो अलग-अलग आकार के खोखले बेलनाकार ब्लॉक एक दूसरे के लंबवत रखे गए हैं। दोनों एक केंद्रीय एल-आकार की रिब से जुड़े हुए हैं, जो ऊपर से झुकी हुई है और नीचे से क्षैतिज है। बड़े वाले को सामने की सतह पर रखा गया है और छोटे को एल-आकार की संरचना की बाईं ओर की सतह में रखा गया है।

2. सामने का दृश्य एक दूसरे से लंबवत केंद्र रेखाओं से शुरू होता है और उसके बाद बड़े बेलनाकार ब्लॉक के सामने के दृश्य को दर्शाने के लिए 55 मिमी और 80 मिमी व्यास के दो संकेंद्रित वृत्त होते हैं। साइड ब्लॉक की धुरी का पता लगाएँ जो इन संकेंद्रित वृत्तों के केंद्र से 22.5 मिमी है। सामने के दृश्य में दिखाए गए अक्ष के बारे में केंद्र में रखे 35 मिमी और चौड़ाई 18 मिमी की ऊंचाई के आयत का उपयोग करके छोटे बेलनाकार ब्लॉक की रूपरेखा तैयार करें।
3. अब आयत से जुड़ने वाले बड़े वृत्त की झुकी हुई और क्षैतिज बाहरी स्पर्श रेखाएँ खींचिए। छोटे बेलनाकार ब्लॉक में छेद का प्रतिनिधित्व करने के लिए आयत में समानांतर बिंदीदार रेखाएँ खींचें।
4. केंद्रीय रिब की आउट लाइन वृत्त की स्पर्शरेखा रेखाओं के रूप में खींची जाती है जैसा कि फ्रन्ट व्यू में दिखाया गया है।
5. तीन इकाइयों के शीर्ष दृश्यों को आयतों के रूप में प्रक्षेपित किया जाता है और चित्र में दिखाए अनुसार जोड़ दिया जाता है। रिब की ऊपरी सतह को मोटी रेखाओं में दिखाया जाता है, जबकि नीचे की सतह को बिंदीदार रेखाओं से दर्शाया जाता है।
6. असेंबली का बाईं ओर का दृश्य एल-आकार में तैयार किया गया है जैसा कि चित्र में दिखाया गया है। संबंधित ब्लॉकों में बेलनाकार छिद्रों को उपयुक्त दृश्यों में वृत्त के रूप में और अन्य दृश्यों में बिंदीदार रेखाओं के साथ दर्शाया गया है। रिब को दो आयतों के माध्यम से दाईं ओर और 15 मिमी की मोटाई के शीर्ष दृश्य के माध्यम से दिखाया गया है जबकि बड़े बेलनाकार ब्लॉक की मोटाई 25 मिमी है और दाईं ओर के दृश्य और शीर्ष दृश्य में दिखाई देती है। छोटे बेलनाकार ब्लॉक की मोटाई 18 मिमी है और सामने के दृश्य और शीर्ष दृश्य में दिखाई देती है।

प्रेक्षण

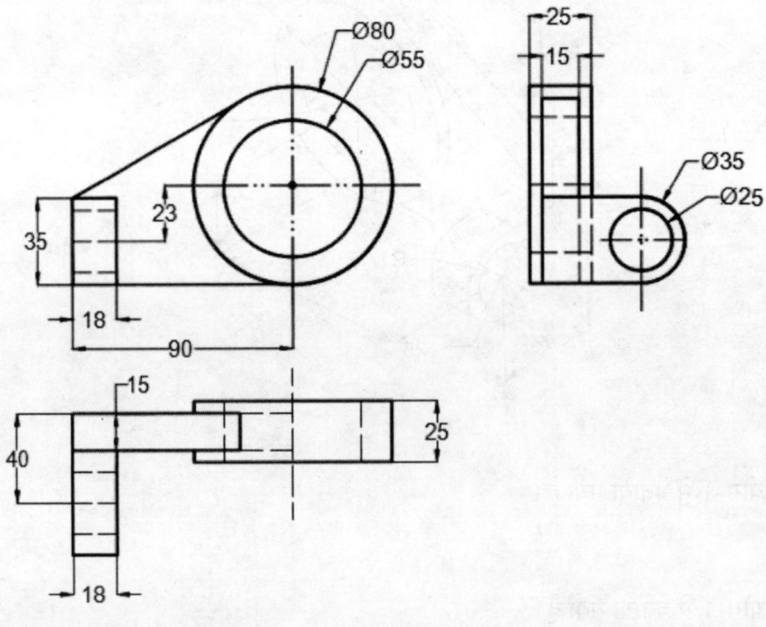

प्रयोग संबंधित प्रश्न

1. छोटे बेलनाकार ब्लॉक के अक्ष की रिब की पिछली सतह और बड़े बेलनाकार ब्लॉक की पिछली सतह से दूरियों की पहचान करें। ये दूरियां एक जैसी हैं या अलग।
2. बड़े और छोटे बेलनाकार ब्लॉकों की अक्षों के बीच की दूरी को ज्ञात करें।

अपशिष्ट का निपटान

जैसा कि यूनिट-1 के प्रयोग-1 में बताया गया है

पर्यावरण के अनुकूल दृष्टिकोण: कम उपयोग (रिड्यूज), पुनः उपयोग (रियूज) एवं पुनर्चक्रण (रिसायकल) जैसा कि यूनिट-1 के प्रयोग-1 में बताया गया है

अध्ययन हेतु सुझाए गए संसाधन

यूनिट-2 देखें

उदाहरण -2

सुझाई गई मूल्यांकन योजना

जैसा कि यूनिट-1 के प्रयोग-1 में बताया गया है

अधिक जानिए

1. शिक्षक इनपुट के साथ छात्रों को दिखाने के लिए कुछ उत्पादन/निर्माण/विद्युत/इलेक्ट्रॉनिक वास्तविक औद्योगिक घटक चित्र एकत्र करेंगे।
2. इनपुट सत्र के दौरान शिक्षक को संबंधित शाखा से संबंधित उदाहरण देना चाहिए। मैकेनिकल और संबद्ध विषयों/इलेक्ट्रिकल और संबद्ध विषयों/इलेक्ट्रॉनिक्स आदि।
3. शिक्षक को समतल, तिरछी और बेलनाकार सतह वाली वस्तुओं के लंबकोणीय दृश्यों की जानकारी होना चाहिए।
4. उल्लिखित अवधारणाओं को समझाने के लिए वीडियो/एनीमेशन फिल्में दिखाएं।
5. शिक्षकों को छात्रों को अवधारणाओं को समझने/अभ्यास करने के लिए पुस्तक में उपलब्ध यूआरएल/क्यूआर कोड का उपयोग करने के लिए कहना चाहिए।

अनुप्रयोग (वास्तविक जीवन/औद्योगिक)

किसी वस्तु को बनाने के लिए निर्माता या फैब्रिकेटर को एक सटीक, मापी गई ड्राइंग प्रदान करना इंजीनियरिंग कंपनियों की एक मानक प्रक्रिया है जिससे कुछ बनाते समय उसका पालन किया जा सकता है।

डिज़ाइनरों-विशेष रूप से आर्किटेक्ट्स, उत्पाद/औद्योगिक डिजाइनरों और इंजीनियरों द्वारा ऑर्थोग्राफ़िक ड्रॉइंग का व्यापक रूप से उपयोग किया जाता है, क्योंकि वे इमारतों, यांत्रिक घटकों, मशीन तत्वों, लॉकिंग व्यवस्था, जिग्स और फिक्स्चर, फर्नीचर इत्यादि के डिजाइन के प्रक्षेप या दृश्यों के लिए आदर्श होते हैं।

जिज्ञासा हेतु

कक्षा और ड्राइंग अभ्यास सत्रों के अलावा, सुझाए गए छात्र-संबंधी सह-पाठ्यचर्या संबंधी गतिविधियाँ निम्नलिखित हैं जिन्हें इस इकाई में विभिन्न परिणामों की प्राप्ति में तेजी लाने के लिए किया जा सकता है:

1. विद्यार्थी को एक अलग ए-3 आकार की स्केच बुक रखनी चाहिए जो कि टर्म वर्क का हिस्सा होगी और इसे ड्राइंग शीट के साथ जमा करना चाहिए। स्केच बुक में उपयुक्त आयाम के साथ लंबकोणीय दृश्यों पर निम्नलिखित असाइनमेंट तैयार किया जाना चाहिए-

   (a) लैपटॉप कंप्यूटर (b) स्टील अलमीरा (c) फ्रिज (d) सीढ़ी

   (e) सिंगल पॉइंट कटिंग टूल

2. बैच का प्रत्येक छात्र स्थानीय कार्यशालाओं/बिल्डरों/इलेक्ट्रिकल और मैकेनिकल ठेकेदारों से प्रोडक्शन ड्रॉइंग/निर्माण ड्रॉइंग/प्लम्बिंग ड्रॉइंग से संबंधित कुछ चित्रात्मक दृश्य एकत्र करने का प्रयास करेगा और प्रथम कोण और तृतीय कोण प्रक्षेपण का उपयोग करके ऑर्थोग्राफ़िक दृश्य बनाने का प्रयास करेगा।
3. बैच का प्रत्येक छात्र वेब पर सर्फ करेगा और उस उत्पाद / घटकों को सूचीबद्ध करेगा जिसमें इंजीनियरिंग के विभिन्न क्षेत्रों में निर्माण या निर्माण के लिए लंकोणीय दृश्यों का उपयोग किया जाता है।

संदर्भ एवं अध्ययन हेतु सुझाव

1. Engineering Drawing Practices for School and Colleges SP 46:2003, published by Bureau of Indian Standards, Government of India, Third Reprint, October 1998; ISBN:. 81-7061-091-2, Manak Bhavan, 9 Bahadur Shah Zafar Marg , New Delhi
2. A Text Book of Engineering Drawing, K Venkata Reddy, BS Publication, 2008
3. Engineering Drawing, N.D. Bhatt, Charotar Publishing House, Anand,Gujarat, 2014
4. NPTEL Course Material on Engineering Drawing, P.S. Robi, Department of Mechanical Engineering, Indian Institute of Technology Guwahati, India: https://nptel.ac.in/courses/112/105/112105294/

3 सममितीय प्रक्षेपण

यूनिट विशिष्ट

यह इकाई निम्नलिखित विषयों से संबंधित जानकारी प्रस्तुत करती है:

- सममितीय प्रक्षेपण (आइसोमेट्रिक प्रोजेक्शन) का परिचय।
- सममितीय पैमाना (आइसोमेट्रिक स्केल)।
- आइसोमेट्रिक व्यू और आइसोमेट्रिक प्रोजेक्शन।
- रेखाएं, वृत्त और चाप आकार वाली समतल ज्यामितीय आकृतियों का सममितीय दृश्य बनाना।
- ऑर्थोग्राफिक व्यू को आइसोमेट्रिक व्यू/प्रोजेक्शन में बदलना।

विषयवस्तु को पढ़ने, हल की गई समस्याओं, गतिविधियों को पूरा करने, अभ्यास करने और इस इकाई में उल्लिखित आईसीटी और वेब संसाधनों को देखने के बाद इन विषयों की समझ विकसित होगी।

इकाई के अंत में सम्मिलित किए गए विषयों को संक्षेप में प्रस्तुत करने के लिए सारांश प्रदान किया गया और अनुप्रयोगों का उल्लेख किया गया है ताकि शिक्षार्थी प्रस्तुत ज्ञान को वास्तविक जीवन और औद्योगिक स्थितियों के साथ सहसंबद्ध कर सके। शिक्षार्थी में जिज्ञासा पैदा करने के लिए कुछ गतिविधियों का उल्लेख किया गया है। ज्ञान के सुदृढ़ीकरण के लिए विषयपरक और वस्तुनिष्ठ प्रश्न प्रदान किए गए हैं और आगे सीखने के लिए संदर्भों और सुझाए गए रीडिंग की एक सूची भी प्रदान की गई है। क्यूआर कोड के साथ वीडियो संसाधनों का उल्लेख रुचि के विभिन्न विषयों पर अधिक जानकारी प्राप्त करने के लिए किया गया है जिसे देखने के लिए मोबाइल फोन के माध्यम से सर्फ या स्कैन किया जा सकता है। ड्राइंग और ड्राफ्टिंग कौशल को बढ़ाने के लिए विवरण के साथ प्रैक्टिकल भी सम्मिलित किए गए हैं।

भूमिका

उद्योग में निर्माण के लिए लगभग सभी इंजीनियरिंग रेखाचित्र को लंबकोणीय प्रक्षेप (ऑर्थोग्राफिक प्रोजेक्शन) में बनाया जाता है। एक लंबकोणीय प्रक्षेप में, हम अलग-अलग सामने से दृश्य (फ्रंट व्यू), ऊपर से दृश्य (टॉप व्यू), बाजू से दृश्य (साइड व्यूह) इत्यादि बनाते हैं, जबकि एक सममितीय (आइसोमेट्रिक) रेखाचित्र में, सामने, बाजू और ऊपर के दृश्यों को केवल एक चित्र में जोड़ा जाता है। यह बात एक सचित्र प्रक्षेप में भी हो सकती है, लेकिन एक सममितीय रेखाचित्रों में आवश्यक शर्त यह है कि सिद्धांत रेखाएं सममितीय अक्षों के समानांतर होती हैं और किसी ठोस वस्तु के वास्तविक आयामों को सीधे इससे मापा जा सकता है। इंजीनियर या डिज़ाइनर अक्सर बहु-दृश्य आरेखण की जटिलता को समझाने या तकनीकी और गैर-तकनीकी कर्मचारियों के बीच विचारों को संप्रेषित करने के लिए सचित्र चित्र और रेखाचित्रों का उपयोग करते हैं। सममितीय रेखाचित्र सबसे अधिक उपयोग किया जाने वाला सचित्र चित्र है।

पूर्व अपेक्षित ज्ञान

- समतल ज्यामिति और
- इस पुस्तक की इकाई-2

यूनिट आउटकम्स (UOs)

विद्यार्थी निम्नलिखित में सक्षम होंगे।

U3-O1: सममितीय पैमाने का निर्माण करना

U3-O2: सममितीय दृश्य और सममितीय प्रक्षेप के बीच अंतर करना

U3-O3: दिए गए सरल समतल ज्यामितीय आकृतियों के सममितीय दृश्य बनाना जिनमें केवल रेखाएँ, वृत्त और चाप आकृतियाँ हों

U3-O4: दिए गए लंबकोणीय प्रक्षेप से सममितीय दृश्य बनाना

कोर्स आउटकम्स (COs) के साथ यूनिट आउटकम्स(UOs) का परस्पर संबंध

यूनिट -3 आउटकम्स	कोर्स आउटकम्स (COs) के साथ अपेक्षित संबंध *(1- कमजोर सहसंबंध; 2- मध्यम सहसंबंध; 3- मजबूत सहसंबंध)*					
	CO-1	CO-2	CO-3	CO-4	CO-5	CO-6
U3-O1	-	-	2	3	3	1
U3-O2	-	-	2	3	3	1
U3-O3	1	2	3	3	3	2
U3-O4	2	2	3	3	3	3

3.1 सममितीय प्रक्षेप का परिचय

आइसोमेट्रिक शब्द ग्रीक से "बराबर माप" से लिए गया है। आइसोमेट्रिक प्रोजेक्शन अर्थात सममितीय प्रक्षेप में, वस्तु के सभी तीन किनारे, समान रूप से एक दूसरे के साथ 120 डिग्री के कोण बनाने वाले तलों पर समान रूप झुके होते हैं और इन्हें सममितीय अक्ष कहते है जैसा कि चित्र 3.1 में दिखाया गया है। तीन रेखाएं OM, OQ और OP बिंदु O पर मिलती हैं और एक दूसरे के साथ 120 डिग्री का कोण बनाती हैं, सममितीय अक्ष या आइसो अक्ष कहलाती हैं।

सममितीय प्रक्षेप के सिद्धांतों को घन (क्यूब) के सममितीय प्रक्षेप से समझा जा सकता है। एक घन का सममितीय प्रक्षेप प्राप्त होता है, जब दृष्टि की रेखा घन के ठोस विकर्ण के समानांतर होती है, यदि एक घन हॉरिजॉन्टल प्लेन (H.P.) पर अपने एक कोने पर टिका हुआ है और जिसका ठोस विकर्ण वर्टिकल प्लेन (V.P.) पर लंबवत है। छिपी हुई रेखाओं को हटाने सममितीय प्रक्षेप में घन के सामने का दृश्य प्राप्त होता है जैसा की चित्र 3.2 मे दिखाया गया है। यह घन का यथार्थवादी दृश्य देता है। चित्र 3.2 से आप देख सकते हैं कि:

(i) तीन रेखाएं OM, OQ और OP बिंदु O पर मिलती हैं, घन के तीन किनारों का प्रतिनिधित्व करती हैं जो समान रूप से V.P की ओर झुकी होती हैं, और इसलिए समान रूप से छोटी होती हैं।

(ii) रेखा OP लंबवत है, और अन्य दो रेखाएँ OM और OQ क्षैतिज से 30° का कोण बनाती हैं।

(iii) घन के किनारों को निरूपित करने वाली अन्य सभी रेखाएँ उपरोक्त तीन रेखाओं में से एक या दूसरी के समानांतर हैं, अर्थात OM, OQ और OP, और समान रूप से पहले से छोटी भी हैं।

दूसरे शब्दों में, सममितीय प्रक्षेप में, तीन तलों को समान रूप से छोटा किया जाता है और अक्षों को समान रूप से 120° पर रखा जाता है। अक्ष OM, OQ और OP को सममितीय अक्ष कहते है, चित्र 3.2 देखें। सममितीय प्रक्षेपण में, इन अक्षों के समानांतर रेखाओं को सममितीय रेखाएँ कहते हैं और घन के फलकों के समानांतर समतल को कहते सममितीय तल कहते हैं। चूंकि तीनों अक्षों को समान रूप से छोटा किया जाता है, एकल सममितीय स्केल का उपयोग किया जा सकता है।

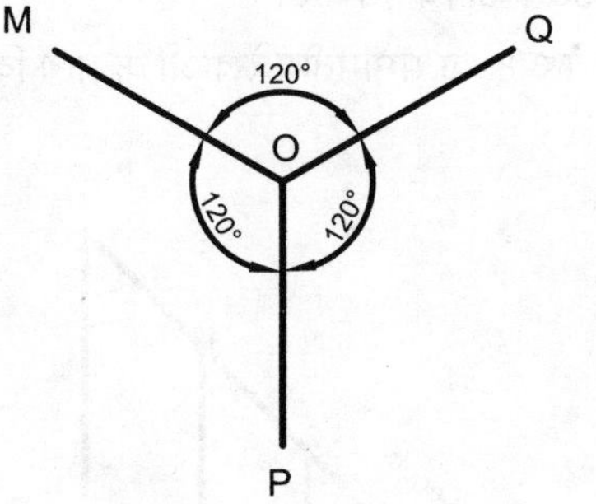

चित्र 3.1: सममितीय अक्ष

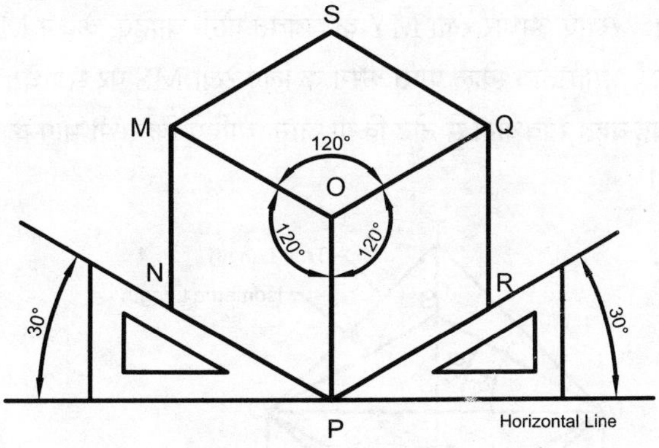

चित्र 3.2: सममितीय प्रक्षेपण

यह प्रक्षेप छोटी वस्तुओं के मामले में अधिक उपयुक्त है, लेकिन बड़ी वस्तुएँ अप्राकृतिक लग सकती हैं। पर्स्पेक्टिव प्रक्षेप का उपयोग बड़ी वस्तुओं का प्रतिनिधित्व करने के लिए किया जाता है।

3.2 सममितीय स्केल

इस पैमाने का उपयोग केवल सममितीय दृश्य बनाने के लिए किया जाता है। वह प्रक्षेपण जिसके द्वारा वास्तविक दूरी को सममितीय दूरी तक घटाया जाता है, सममितीय स्केल के रूप में जाना जाता है।

सममितीय प्रक्षेप में, आयामों की माप कम हो जाती है, इसलिए प्रक्षेप को खींचने के लिए एक विशेष पैमाने की आवश्यकता होती है। चित्र: 3.3(a) का संदर्भ लें, शीर्ष सतह के वास्तविक आकार का प्रतिनिधित्व करने वाले विकर्ण के रूप में MQ के साथ एक वर्ग का निर्माण करें। इसी चित्र से यह देखा जा सकता है कि MS और MT रेखाएं क्रमशः 30° और 45° पर MY पर झुकी हुई हैं। यह चित्र 3.3(b) से भी स्पष्ट है कि MT सही लंबाई है और MS प्रक्षेप की प्रक्षेपण लंबाई है।

समकोण त्रिभुज से, ΔMYT and ΔMYS

$$MY = MT\cos 45^\circ$$
$$MY = MS\cos 30^\circ$$

अब, $$MT\cos 45^\circ = MS\cos 30^\circ$$

$$\frac{MS}{MT} = \frac{\cos 45^\circ}{\cos 30^\circ} = \frac{1/\sqrt{2}}{\sqrt{3}/2}$$

$$= 0.81649568 = 0.816 = \frac{816}{1000}$$

अत: सममितीय लंबाई = 0.816 × वास्तविक लंबाई

इस प्रकार, सममितीय प्रक्षेप में सभी आयाम वास्तविक लंबाई के 0.816 गुना हैं या वास्तविक लंबाई का लगभग 82% या तो इसे कारक से गुणा करके या सममितीय स्केल के निर्माण से प्राप्त किया जा सकता है। चित्र: 3.3(b) में दिखाए गए सममितीय स्केल का निर्माण नीचे दिए गए चरणों के अनुसार किया गया है:

1. एक क्षैतिज रेखा MY खींचिए।
2. रेखा MY के साथ 30° और 45° बनाते हुए MS और MT को ड्रा करें।
3. 45° रेखा (MT) पर वास्तविक लंबाई का एक नियमित पैमाना बनाएं जैसे 0, 1, 2, 3, 4 cm और उसी बिंदु को 30° रेखा MS पर प्रोजेक्ट करें।
4. रेखाएं आधार रेखा MY के लंबवत होनी चाहिए, केवल MS तक मिलनी चाहिए।
5. सममितीय स्केल प्राप्त करने के लिए रेखा MS पर संबंधित डिवीजन पॉइंट्स को चिह्नित करें।

यह बहुत सावधानी से नोट किया जाना चाहिए कि सभी माप केवल सममितीय अक्ष या सममितीय रेखाओं के साथ किए जाने चाहिए।

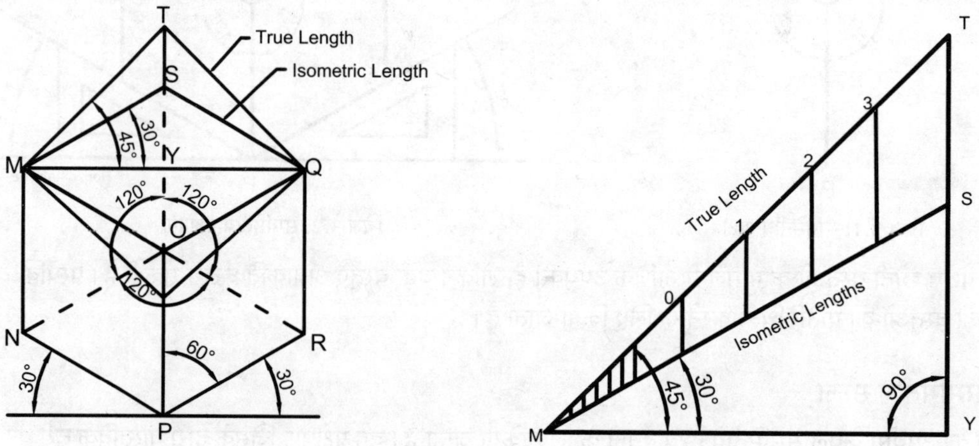

(a) सममितीय प्रक्षेप (b) सममितीय पैमाने का निर्माण

चित्र 3.3

जैसा कि चित्र 3.4 में दिखाया गया है, सममितीय स्केल को सरल रूप में खींचा जा सकता है। वास्तविक लंबाई को PQ के रूप में चिह्नित किया गया है। एक रेखा PR, PQ से 15° के कोण पर खींची जाती है, जो क्षैतिज से 45° पर झुकी हुई, Q से खींची गई दूसरी रेखा को काटती है। फिर सही लंबाई (True Length) के पैमाने PQ पर डिवीजनों से, 45° के कोण पर झुकी हुई रेखाएं खींची जाती हैं, ताकि PR पर संबंधित सममितीय लंबाई प्राप्त की जा सके। भले ही कैलकुलेटर की मदद से सममितीय लंबाई (82%) की गणना करना आसान है, लेकिन पहचान के लिए सममितीय प्रक्षेप के पास (शीर्ष या दाईं ओर) सममितीय स्केल दिखाने की परम्परा है।

आइसोमेट्रिक प्रक्षेपण की मूल बातें-1

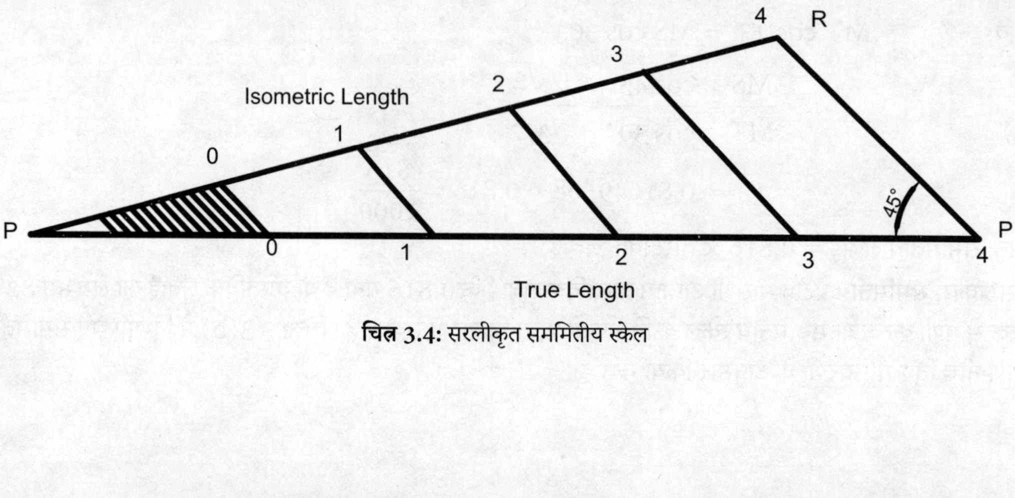

चित्र 3.4: सरलीकृत सममितीय स्केल

3.3 सममितीय प्रक्षेप और सममितीय दृश्य

सममितीय प्रक्षेप में, ड्राइंग तैयार करने के लिए सममितीय लंबाई (वास्तविक लंबाई का 0.816 गुना) का उपयोग किया जाता है। सममितीय दृश्य में, चित्र को तैयार करने के लिए वस्तु के सभी किनारों की छोटी की गई लंबाई को अनदेखा करते हुए, वास्तविक लंबाई का उपयोग किया जाता है। इस प्रकार, किसी वस्तु का सममितीय दृश्य वस्तु के सममितीय प्रक्षेप से बड़ा होता है। निर्माण में आसानी और ड्राइंग से ही सीधे आयामों को मापने के लाभ के कारण, सममितीय पैमाने के बजाय वास्तविक पैमाने का उपयोग करना एक सामान्य प्रथा बन गई है। इस प्रकार, सममितीय प्रक्षेप, सममितीय दृश्य की तुलना में आकार में छोटा लगता है। एक घन का एक सममितीय प्रक्षेप और एक सममितीय दृश्य चित्र 3.5 में दिखाया गया है।

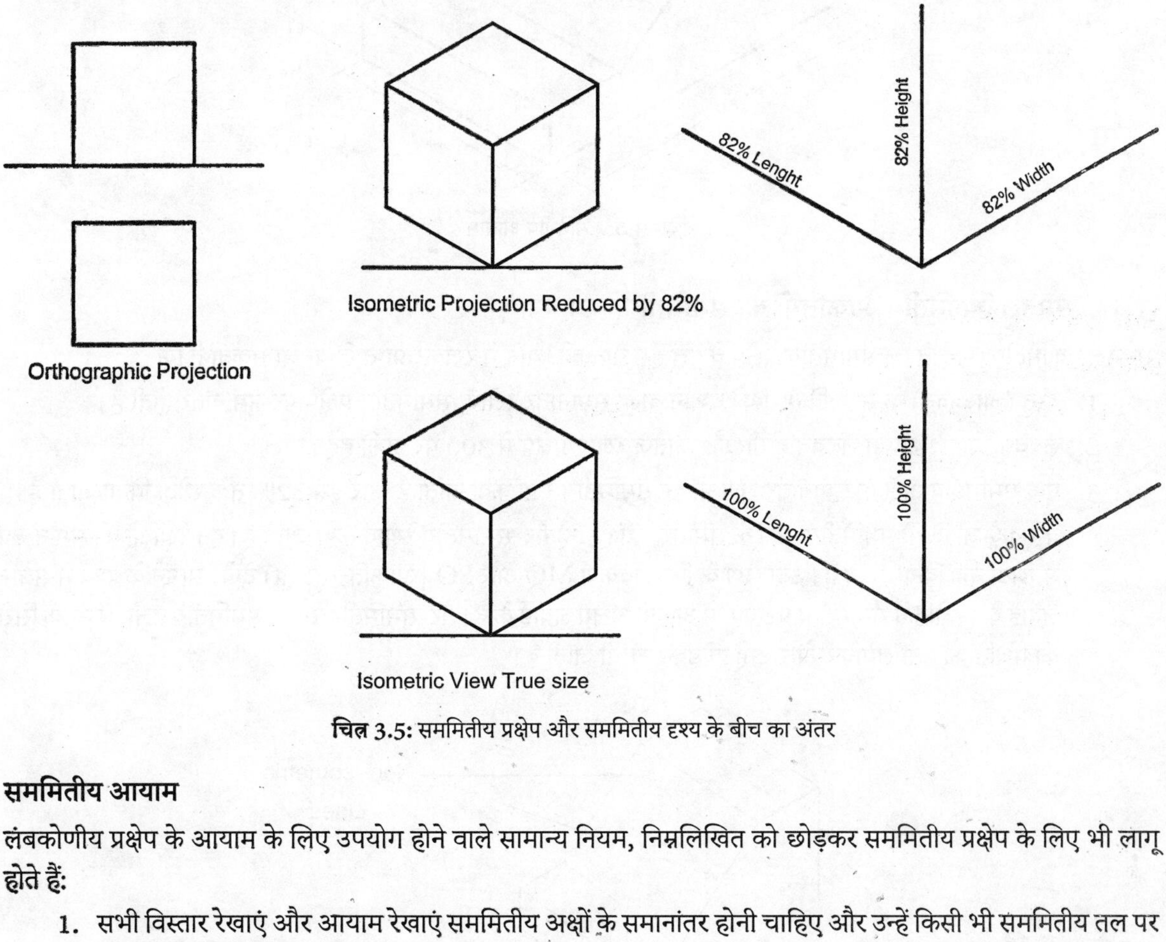

चित्र 3.5: सममितीय प्रक्षेप और सममितीय दृश्य के बीच का अंतर

सममितीय आयाम

लंबकोणीय प्रक्षेप के आयाम के लिए उपयोग होने वाले सामान्य नियम, निम्नलिखित को छोड़कर सममितीय प्रक्षेप के लिए भी लागू होते हैं:

1. सभी विस्तार रेखाएं और आयाम रेखाएं सममितीय अक्षों के समानांतर होनी चाहिए और उन्हें किसी भी सममितीय तल पर स्थित होना चाहिए।
2. विमीय मानों को आयाम रेखा के मध्य में रखा जाना चाहिए। x-दिशा में विमीय मान दाहिनी ओर से पठनीय होने चाहिए, जबकि y-दिशा वाले मान बाईं ओर से पठनीय होने चाहिए। z-दिशा में आयामी मान दाईं ओर से क्षैतिज रूप से पढ़ने योग्य होना चाहिए।
3. छिपी हुई रेखाओं से बचना सामान्य प्रथा है, जब तक कि वे ड्राइंग को स्पष्ट करने के लिए आवश्यक न हों।

चित्र 3.6, बीआईएस द्वारा सममितीय ड्राइंग के लिए अनुशंसित आयाम लेआउट दिखाता है।

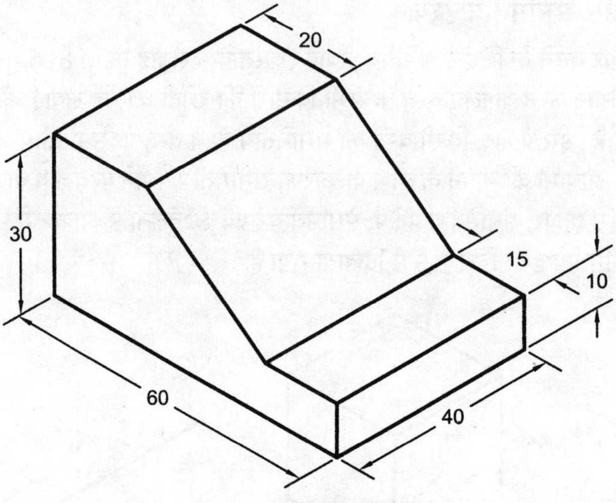

चित्र 3.6: सममितीय आयाम

3.4 समतल ज्यामितीय आकृतियों का सममितीय दृश्य बनाएं

समतल ज्यामितीय आकृति का सममितीय प्रक्षेप केवल इस बात को ध्यान में रखकर प्राप्त किया जा सकता है कि :

1. वस्तु (ऑब्जेक्ट) के सभी किनारों को दर्शाने वाली समानांतर रेखाएँ, सममितीय प्रक्षेप पर समानांतर होती हैं।
2. लंबवत रेखाएं प्रक्षेप में लंबवत होंगी और क्षैतिज रेखाएं प्रक्षेप में 300 पर झुकी हुई होंगी।
3. एक सममितीय अक्ष के समानांतर रेखाओं को सममितीय रेखा कहा जाता है और इसे 82% तक छोटा किया जाता है।
4. वे रेखाएँ जो किसी सममितीय अक्ष के समांतर नहीं हैं उन्हें गैर-सममितीय रेखाएँ कहा जाता है। इन रेखाओं को समान रूप से छोटा नहीं किया जाता हैं। उदाहरण के लिए, विकर्ण MQ और SO [आकृति 3.3 (a) देखें] सामने के दृश्य में समान लंबाई के हैं, लेकिन सममितीय प्रक्षेपण में अलग-अलग लंबाई के हैं। गैर-सममितीय रेखाएं सममितीय तलों पर उनके सिरों की स्थिति का पता लगाकर और उन्हें जोड़कर खींची जाती हैं।

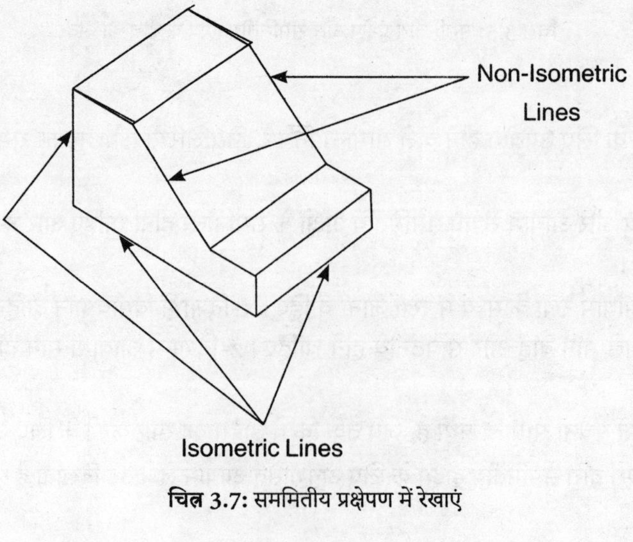

चित्र 3.7: सममितीय प्रक्षेपण में रेखाएं

आइसोमेट्रिक ड्राइंग बनाने की विधियाँ

आइसोमेट्रिक प्रक्षेपण की मूल बातें-2

किसी वस्तु की झुकी हुई रेखाओं को सममितीय प्रक्षेप में गैर-सममितीय रेखाओं द्वारा दर्शाया जाता है। इन्हें निम्नलिखित विधियों में से एक के द्वारा खींचा जाता है।

1. बॉक्स विधि
2. समन्वय या ऑफसेट विधि

बॉक्स विधि

इस विधि में, वस्तु को एक आयताकार बॉक्स में संलग्न माना जाता है और बॉक्स की सतहों और किनारों के साथ उनके संबंधित संपर्क बिंदुओं का पता लगाकर सममितीय और गैर-सममितीय दोनों रेखाएं खींची जाती हैं। पहले सममितीय दृश्य को खींचना या उनकी कल्पना करना और फिर सममितीय ड्राइंग के लिए आगे बढ़ना हमेशा मददगार होता है। इसका उपयोग प्रिज्म, सिलेंडर और ठोसों के छिन्नक को खींचने के लिए किया जाता है। बॉक्स विधि द्वारा सममितीय ड्राइंग का एक उदाहरण नीचे दिखाया गया है:

उदाहरण 3.1: *केवल सममितीय रेखाओं वाले ब्लॉक का एक सममितीय प्रक्षेप बनाएं।*

निर्माण (बॉक्स-विधि द्वारा)

प्रक्रिया को स्पष्ट करने के लिए एक बहुत ही सिम्पल ऑब्जेक्ट, जिसमें केवल सममितीय रेखाएँ हैं, को लिया गया है। चित्र 3.8 बॉक्स विधि द्वारा सममितीय प्रक्षेप के निर्माण को दर्शाता है।

- (a) पर, वस्तु के सामने और ऊपर का दृश्य दिया गया है।
- (a') पर तीन सममितीय अक्षों को इस प्रकार खींची जाती हैं कि एक अक्ष लंबवत (ऊपर की ओर) हो और अन्य दो क्षैतिज से 30° कोण बना रही हों।
- इन अक्षों के साथ, आयाम L,W और H निर्धारित किए जाते हैं, और (b) में दिखाए गए अनुसार सममितीय बॉक्स पूरा किया जाता है।
- फिर, सममितीय रेखाओं पर माप को लेते हुए, ऑब्जेक्ट का विवरण लंबकोणीय दृश्य से सममितीय बॉक्स में स्थानांतरित कर दिया जाता है।
- अंत में आकृति को और अधिक विशिष्ट बनाने के लिए सभी विवरण, जो हल्की रेखाओं द्वारा खींचे गए थे, काला कर दिया जाता है जैसा कि (c) मे दर्शाया गया है।

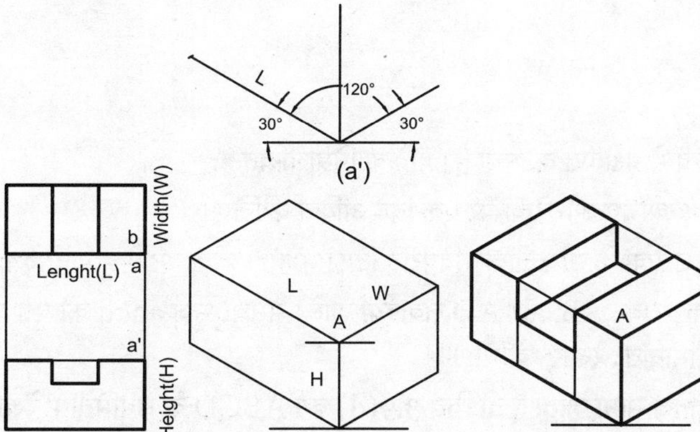

चित्र 3.8: बॉक्स-विधि द्वारा एक ब्लॉक का एक सममितीय प्रक्षेप बनाएं

समन्वय या ऑफसेट विधि

सममितीय ड्राइंग बनाने की यह विधि विभिन्न कोणों पर कई समतलों से बनी वस्तुओं या अनियमित घुमावदार सतहों के लिए उपयोगी है। समतलों के मामले में, किनारों के सिरों का पता लगाने के लिए, प्रत्येक बिंदु से एक सममितीय संदर्भ तल पर लंबों को खींचा जाता हैं। लंब रेखाचित्र पर स्थित हो सकते हैं, क्योंकि ये सममितीय रेखाएँ होती हैं और संबंधित मापों को लंबकोणिक दृश्य से स्थानांतरित किया जाता है। घुमावदार सतहों के मामले में, सममितीय लाइनों के साथ माप द्वारा, वक्र पर बिंदुओं को प्लॉट कर वक्र आकृति प्राप्त की जा सकती है। इस विधि का उपयोग पिरामिडों, शंकुओं और काटे गए ठोसों के सममितीय प्रक्षेप को आकर्षित करने के लिए किया जाता है। आम तौर पर अधिकांश समस्याओं को हल करने के लिए बॉक्स विधि सुविधाजनक होती है।

उदाहरण 3.2: *एक वर्ग ABCD का सममितीय दृश्य खींचिए जैसा कि चित्र 3.9 (a) में दिखाया गया है।*

निर्माण:

वर्ग के तीन अलग-अलग तरीकों से सममितीय प्रक्षेप प्राप्त क़िए जा सकते है जैसा कि चित्र 3.9 (b, c और d) में दिखाया गया है।

केस-1

चरण-1: एक क्षैतिज रेखा खींचिए और उस पर एक बिंदु (b) अंकित कीजिए। बाईं ओर 300 का कोण बनाते हुए एक रेखा ba खींचिए। लंबाई वर्ग की भुजा AB के बराबर है।

चरण-2: बिंदु a से AD के बराबर एक लंबवत रेखा खींचे।

चरण-3: बिंदु b से, BC की लंबाई के बराबर एक लंबवत रेखा bc खींचिए।

चरण-4: d और c को एक सीधी रेखा से मिलाइए जो क्षैतिज से 300 पर झुकी हुई है।

bcda वर्ग ABCD का सममितीय आरेखण है और यह ऐसा अहसास देता है जैसे हम रेखा ba के लंबवत और बाईं ओर से दाईं ओर देख रहे हैं (चित्र 3.9b)।

केस-2

एक अन्य तरीका जिससे वर्ग को चित्र 3.9 (c) के अनुसार प्रक्षेपित किया जा सकता है, । प्रक्रिया बिल्कुल समान है लेकिन 300 का कोण दायीं ओर खींचा जाना है। यह एक ऐसा एहसास देता है जैसे हम वर्ग को एक दिशा में ab की ओर लंबवत और दाईं से बाईं ओर देख रहे हैं।

केस-3

तीसरा तरीका वर्ग को क्षैतिज रूप से प्रक्षेपित कर रहा है। प्रक्रिया निम्नलिखित है:

चरण-1: एक क्षैतिज रेखा खींचिए और रेखा पर एक बिंदु अंकित कीजिए।

चरण-2: बिंदु a से, क्षैतिज रेखा के साथ लेकिन विपरीत दिशा में 30^0 कोण बनाते हुए, दो रेखाएँ खींचें।

चरण-3: वर्ग की भुजा के बराबर AB और AD लंबाइयाँ काटें। समचतुर्भुज abcd को पूरा करते हुए, इन सिरों से विपरीत भुजाओं तक समानांतर रेखाएँ खींचिए।

चरण-4: यदि वर्ग को क्षैतिज माना जाता है तो चित्र 3.9(d) वर्ग ABCD के सममितीय रेखाचित्र को दर्शाती है।

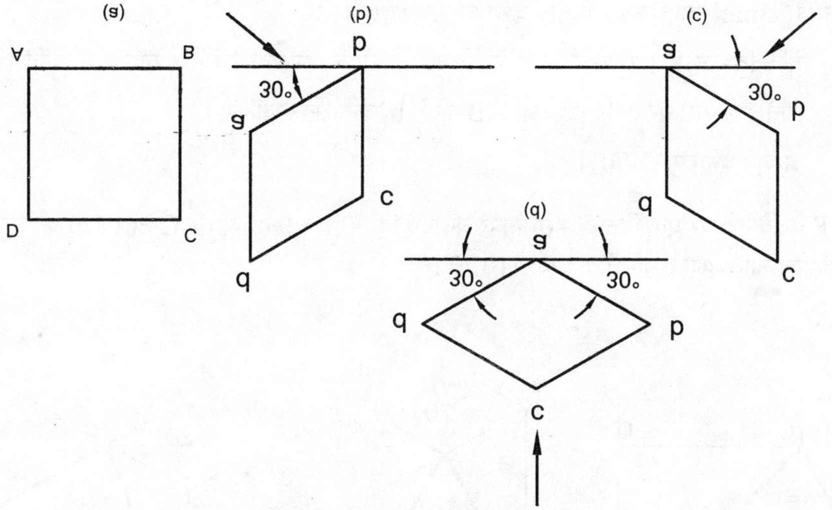

चित्र 3.9: वर्ग का सममितीय दृश्य

उदाहरण 3.3: *चित्र 3.10(a) में दर्शाए अनुसार सममितीय में कोण खींचिए।*

निर्माण:

सममितीय कोणों को सीधे प्रोट्रैक्टर से नहीं मापा जा सकता है। कोणों का निर्माण सममितीय अक्षों के समानांतर माप द्वारा झुकी हुई रेखाओं के अंतिम बिंदुओं का पता लगाकर किया जाता है। चित्र 3.10(a) में कोण को डिग्री में दिया गया है, इसे रैखिक माप में परिवर्तित करना आवश्यक है।

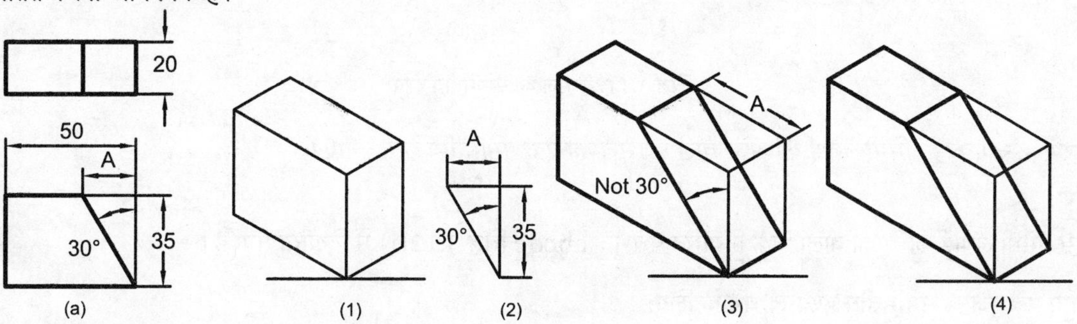

चित्र 3.10: सममितीय में कोण

चरण-1: सममितीय अक्षों के साथ "निर्माण बॉक्स" बनाएं।

चरण-2: त्रिभुज बनाएं और 30° को रैखिक माप "A" में बदलें।

चरण-3: इस आयाम "A" को डिवाइडर के साथ सममितीय रेखाचित्र में स्थानांतरित करें और समानांतर झुकी हुई खींचें।

चरण-4: सभी अंतिम रेखाओं को गहरा करें।

उदाहरण 3.4: *त्रिभुज ABC का एक सममितीय दृश्य खींचिए जैसा कि चित्र 3.11(a) में दिखाया गया है।*

निर्माण:

त्रिभुज ABC को विभिन्न तरीकों से सममितीय रूप से प्रक्षेपित किया जा सकता है, जैसा कि चित्र 3.11(b और c) में दिखाया गया है।

चरण 1: भुजा 'ab' सममितीय रेखा है जबकि 'bc' और 'ca' गैर-सममितीय रेखाएँ हैं। इसलिए, त्रिभुज को एक आयात 'abde' में संलग्न करें।

चरण 2: आयात 'abde' का एक सममितीय दृश्य बनाइए। इसके लिए,

(i) चूँकि त्रिभुज का पृष्ठ ऊर्ध्वाधर है, इसलिए 'ae' के बराबर एक उर्ध्वाधर रेखा AE खींचिए।

(ii) क्षैतिज से 30° पर झुकी हुई रेखा AB को 'ab' के बराबर खींचिए।

(iii) आयात बनाइएABDE।

चरण 3: DE के किनारे पर एक बिंदु C इस प्रकार बनाइए कि EC = 'ec' हो। AC और CB को मिलाइए और त्रिभुज abc का आवश्यक सममितीय दृश्य ABC है।

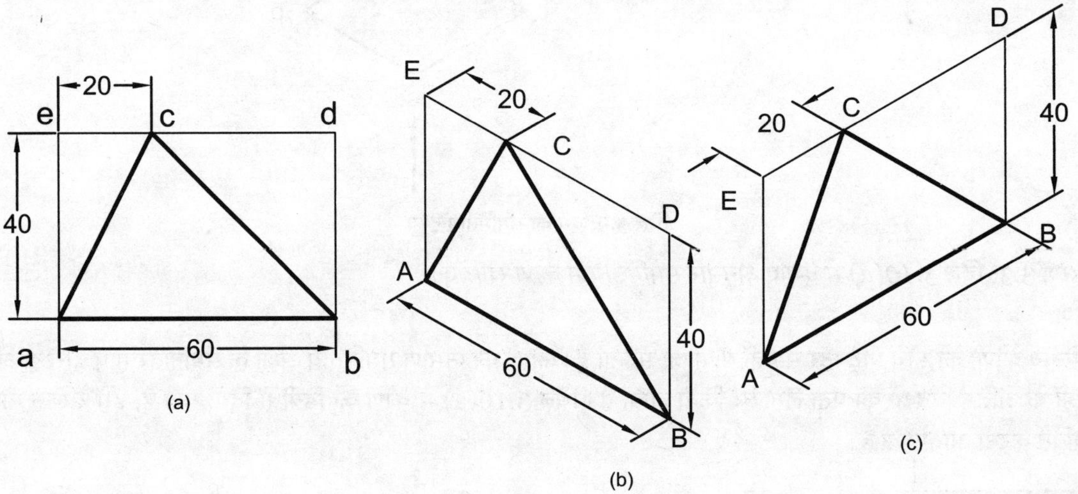

चित्र 3.11: त्रिभुज का सममितीय दृश्य

उदाहरण 3.5: *एक 30 मिमी लंबाई की भुजा वाले पंचभुज का एक सममितीय दृश्य बनाएं।*

निर्माण:

एक 30 मिमी लंबाई की भुजा वाला एक नियमित पंचभुज abcde चित्र 3.12(i) मे दिखाया गया है।

दिए हुए पंचभुज के सममितीय दृश्य खींचने के लिए:

चरण-1: दिए गए पंचभुज को एक आयत pqrs में संलग्न करें जैसा कि चित्र 3.12(ii) में दिखाया गया है।

चरण-2: आयत Pqrs का सममितीय दृश्य बनाइए और इसके कोणों abcde का पता लगाइए।

A और B को भुजा QP पर इस प्रकार अंकित करें कि PA = pa, PB = pb

एक बिंदु E को भुजा PS पर इस प्रकार अंकित करें कि PE = pe

बिंदु D को भुजा SR के मध्य बिंदु के रूप में चिह्नित करें।

भुजा RQ पर बिंदु c को इस प्रकार अंकित करें कि RC = cr. जैसा कि चित्र 3.12(iii) में दिखाया गया है

चरण-3: सभी बिंदुओं BA, AE, ED, DC और CB को मिलाएं। यह दिए गए पंचभुज abcde का सममितीय दृश्य दिखाता है जैसा कि चित्र 3.12(iv) में दिखाया गया है।

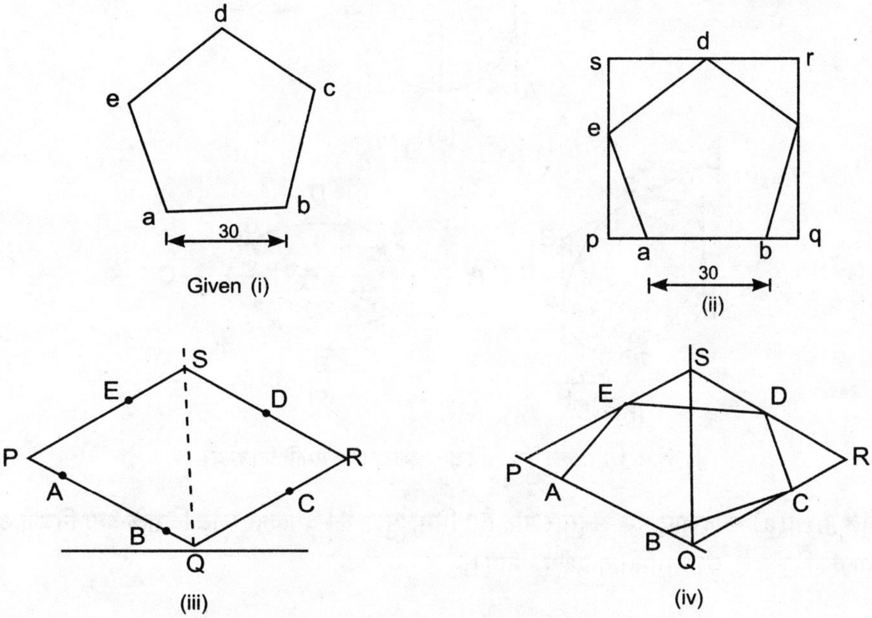

चित्र 3.12: एक पंचभुज का सममितीय दृश्य

उदाहरण 3.6: चार केंद्र विधि का उपयोग करके 40 मिमी व्यास के एक वृत्त का सममितीय दृश्य बनाएं।

निर्माण:

चार केंद्र विधि सममितीय वृत्त खींचने की एक अनुमानित विधि है। एक ऊर्ध्वाधर तल में और एक क्षैतिज तल में एक वृत्त के सममितीय ड्रॉइंग चित्र 3.13 में दिखाई गई हैं।

चरण-1: वृत्त को घेरते हुए और इसे 1, 2, 3 और 4 पर स्पर्श करते हुए वर्ग ABCD की रचना कीजिए। देखिए चित्र 3.13(a)।

चरण-2: जब वृत्त ऊर्ध्वाधर स्थिति में हो, तो AB को क्षैतिज से 30° पर खींचिए और A&B से, लंबवत रेखा AD और BC खींचे। D से C को जोड़े। मध्य बिंदुओं 1, 2, 3 और 4 को चिह्नित करें, जहाँ A3 और C1 विकर्ण BD को e और f पर काटते हैं।

चरण-3: इन दो बिंदुओं e और f को केंद्रों मानकर, त्रिज्या e4(= f2) "r" के साथ चाप 1-2 और चाप 3-4 खींचें। तथा A और C को केंद्र मानकर और "R" के बराबर त्रिज्या A3 (= c1) के साथ चाप बनाएं। इस प्रकार ऊर्ध्वाधर तल मे स्थित वृत्त का सममितीय दृश्य चित्र 3.13 (b) में दिखाए गए अनुसार 1, 2, 3, 4 होगा।

इसी प्रकार, क्षैतिज तल में वृत्त का सममितीय दृश्य खींचा जा सकता है। यहाँ, AB और BC क्षैतिज रेखा से 30° पर हैं जैसा कि चित्र 3.13(c) में दिखाया गया है।

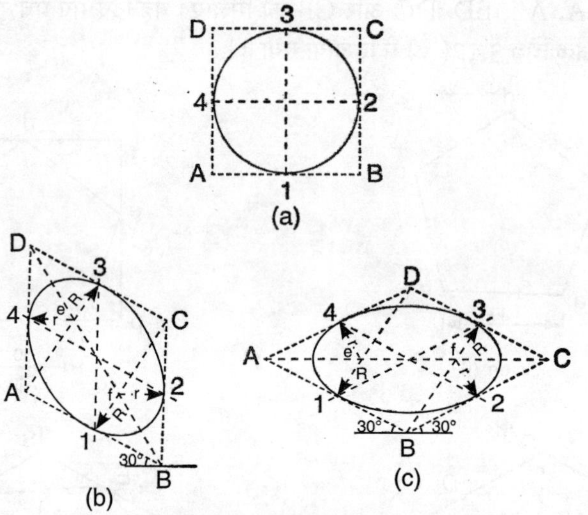

चित्र 3.13: चार केंद्र विधि द्वारा एक वृत्त का सममितीय दृश्य

उदाहरण 3.7: चित्र 3.14(a) में दिखाए गए अनुसार एक 60 मिमी भुजा की वर्गाकार प्लेट जिसके बाएं निचले और ऊपरी कोनों में 12 मिमी त्रिज्या की फिलेट है, का सममितीय प्रक्षेप बनाएं।

निर्माण:

- सममितीय पैमाने का उपयोग करके वर्ग ABCD की रचना कीजिए।
- दो सममितीय अक्षों को खींचिए, एक क्षैतिज पर 30° पर और दूसरा अक्ष लंबवत। सममितीय अक्षों के जंक्शन पर कोने 'C' को चिह्नित करें और पहले बताए अनुसार समचतुर्भुज ABCD की रचना करें।
- 12 मिमी की त्रिज्या के बराबर दूरी लेकर AB और AD पर क्रमशः बिंदु M और N चिह्नित करें।
- केंद्र C1 प्राप्त करने के लिए M और N से AD और AB पर लंबवत रेखाएँ खींचें।ये रेखाएं एक दूसरे को C1 पर काटती हैं। केंद्र C1 से 12 मिमी पट्टिका त्रिज्या लेकर चाप MN को खीचें। और केंद्र C2 के साथ निचले बाएं कोने पर चाप प्राप्त करने के लिए इस प्रक्रिया को दोहराएं और प्रोजेक्शन को पूरा करें।

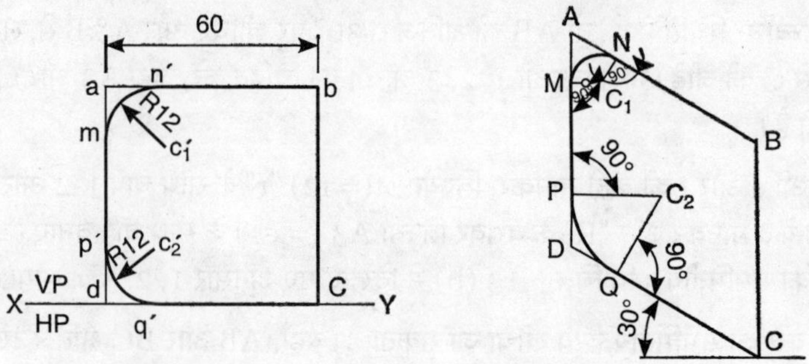

2D वस्तुओं का सममितीय प्रक्षेपण

चित्र 3.14: 12 मिमी के फिलेट त्रिज्या के साथ 60 मिमी भुजा की एक वर्गाकार प्लेट का सममितीय प्रक्षेप

हल किए गए उदाहरण (बढ़ती कठिनाई स्तर के साथ)

उदाहरण 3.8: *चित्र 3.15 (a) किसी वस्तु के लंबकोणीय प्रक्षेप को दर्शाता है। इसका सममितीय प्रक्षेप बनाइए।*

हल: आवश्यक सममितीय दृश्य चित्र 3.15(b) में दिखाया गया है।

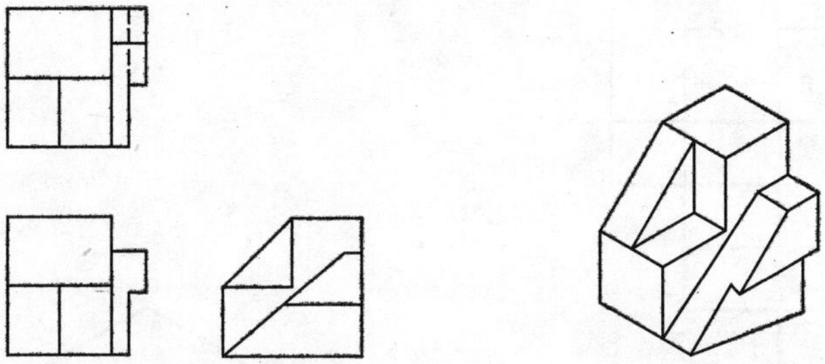

(a) लंबकोणीय प्रक्षेप (b) सममितीय प्रक्षेप

चित्र 3.15

3D वस्तुओं का सममितीय प्रक्षेपण

उदाहरण 3.9: *चित्र 3.16(a) कट ब्लॉक का ऊपर का दृश्य और सामने का दृश्य दिखाता है। इसके आयाम के साथ सममितीय दृश्य का निर्माण करें।*

समाधान: चित्र 3.16(b) आवश्यक सममितीय दृश्य दर्शाता है।

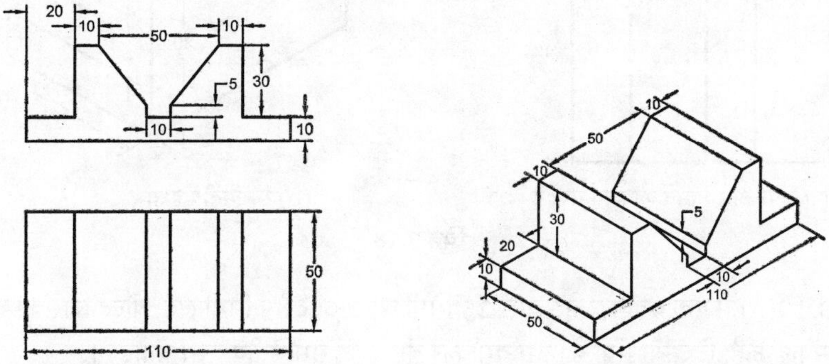

(a) शीर्ष एवं सम्मुख दृश्य (b) सममितीय दृश्य

चित्र 3.16

उदाहरण 3.10: *चित्र 3.17 (a) किसी वस्तु का शीर्ष दृश्य और सामने का दृश्य दिखाता है। सममितीय दृश्य की रचना कीजिए।*

हल: चित्र 3.17(b) आवश्यक सममितीय दृश्य दर्शाता है।

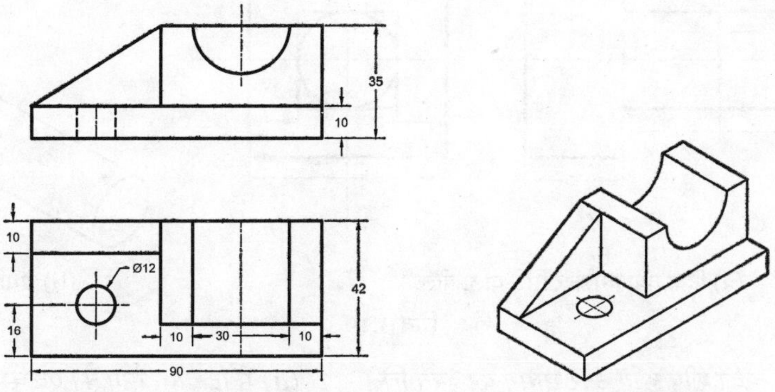

(a) दिया गया ऊपर और सामने का दृश्य (b) सममितीय दृश्य

चित्र 3.17

उदाहरण 3.11: *चित्र 3.18 (a) मे E-ब्लॉक का शीर्ष दृश्य और सामने का दृश्य में दिखाया गया है। इसका सममितीय दृश्य बनाइए।*

हल: चित्र 3.18(b) आवश्यक सममितीय दृश्य दर्शाता है।

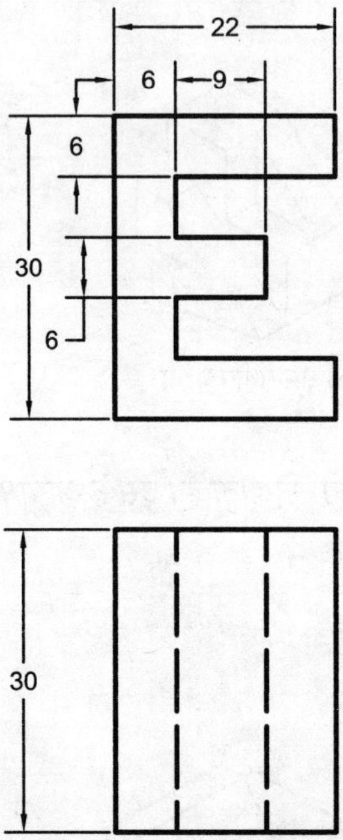

(a) दिया गया ऊपर और सामने का दृश्य गया है

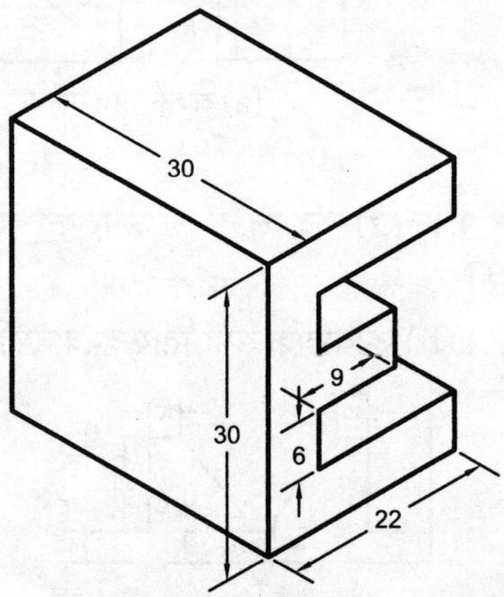

(b) सममितीय दृश्य

चित्र 3.18

उदाहरण 3.12: चित्र 3.19(a) में एक वर्गाकार हेड वाले 25 मिमी व्यास और 85 मिमी लंबे, बोल्ट जिसकी चौकोर गर्दन 25 मिमी मोटी और हेड बिना चेमफर के है, दिखाया गया है। इस वर्गाकार बोल्ट का सममितीय दृश्य बनाइए।

हल: चित्र 3.19(b) आवश्यक सममितीय दृश्य दर्शाता है।

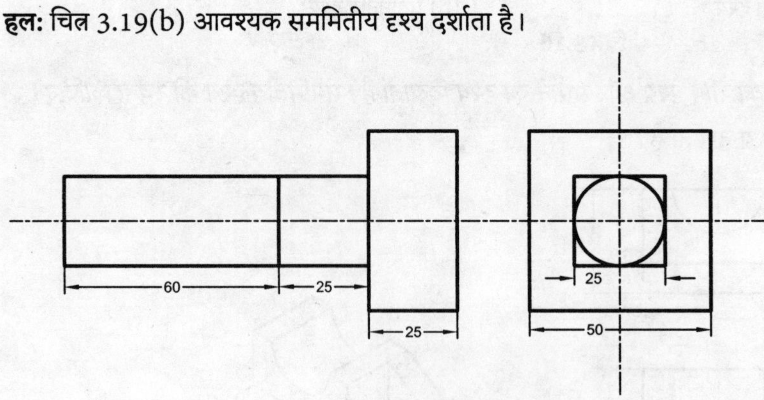

(a) दिया गया वर्गाकार सिरों वाला बोल्ट

(b) सममितीय दृश्य

चित्र 3.19

उदाहरण 3.13: *किसी वस्तु का शीर्ष दृश्य और सामने का दृश्य चित्र 3.20(a) में दिखाया गया है। एक सममितीय पैमाने की रचना कीजिए और उसका सममितीय प्रक्षेप बनाइए।*

हल: चित्र 3.20(b) प्रयुक्त सममितीय स्केल को दर्शाता है और चित्र 3.20(c) आवश्यक सममितीय प्रक्षेप दिखाता है।

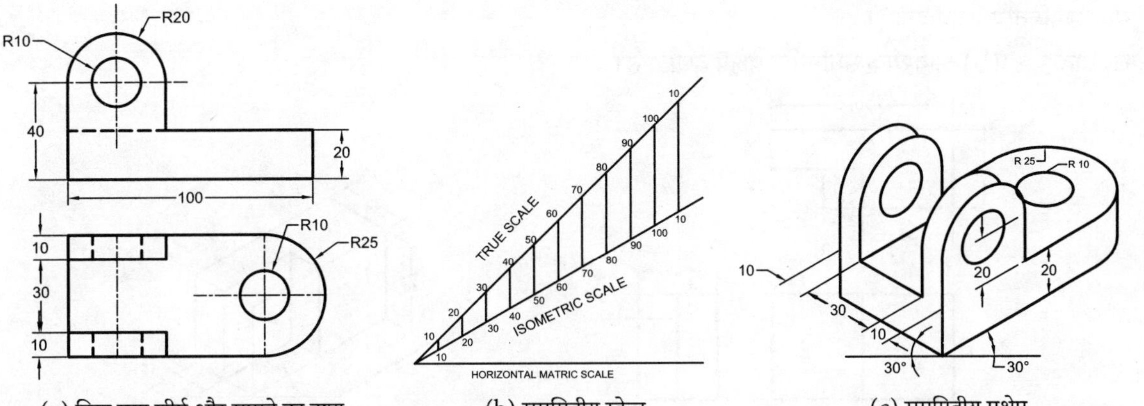

(a) दिया गया शीर्ष और सामने का दृश्य (b) सममितीय स्केल (c) सममितीय प्रक्षेप

चित्र 3.20

उदाहरण 3.14: *किसी वस्तु का शीर्ष दृश्य और सामने का दृश्य चित्र 3.21(a) में दिखाया गया है। सममितीय प्रक्षेप बनाइए।*

हल: चित्र 3.21(b) आवश्यक सममितीय दृश्य दर्शाता है।

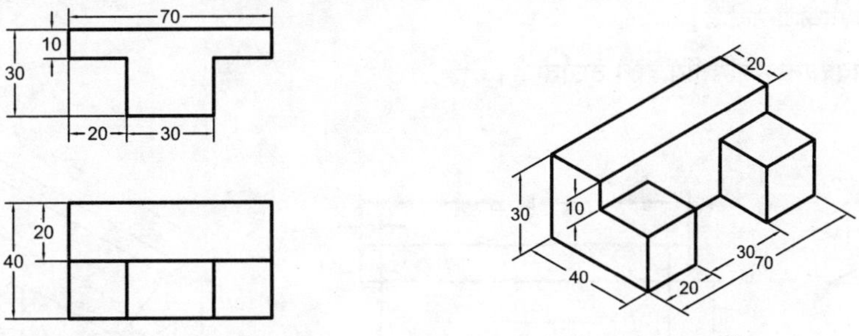

(a) दिया गया ऊपर और सामने का दृश्य (b) सममितीय प्रक्षेप

चित्र 3.21

उदाहरण 3.15: *किसी वस्तु का शीर्ष दृश्य और सामने का दृश्य चित्र 3.22(a) में दिखाया गया है। सममितीय प्रक्षेप बनाएं। सममितीय रेखाचित्र पर आयाम अंकित करें।*

हल: चित्र 3.22(b) आवश्यक सममितीय प्रक्षेप दर्शाता है।

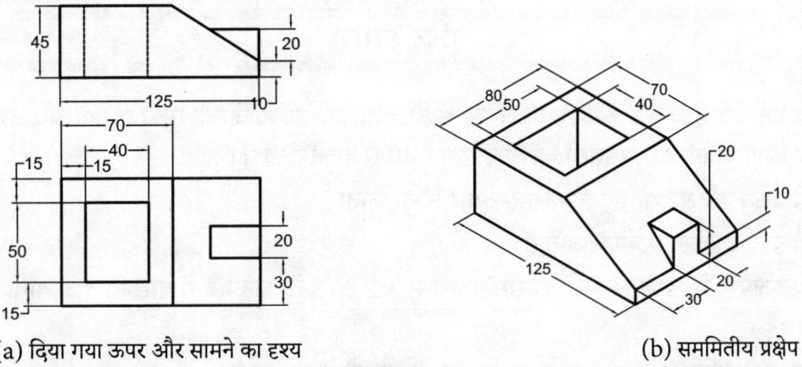

(a) दिया गया ऊपर और सामने का दृश्य (b) सममितीय प्रक्षेप

चित्र 3.22

उदाहरण 3.16: चित्र 3.23(a) में किसी वस्तु के लंबकोणीय प्रक्षेप को दिखाया गया है। सममितीय पैमाने का उपयोग करते हुए, इसका सममितीय प्रक्षेप बनाएं।

हल: चित्र 3.23(b) आवश्यक सममितीय प्रक्षेप दर्शाता है।

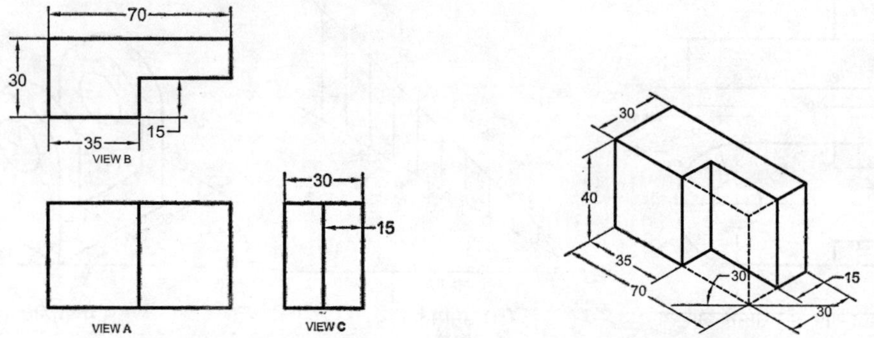

(a) दिया हुआ लंबकोणीय प्रक्षेप (b) सममितीय प्रक्षेप

चित्र 3.23

उदाहरण 3.17: एक झोपड़ी मॉडल के दो दृश्य चित्र 3.24(a) में दिखाए गए हैं। इसका सममितीय दृश्य बनाइए। सममितीय दृश्य को आयाम देने की आवश्यकता नहीं है।

हल: चित्र 3.24(b) आवश्यक सममितीय दृश्य दर्शाता है।

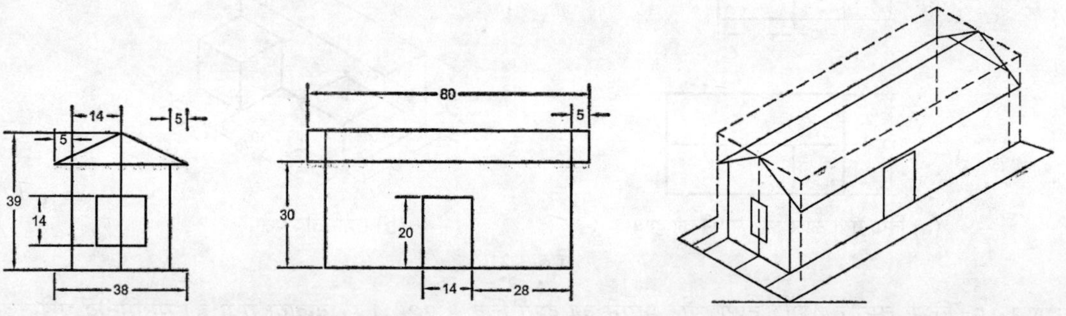

(a) दिया हुआ लंबकोणीय प्रक्षेप (b) उदाहरण 3.17 के लिए समाधान चित्र

चित्र 3.24

यूनिट सारांश

1. सममितीय प्रक्षेपण/दृश्य एक 3-आयामी (चित्रात्मक) दृश्य/प्रक्षेपण है जिसके मुख्य फलक और अक्ष एक दूसरे के साथ 120° का कोण बनाने वाले समतलों की ओर समान रूप से झुकी होती हैं।
2. सममितीय प्रक्षेप को आइसोमेट्रिक स्केल से तैयार किया जाता है।
3. सममितीय दृश्य टू स्केल से बनाए जाते हैं।
4. सममितीय प्रक्षेपण में, सभी किनारों को समान रूप से $\sqrt{2} : \sqrt{3}$ के अनुपात में वास्तविक आयामों के अनुपात में छोटा किया जाता है।
5. किसी वस्तु का सममितीय दृश्य वस्तु के सममितीय प्रक्षेपण से बड़ा होता है।

6. सममितीय अक्षों के समांतर रेखाओं को सममितीय रेखाएँ कहा जाता है। ऐसी रेखाएँ जो सममितीय अक्षों के समानांतर नहीं होती हैं, गैर-सममितीय रेखाएँ कहलाती हैं।
7. घन के फलकों के साथ-साथ इन समतलों के समांतर अन्य तलों को निरूपित करने वाले तलों को सममितीय तल कहा जाता है। सममितीय तल के असमानांतर तल गैर-सममितीय तल कहलाते हैं।
8. 'बॉक्स विधि' का उपयोग करके प्रिज्मों, बेलनों और ठोसों के छिन्नक का सममितीय प्रक्षेपण तैयार किया जाता है।
9. 'समन्वय' या 'ऑफ-सेट विधि' का उपयोग करके पिरामिड, शंकु और काटे गए ठोस का सममितीय प्रक्षेपण तैयार किया जाता है।
10. 'सममितीय आयाम' में, छिपी हुई रेखाओं (hidden lines) का उपयोग नहीं करना चाहिए, जब तक कि वे ड्राइंग को स्पष्ट करने के लिए आवश्यक न हों।
11. एक वर्ग का सममितीय प्रक्षेप एक समचतुर्भुज है और एक वृत्त का सममितीय प्रक्षेप एक दीर्घवृत्त है।
12. एक वृत्त का सममितीय प्रक्षेप बनाने के लिए, 'चार केंद्र विधि एक अनुमानित विधि है लेकिन तुलनात्मक रूप से सरल विधि है।

अभ्यास

A. वस्तुनिष्ठ प्रश्न

A1. उचित शब्दों से रिक्त स्थानों की पूर्ति कीजिए।

3.1. जब एक सममितीय पैमाने के साथ एक चित्र तैयार किया जाता है, तो उसे ________ कहते हैं।
3.2. एक सममितीय दृश्य की अक्ष एक-दूसरे से ________ डिग्री के कोण पर होती हैं।
3.3. वे रेखाएँ जो सममितीय अक्षों के समांतर होती हैं ________ कहलाती हैं।
3.4. ________ स्केल का उपयोग वास्तविक लंबाई को सममितीय लंबाई में बदलने के लिए किया जाता है।
3.5. सममितीय प्रक्षेप में वस्तु पर खड़ी रेखा ________ बनी रहती है।
3.6. किसी वस्तु का सममितीय दृश्य वस्तु के सममितीय प्रक्षेप से ________ होता है।
3.7. वर्ग का सममितीय प्रक्षेप एक ________ आकृति है।
3.8. किसी वृत्त का सममितीय प्रक्षेप बनाने की ________ विधि तुलनात्मक रूप से सरल विधि है।
3.9. सममितीय प्रक्षेप में, सभी किनारों को समान रूप से वास्तविक आयाम के ________ अनुपात में छोटा किया जाता है।
3.10. ________ प्रक्षेप छोटी वस्तुओं के लिए अधिक उपयुक्त होता है।
3.11. सही लंबाई का उपयोग सममितीय ________ बनाने के लिए किया जाता है।

उत्तर			
3.1. सममितीय प्रक्षेप	3.2. 120	3.3 सममितीय रेखाएं	3.4. सममितीय
3.5. खड़ी	3.6. बड़ा	3.7. रोमबस	3.8. चार केंद्र विधि
3.9. $\sqrt{2} : \sqrt{3}$	3.10. सममितीय	3.11. दृश्य	

A2. बहुविकल्पी प्रश्न

3.1. फॉरशोरटनिंग शब्द का प्रयोग किस के लिए नहीं किया जाता है?

(a) सममितीय दृश्य (b) लंबकोणीय दृश्य (c) तिर्यक दृश्य (d) कैबिनेट दृश्य

3.2. एक सममितीय पैमाना वास्तविक पैमाने से कितना छोटा होता है?

(a) 0.67 गुना (b) 0.71 गुना (c) 0.81 गुना (d) 0.89 गुना

3.3. चार केंद्र विधि का उपयोग किस का सममितीय दृश्य खींचने के लिए किया जाता है?

(a) त्रिभुज (b) वृत (c) वर्ग (d) रोमबस

3.4. सममितीय रेखाएँ आपस में जो कोण बनाती हैं, वह है?

(a) 60° (b) 75° (c) 90° (d) 120°

3.5. सममितीय तल पर, एक वृत्त दिखाई देता है?

(a) वर्ग (b) एक वृत्त का चतुर्थांश (c) एक दीर्घवृत्त (d) एक इनवोलुट

3.6. एक सममितीय पैमाने की उपयोगिता है?

(a) छोटी की गईं रेखाओं को मापने के लिए (b) प्रक्षेपण तल पर वस्तु को प्रक्षेपित करने के लिए

(c) विकर्ण रेखाओं को मापने के लिए (d) केंद्र रेखा को मापने के लिए

3.7. सममितीय पैमाने पर खींचे गए सचित्र दृश्य कहलाते हैं?

(a) सममितीय दृश्य (b) सममितीय प्रक्षेप (c) सममितीय रेखाचित्र (d) बहु-दृश्य रेखाचित्र

3.8. एक सममितीय तल में एक वर्ग की आकृति इस प्रकार दिखाई देती है?

(a) वर्गाकार बॉक्स (b) समानांतर चतुर्भुज (c) वर्गाकार प्रिज्म (d) रोमबस

3.9. एक सममितीय दृश्य की तुलना में एक सममितीय प्रक्षेप कैसा होता है?

(a) छोटा (b) बड़ा (c) अधिक यथार्थवादी (d) बराबर

3.10. सममितीय और सही लंबाई के बीच का अनुपात होगा :

(a) $2/\sqrt{3}$ (b) $\sqrt{2}/3$ (c) $\sqrt{2}/\sqrt{3}$ (d) $1 - (\sqrt{2}/\sqrt{3})$

3.11. चित्र 3.25 में दिखाए गए लंबकोणीय दृश्य के अनुरूप सही सममितीय दृश्य का चयन करें।

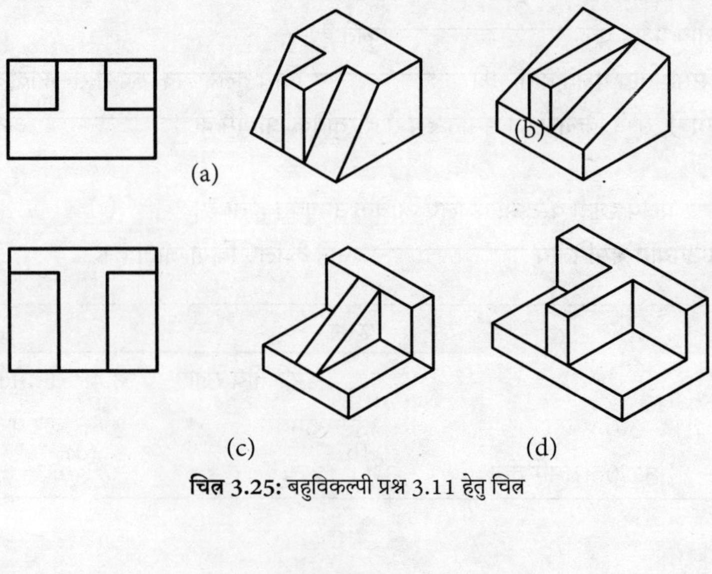

चित्र 3.25: बहुविकल्पी प्रश्न 3.11 हेतु चित्र

उत्तर			
3.1. (b)	3.2. (c)	3.3. (b)	3.4. (d)
3.5. (c)	3.6. (a)	3.7. (b)	3.8. (d)
3.9. (a)	3.10. (c)	3.11. (d)	

B. विषयात्मक प्रश्न

3.1. रेखाचित्र की सहायता से सममितीय रेखा और गैर-सममितीय रेखा को परिभाषित करें।

3.2. सममितीय अक्ष और सममितीय तल को परिभाषित करें।

3.3. सममितीय प्रोजेक्शन और सममितीय ड्रॉइंग के बीच अंतर करें।

3.4. सही लंबाई(ट्रू लेंथ) और सममितीय लंबाई के बीच संबंध निर्धारित करें।

3.5. सममितीय दृश्य में फोरशॉर्टनिंग से आपका क्या मतलब है?

3.6. एक सममितीय स्केल की उपयोगिता की व्याख्या करें?

3.7. एक सममितीय स्केल बनाने के लिए निर्माण चरणों का वर्णन करें?

3.8. सममितीय प्रक्षेप बनाने की विभिन्न विधियाँ क्या हैं? ऑफसेट विधि का वर्णन करें।

3.9. बॉक्स विधि द्वारा किसी वस्तु का एक सममितीय प्रक्षेप बनाने के लिए अपनाए गए सिद्धांत को एक स्वच्छ रेखाचित्र के साथ समझाइए।

3.10. एक सममितीय प्रक्षेप को आयाम देने के सिद्धांत लिखें।

3.11. सममितीय दृश्यको बनाने के क्या लाभ हैं?

3.12. एक स्वच्छ रेखाचित्र के साथ एक वृत्त के सममितीय प्रक्षेप को खींचने की चार केंद्र विधि का वर्णन करें।

3.13. चित्र 3.26. में दिखाए गए घटकों का सममितीय चित्र बनाइए।

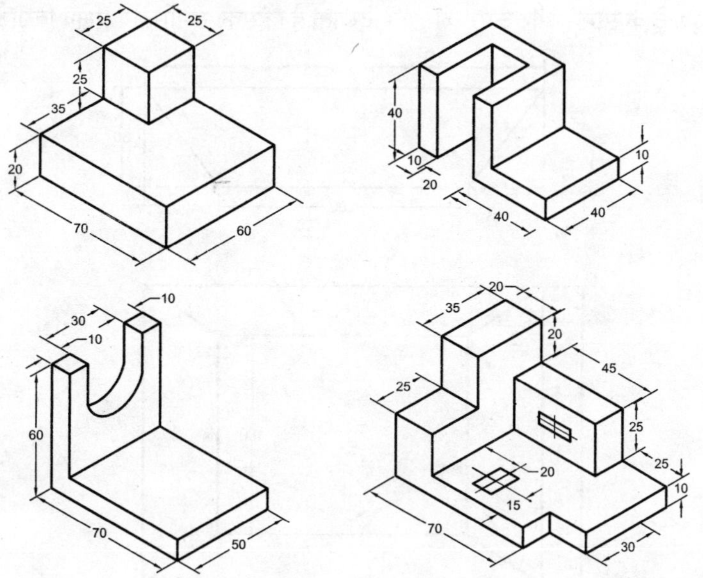

चित्र 3.26: विषयात्मक प्रश्न 3.13 हेतु चित्र

3.14. आधार 25 मिमी × 40 मिमी और ऊंचाई 55 मिमी के आयताकार प्रिज्म का सममितीय आरेखण बनाएं।

3.15. आधार 30 मिमी और अक्ष 50 मिमी लंबे एक पक्ष के साथ वर्ग प्रिज्म का सममितीय दृश्य बनाएं यदि अक्ष

(a) लंबवत और (b) क्षैतिज हो।

3.16. एक घन, 30 मिमी का किनारा, 50 मिमी किनारे और 15 मिमी मोटे एक अन्य वर्ग ब्लॉक के शीर्ष पर केंद्रीय रूप से रखा गया है। दो ठोसों की सममितीय रेखाचित्र खींचिए।

3.17. **किसी वस्तु का शीर्ष दृश्य और सामने का दृश्य चित्र 3.27 में दिखाया गया है। एक सममितीय पैमाने की रचना करें और इसका सममितीय प्रक्षेप बनाएं।**

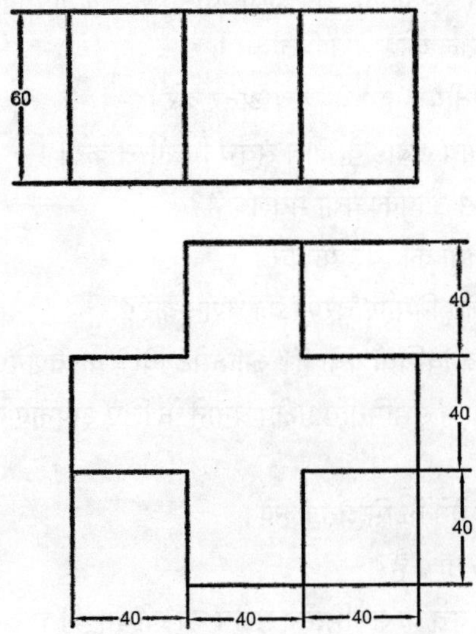

चित्र 3.27: विषयात्मक प्रश्न 3.17 हेतु चित्र

3.18. **चित्र (3.28) एक ट्रे के सामने और ऊपर का दृश्य दिखाता है। इसका सममितीय प्रक्षेप विमाओं सहित खींचिए।**

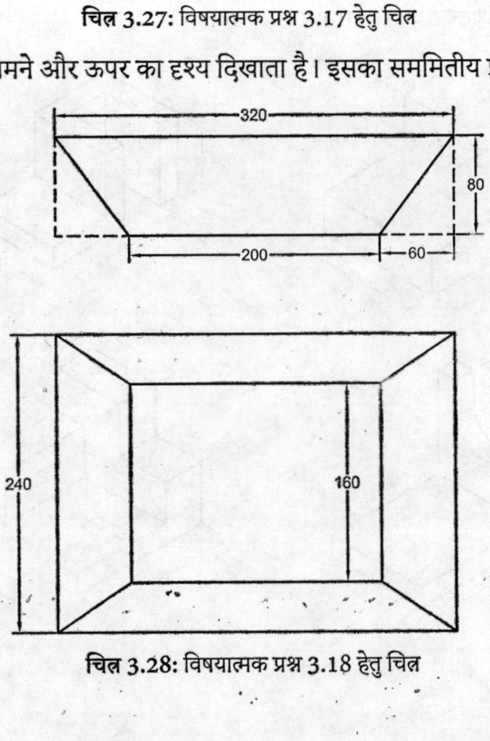

चित्र 3.28: विषयात्मक प्रश्न 3.18 हेतु चित्र

3.19. आकृति 3.29 में दिए गए दो दृश्य से स्टेप्ड कट ब्लॉक का सममितीय दृश्य बनाएं।

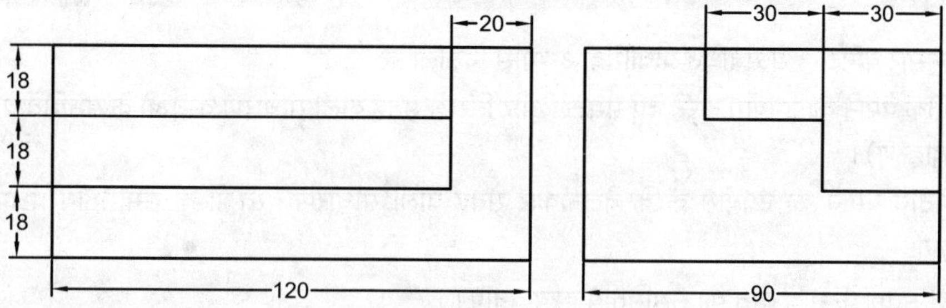

चित्र 3.29: विषयात्मक प्रश्न 3.19 हेतु चित्र

3.20. एक पिन सपोर्ट के दो दृश्य चित्र 3.30 में दिखाए गए हैं। इसका सममितीय दृश्य बनाइए। सममितीय दृश्य को आयाम देने की आवश्यकता नहीं है।

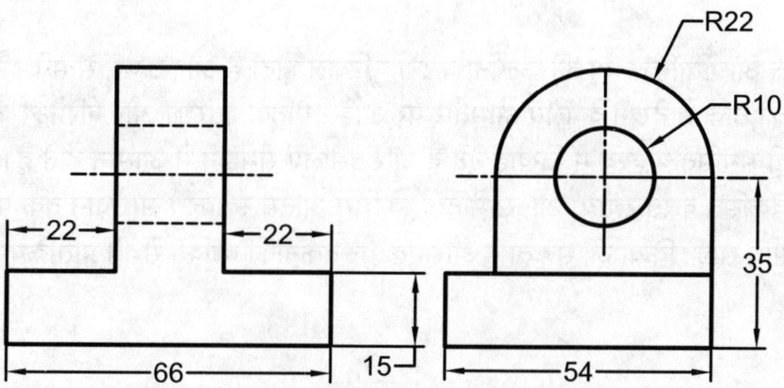

चित्र 3.30: विषयात्मक प्रश्न 3.20 हेतु चित्र

3.21. एक स्याही की बोतल के सामने और ऊपर का दृश्य चित्र (3.31) में दिया गया है। आयाम को लेबल किए बिना इसका सममितीय दृश्य बनाएं।

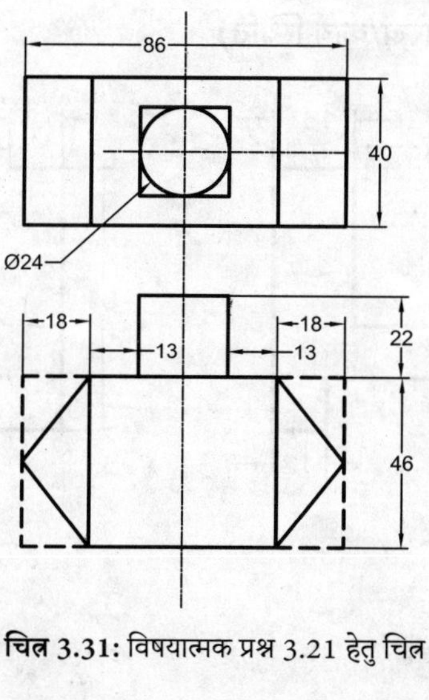

चित्र 3.31: विषयात्मक प्रश्न 3.21 हेतु चित्र

प्रायोगिक कार्य

पाठ्यचर्या के अनुसार यूनिट-3 से संबंधित प्रायोगिक अभ्यास निम्नलिखित हैं:

1. प्राकृतिक पैमाने का उपयोग करते हुए समतल और तिरछी सतह वाली साधारण वस्तुओं के सममितीय दृश्य बनाइए (कोई दो उदाहरण)।
2. सममितीय पैमाने का उपयोग करके बेलनाकार सतह वाली साधारण वस्तुओं के सममितीय प्रक्षेपण पर कुछ ड्रॉइंग बनाइए।

प्रयोग-1: तिरछी सतहों के साथ वस्तु का सममितीय दृश्य बनाएं।

प्रायोगिक कथन

प्राकृतिक पैमाने का उपयोग करते हुए समतल और तिरछी सतह वाली दो साधारण वस्तुओं के सममितीय दृश्य बनाइए।

प्रायोगिक महत्त्व

आम तौर पर किसी वस्तु के ऑर्थोग्राफिक व्यू की कल्पना करना मुश्किल होता है और ऊपर, सामने और साइड व्यू अलग-अलग तैयार किए जाते हैं। वस्तु को ठीक से देखने के लिए आमतौर पर आइसोमेट्रिक, तिरछा और परिप्रेक्ष्य जैसे दृश्यों का उपयोग किया जाता है। तीनों दृश्य एक ही सममितीय दृश्य में दिखाई देते हैं और इसलिए समझने में आसान होते हैं। दूसरी ओर, एक डिजाइनर के लिए, नए विचारों को विकसित करते समय, आइसोमेट्रिक स्केचिंग अंतिम स्वीकार्य समाधान तक पहुंचने में महत्वपूर्ण भूमिका निभाता है जिसे दूसरों के साथ साझा किया जा सकता है और एक गैर तकनीकी व्यक्ति से भी प्रतिक्रिया ली जा सकती है।

प्रासंगिक सिद्धांत

पुस्तक का खंड 3.0 देखें।

प्रैक्टिकल आउटकम्स (PrO)

PrO1: तिरछी सतहों के साथ वस्तु के दिए गए ऑर्थोग्राफिक दृश्यों से सममितीय दृश्य बनाएं।

प्रायोगिक व्यवस्था (ड्राइंग/स्केच/सर्किट आरेख/कार्य स्थिति)

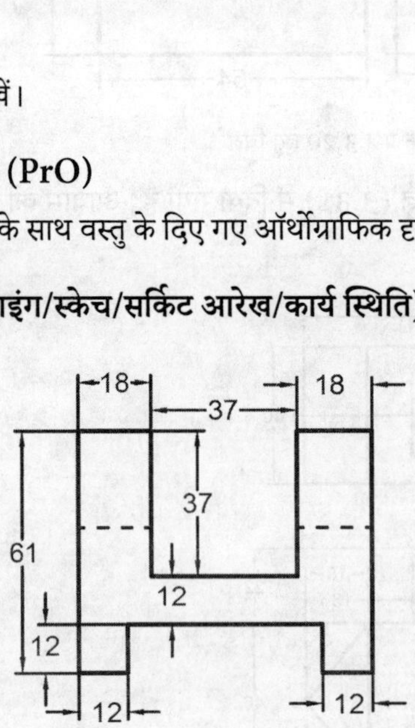

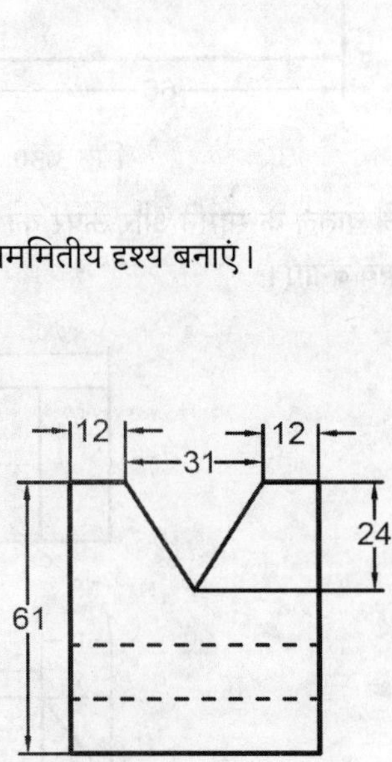

सममितीय प्रक्षेपण-तिरछी सतहों वाले ऑब्जेक्ट

आवश्यक संसाधन

जैसा कि यूनिट-1 के प्रयोग-1 में बताया गया है

सावधानियाँ

जैसा कि यूनिट-1 के प्रैक्टिकल-1 में बताया गया है

प्रयोग विधि

1. वस्तु के सामने और पार्श्व दृश्य का अध्ययन करें।
2. सममितीय अक्षों को आरेखित करें।
3. दिए गए ऑब्जेक्ट को साइड या फ्रंट व्यू में उपलब्ध अधिकतम ऊंचाई (50 मिमी), साइड व्यू में उपलब्ध अधिकतम चौड़ाई (45 मिमी) तथा फ्रन्ट व्यू उपलब्ध अधिकतम लंबाई लंबाई (60 मिमी) के एक बॉक्स में संलग्न करें। हल्की पेंसिल (2H) के साथ बॉक्स को स्केच करें।
4. याद रखें कि सामने और बगल के दृश्य में कोई भी लंबवत रेखा आइसोमेट्रिक फ्रंट और साइड व्यू में लंबवत रहेगी। सामने और बगल के दृश्य में कोई भी क्षैतिज रेखा आइसोमेट्रिक फ्रंट और साइड व्यू में 30o झुक जाएगी जबकि शीर्ष दृश्य की सभी रेखा क्षैतिज से 30o झुकी हुई होंगी।
5. ऊपर दिए गए नियम को ध्यान में रखते हुए काल्पनिक बॉक्स का सममितीय दृश्य बनाएं जैसा कि स्टेप-1 में दिखाया गया है।
6. तीर की दिशा आइसोमेट्रिक काल्पनिक बॉक्स के सामने के दृश्य का प्रतिनिधित्व करती है। अब ऑर्थोग्राफिक फ्रंट व्यू से बॉक्स के इस फ्रंट फेस तक के बिंदुओं को खोजने का प्रयास करें (जैसा कि काले बोल्ड डॉट्स द्वारा दर्शाया गया है)।
7. स्टेप-2 की आकृति में दर्शाए अनुसार सभी फीचर्स और बिंदुओं का पता लगाने के लिए प्रत्येक फलक (फेस) में दूरियों को निर्धारित करें।
8. इन बिंदुओं से होकर जाने वाली दोनों सममितीय अक्षों के समानांतर रेखाएँ खींचिए जैसा कि स्टेप-3 में दर्शाया गया है।
9. प्रेक्षण अनुभाग में दर्शाए अनुसार आवश्यक रेखाओं को काला करके दृश्य को पूरा करें।
10. अंतिम आइसोमेट्रिक दृश्य को आयाम दें और आवश्यक नोट्स जोड़ें।

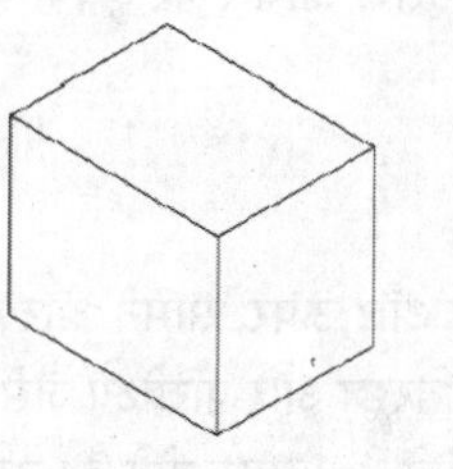

STEP1

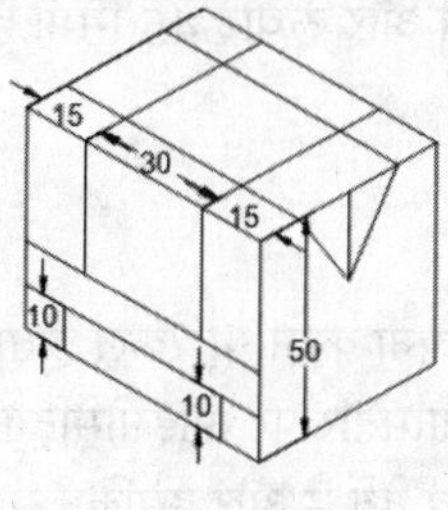

STEP2

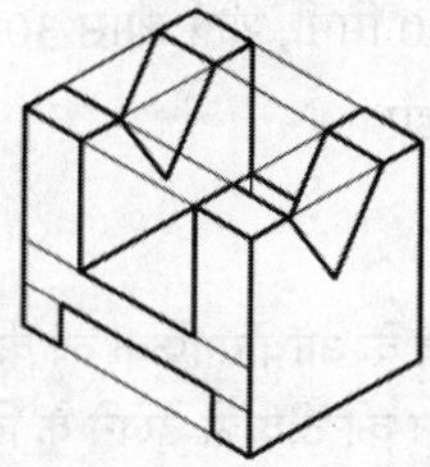

STEP3

प्रेक्षण

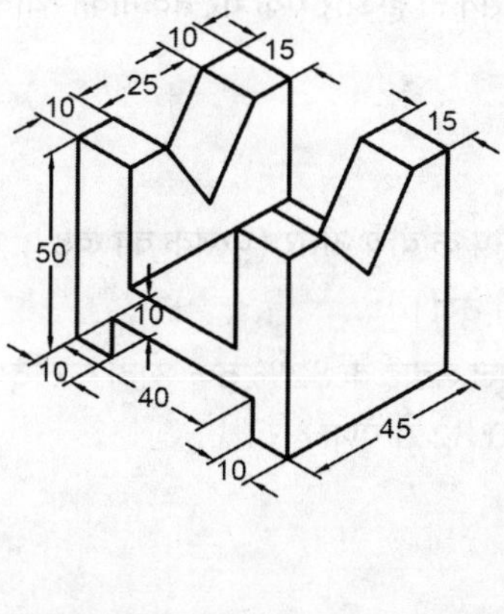

प्रयोग संबंधित प्रश्न

1. सममितीय व्यू और सममितीय प्रोजेक्शन के बीच अंतर स्पष्ट करें।
2. प्राकृतिक/सच्चे पैमाने और सममितीय पैमाने की व्याख्या करें।
3. सममितीय दृष्टि से V के मूल या पायदान बिंदु का पता लगाने की विधि समझाइए।

अपशिष्ट का निपटान

जैसा कि यूनिट-1 के प्रयोग-1 में बताया गया है।

पर्यावरण के अनुकूल दृष्टिकोण: कम उपयोग (रिड्यूज), पुनः उपयोग (रियूज) एवं पुनर्चक्रण (रिसायकल)।

जैसा कि यूनिट-1 के प्रयोग-1 में बताया गया है।

अध्ययन हेतु सुझाए गए संसाधन

यूनिट-3 देखें

सुझाई गई मूल्यांकन योजना

जैसा कि यूनिट-1 के प्रयोग-1 में बताया गया है।

प्रयोग-2: बेलनाकार सतहों के साथ वस्तु का सममितीय प्रक्षेप ड्रा करें।

प्रायोगिक कथन

सममितीय पैमाने का उपयोग करके बेलनाकार सतह वाली साधारण वस्तुओं का सममितीय प्रक्षेप ड्रा करें। एक शंकु का एक छिन्नक जिसका आधार व्यास 50 मिमी, शीर्ष व्यास 30 मिमी और ऊंचाई 45 मिमी है इसके आधार पर एचपी पर रखा हुआ है। इसका सममितीय प्रक्षेपण बनाइए।

प्रायोगिक महत्त्व

आम तौर पर किसी वस्तु के ऑर्थोग्राफिक व्यू की कल्पना करना मुश्किल होता है और ऊपर, सामने और साइड व्यू अलग-अलग तैयार किए जाते हैं। वस्तु को ठीक से देखने के लिए आमतौर पर आइसोमेट्रिक, तिरछा और परिप्रेक्ष्य जैसे दृश्यों का उपयोग किया जाता है। तीनों दृश्य एक ही सममितीय दृश्य में दिखाई देते हैं और इसलिए समझने में आसान होते हैं। दूसरी ओर, एक डिजाइनर के लिए, नए विचारों को विकसित करते समय, आइसोमेट्रिक स्केचिंग अंतिम स्वीकार्य समाधान तक पहुंचने में महत्वपूर्ण भूमिका निभाता है जिसे दूसरों के साथ साझा किया जा सकता है और एक गैर तकनीकी व्यक्ति से भी प्रतिक्रिया ली जा सकती है।

प्रासंगिक सिद्धांत

1. पुस्तक का खंड 3.0 देखें।
2. सममितीय दृश्य और सममितीय प्रक्षेप के बीच अंतर (पुस्तक का खंड 3.3 देखें।)
3. पुस्तक का खंड 3.4 (उदाहरण 6.0) देखें।
4. सभी सममितीय रेखाओं को उनकी मूल लंबाई के 82% तक छोटा कर दिया जाता है। सममितीय रेखाओं की लंबाई प्राप्त करने के लिए उनकी मूल लंबाई को 0.82 से गुणा करें।

प्रैक्टिकल आउटकम्स (PrO)

PrO1: बेलनाकार सतहों के साथ वस्तु के दिए गए ऑर्थोग्राफिक दृश्यों से आइसोमेट्रिक प्रोजेक्शन बनाएं।

प्रायोगिक व्यवस्था (ड्राइंग/स्केच/सर्किट आरेख/कार्य स्थिति)

आधार व्यास 50 मिमी, शीर्ष व्यास 30 मिमी और ऊंचाई 45 मिमी के शंकु का एक छिन्नक इसके आधार पर एचपी पर टिका हुआ है। इसका सममितीय प्रक्षेपण बनाइए।

सममितीय प्रक्षेपण- घुमावदार सतहों वाली वस्तु

आवश्यक संसाधन

जैसा कि यूनिट-1 के प्रयोग-1 में बताया गया है।

सावधानियाँ

जैसा कि यूनिट-1 के प्रयोग-1 में बताया गया है।

प्रयोग विधि

1. शंकु के छिन्नक के ऊपर और सामने के ओर्थोग्राफिक दृश्य बनाएं और वर्गों के अंदर शीर्ष दृश्य के वृत्तों को संलग्न करें।
2. पुस्तक के खंड 3.2 में दिए गए अनुसार सममितीय पैमाने की रचना कीजिए।
3. आइसोमेट्रिक अक्षों को स्केच करें।
4. आकृति में दर्शाए अनुसार शंकु के आधार के लिए सममितीय वर्ग 1234 (चतुर्भुज) खींचिए। सममितीय वर्ग की सभी भुजाएँ सममितीय हैं इसलिए प्रत्येक की लंबाई $0.82 \times 50 = 41$ मिमी होनी चाहिए।
5. अब चार केंद्र विधि का उपयोग करके सममितीय वर्ग 1234 के अंदर सममितीय (दीर्घवृत्त) ABCD की रचना करें।
   - A, B, C और D को क्रमशः 1-2, 2-3, 3-4 और 4-1 भुजाओं के मध्य बिंदुओं के रूप में चिह्नित करें। बिंदु 1 को बिंदु B और C से तथा 3 को A और D से मिलाएँ।
   - माना B1 और A3 बिंदु K पर प्रतिच्छेद करते हैं और D3 और C1 बिंदु L पर प्रतिच्छेद करते हैं। फिर K, 3, L और 1 दीर्घवृत्त खींचने के चार केंद्र हैं।
   - केंद्र 1 और त्रिज्या 1B से चाप B-C खींचिए। केंद्र 3 और त्रिज्या 3A के साथ चाप A-D बनाएं। केंद्र K और त्रिज्या KA से चाप A-B खींचिए। केंद्र L और त्रिज्या LD से चाप C-D खींचिए।
   - ये चाप एक दीर्घवृत्त ABCD के रूप में जुड़ते हैं जो आवश्यक सममितीय का प्रतिनिधित्व करता है जैसा कि चित्र में दिखाया गया है।
6. अब आधार दीर्घवृत्त के केंद्र से ऊपर की दिशा में $0.82 \times 45 = 36.9$ मिमी लंबाई का ऊर्ध्वाधर अक्ष PO खींचिए।
7. केंद्र O के बारे में शीर्ष सममितीय वृत्त खींचने के लिए, $0.82 \times 30 = 24.6$ मिमी प्रत्येक के बराबर लंबाई के बिंदु O के माध्यम से 30o झुकी हुई रेखाएं EG और FH खींचें। इन रेखाओं के समानांतर दूसरा सममितीय वर्ग 5678 (चतुर्भुज) खींचिए और इस समचतुर्भुज के अंदर चरण-5 में उल्लिखित प्रक्रिया का उपयोग करते हुए दूसरे सममितीय वृत्त EFGH (दीर्घवृत्त) की रचना कीजिए।
8. शंकु के छिन्नक के सबसे बाहरी जेनरेटर को दो दीर्घवृत्तों की स्पर्श रेखा के रूप में खींचिए।
9. उचित लाइन प्रकार और आयाम का उपयोग करके दृश्य को समाप्त करें। सभी निर्माण लाइनें पतली (2H/H पेन्साइल के साथ) खींची जानी चाहिए और अंतिम इकाइयां मोटी होनी चाहिए (HB/B पेन्साइल के साथ)

प्रेक्षण

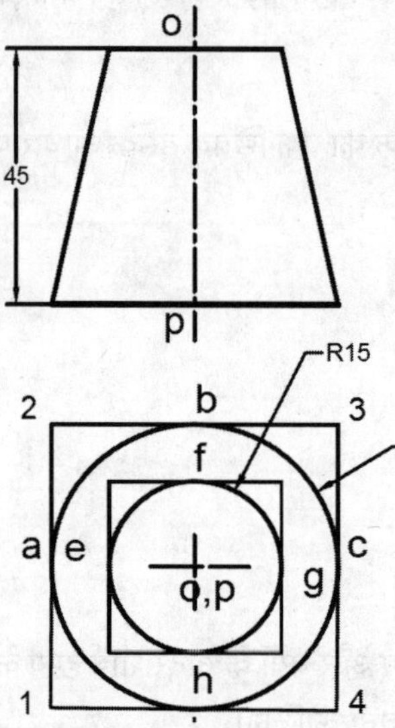

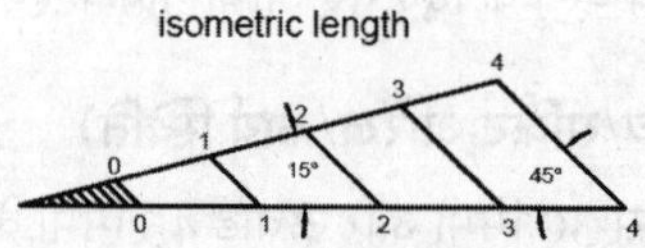

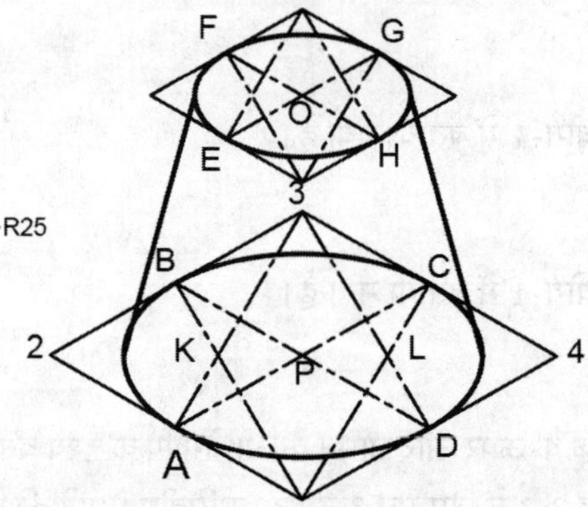

प्रयोग संबंधित प्रश्न

1. आइसोमेट्रिक व्यू और आइसोमेट्रिक प्रोजेक्शन के बीच अंतर स्पष्ट करें।
2. प्राकृतिक/सच्चे पैमाने और सममितीय पैमाने की व्याख्या करें।
3. सममितीय प्रक्षेपण में बिंदु 0 को खोजने की विधि समझाइए।

अपशिष्ट का निपटान

जैसा कि यूनिट-1 के प्रयोग-1 में बताया गया है।

पर्यावरण के अनुकूल दृष्टिकोण: कम उपयोग (रिड्यूज), पुनः उपयोग (रियूज) एवं पुनर्चक्रण (रिसायकल)

जैसा कि यूनिट-1 के प्रयोग-1 में बताया गया है।

अध्ययन हेतु सुझाए गए संसाधन

यूनिट-3 देखें।

सुझाई गई मूल्यांकन योजना

जैसा कि यूनिट-1 के प्रयोग-1 में बताया गया है।

अधिक जानिए

- विद्यार्थियों को इनपुट के साथ दिखाने के शिक्षक कुछ उत्पादन/निर्माण/विद्युत/इलेक्ट्रॉनिक वास्तविक औद्योगिक घटक चित्र एकल करेगा।

- इनपुट सत्र के दौरान शिक्षक को संबंधित शाखा से संबंधित उदाहरण देना चाहिए जैसे मैकेनिकल और संबद्ध विषयों/इलेक्ट्रिकल और संबद्ध विषयों/इलेक्ट्रॉनिक्स आदि।
- शिक्षक को समतल, तिरछी और बेलनाकार सतह वाली वस्तुओं का सममितीय दृश्य पता होना चाहिए।
- उल्लिखित अवधारणाओं को समझाने के लिए वीडियो/एनीमेशन फिल्में दिखाएं।
- अनुभवी शिक्षकों द्वारा विकसित चार्ट और औद्योगिक ड्राइंग/ड्राइंग शीट का उपयोग मानक प्रतीक और वर्तमान औद्योगिक/शिक्षण पद्धतियां पढ़ाने के लिए उपयोग करें।
- शिक्षकों को विद्यार्थियों द्वारा उनकी आगे की समझ/अवधारणाओं के अभ्यास के लिए पुस्तक में उपलब्ध url/qr कोड उपयोग करने के लिए प्रेरित करना चाहिए।

अनुप्रयोग (वास्तविक जीवन/औद्योगिक)

आइसोमेट्रिक ड्रॉइंग का उपयोग डिजाइनरों-विशेष रूप से आर्किटेक्ट, उत्पाद/औद्योगिक डिजाइनरों और इंजीनियरों द्वारा बड़े पैमाने पर किया जाता है, क्योंकि वे जटिल संरचनाओं, असेंबली , घटकों, मशीन टूल्स आदि की अवधारणा को देखने के लिए आदर्श होते हैं।

फर्नीचर डिजाइन, आवासीय भवनों आदि को प्रस्तुत करने के लिए इंटीरियर डिजाइनरों द्वारा आइसोमेट्रिक ड्रॉइंग का व्यापक रूप से उपयोग किया जाता है। आइसोमेट्रिक प्रोजेक्शन का उपयोग करके तैयार की गई वस्तुएं वस्तु की स्पष्ट समझ देती हैं। यह सिंगल पॉइंट कटिंग टूल्स से लेकर सीएनसी मशीन, स्नीकर्स से लेकर ऑफिस रिवॉल्विंग चेयर तक कुछ भी हो सकता है। आइसोमेट्रिक ड्रॉइंग में किसी भी कंपोनेंट को ड्रा करने के लिए सबसे पहले एक आइसोमेट्रिक एक्सिस और/या आइसोमेट्रिक स्केल को ड्रा करना होता है।

- वेब सर्फ करें और औद्योगिक उत्पाद में उपयोग किए जाने वाले आइसोमेट्रिक दृश्य को सूचीबद्ध करें
- वेब पर सर्फ करें और आर्किटेक्ट्स और बिल्डर्स द्वारा उपयोग किए जाने वाले आइसोमेट्रिक व्यू को सूचीबद्ध करें
- वेब पर सर्फ करें और इंटीरियर डिजाइनरों और गेम डिजाइनरों द्वारा उपयोग किए जाने वाले आइसोमेट्रिक दृश्य को सूचीबद्ध करें

इंजीनियरिंग कंपनियों का अपने उत्पादों / घटकों के विपणन और बिक्री के लिए आइसोमेट्रिक चित्र बनाना एक मानक अभ्यास है। कुछ उदाहरण इस प्रकार हैं: मोबाइल फोन, बियरिंग्स कार, कटिंग टूल्स, सीएनसी मशीन, वॉशिंग मशीन, रेफ्रिजरेटर और एयर कंडीशनर, टेलीविजन, लैपटॉप, पंप, कंप्रेसर वाटर कूलर फर्नीचर डिजाइन, फ्लैंगेस, वाल्व, कोहनी और अन्य फिटिंग।

जिज्ञासा हेतु

कक्षा और ड्राइंग अभ्यास सत्रों के अलावा, सुझाए गए छात्र-संबंधी सह-पाठ्यचर्या संबंधी गतिविधियाँ निम्नलिखित हैं जिन्हें इस इकाई में विभिन्न परिणामों की प्राप्ति में तेजी लाने के लिए किया जा सकता है:

1. छात्र को एक अलग ए3 आकार की स्केच बुक रखनी चाहिए जो कि टर्म वर्क का हिस्सा होगी और इसे ड्राइंग शीट के साथ जमा करना चाहिए। स्केच बुक में निम्नलिखित असाइनमेंट तैयार किए जाने चाहिए:
   एक लकड़ी की बैठने की कुर्सी; लैपटॉप कंप्यूटर; दीवार की घडी; स्टील अलमीरा; फ्रिज; डोवेटेल स्टॉप; सीढ़ी
2. सममितीय दृश्य: बैच का प्रत्येक छात्र स्थानीय कार्यशालाओं/बिल्डरों/इलेक्ट्रिकल और मैकेनिकल ठेकेदारों से कम से कम एक प्रोडक्शन ड्रॉइंग/निर्माण ड्रॉइंग/प्लम्बिंग ड्रॉइंग इकट्ठा करने की कोशिश करेगा और ड्रॉइंग में दिए गए लंबकोणीय दृश्य से सममितीय दृश्य बनाने की कोशिश करेगा।
3. सममितीय और लंबकोणीय दृश्य: प्रत्येक बैच वर्कशॉप से सिंगल पॉइंट कटिंग टूल एकत्र करेगा और एक उपयुक्त बढ़े हुए पैमाने के साथ अपने सममितीय और लंबकोणीय दृश्य को ड्रॉ करेगा। बढ़ईगीरी की दुकान में प्रत्येक बैच इन दृश्यों से लकड़ी का मॉडल बनाने का प्रयास करेगा।

4. सममितीय दृश्य: शिक्षक लंबकोणीय प्रक्षेपण का एक सेट असाइन करेगा और छात्र से उसी के 3डी थर्मोकोल मॉडल विकसित करने के लिए निर्देशित करेगा।

संदर्भ एवं अध्ययन हेतु सुझाव

1. Engineering Drawing Practices for School and Colleges SP 46:2003, published by Bureau of Indian Standards, Government of India, Third Reprint, October 1998; ISBN:. 81-7061-091-2, Manak Bhavan , 9 Bahadur Shah Zafar Marg , New Delhi
2. Engineering Graphics for Degree, K.C.John , PHI publication,2010
3. A text Book of Engineering Drawing, K Venkata Reddy, BS Publication, 2008
4. NPTEL Course Material on Engineering Drawing, P.S. Robi, Department of Mechanical Engineering, Indian Institute of Technology Guwahati, India: https://nptel.ac.in/courses/112/105/112105294/

4 अभियांत्रिकी तत्वों के मुक्त हस्त रेखाचित्र

यूनिट विशिष्ट

यह इकाई निम्नलिखित विषयों से संबंधित जानकारी प्रस्तुत करती है:

- मुक्त हस्त रेखाचित्र के लिए सामान्य दिशानिर्देश
- मशीनी तत्वों के मुक्त हस्त रेखाचित्र
- ऑर्थोग्राफिक व्यू के मुक्त हस्त रेखाचित्र
- सममितीय दृश्य के मुक्त हस्त रेखाचित्र

विषयवस्तु को पढ़ने, हल की गई समस्याओं, गतिविधियों को पूरा करने, अभ्यास करने और इस इकाई में उल्लिखित आईसीटी और वेब संसाधनों को देखने के बाद इन विषयों की समझ विकसित होगी।

सम्मिलित किए गए विषयों को इकाई के अंत में संक्षेप में प्रस्तुत करने के लिए सारांश दिया गया है और अनुप्रयोगों का उल्लेख किया गया है ताकि विद्यार्थी प्रस्तुत ज्ञान को वास्तविक जीवन और औद्योगिक स्थितियों के साथ सहसंबद्ध कर सके। विद्यार्थियों में जिज्ञासा पैदा करने के लिए कुछ गतिविधियों का उल्लेख किया गया है। ज्ञान के सुदृढ़ीकरण के लिए विषयात्मक और वस्तुनिष्ठ प्रश्न प्रदान किए गए हैं और आगे सीखने के लिए संदर्भ एवं अध्ययन हेतु सुझाव की एक सूची भी प्रदान की गई है। क्यूआर कोड के साथ वीडियो संसाधनों का उल्लेख रुचि के विभिन्न विषयों पर अधिक जानकारी प्राप्त करने के लिए किया जाता है जिसे देखने के लिए मोबाइल फोन के माध्यम से सर्फ या स्कैन किया जा सकता है। ड्राइंग और ड्राफ्टिंग कौशल को बढ़ाने के लिए विवरण के साथ प्रायोगिक कार्य भी सुझाए हैं।

भूमिका

इकाई 2 और 3 का अध्ययन करने के बाद, आप लंबकोणीय प्रक्षेपण और सममितीय प्रक्षेपण से अच्छी तरह परिचित हैं और आपने ऑर्थोग्राफ़िक दृश्यों को सचित्र आरेखण और सचित्र आरेखण को ऑर्थोग्राफ़िक दृश्यों में बदलने के लिए पर्याप्त अभ्यास कार्य भी किया है। इस इकाई में हम मुक्त हस्त रेखाचित्र के सिद्धांतों के अनुप्रयोग पर चर्चा करेंगे। इंजीनियरिंग क्षेत्र में ड्राइंग तैयार करने में मुक्त हस्त रेखाचित्र महत्वपूर्ण भूमिका निभाते है, इसलिए डिजाइनर के लिए यह आवश्यक है कि वह अपने स्पष्ट और संक्षिप्त विचारों को रेखाचित्रों के रूप में दर्ज करे जो बाद में कार्यशील उत्पादन चित्र में परिवर्तित हो जाते हैं।

आमतौर पर यह माना जाता है कि, इंस्टूमेंटल ड्राइंग में दक्षता प्राप्त करने की तुलना में स्केचिंग में कौशल अधिक आसानी से प्राप्त किया जा सकता है। ऐसा इसलिए नहीं है, क्योंकि स्केचिंग और इंस्ट्रुमेंटल ड्रॉइंग दोनों में, ड्राइंग के समान मूल सिद्धांतों को नियोजित किया जाना चाहिए। दो समानांतर रेखाएं, एक वृत्त, आदि को स्केच करने के लिए बहुत प्रयास और अभ्यास की आवश्यकता होती है। इसलिए एक छात्र को निरंतर प्रयास और अभ्यास के माध्यम से स्केचिंग कौशल हासिल करने की सलाह दी जाती है क्योंकि बाद में अपने करियर में, वह न केवल अपने वरिष्ठों के लिए बल्कि अपने अधीनस्तो को मौके पर स्केच के माध्यम से अपने विचारों को व्यक्त करने के लिए सक्षम होगा।

पूर्व अपेक्षित ज्ञान

- इस पुस्तक की यूनिट-2 और यूनिट-3

यूनिट आउटकम्स (UOs)

इस इकाई के अध्ययन के पश्चात विद्यार्थी निम्नलिखित मे सक्षम होंगे।

U4-O1: मशीन तत्वों जैसे नट्स, बोल्ट, स्टड, लॉकिंग डिवाइस आदि के अनुपातिक मुक्तहस्त रेखाचित्र बनाना

U4-O2: वर्गाकार ग्राफ़ कागज़ पर दिए गए ऑब्जेक्ट के ऑर्थोग्राफ़िक दृश्यों के रेखाचित्र बनाना

U4-O3: आइसोमेट्रिक ग्रिड पर दिए गए ऑर्थोग्राफ़िक दृश्यों से एक आइसोमेट्रिक दृश्य बनाना

कोर्स आउटकम्स (COs) के साथ यूनिट आउटकम्स (UOs) का परस्पर संबंध

यूनिट -4 आउटकम्स	कोर्स आउटकम्स (COs) के साथ अपेक्षित संबंध *(1- कमजोर सहसंबंध; 2- मध्यम सहसंबंध; 3- मजबूत सहसंबंध)*					
	CO-1	CO-2	CO-3	CO-4	CO-5	CO-6
U4-O1	-	1	2	3	3	-
U4-O2	-	1	3	3	3	-
U4-O3	-	1	3	3	3	-

4.1 मुक्त हस्त रेखाचित्र के लिए सामान्य दिशानिर्देश

मुक्तहस्त रेखाचित्र किसी कामगार को चित्रात्मक या मौखिक विचार संप्रेषित करने के सबसे प्रभावी तरीकों में से एक है। किसी वस्तु के मुक्तहस्त रेखाचित्रण के लिए सामान्य दिशा-निर्देश निम्नलिखित हैं ।

1. आरेखण करते समय, एक उपयुक्त कागज और पेंसिल का उपयोग करें।
2. आरेखित की जाने वाली वस्तु की सावधानीपूर्वक जांच करें और वस्तु के आकार का पूरी तरह से वर्णन करें।
3. सापेक्ष भागों को उचित अनुपात में दिखाना चाहिए लेकिन किसी विशेष पैमाने पर नहीं।
4. जहां भी आवश्यक हो सभी आवश्यक आयाम जोड़ें।
5. निर्दिष्ट करने के लिए टिप्पणी दें उदाहरण के लिए, प्रयुक्त सामग्री, निर्माण विधियों का वर्णन आदि।

4.1.1 आरेखण के लिए सामग्री

आमतौर पर मुक्त हस्त रेखाचित्र तकनीकी विवरणों के बजाय वही दर्शाता हैं जो एक दर्शक को दिखता है। मुक्त हस्त रेखाचित्र के मुख्य स्रोत मौजूदा स्केच की कल्पना और संशोधन होते हैं। ये मुक्त हस्त रेखाचित्र न्यूनतम संसाधनों से तैयार किए जाते हैं, जो निम्नानुसार हैं।

- **पेंसिल** - मध्यम खुरदुरे कागज पर अच्छी बनावट देने के लिए पेंसिल पर्याप्त नरम होनी चाहिए। हालांकि **F** से **2H** की रेंज में किसी भी सॉफ्ट पेंसिल का चयन किया जा सकता है लेकिन **HB** ग्रेड की पेंसिल को ज्यादातर पसंद किया जाता है।
- **कागज़** - काम की स्थिति और ड्राइंग के उद्देश्य के आधार पर, ड्रॉइंग के लिए विभिन्न प्रकार के कागज़ों का उपयोग किया जाता है। एक डिजाइन कार्यालय में काम करने वाले एक इंजीनियर को अच्छी गुणवत्ता के ड्राइंग शीट या स्केच पेपर का

उपयोग करना चाहिए। एक घटक के विभिन्न दृश्यों को ड्रा करने के लिए और आयामी ड्रॉइंग बनाने के लिए, स्क्वायर ग्राफ पेपर (चित्र 4.1) का उपयोग किया जाता है। इसी तरह, आइसोमेट्रिक ग्रिड शीट (चित्र 4.2) का उपयोग आइसोमेट्रिक 3 आयामी स्केच तैयार करने के लिए किया जाता है। शुरुआत में, कोई भी सादे कागज का उपयोग करके फ्रीहैंड स्केचिंग का अभ्यास किया जा सकता है, ताकि अनुपात, अवलोकन की सटीकता और पेंसिल के काम के उचित उपयोग की अच्छी समझ विकसित हो सके।

- **इरेज़र** - रेखाचित्रों को साफ-सुथरा बनाने के लिए एक अच्छी गुणवत्ता वाले सॉफ्ट इरेज़र की आवश्यकता होती है।

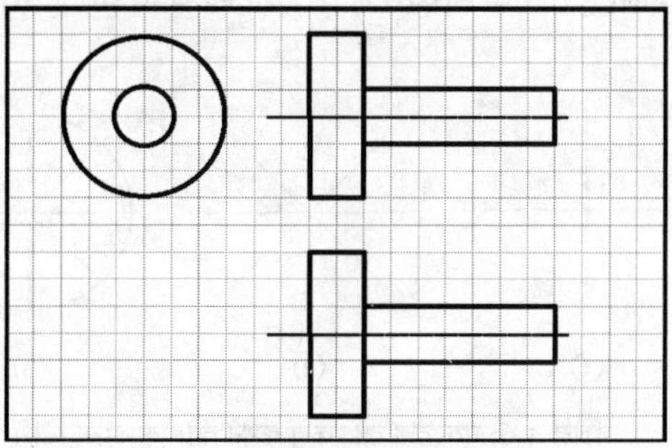

चित्र 4.1: वर्गाकार ग्राफ शीट

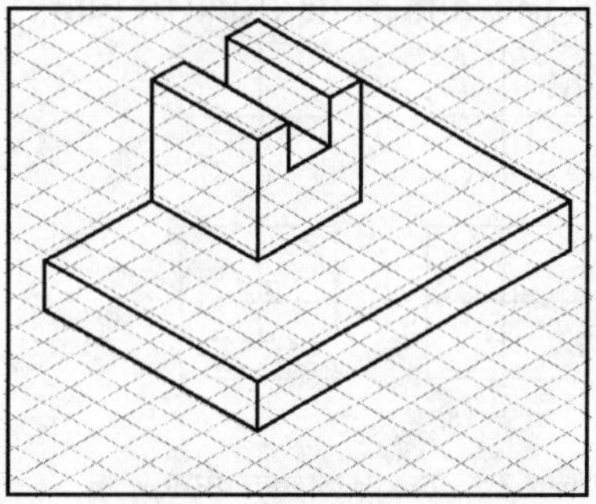

चित्र 4.2: आइसोमेट्रिक ग्रिड शीट

4.1.2 वस्तुओं के आकार बनाने के लिए सामान्य स्केचिंग तत्व

वस्तुओं के आकार सपाट और घुमावदार सतहों से बने होते हैं, जिन्हें सीधी और वक्र रेखाओं द्वारा दर्शाया जाता है और इसलिए छात्र को पहले इन तत्वों को तेजी से और सटीक रूप से स्केच करने में कौशल विकसित करना चाहिए।

4.1.3 सीधी रेखाओं का आरेखण

किसी भी सीधी रेखा को बनाने में पहला कदम उसके अंत बिंदुओं को हल्के ढंग से चिह्नित करके उसकी लंबाई निर्धारित करना होता है। फिर इन अंत बिंदुओं के बीच स्केची डैश किया जाता है, प्रत्येक स्ट्रोक में दिशा के कोण को सही किया जाता है। फिर अंतराल को भर दिया जाता है और रेखा को पूरी तीव्रता से गहरा कर दिया जाता है। चित्र 4.3 विभिन्न प्रकार की रेखाएँ जैसे क्षैतिज, ऊर्ध्वाधर या झुकी हुई रेखाएँ खींचने के लिए अपनाई जाने वाली दिशात्मक गति को दर्शाता है।

4.1.4 एक वर्ग की स्केचिंगचित्र 4.4 एक वर्ग को स्केच करने में अनुसरण किए जाने वाले चरणों को दर्शाता है।

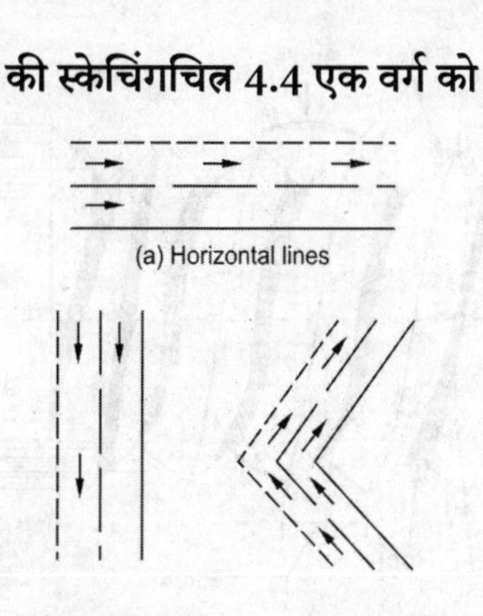

चित्र 4.3: रेखाओं का चित्रण

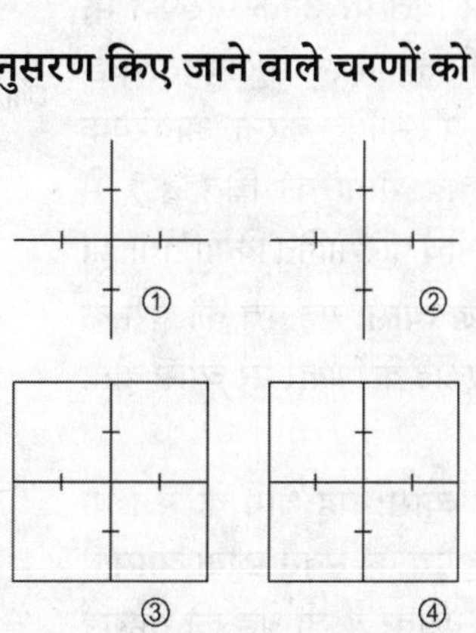

चित्र 4.4: एक वर्ग का चित्र बनाना

4.1.5 वृतों और चापों के रेखाचित्र:

छोटे वृत्त और चापों को बिना किसी मार्गदर्शक ब्लॉक का उपयोग किए एक या दो स्ट्रोक में आसानी से खींचा जा सकता है। बड़े वृत्त और चापों को स्केच करने की एक व्यवस्थित विधि है।

एक बड़े वृत्त को स्केच करने के लिए सबसे पहले त्रिज्या का अनुमान लगाया जाता है तथा क्षैतिज और ऊर्ध्वाधर केंद्र रेखाओं पर चार बिंदुओं को चिन्हित किया जाता है। इन चार बिंदुओं से होकर जाने वाले एक वर्ग की रचना की जाती है जिसके अंदर वृत बनाया जाता है जैसा कि चित्र 4.5 में दिखाया गया है। एक अन्य विधि में, त्रिज्याओं का अनुमान लगाया जाता है और उन बिंदुओं का पता लगाने के लिए इंगित की गई रेखाओं पर चिह्नित किया जाता है जिनके माध्यम से वृत्त को स्केच किया जाएगा। चित्र 4.6 देखें।

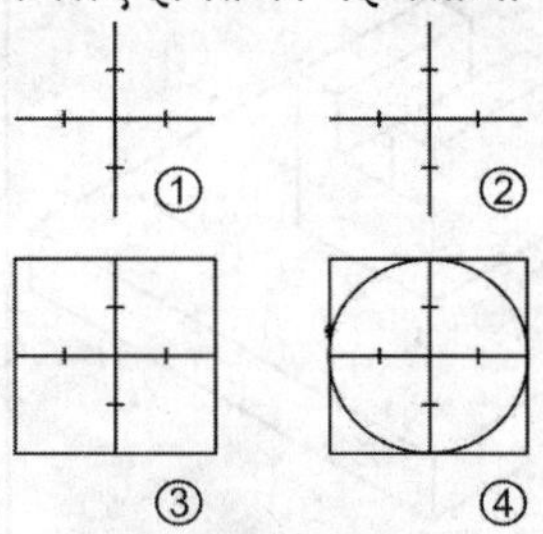

चित्र 4.5: एक वृत्त को स्केच करना

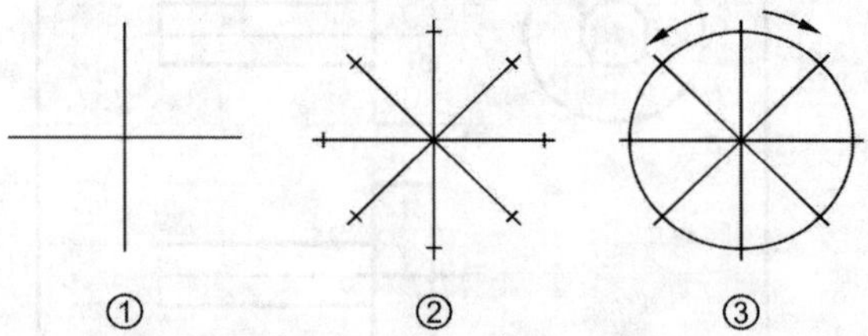

चित्र 4.6: एक वृत्त को स्केच करने की एक अन्य विधि

4.2 मशीन तत्वों की मुक्त हस्त रेखाचित्र

सभी मशीनें कई घटक भागों से बनी होती हैं। मशीन या संरचना के दो भागों को एक साथ रखने के लिए उपयोग किए जाने वाले उपकरणों को फास्टनर कहा जाता है। फास्टनरों को दो मुख्य श्रेणियों में वर्गीकृत किया गया है:

1. अस्थायी फास्टनरों, और
2. स्थायी फास्टनरों

एक स्क्रू थ्रेड, बोल्ट, स्टड, सेट-स्क्रू या किसी अन्य थ्रेडेड टुकड़े या घटकों पर उपयोग किया जाने वाला कार्यात्मक तत्व है। सभी पेंचदार टुकड़े अस्थायी फास्टनरों की श्रेणी में आते हैं। अस्थायी फास्टनरों का व्यापक रूप से मशीन भागों और अन्य इंजीनियरिंग उत्पादों में शामिल होने के लिए उपयोग किया जाता है जहां बार-बार निराकरण की आवश्यकता होती है। नट और बोल्ट, स्क्रू, स्टड और पिन अस्थायी फास्टनरों के उदाहरण हैं, जबकि रिवेटिंग, वेल्डिंग, सोल्डरिंग और ब्रेज़िंग आदि स्थायी बन्धन हैं।

4.2.1 एक स्क्रू थ्रेड के भाग

थ्रेड के अध्ययन और चित्र पर उनके निरूपण में, किसी भी थ्रेड को निर्दिष्ट करने में प्रयुक्त कुछ महत्वपूर्ण शब्दों को परिभाषित करना आवश्यक है। स्क्रू थ्रेड के विभिन्न भागों को चित्र 4.7 में दिखाया गया है और नीचे परिभाषित किया गया है।

बाहरी या प्रमुख व्यास: यह पेंच की धुरी के समकोण पर मापे गए थ्रेड के शिखर पर व्यास होता है।

कोर या छोटा व्यास: यह धागे के मूल या जड़ पर व्यास है। यह पेंच का सबसे छोटा व्यास है और बाहरी व्यास के बराबर है जो थ्रेड की गहराई से दोगुना होता है।

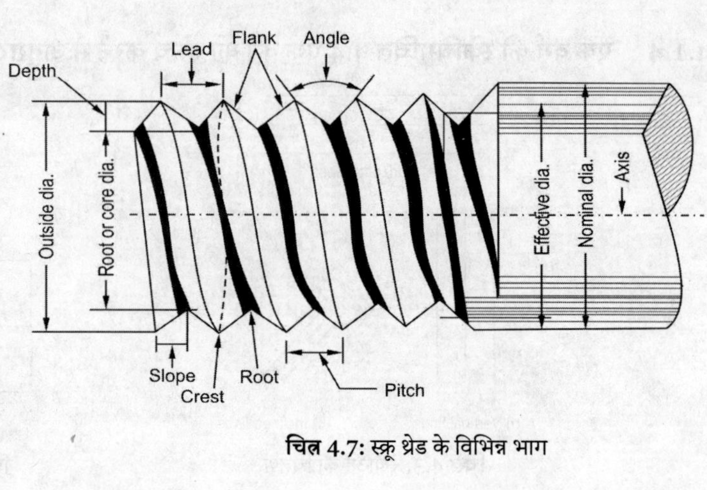

चित्र 4.7: स्क्रू थ्रेड के विभिन्न भाग

प्रभावी व्यास: यह रेखा की लंबाई के बराबर है, जो अक्ष से लंबवत और गुजरती है, और उन बिंदुओं के बीच मापा जाता है जहां यह धागे के किनारों को काटता है।

नॉमिनल व्यास: यह बेलनाकार टुकड़े का व्यास है जिस पर थ्रेड काटा जाता है। पेंच इस व्यास द्वारा निर्दिष्ट किया गया है।

पिच: यह धुरी के समानांतर मापी गई दूरी है, एक थ्रेड फॉर्म पर एक बिंदु और आसन्न थ्रेड फॉर्म पर संबंधित बिंदु के बीच, यानी शिखा से शिखा या जड़ से जड़ तक की दूरी पिच कहलाती है इसे प्रति इकाई लंबाई, $p = 1/n$ के रूप में भी वर्णित किया जा सकता है।

रूट (जड़) सबसे भीतरी या निचली सतह होती है जो थ्रेड के दो आसन्न किनारों द्वारा बनाई जाती है।

क्रेस्ट (शिखा): यह थ्रेड का सबसे बाहरी या ऊपरी सतह वाला भाग होता है।

फ्लैंक: शिखा और जड़ के बीच की सतह को थ्रेड का फ्लैंक कहा जाता है।

कोण: यह एक अक्षीय तल पर मापी गई भुजाओं के बीच का कोण है।

लीड : यह एक पूर्ण चक्कर लगाने के बाद एक थ्रेड पर एक बिंदु से उस ही थ्रेड पर संबंधित बिंदु तक अक्ष के समानांतर मापी गई दूरी है। इसे एक पूर्ण रोटैशन में अक्षीय दिशा में नट द्वारा चली गई दूरी के रूप में भी वर्णित किया जा सकता है। सिंगल-स्टार्ट थ्रेड्स के मामले में लीड पिच के बराबर होती है।

थ्रेड की गहराई: यह शिखा और जड़ के बीच की दूरी है, जिसे अक्ष के समकोण पर मापा जाता है। यह बाहरी व्यास और कोर व्यास के बीच के आधे अंतर के बराबर होता है।

थ्रेड का स्लोप : यह थ्रेड की पिच के आधे के बराबर होता है।

4.2.2 थ्रेड प्रोफाइल के प्रकार

यह थ्रेड की धुरी वाले सेक्शन प्लेन पर एक थ्रेड का आकार होता है। इसे अक्सर थ्रेड का प्रोफाइल कहा जाता है। मूल रूप से दो प्रकार के प्रोफाइल होते हैं, एक वर्गाकार होता है और दूसरा त्रिकोणीय होता है। सभी उपलब्ध और प्रयुक्त प्रकार के प्रोफाइल वर्ग या त्रिकोणीय थ्रेड के मामूली संशोधन हैं। प्रत्येक प्रकार का अलग-अलग अनुप्रयोग होता है। प्रोफ़ाइल की पिच नॉमिनल व्यास पर निर्भर करती है। चित्र 4.8 पिच के संदर्भ में विभिन्न प्रोफाइल, उनके आकार और अनुपात को दर्शाता है। प्रत्येक प्रोफ़ाइल के उपयोग पर नीचे चर्चा की गई है।

वी थ्रेड (मीट्रिक थ्रेड)

भारतीय मानक ब्यूरो ने अंतर्राष्ट्रीय मानक संगठन (आईएसओ) द्वारा अनुशंसित वी-थ्रेड प्रोफाइल को हमारे देश में उपयोग के लिए एक मीट्रिक स्क्रू थ्रेड अपनाया है।

इस प्रकार के स्क्रू थ्रेड्स को यूनिफाइड थ्रेड के रूप में भी जाना जाता है। इसमें आसन्न झुकी हुई सतहों के बीच 60° थ्रेड कोण होता है। चूंकि इस तरह के प्रोफाइल में नुकीले किनारे होते हैं जो उपयोग करते समय चोट का कारण बन सकते हैं और इसलिए इससे बचा जाता है।

इस खांचे का एक व्यावहारिक संशोधन एक मीट्रिक थ्रेड है, जिसमें तेज शिखा को काट दिया जाता है। बाहरी थ्रेड के शिखर सपाट होते हैं जिनकी लंबाई P/8 के बराबर होती है और जड़ को 0.1P (आकृति 4.8b) के त्रिज्या के साथ गोल किया जाता है। इस प्रोफ़ाइल का उपयोग अधिकांश थ्रेड फास्टनरों द्वारा किया जाता है।

ब्रिटिश स्टैंडर्ड व्हिटवर्थ (B.S.W) थ्रेड

वी थ्रेड्स के समान आकार, लेकिन शामिल कोण 55° का उपयोग ब्रिटिश स्टैंडर्ड व्हिटवर्थ थ्रेड (चित्र 4.8c) के लिए किया जाता है। थ्रेड की गहराई 0.64P है और मूल शिखा पर त्रिज्या 0.14P है।

चौकोर थ्रेड

चूंकि इस प्रकार के पेंच थ्रेड एक वर्ग के रूप में होते हैं, इसलिए इसे वर्गाकार थ्रेड कहा जाता है। इस थ्रेड के फ्लेंक या किनारे थ्रेड की धुरी के लंबवत होते हैं। थ्रेड की गहराई और मोटाई पिच के आधे हिस्से के बराबर होती है (चित्र 4.8d)। एक संशोधित वर्गाकार थ्रेड में दोनों फ्लेंक पर 5° का थोड़ा सा टेपर होता है, जिसमें १०° का कोण शामिल होता है। (चित्र 4.8 e)।

यह थ्रेड प्रोफाइल का सबसे सरल और मजबूत प्रकार है और इसलिए इसका उपयोग गति और शक्ति के संचरण के लिए किया जाता है जैसे कि वाइस, क्लैम्प आदि। और एक तीव्र रोटरी गति को धीमी रैखिक गति में परिवर्तित करने के लिए उपयोग किया जाता है, उदाहरण के लिए, एक खराद का लीड स्क्रू, स्क्रू प्रेस, जैक आदि।

एक्मे थ्रेड

एक्मे थ्रेड एक वर्गाकार धागे का एक मामूली संशोधित रूप है जिनकी साइड्स 14.5^0 (चित्र 4.8f) पर झुके हुए होते हैं। इन स्क्रू से पावर को कनेक्ट और डिस्कनेक्ट करने के लिए आधे नट का उपयोग किया जाता है। यह मजबूत थ्रेड है क्यों कि चौड़ा बेस होने तथा झुकी हुई सतहों के कारण आधा नट के आसान इंगेजमेंट एण्ड डिस इंगेजमेंट संचालन का अतिरिक्त लाभ मिलता है।

यह ब्रेक स्क्रू, जैक स्क्रू और अक्षीय पावर ट्रांसमिशन के लिए वैल्यू ऑपरेटिंग स्क्रू जैसे पावर स्क्रू के लिए उपयुक्त रूप से उपयोग किया जाता है।

बट्रेस थ्रेड

बट्रेस थ्रेड को केवल एक दिशा में शक्ति संचारित करने के लिए डिज़ाइन किया गया है। यह आमतौर पर बड़ी तोपों में, जैक में और अन्य तंत्रों में उपयोग किया जाता है जिनको उच्च शक्ति की आवश्यकता होती है। इसमें वर्गाकार थ्रेड की दक्षता और वी-थ्रेड की ताकत है। पहले इसे एक फेस ऊर्ध्वाधर के रूप में उत्पादित किया गया था, लेकिन नई प्रोफ़ाइल में एक फेस ऊर्ध्वाधर (चित्र 4.8 g) के साथ 7° के स्लोप पर जबकि दूसरा फेस 45° पर होता है।

नकल थ्रेड

इन थ्रेड के लिए त्रिज्या P/4 की एक अर्धवृत्ताकार प्रोफ़ाइल का उपयोग किया जाता है (चित्र 4.8h)। यह प्रोफ़ाइल वहाँ उपयुक्त होती है जहां थ्रेड को मोल्डिंग या रोलिंग द्वारा बनाया जाना है जैसे जार के लिए शीट मेटल कवर।

थ्रेड प्रस्तुति

थ्रेड का सही प्रस्तुतीकरण कठिन और समय लेने वाला होता है और इसलिए इसका उपयोग नहीं किया जाता है। सही प्रस्तुतीकरण में, शिखा और जड़ रेखाएं हेलिक्स हैं, जो श्रमसाध्य है। ड्राइंग में थ्रेड को आम तौर पर सरलीकृत या पारंपरिक विधि द्वारा दर्शाया जाता है। चित्र 4.9 और 4.10 थ्रेड के सरलीकृत और पारंपरिक प्रस्तुतीकरण को दर्शाता है।

थ्रेड का सरलीकृत प्रस्तुतीकरण

सरलीकृत विधि में, V थ्रेड्स की V प्रोफ़ाइल नहीं खींची जाती है। शिखा रेखाएँ P दूरी पर पतली रेखाओं द्वारा, हेलिक्स कोण पर झुकी हुई और पतली रेखाओं के बीच में मोटी रेखा द्वारा दर्शायी जाती हैं (चित्र 4.9)। साइड दृश्य में, बाहरी व्यास को पूर्ण वृत्त से खींचा जाता है, जबकि मूल व्यास(रूट डाइमीटर) एक वृत्त जो 3/4 वृत्त से थोड़ा बड़ा होता है। मूल व्यास के लिए वृत्त का गैप किसी भी स्थिति में दिखाया जा सकता है।

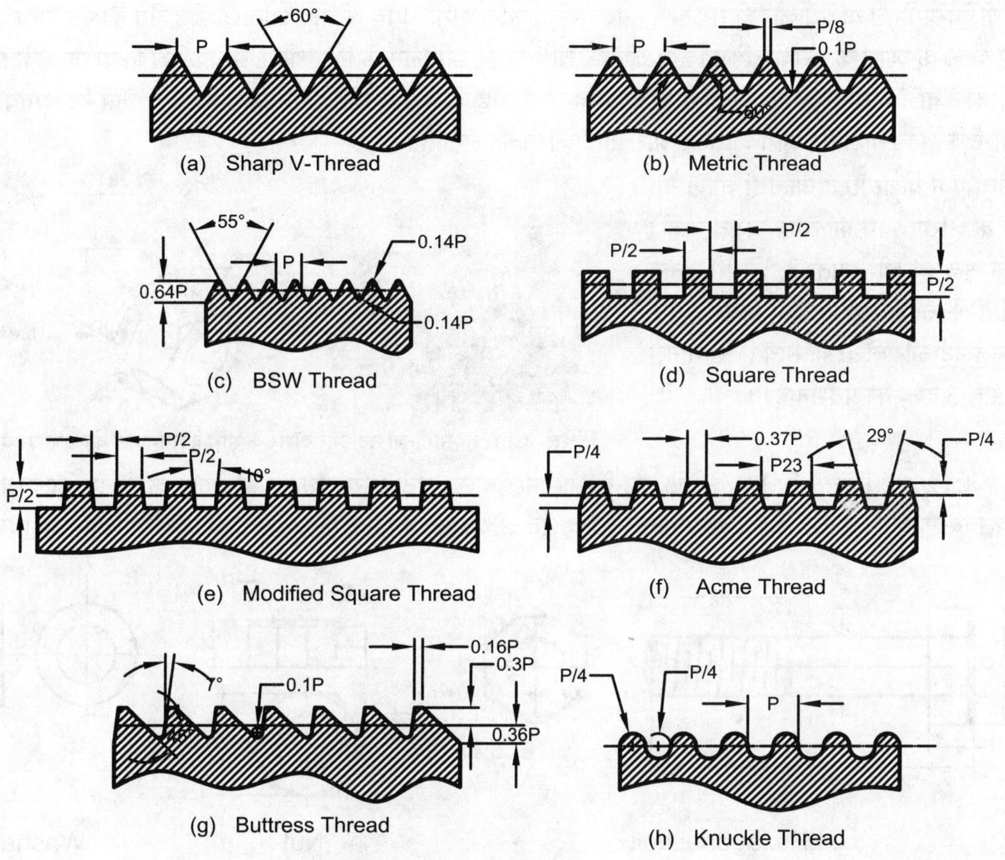

चित्र 4.8: विभिन्न प्रकार के थ्रेड प्रोफाइल

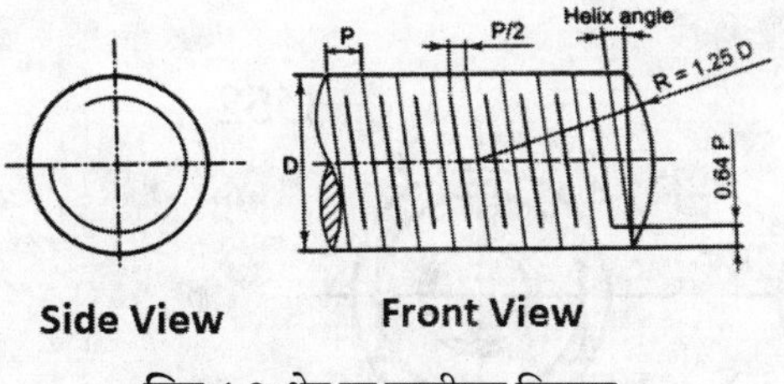

चित्र 4.9: थ्रेड का सरलीकृत निरूपण

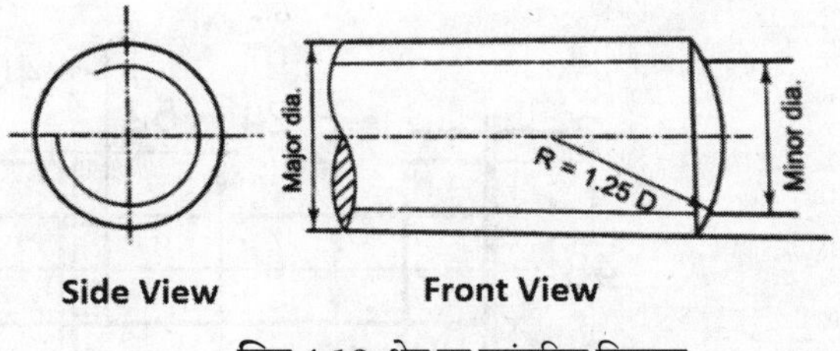

चित्र 4.10: थ्रेड का पारंपरिक निरूपण

थ्रेड के कन्वेन्शन

यह सबसे सरल तरीका है। चूड़ी (थ्रेड) की गहराई के बराबर दूरी पर प्रमुख व्यास के समानांतर एक पतली रेखा खींची जाती है (आकृति 4.10)। यह कुण्डली के हाथ और थ्रेड की शुरुआत आदि के बारे में कोई जानकारी नहीं देता है, इसलिए इनका उल्लेख एक नोट द्वारा अलग से किया जाता है। यदि उल्लेख नहीं किया गया है, तो यह माना जाता है कि यह सिंगल स्टार्ट राइट हैन्डेड थ्रेड है।

4.2.3 बोल्ट, नट और वॉशर का आरेखण करना

बोल्ट और नट का जोड़ या पेंचदार बन्धन एक अस्थायी जोड़ है। बोल्ट एक बेलनाकार भाग होता है जिसके एक तरफ हेक्सागोनल या चौकोर सिर होता है और बेलनाकार भाग पर आंशिक रूप से या पूरी तरह से चूड़ी होती हैं। बोल्ट का काउंटर भाग एक नट होता

है जो या तो हेक्सागोनल या वर्गाकार हो सकता है और इसमें बोल्ट के समान पिच के साथ आंतरिक थ्रेड होते हैं। एक साथ जुड़ने वाले भागों को बोल्ट के व्यास के बराबर ड्रिल किया जाता है या आसान सम्मिलन के लिए थोड़ा अधिकड्रिल किया जा सकता है। फिर बोल्ट को जुडने वाले भागों मे लगाया जाता है और फिर बोल्ट के थ्रेड पर नट को टाइट कर दिया जाता है। जब नट घुमाया जाता है, तो यह बोल्ट के थ्रेडेड बॉडी पर आगे बढ़ता है और भागों को जकड़ लेता है।

नट के नीचे एक वॉशर रखा जाता है ताकि नट के कसने के कारण भाग की सतह खराब न हो। यह संपर्क क्षेत्र को भी बढ़ाता है, जिससे तनाव की स्थानीय तीव्रता कम हो जाती है। चित्र **4.11** हेक्सागोनल नट और वॉशर के साथ हेक्सागोनल बोल्ट के सचित्र दृश्य का प्रदर्शन है।

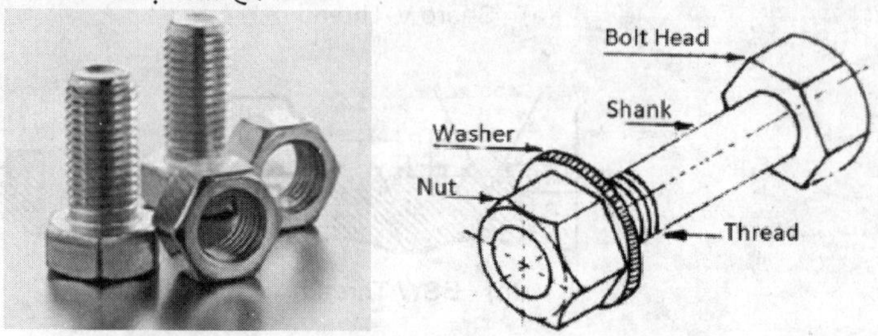

चित्र 4.11: हेक्सागोनल नट और वॉशर के साथ हेक्सागोनल बोल्ट का सचित्र दृश्य।

चित्र **4.12** एक विस्तृत चित्र है क्योंकि यह हेक्सागोनल बोल्ट, नट और वॉशर के संयोजन के अलग-अलग हिस्सों का आवश्यक विवरण देता है। चित्र **4.13** हेक्सागोनल बोल्ट, नट और वॉशर की एक ही असेंबली के ऑर्थोग्राफ़िक दृश्य दिखाता है।

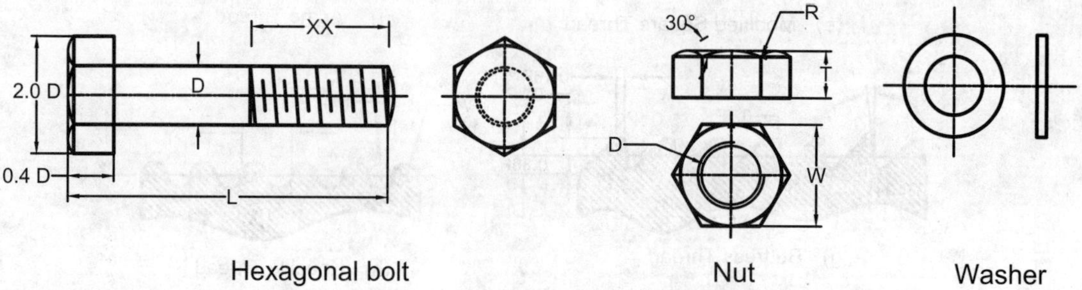

चित्र 4.12: हेक्सागोनल बोल्ट, नट और वॉशर की विस्तृत ड्राइंग

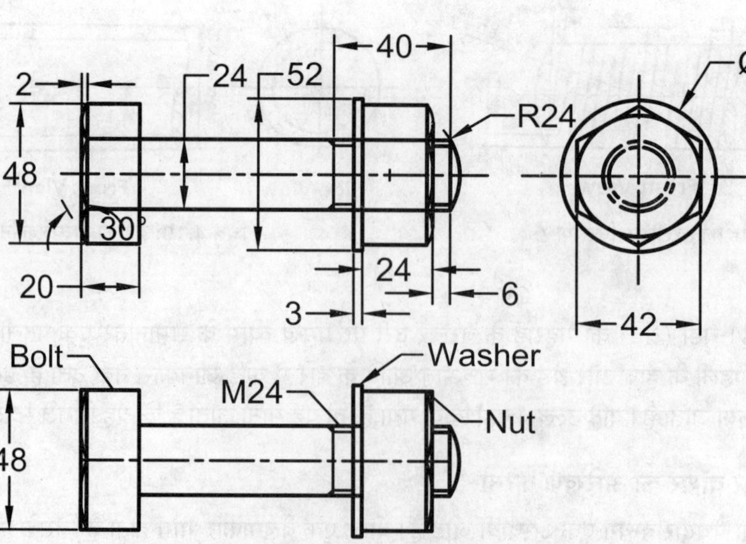

चित्र 4.13: हेक्सागोनल बोल्ट, नट और वॉशर के ऑर्थोग्राफिक दृश्य।

4.2.4 स्टड

स्टड का उपयोग उन घटकों के लिए किया जाता है जिन्हें बार-बार खोलने और कसने की आवश्यकता होती है, जैसे सिलेंडर हेड, कवर आदि। एक स्टड में हेड नहीं होता है और आकार में बेलनाकार होता है जिसमें दोनों तरफ एक ही तरफ के थ्रेड होतीं हैं जैसा कि चित्र 4.14 में दिखाया गया है। स्टड की लंबाई को तीन क्षेत्रों में विभाजित किया जा सकता है:

1. **मेटल एंड :** यह एक घटक में पूरी तरह से टाइट होता है। इसकी लंबाई D से 1.5 D तक होती है।
2. **सादा भाग:** यह स्टड का अनथ्रेडेड भाग होता है। इसकी लंबाई लगभग 0.5 D है, लेकिन लंबाई अधिक भी हो सकती है। यह भाग अन्य भागों को समायोजित करता है।
3. **नट एंड:** इस सिरे पर नट को टाइट किया जाता है। इसकी लंबाई 2D+ 6 से 25mm तक रखी जाती है।

मेटल एंड को बॉडी के टैप किए गए छेद (थ्रेडेड होल) में कस दिया जाता है। शेष भाग रिमोवेबल भाग को गाइड करता है। नट को ऊपर से कस दिया जाता है। इंजन सिलेंडर हेड्स को बोल्ट के बजाय स्टड का उपयोग करके कसा जाता है।

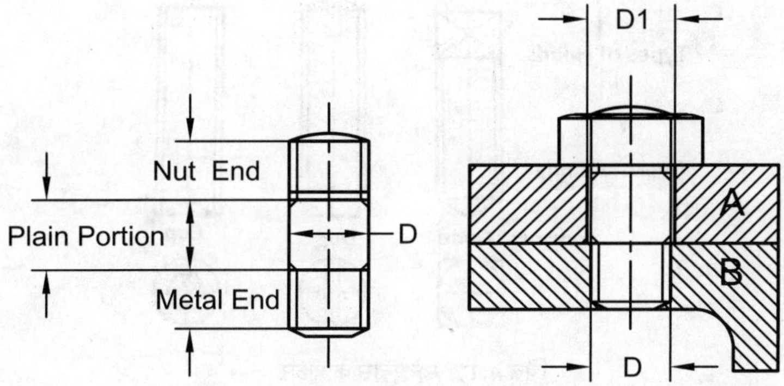

चित्र 4.14: एक स्टड

4.2.5 शिकंजा (स्क्रू)

एक स्क्रू व्यास और लंबाई दोनों के लिए बोल्ट की तुलना में छोटा होता है, और इसमें शंक की पूरी लंबाई मे थ्रेड होते हैं। हेड षट्कोणीय नहीं बल्कि गोलाकार होता है। स्क्रू के लिए प्रयुक्त हेड की विभिन्न आकृतियों को चित्र **4.15** में दिखाया गया है। पेंच कई प्रकार के होते हैं और उनका वर्णन नीचे किया गया है।

कैप स्क्रू: जब एक स्क्रू को टैप किए गए छेद में कस दिया जाता है, तो इसे कैप स्क्रू के रूप में जाना जाता है।

मशीन स्क्रू: यदि एक स्क्रू के सिरे पर नट लगा होता है, तो इसे मशीन स्क्रू कहा जाता है (चित्र **4.16**)। इनकी फिनिश बहुत अच्छी होती है इन्हें हल्के अनुप्रयोगों के लिए उपयोग किया जाता है। ये स्टील या पीतल से बने होते हैं।

सेट स्क्रू: एक सेट स्क्रू को बाहरी हिस्से में टैप किए गए छेद में कस दिया जाता है ताकि आंतरिक भाग को स्थिति में रखा जा सके, उदाहरण के लिए, माइक्रोवेव, वॉशिंग मशीन आदि के नॉब में एक स्क्रू। सिरों को एक पेंसिल आकार दिया जाता है जैसे शंकु, डॉग या कप जैसा कि चित्र **4.17** में दिखाया गया है।

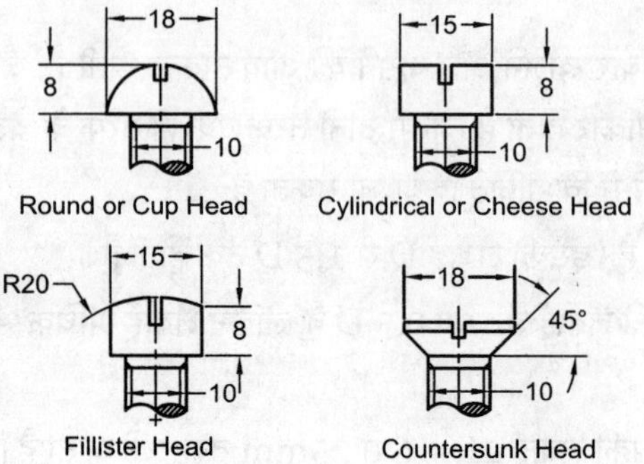

चित्र 4.15: स्क्रू हेड्स के आकार

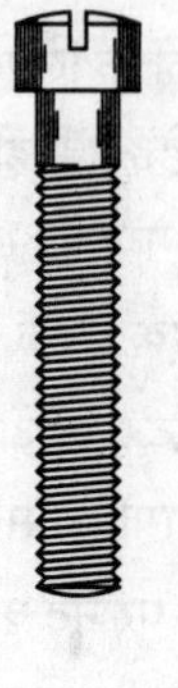

चित्र 4.16: मशीन स्क्रू

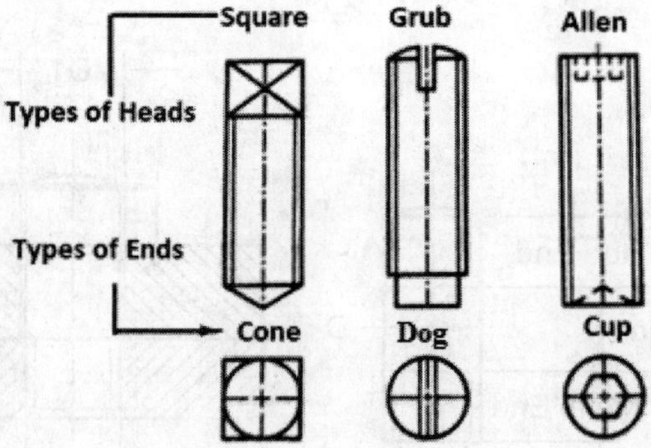

चित्र 4.17: स्क्रू एन्ड्स के प्रकार

4.2.6 नट के लिए लॉकिंग व्यवस्था

जब कंपन वाले मशीन तत्वों में बोल्ट और नट का उपयोग किया जाता है, तो उनके ढीले होने की संभावना होती है। ढीलापन इस हद तक जा सकता है कि नट पूरी तरह से बाहर आ सकता है और खतरे का कारण बन सकता है। नट को कसी हुई स्थिति में रखने के लिए, लॉकिंग उपकरणों का उपयोग किया जाता है। बड़ी संख्या में लॉकिंग डिवाइस उपलब्ध हैं, जिनमें से कुछ इस प्रकार हैं:

1. **जैम नट या लॉक नट:** लॉक नट एक अतिरिक्त नट है जिसे सैद्धांतिक रूप से मुख्य नट के नीचे रखा जाता है। इसकी मोटाई मानक नट की मोटाई की लगभग आधा या दो तिहाई होती है।
2. **कैसल नट:** यह बेलनाकार ऊपरी भाग के साथ एक षट्कोणीय नट होता है। इसके प्रत्येक फेस के केंद्र मे स्लॉट होता है। नट में दो स्लॉट और बोल्ट में एक छेद के माध्यम से एक स्प्लिट पिन डाला जाता है। यह ऑटोमोबाइल उद्योग में प्रयोग किया जाता है।
3. **सावन नट :** इसमें आधे दूरी तक एक स्लॉट होता है। नट को कसने के बाद, छोटे स्क्रू को कस दिया जाता है जो नट और बोल्ट के बीच अधिक घर्षण पैदा करता है जिससे नट को ढीला होने से रोका जा सकता है।
4. **पेन, रिंग या ग्रूव नट:** इसमें ऊपरी षट्कोणीय भाग और निचला बेलनाकार भाग होता है। लॉकिंग सेट स्क्रू की टिप के लिए नीचे के बेलनाकार हिस्से मे जगह होती है।
5. **पिन से लॉक करना:** नटों को टेपर पिन या कोटर पिन के माध्यम से लॉक किया जाता है।
6. **प्लेट से लॉक करना:** बोल्ट को लॉक करने के लिए प्लेट या लॉकिंग प्लेट का उपयोग किया जाता है।

7. **स्प्रिंग लॉक वॉशर:** जैसे ही नट को कसा जाता है, वॉशर का एक किनारा उस टुकड़े में खुद को खोदता राहत है जिससे प्रतिरोध बढ़ जाता है ताकि नट ढीला न हो।

कुछ लॉकिंग उपकरणों को चित्र **4.18** में दिखाया गया है।

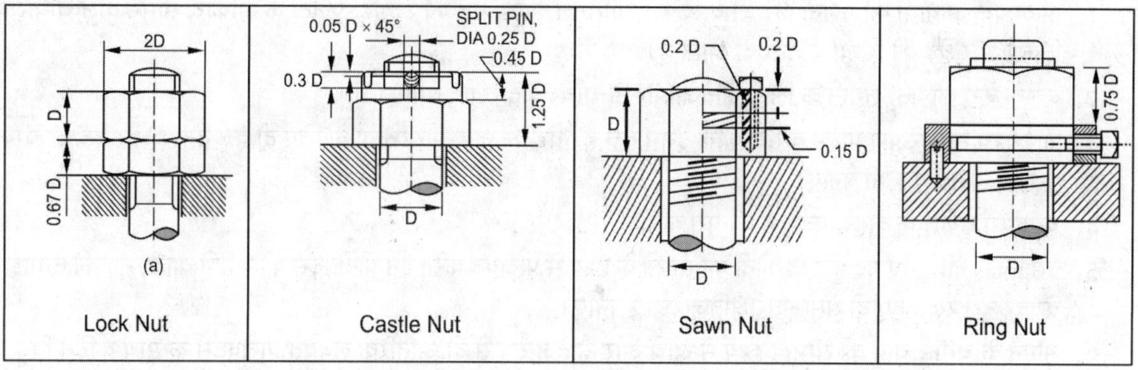

चित्र 4.18: लॉकिंग डिवाइस

4.2.7 मशीन पार्ट्स की स्केचिंग

मशीन के हिस्से का तकनीकी स्केच बनाते समय इसकी समग्र बाहरी रेखा (तथाकथित «आयाम पिंजरा») को हल्की रेखाओं में बनाना शुरू करें। हमारे उदाहरण में [चित्र **4.19(a)**] ऐसा आयाम पिंजरा एक आयताकार बॉक्स है। चूंकि किसी भी मशीन भाग को अलग-अलग तत्वों से युक्त माना जा सकता है जो कुछ ज्यामितीय ठोस के समान होते हैं, सभी तत्वों को चरण दर चरण तब तक स्केच करें जब तक कि संपूर्ण मशीन भाग प्राप्त न हो जाए। चित्र **4.19 (b)** के अनुसार, सतह छायांकन जोड़कर स्केच को फिनिश करें।

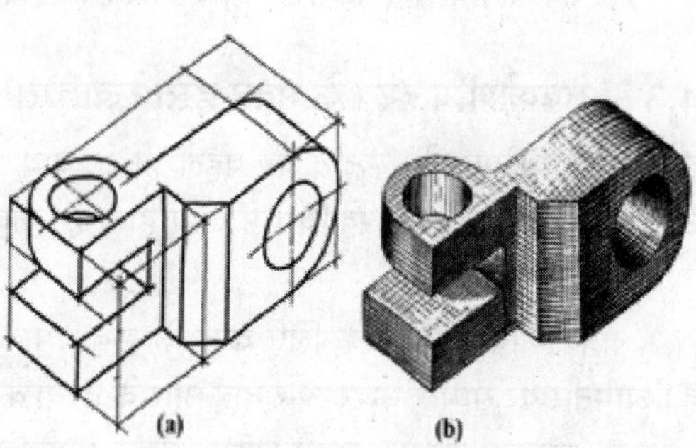

चित्र 4.19: आयाम केज के साथ विशिष्ट मशीन तत्व

एक मॉडल से मशीन के हिस्से को स्केच करते समय [उदाहरण के लिए, एक कैम , जैसा कि चित्र **4.20 (a)** में दिखाया गया है], विद्यार्थी को इसके आकार की सावधानीपूर्वक जांच करते हुए, आनुपातिकता की भावना विकसित करने के लिए इसके अलग-अलग तत्वों के आकार की तुलना भी करनी चाहिए। चित्र **4.20** में प्रस्तुत एक ही मॉडल से बने दो तकनीकी रेखाचित्र हैं। यह बिल्कुल स्पष्ट है कि चित्र **4.20 (b)** में दिया गया स्केच गलत है, क्योंकि आनुपातिकता नहीं देखी गई है। दूरी **b** एकसमान नहीं है और इसलिए सिलेंडर के साथ फ्लैट लैग की प्रतिच्छेदन रेखा (एक दीर्घवृत्त का एक भाग) गलत है। मॉडल की तुलना में, आयाम **k** काफी बढ़ा हुआ है, सिलेंडर की दीवार की मोटाई कम है, जैसा कि स्लॉट ई की गहराई है। आयाम **e, a** से लगभग **2.5** गुना बड़ा होना चाहिए, जबकि चित्र **4.20(b)** में वे बराबर हैं। चित्र **4.20(c)** स्केच का सही रूप दिखाता है।

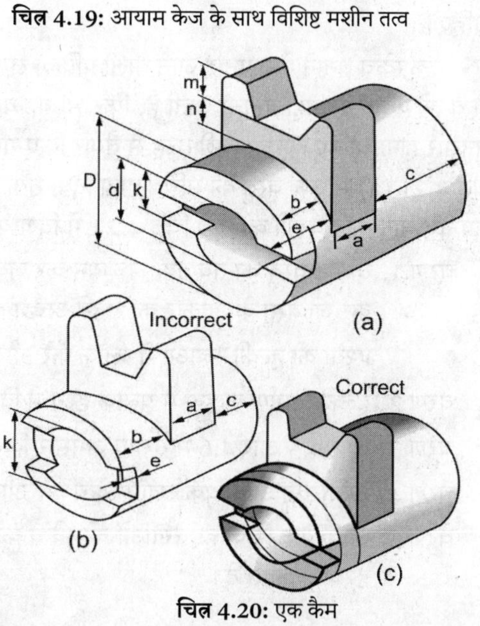

चित्र 4.20: एक कैम

4.2.8 एक षट्कोणीय नट के आरेखण हेतु दिशा निर्देश

1. आवश्यक आयामों की गणना करें जो बोल्ट का नॉमिनल व्यास, नट की ऊंचाई, फ्लैटों के आकार, सामने वाले चम्फर की त्रिज्या और थ्रेड की शिखा की त्रिज्या आदि हैं।
2. वृत्त के केंद्र का पता लगाने के लिए, क्षैतिज और ऊर्ध्वाधर केंद्र रेखाएं बनाएं।
3. शीर्ष दृश्य से आरेखण प्रारंभ करें, क्योंकि इसमें वृत्त हैं। थ्रेड की जड़ और शिखा के लिए दो वृत्त बनाएं और नट पर चम्फर के लिए तीसरा वृत्त भी बनाएं।
4. चम्फरिंग सर्कल के बाहर, षट्भुज को पूरा करें।
5. इस प्रकार खींचे गए षट्भुज के कोनों को सामने के दृश्य में प्रोजेक्ट करें। इन प्रोजेक्टर्स को काटने वाली, नट की ऊंचाई के बराबर दूरी रखते हुए दो समानांतर क्षैतिज रेखाएं बनाएं।
6. सामने के चम्फर चाप को सम्मुख दृश्य में खींचें और क्षैतिज रूप से दो आंतरिक लंबवत प्रोजेक्टर्स के साथ कटिंग बिंदु को प्रोजेक्ट करें।
7. शेष चाप के केंद्र का पता लगाएँ और दृश्यों को पूरा करें।

4.3 लंबकोणीय दृश्य के मुक्त हस्त रेखाचित्र

लंबकोणीय प्रक्षेपण के सिद्धांत पर पहले ही अध्याय 2 में विस्तार से चर्चा की जा चुकी है। वहां चर्चा किए गए सभी नियम और परंपराएं लंबकोणीय स्केचिंग में लागू होती हैं। लंबकोणीय रेखाचित्र या तो सादे कागज पर या चौकोर ग्राफ शीट पर बनाए जाते हैं।

लंबकोणीय स्केचिंग के लिए वस्तु के छह प्रमुख दृश्यों के किसी भी संयोजन को स्केच करने की आवश्यकता हो सकती है। आमतौर पर सामने, ऊपर और दाईं ओर के दृश्यों का चयन किसी लंबकोणीय स्केच में किसी वस्तु का वर्णन करने के लिए किया जाता है। सामान्य तौर पर, सबसे अधिक विवरण और कम से कम छिपी हुई रेखाओं को दिखाने वाले दृश्यों का संयोजन चुना जाना चाहिए।

एक स्केच बनाने में अपनाई जाने वाली प्रक्रिया लगभग वैसी ही है जैसी उपकरणों द्वारा ड्राइंग बनाने के लिए होती है। हालांकि स्केच को पैमाने पर नहीं बनाया जाता है, फिर भी यह काफी आनुपातिक होना चाहिए, और प्रक्षेपण की सभी पारंपरिक प्रथाओं के अनुसार होना चाहिए। एक अच्छी तरह से तैयार किए गए स्केच को एक अच्छे इंस्ट्रूमेंट ड्राइंग के समान अच्छा स्वरूप देना चाहिए। चित्र **4.21 (a)** में एक वस्तु का सचित्र दृश्य दिया गया है। किसी दिए गए ऑब्जेक्ट के लंबकोणीय दृश्यों का फ्रीहैंड स्केच बनाने में अपनाए जाने वाले चरणों को नीचे चित्र **4.21** में दिखाया गया है।

चरण **1.** दी गई वस्तु का तब तक अध्ययन करें जब तक कि उसके आकार और कार्य समझ में न आ जाएं। उन दृश्यों को तय करें जो वस्तु के आकार का सबसे अच्छा वर्णन करते हैं।

दृश्यों को हल्की रेखाओं में ब्लॉक करें और स्केच को संतुलित रूप देने के लिए दृश्यों को स्थान दें।

चरण **2.** हल्की निर्माण लाइनों में प्रत्येक दृश्य में विवरण जोड़ें, ताकि उन्हें मिटाने की आवश्यकता न हो।

चरण 3. चित्र 4.5 और 4.6 में दर्शाए अनुसार किसी एक विधि द्वारा प्रत्येक दृश्य में आवश्यक चाप और वृत्त को स्केच करें।

चरण 4. अतिरिक्त आवश्यक रेखाएँ स्केच करें और प्रत्येक दृश्य में वृत्त और चाप को रोशन करें।

चरण **5.** आवश्यक छिपी हुई रेखाओं को स्केच करें, दृश्यमान रेखाओं को रोशन करें, आवश्यक आयाम जोड़ें और ड्राइंग के दृश्यों को नाम दें।

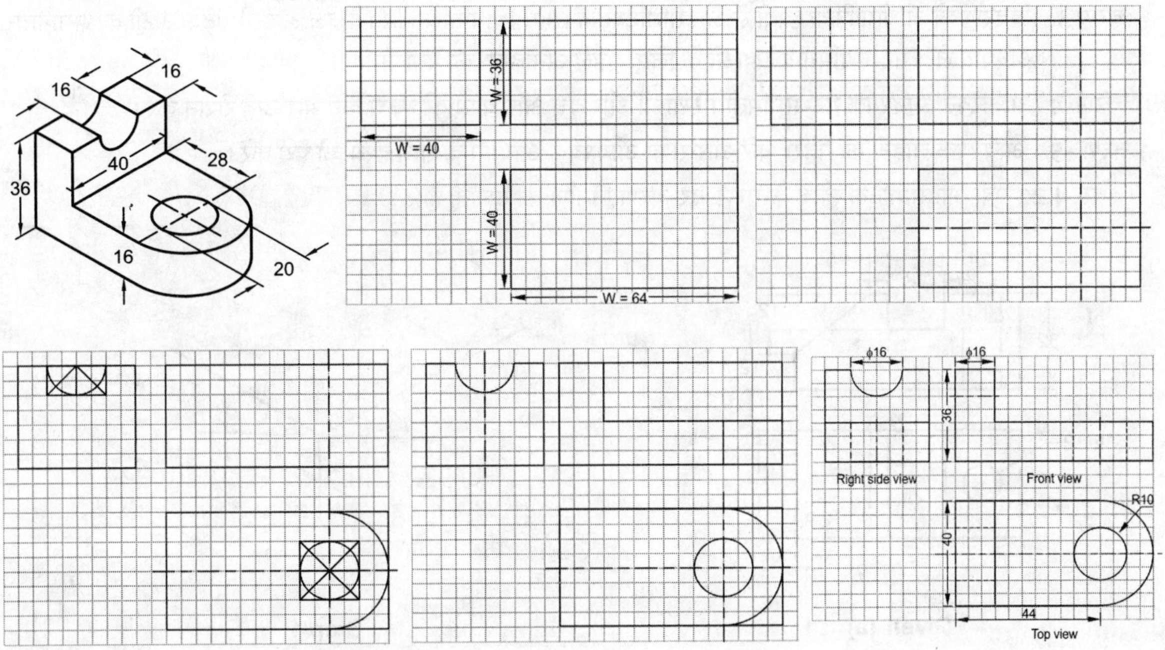

चित्र 4.21: लंबकोणीय दृश्य के स्केचिंग के चरण (स्टेप्स)

4.4 सममितीय दृश्यों के मुक्त हस्त रेखाचित्र

सममितीय (आइसोमेट्रिक) ड्राइंग के सिद्धांत पर पहले ही अध्याय 3 में विस्तार से चर्चा की जा चुकी है। वहां चर्चा किए गए सभी नियम और परंपराएं सममितीय स्केचिंग में लागू होती हैं। सममितीय स्केच या तो सादे कागज या सममितीय ग्रिड पेपर पर बनाए जाते हैं। यद्यपि सममितीय स्केच बनाने में उपयोग की जाने वाली किसी भी विधि को मुक्तहस्त सममितीय स्केच बनाने के लिए अपनाया जा सकता है, फिर भी बॉक्स-निर्माण विधि को ज्यादातर पसंद किया जाता है।

अनुसरण की जाने वाली प्रक्रिया वही है जो आइसोमेट्रिक ड्राइंग में उपयोग की जाती है। चित्र 4.22 (a) में वस्तु के दो ऑर्थोग्राफ़िक दृश्य दिए गए हैं। आइसोमेट्रिक व्यू के मुक्त हस्त स्केचिंग के लिए आमतौर पर निम्नलिखित चरणों का उपयोग किया जाता है:

चरण 1. वस्तु के लंबकोणीय दृश्यों का अध्ययन करें और अधिकतम विवरण प्रकट करने के लिए यह तय करें कि इसे किस स्थिति में रखा जाना चाहिए। आइसोमेट्रिक अक्षों को बनाएं , जो एक दूसरे से लगभग 120° अलग होनी चाहिए, यानी एक अक्ष लंबवत और अन्य दो क्षैतिज के साथ 30° (लगभग) पर।

चरण 2. सममितीय अक्षों के अनुदिश लंबाई, चौड़ाई और ऊंचाई का अनुपात लेते हुए, संलग्न बॉक्स को पूरा करें। जैसा कि स्केच की सटीकता आइसोमेट्रिक बॉक्स की सटीकता पर निर्भर करती है, निम्नलिखित बिंदुओं को ध्यान से देखा जाना चाहिए: -

- लंबवत किनारों को लंबवत होना चाहिए।
- अनुप्रस्थ रेखाएं समानांतर होनी चाहिए, थोड़ी अभिसारी हो सकती हैं लेकिन कभी भी अपसारी नहीं होनी चाहिए।
- झुकाव वाले अक्षों का कोण कभी भी 30° से अधिक नहीं होना चाहिए।

चरण 3. विवरण को ऑर्थोग्राफिक दृश्यों से आइसोमेट्रिक बॉक्स में स्थानांतरित करें। केवल आइसोमेट्रिक अक्षों के समानांतर अनुपात लें । गैर-सममितीय रेखाओं के लिए, पहले अंतबिन्दु का पता लगाए।

चरण-4 अतिरिक्त आवश्यक गैर-सममितीय रेखाओं और वृत्त और चापों को स्केच करें और उन्हें रोशन करें।

चरण -5 आवश्यक लाइनों को गहरा करें और सभी आवश्यक आयामों के साथ दृश्य को पूरा करें।

चित्र **4.22** एक आइसोमेट्रिक स्केच के चरण-दर-चरण निर्माण को दर्शाता है।

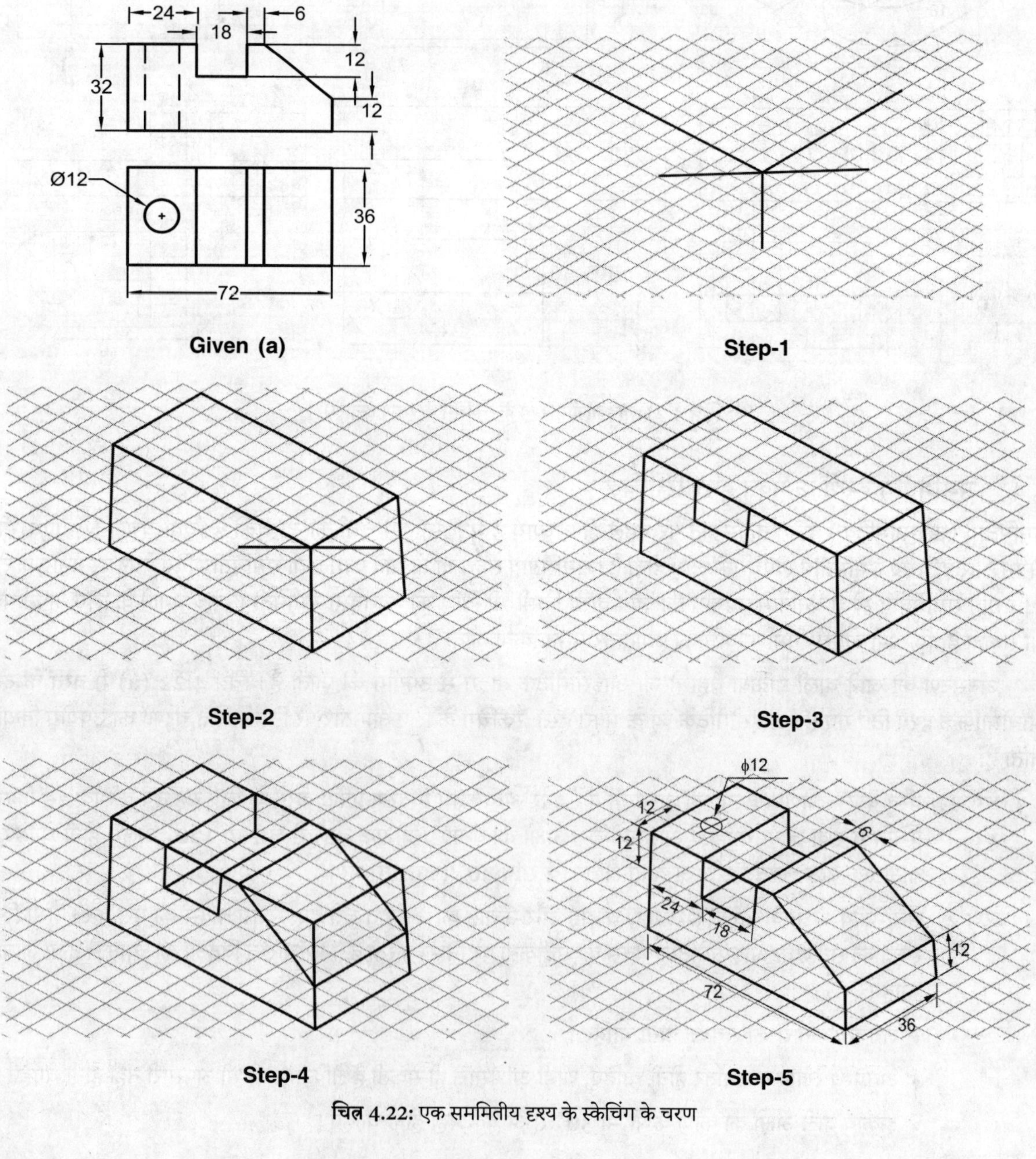

चित्र 4.22: एक सममितीय दृश्य के स्केचिंग के चरण

यूनिट सारांश

1. मुक्तहस्त रेखाचित्र किसी कामगार को चित्रात्मक या मौखिक विचार संप्रेषित करने के सबसे प्रभावी तरीकों में से एक है।
2. स्केचिंग के काम के लिए तीन चीजें बिल्कुल जरूरी हैं, पेंसिल, इरेज़र और पेपर।
3. स्केचिंग कार्यों के लिए ग्रेड एचबी की एक पेंसिल को प्राथमिकता दी जाती है।
4. केवल पेंसिल और इरेज़र का उपयोग करके तैयार किए गए रेखाचित्र मुक्तहस्त (फ्री हैंड स्केच) कहलाते हैं।
5. डिजाइनर, इंजीनियर, कलाकार और शिक्षक तत्काल ग्राफिकल संचार के लिए इसका इस्तेमाल करते हैं।
6. इंजीनियरिंग के सभी क्षेत्रों में आरेख बनाने, लेआउट तैयार करने, डिजाइन के बारे में सोचने आदि के लिए ये आवश्यक हैं।
7. ग्रिड शीट से शुरू करना अच्छी तरह से अभ्यास करने में मदद करता है।
8. ऊर्ध्व रेखाएं ऊपर से नीचे तक खींची जानी चाहिए ।
9. झुकी हुई रेखाएँ निचले बाएँ से ऊपरी दाएँ की ओर खींची जानी चाहिए।
10. वर्गों की रचना करके छोटी त्रिज्याओं और वृत्तों के चाप आसानी से खींचे जा सकते हैं।
11. एक स्केच को तब अच्छा माना जाता है जब उसकी विशेषताओं को सही अनुपात में दिखाया जाता है।

अभ्यास

A. वस्तुनिष्ठ प्रश्न

A1 . उचित शब्दों से रिक्त स्थानों की पूर्ति कीजिए।

4.1. उद्योग में, मुक्तहस्त रेखाचित्रों को ____________ के विचारों को दूसरों या प्रबंधन को प्रस्तुत करने के लिए नियोजित किया जाता है।

4.2. स्केचिंग कार्यों के लिए ग्रेड ____________ की एक पेंसिल को प्राथमिकता दी जाती है।

4.3. ____________ की स्केचिंग वृतों को बनाने में भी उपयोगी होती है।

4.4. सममितीय प्रक्षेपण में सर्कुलर फीचर, ____________ फीचर के रूप में दिखाई देते हैं।

4.5. शॉप के चित्र ____________ दृश्यों के रूप में दिए जाते हैं।

4.6. एक वॉशर का उपयोग ____________ सतह की सुरक्षा और तनाव को वितरित करने के लिए किया जाता है।

4.7. लॉकिंग डिवाइस का उपयोग किया जाता है ताकि ____________ न खुलें।

उत्तर			
4.1 डिजाइनर/इंजीनियर;	4.2 एचबी;	4.3 स्क्वायर;	4.4 अण्डाकार;
4.5 लंबकोणीय दृश्य;	4.6 नीचे की सतह;	4.7 नट	

बहुविकल्पीय प्रश्न

4.1 स्क्रू मेंबर में फ्लैंक होता है

(a) बिना थ्रेड का भाग | (b) थ्रेड की झुकी हुई सतह

(c) पेंच सदस्य की चरम सतह | (d) थ्रेड का सबसे भीतरी भाग

4.2. बीएसडब्ल्यू थ्रेड का थ्रेड कोण है

(a) 55° (b) 60° (c) 29° (d) 5°

4.3. बट्रेस थ्रेड्स का उपयोग उन अनुप्रयोगों के लिए किया जाता है जहां होता है :

(a) भारी भार (b) तीव्र गति

(c) पावर का भार केवल एक दिशा में है (d) उच्च भार और गति

4.4. बोल्ट की लंबाई से मापी जाती है:

(a) हेड के ऊपर से बोल्ट के सिरे तक (b) हेड के नीचे से बोल्ट के अंत तक

(c) जहां थ्रेड समाप्त होने लगते हैं (d) हेड के नीचे से थ्रेड की शुरुआत तक

4.5 एक स्टड का उपयोग किया जाता है जहां

(a) बोल्ट का उपयोग नहीं किया जा सकता (b) बोल्ट पर भारी लोड हो

(c) भागों को बार-बार हटाया जाता हो (d) बोल्ट हेड के लिए कोई जगह नहीं हो

4.6 एक स्क्रू का शीर्ष आम तौर पर होता है:

(a) वृत्ताकार (b) वर्ग (c) षट्कोणीय (d) अष्टकोणीय

4.7 लॉक नट सामान्य नट से किसके संबंध में भिन्न होता है?

(a) ऊंचाई (b) व्यास (c) थ्रेड का प्रकार (d) आकार

उत्तर						
4.1 (b)	4.2 (a)	4.3 (c)	4.4 (b)	4.5 (c)	4.6 (a)	4.7 (a)

B . विषयात्मक प्रश्न

1. मुक्तहस्त स्केचिंग के अनुप्रयोग क्या हैं?
2. मुक्तहस्त स्केचिंग के लिए सामग्री की सूची बनाएं।
3. एक तकनीकी रेखाचित्र पर क्षैतिज से 30° और 45° के कोण पर मुक्त हस्त रेखाएं कैसे खींची जाती हैं?
4. निम्नलिखित के फ्रीहैंड स्केचिंग में अनुसरण किए जाने वाले चरणों को लिखें:

   (i) वर्ग (ii) वृत्त और

   (iii) दीर्घवृत्त
5. बन्धन (fastening) शब्द को परिभाषित कीजिए। इसके प्रकार क्या हैं? किस परिस्थिति में प्रत्येक प्रकार का उपयोग किया जाता है?
6. थ्रेड के विभिन्न अनुप्रयोग दीजिए।
7. स्क्रू थ्रेड के कम से कम पांच भागों को परिभाषित करें।
8. थ्रेड को खींचने के लिए पारंपरिक पद्धति का उपयोग क्यों किया जाता है?
9. किसी वस्तु के रेखांकन दृश्यों को चित्रित करने के लिए अपनाए जाने वाले चरणों का वर्णन करें।
10. दिए गए लंबकोणीय दृश्यों से किसी वस्तु के सममितीय प्रक्षेपण को स्केच करने के लिए किन चरणों का पालन किया जाना चाहिए?
11. निम्नलिखित मशीन तत्वों के मुक्तहस्त रेखाचित्र बनाएं:

    (a) हेक्सागोनल हेडेड बोल्ट और नट बोल्ट व्यास 40 मिमी लेते हुए ।

(b) 24 मिमी के रूप में बोल्ट व्यास लेने वाले स्क्वायर हेड बोल्ट और नट।

(c) नट और लॉक नट

(d) रिंग नट

12. 20 मिमी व्यास तथा 75 मिमी लंबाई के वर्गाकार हेड के बोल्ट और नट के दो दृश्य बनाएं।
13. 24 मिमी व्यास और 85 मिमी लंबाई के हेक्सागोनल बोल्ट के सामने, बाजू और शीर्ष दृश्य को उसके नट और वॉशर के साथ बनाएं।
14. निम्नलिखित का सममितीय प्रक्षेपण मुक्त हाथ से बनाएं:

(a) 50 मिमी भुजा का एक घन

(b) 0 मिमी और 80 मिमी लंबी भुजा के साथ षट्कोणीय प्रिज्म

15. चित्र 4.23 (a) और (b) में दिखाए गए अनुसार मशीन के पुर्जों के दो सरल मॉडल के रेखाचित्र बनाएं

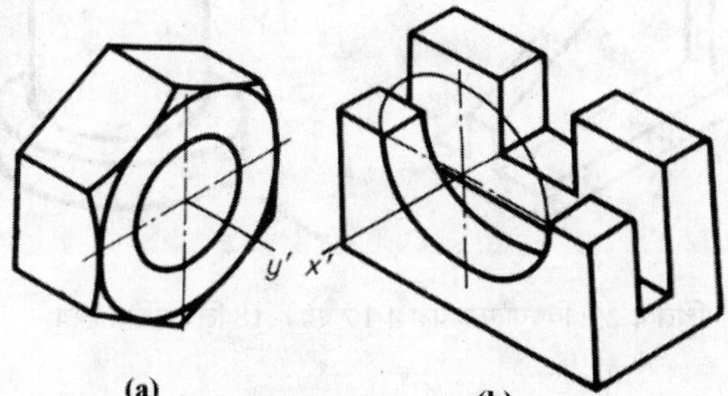

(a) (b)

चित्र 4.23: विषयात्मक प्रश्न 4.15 लिए सचित्र दृश्य

16. चित्र 4.24 में किसी वस्तु के दो हस्तलेखन दृश्य दिए गए हैं। दोनों मामलों में तीसरा दृश्य जोड़ें। आप ग्रिड के साथ दिए गए आइसोमेट्रिक ब्लॉक में आइसोमेट्रिक व्यू बना सकते हैं।
17. वर्गाकार ग्राफ़ पेपर पर चित्र 4.25 में दिए गए अनुसार प्रत्येक वस्तु के सामने, ऊपर और बाईं ओर के दृश्य को मुक्तहस्त से स्केच करें।
18. आइसोमेट्रिक ग्रिड पर प्रत्येक के आइसोमेट्रिक व्यू को स्केच करें। जैसा कि चित्र 4.25 में दिखाया गया है।

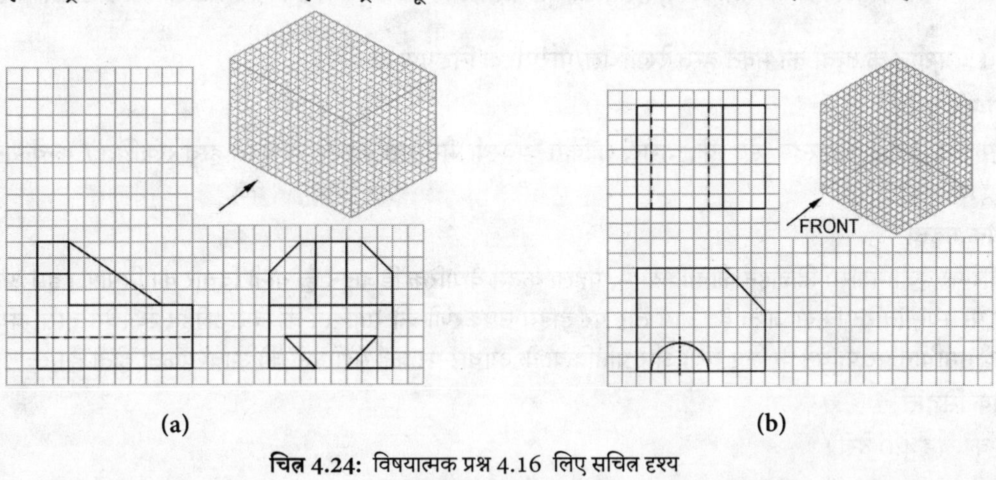

(a) (b)

चित्र 4.24: विषयात्मक प्रश्न 4.16 लिए सचित्र दृश्य

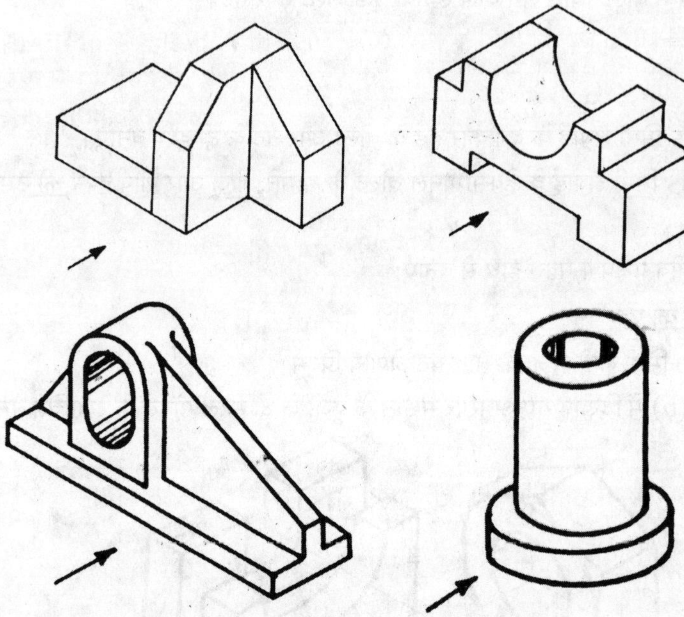

चित्र 4.25: विषयात्मक प्रश्न 4.17 एवं 4.18 लिए सचित्र दृश्य

प्रायोगिक कार्य

पाठ्यचर्या के अनुसार यूनिट -4 से संबंधित प्रायोगिक अभ्यास निम्नानुसार हैं:

1. थ्रेड प्रोफाइल, नट, बोल्ट, स्टड, सेट स्क्रू, वाशर, लॉकिंग व्यवस्था जैसे स्केच बुक में मशीन तत्वों के फ्री हैंड स्केच / पारंपरिक चित्र बनाना ।
2. उदाहरण आधारित शिक्षा: कुछ लुप्त रेखाओं वाली कम से कम तीन वस्तुओं के लंबकोणीय दृश्यों को देखते हुए, छात्र संबंधित वस्तुओं की कल्पना करने, दृश्यों को पूरा करने और स्केच बुक में इन दृश्यों को खींचने का प्रयास करेगा।

प्रयोग 1: मशीन के तत्वों का मुक्त हस्त रेखाचित्र/पारंपरिक निरूपण ड्रा करें।

प्रायोगिक कथन

थ्रेड प्रोफाइल, नट, बोल्ट, स्टड, सेट स्क्रू, वाशर, लॉकिंग व्यवस्था जैसे मशीन तत्वों के मुक्त हस्त रेखाचित्र / कन्वेन्शन स्केच बुक में बनाएं।

प्रायोगिक महत्त्व

आम तौर पर इंजीनियरिंग डिजाइन की प्रक्रिया में, पहला कदम वैचारिक डिजाइन है, यानी विचार का निर्माण। इस अवधारणा को कागज पर स्थानांतरित किया जाता है, आम तौर पर ड्राइंग उपकरणों की सहायता के बिना फ्रीहैंड स्केचिंग द्वारा, क्योंकि अंतिम स्वीकार्य समाधान पर पहुंचने के लिए चर्चा और प्रतिक्रिया के आधार पर कई संशोधनों की आवश्यकता होती है।

प्रासंगिक सिद्धांत

पुस्तक का खंड 4.0 देखें।

प्रैक्टिकल आउटकम्स (PrO)

PrO1: मुक्त हस्त रेखाचित्र/ मशीन तत्वों का पारंपरिक निरूपण (**Conventional Representation**) बनाएं।

प्रायोगिक व्यवस्था (ड्राइंग/स्केच/सर्किट आरेख/कार्य स्थिति)

निम्नलिखित फास्टनरों के 10 मुक्त हस्त रेखाचित्र बनाएं:

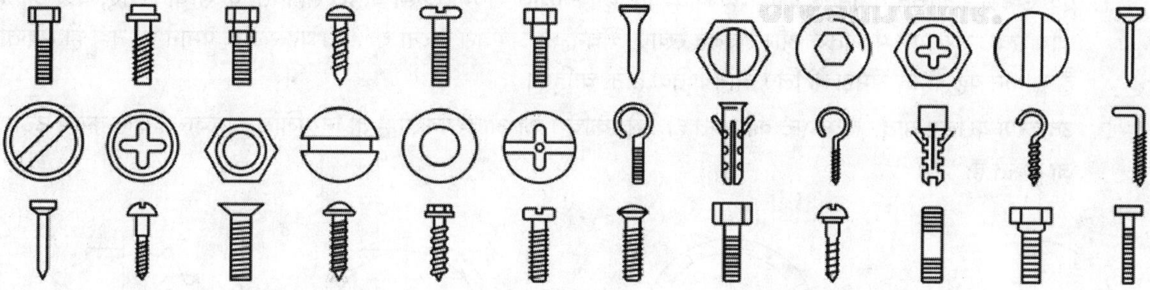

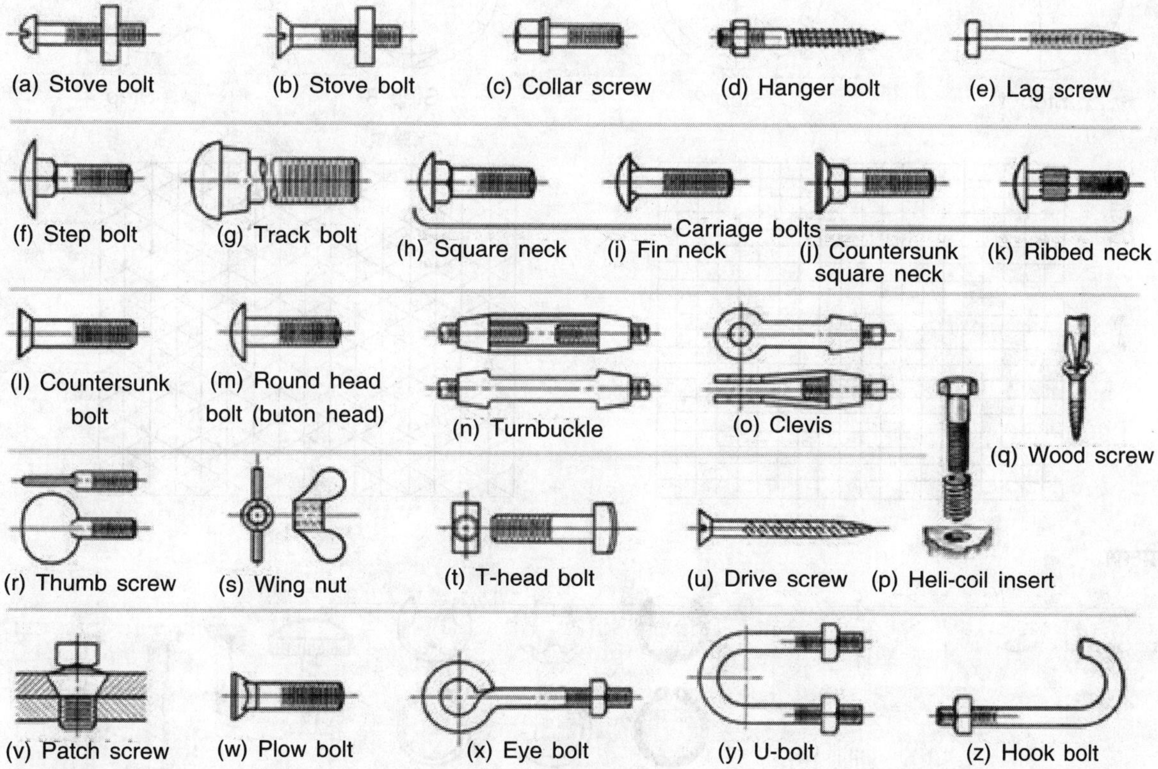

आवश्यक संसाधन

ड्राइंग इंस्ट्रूमेंट्स, टी-स्क्वायर, सेट स्क्वेयर, मिनी-ड्राफ्टर को छोड़कर यूनिट1- के प्रैक्टिकल1- में उल्लेखित संसाधन। इसके अलावा, मशीन तत्व पारंपरिक प्रतिनिधित्व से संबंधित बीआईएस कोड भी आवश्यक हैं। आयताकार और आइसोमेट्रिक ग्रिड या ग्राफ पेपर भी आवश्यक हैं।

सावधानियाँ

1. लाइन उपयोग के प्रकार के आधार पर उपयुक्त प्रकार की पेंसिल का प्रयोग करें।
2. पेंसिल को तेज करने के लिए ब्लेड या पेपर कटर का प्रयोग न करें।

प्रयोग विधि

1. एक अच्छा रेखाचित्र बनाने के लिए यह आवश्यक है कि व्यक्ति बिना किसी बाहरी सहायता के सीधी रेखाएँ, वक्र आदि खींच सके। शुरुआत में क्षैतिज और लंबवत रेखाएं खींचने का अभ्यास करना चाहिए। यह सटीक पैमाने पर नहीं हो सकता है, लेकिन यह बेहतर समझ के लिए आनुपातिक होना चाहिए।
2. उदाहरण के लिए यदि एक शाफ़्ट की मुक्त हाथ से स्केचिंग की आवश्यकता है तो निम्नलिखित विचारोत्तेजक कदम उठाए जा सकते हैं:

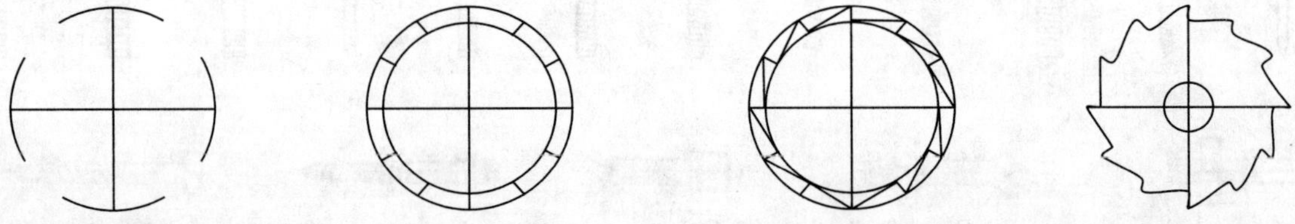

Step 1 Step 2 Step 3 Step 4

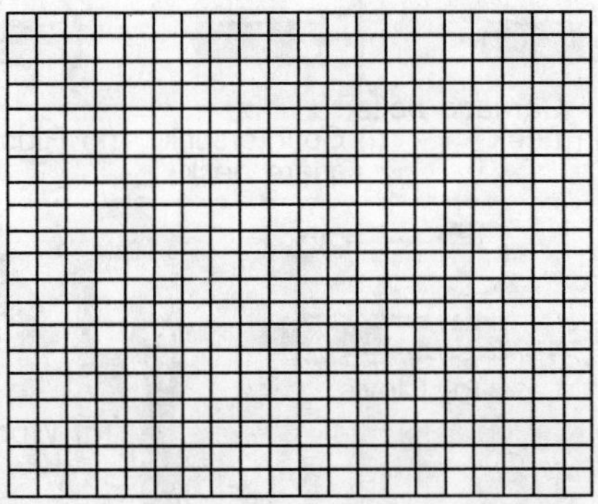

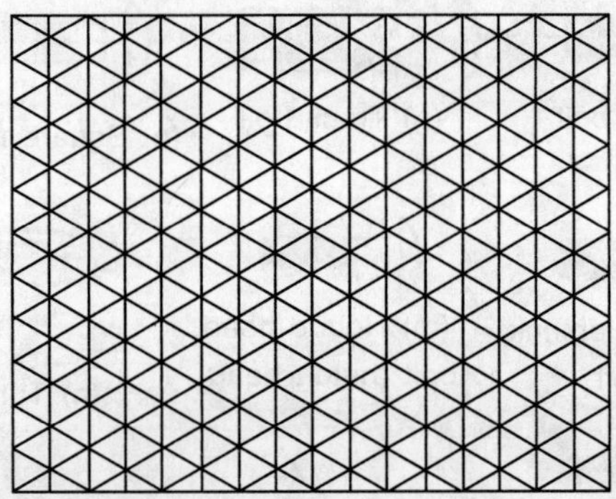

प्रेक्षण

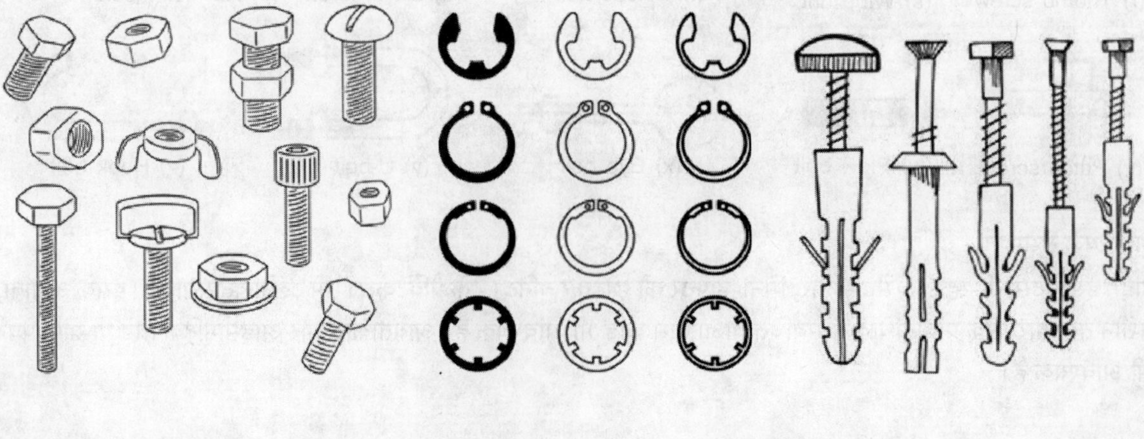

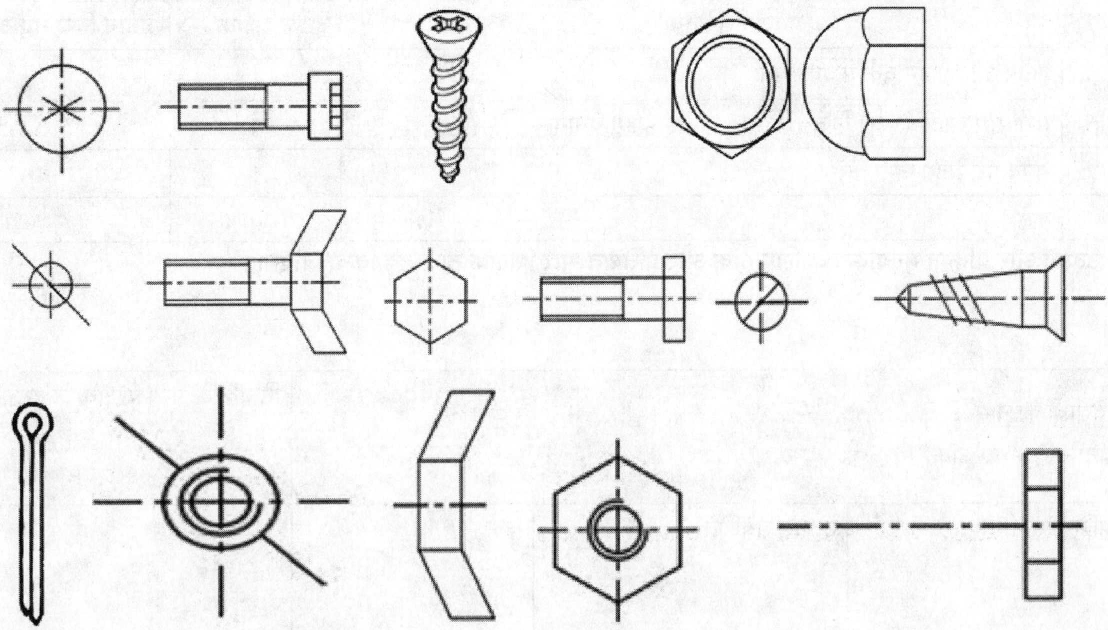

प्रयोग संबंधी प्रश्न

1. आयताकार और सममितीय ग्रिड में अंतर स्पष्ट कीजिए।
2. प्रत्येक स्क्रू और नट-बोल्ट के पाँच अनुप्रयोग लिखिए

अपशिष्ट का निपटान

जैसा कि यूनिट1- के प्रैक्टिकल1- में बताया गया है

पर्यावरण के अनुकूल दृष्टिकोण: कम उपयोग (रिड्यूज), पुनः उपयोग (रियूज) एवं पुनर्चक्रण (रिसायकल)

जैसा कि यूनिट1- के प्रैक्टिकल1- में बताया गया है

अध्ययन हेतु सुझाए गए संसाधन

यूनिट-4 देखें

सुझाई गई मूल्यांकन योजना

	प्रदर्शन संकेतक	वेटेज / अंक	प्रदान किए गए अंक
प्रक्रिया संबंधित: 5 अंक* (33%)			
1.	विभिन्न वस्तुओं को चित्रित करते समय उपयुक्त पेंसिल का प्रयोग	3	
2.	दिए गए कार्य (समस्याओं) को ड्रॉ करने के लिए दूसरों का समर्थन नहीं लेना	2	
उत्पाद संबंधित: 10 अंक* (67 %)			
3.	ड्राइंग शीट/स्केच बुक पर साफ-सफाई	1	
4.	वास्तविक प्रतिरूपों के साथ मुक्त हस्त रेखाचित्रों की निकटता	3	

	प्रदर्शन संकेतक	वेटेज / अंक	प्रदान किए गए अंक
5	ड्राइंग और लाइन वर्क में एकरूपता	1	
6	सभी समस्याओं (प्रश्न) के हल के साथ दी गई ड्राइंग बनाना	4	
7	समय पर ड्राइंग जमा करना	1	
	कुल	100 %	

*** उत्पाद और प्रक्रिया मूल्यांकन के लिए अंक और प्रतिशत भार शिक्षक द्वारा तय किया जाएगा।**

विद्यार्थी का नाम : .... प्रदान किए गए अंक			दिनांक के साथ शिक्षक के हस्ताक्षर
प्रक्रिया संबंधित	उत्पाद संबंधित	कुल	

प्रयोग-2: छूटे हुए दृश्य और जानकारी ड्रा करें।

प्रायोगिक कथन

कुछ लुप्त रेखाओं वाली कम से कम तीन वस्तुओं के ऑर्थोग्राफिक दृश्यों को देखते हुए, छात्र संबंधित वस्तुओं की कल्पना करने, दृश्यों को पूरा करने और इन दृश्यों को स्केच बुक (समस्या आधारित शिक्षा) में खींचने का प्रयास करेगा।

प्रायोगिक महत्त्व

छूटे हुए दृश्यों और सूचनाओं की पहचान करने का अभ्यास एक छात्र में इंजीनियरिंग ड्राइंग अवधारणाओं, लंबकोणीय दृश्यों, सममितीय दृश्यों और विज़ुअलाइज़ेशन क्षमता को और मजबूत करने में बहुत मददगार है।

प्रासंगिक सिद्धांत

पुस्तक का खंड 4.0 देखें।

प्रैक्टिकल आउटकम्स (PrO)

PrO1: दिए गए लंबकोणीय दृश्यों और सममितीय दृश्य में छूटे हुए व्यू और जानकारी को ड्रा करें।

प्रायोगिक व्यवस्था (ड्राइंग/स्केच/सर्किट आरेख/कार्य स्थिति)

निम्नलिखित स्थितियों (प्रथम कोण प्रक्षेपण) में छूटे हुए दृश्यों और रेखाओं की पहचान करें।

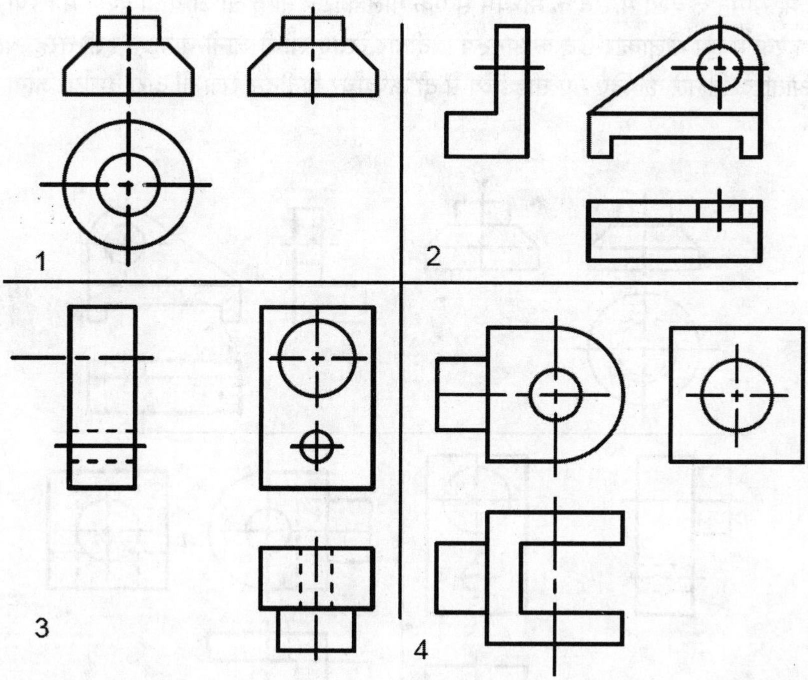

आवश्यक संसाधन

जैसा कि यूनिट-4 के प्रयोग-1 में बताया गया है।

सावधानियाँ

जैसा कि यूनिट-4 के प्रयोग1 में बताया गया है।

प्रयोग विधि

1. **स्थिति -1** में यदि आप गंभीर रूप से जांच करते हैं तो सामने और किनारे के दृश्यों में कोई गुम जानकारी नहीं है लेकिन जब हम वस्तु के ऊपर से देखते हैं तो तीन सर्कल दिखाई देने चाहिए इसलिए शीर्ष दृश्य में एक सर्कल गायब है।
2. **स्थिति -2** में सामने का दृश्य एक गोलाकार छेद दिखाता है जबकि यह शीर्ष और पार्श्व दृश्यों में छिपा होता है इसलिए शीर्ष और पार्श्व दृश्यों में इसे दो समानांतर बिंदीदार रेखाओं की एक जोड़ी द्वारा दर्शाया जाना चाहिए। शीर्ष दृश्य में बिंदीदार रेखाएँ मौजूद हैं लेकिन पार्श्व दृश्य में गोलाकार छेद के लिए बिंदीदार रेखाएँ नहीं हैं। इसी प्रकार सामने के दृश्य में आधार में स्लॉट के माध्यम से एक आयताकार है इसलिए शीर्ष और पार्श्व दृश्यों में इसकी संगत बिंदीदार रेखाएं उपलब्ध होनी चाहिए। साइड व्यू में एक डॉटेड लाइन और टॉप व्यू में दो डॉटेड लाइन को पूरा करने के लिए खींचा जाना है। चूंकि छेद के किनारों में से एक स्लॉट के किनारों में से एक के अनुरूप है इसलिए शीर्ष दृश्य में छेद और स्लॉट के लिए दाहिनी बिंदीदार रेखाओं का कुछ हिस्सा अतिव्यापी है।
3. **स्थिति- 3** में पार्श्व दृश्य में बड़े वृत्ताकार ब्लॉक का प्रक्षेपण गायब है। अतः वृत्ताकार गुटके के व्यास के बराबर ऊँचाई और वृत्ताकार गुटके की मोटाई के बराबर चौड़ाई का एक आयत पार्श्व दृश्य में खींचा जाना चाहिए ताकि इसे पूरा बनाया जा सके।

4. **स्थिति -4** में, सामने के दृश्य में छेद के माध्यम से एक गोलाकार होता है जो अन्य दो दृश्यों में छिपा होता है इसलिए शीर्ष और पार्श्व दृश्यों में इस गोलाकार छेद के अनुरूप बिंदीदार रेखाएं खींची जानी चाहिए। इसी तरह, बाईं ओर, आयताकार स्लॉट के आंतरिक किनारे को दिए गए साइड व्यू में दो ऊर्ध्वाधर बिंदीदार रेखाओं द्वारा दर्शाया जाना चाहिए।

प्रेक्षण

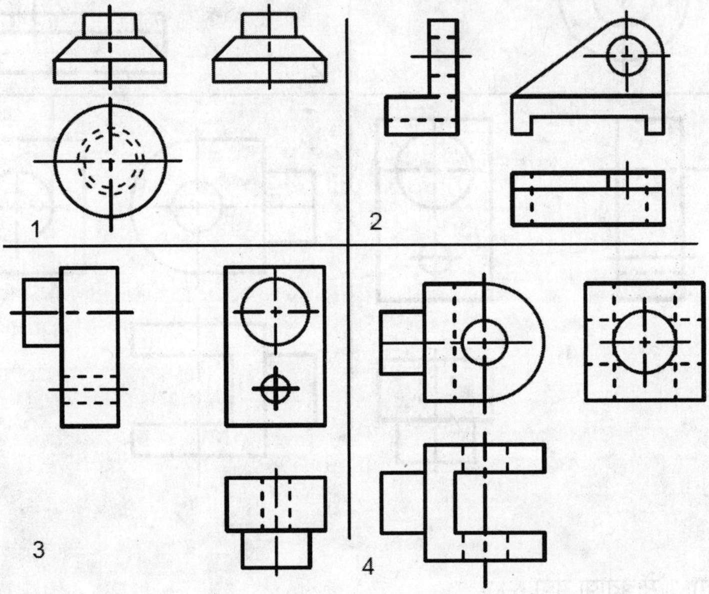

प्रयोग संबंधी प्रश्न

1. **स्थिति-3** में दो लंबवत बिंदु वाली रेखाएं दिखाई गई हैं, इन रेखाओं की उपस्थिति की व्याख्या करें और उन्हें बिंदीदार क्यों बनाया गया है?
2. **स्थिति-4** में चार ऊर्ध्वाधर बिंदीदार रेखाएं दिखाई गई हैं, इन रेखाओं की उपस्थिति की व्याख्या करें और उन्हें बिंदीदार क्यों बनाया गया है?

अपशिष्ट का निपटान

जैसा कि यूनिट-4 के प्रैक्टिकल-1 में बताया गया है।

पर्यावरण के अनुकूल दृष्टिकोण: कम उपयोग (रिड्यूज), पुनः उपयोग (रियूज) एवं पुनर्चक्रण (रिसायकल)

जैसा कि यूनिट -4 के प्रैक्टिकल -1 में बताया गया है।

अध्ययन हेतु सुझाए गए संसाधन

यूनिट-4 देखें

अनुपलब्ध रेखाएँ और अनुपलब्ध दृश्य

सुझाई गई मूल्यांकन योजना

जैसा कि यूनिट -4 के प्रैक्टिकल -1 में बताया गया है।

अधिक जानिए

- शिक्षक कुछ उत्पादन/निर्माण/विद्युत/इलेक्ट्रॉनिक वास्तविक औद्योगिक एकत्र करेगा
  छात्रों को इनपुट के साथ दिखाने के लिए घटक चित्र।
- इनपुट सत्र के दौरान शिक्षक को कुछ वस्तुओं को सफेद रंग से मुक्त हाथ से स्केच करना चाहिए।
  संबंधित शाखा से संबंधित ब्लैक बोर्ड अर्थात। मैकेनिकल और संबद्ध विषयों / इलेक्ट्रिकल और संबद्ध विषयों / इलेक्ट्रॉनिक्स आदि।

अनुप्रयोग (वास्तविक जीवन/औद्योगिक)

मुक्तहस्त रेखाचित्र के निम्नलिखित क्षेत्रों में अनुप्रयोग हैं:

- अनुसंधान एवं विकास अनुभाग में, नए उत्पादों को डिजाइन करते समय या मौजूदा डिजाइन में कोई भी बदलाव करते समय डिजाइनर अपने विचारों को ड्राफ्ट्समैन या अन्य लोगों तक पहुंचाने के लिए स्केच या योजनाबद्ध आरेख बनाता है।
- उत्पादन और अनुरक्षण विभागों में, मरम्मत किए जाने वाले पुर्जे या मशीन के मौजूदा ढांचे में आवश्यक संशोधन आदि के बारे में विवरण देने के लिए मुक्तहस्त स्केच तैयार किए जाते हैं।
- मुक्तहस्त रेखाचित्र कक्षा में अवधारणाओं को समझाने में शिक्षक की मदद करता है।

जिज्ञासा हेतु

कक्षा और ड्राइंग अभ्यास सत्रों के अलावा, सुझाए गए छात्र-संबंधित सह-पाठयक्रम गतिविधियाँ निम्नलिखित हैं जिन्हें इस इकाई में विभिन्न परिणामों की प्राप्ति में तेजी लाने के लिए किया जा सकता है:

विद्यार्थी को एक अलग A3 आकार की स्केच बुक रखनी चाहिए जो कि टर्म वर्क का हिस्सा होगी और इसे ड्राइंग शीट के साथ जमा करना चाहिए। स्केच बुक में उपयुक्त आयाम के साथ ऑर्थोग्राफिक दृश्यों पर निम्नलिखित असाइनमेंट तैयार किया जाना चाहिए-

(i) विद्युत मोटर

(ii) कार के मॉडल

(iii) कंप्यूटर मॉनीटर

(iv) इलेक्ट्रॉनिक सर्किट बोर्ड

(v) सीढ़ी

(vi) एक घर के बहु दृश्य

संदर्भ एवं अध्ययन हेतु सुझाव

1. Engineering Drawing Practices for School and Colleges SP 46:2003, published by Bureau of Indian Standards, Government of India, Third Reprint, October 1998; ISBN:. 81-7061-091-2, Manak Bhavan, 9 Bahadur Shah Zafar Marg , New Delhi.

2. Online course material on Free hand sketching, T. Jeyapoovan Thangasamy, Department of Mechanical Engineering, Hindustan Institute of Technology and Science, Chennai, India, *https://fdocuments.in/document/lesson-14-freehand-sketching-orthographic-projections-part-i.html*
3. Online course material on Free hand sketching, *https://deseng.ryerson.ca/dokuwiki/_media/mec222:asc3.pdf*
4. Video on Sketching Orthographic Views, http://www.cadmodelinghub.com/, *https://www.youtube.com/watch?v=VkMG9Se1AGM*
5. Video on Freehand Sketching for Engineers-Video 3-Orthographic and Circles, Marklin https://www.youtube.com/watch?v=nEaqezJIEMs

5 कंप्यूटर एडेड ड्राफ्टिंग इंटरफेस

यूनिट विशिष्ट

यह इकाई निम्नलिखित विषयों से संबंधित जानकारी प्रस्तुत करती है:

- कंप्यूटर एडेड ड्राफ्टिंग (CADr): अवधारणा और लाभ
- कंप्यूटर हार्डवेयर और कंप्यूटर एडेड डिजाइन एण्ड ड्राफ्टिंग सॉफ्टवेयर
- सिस्टम आवश्यकताएँ और ऑटोकैड सॉफ़्टवेयर के लिए इंटरफ़ेस को समझना
- ऑटोकैड सॉफ्टवेयर इंस्टालेशन प्रक्रिया
- ऑटोकैड सॉफ्टवेयर ओपनिंग स्क्रीन और विभिन्न पैलेट/टूल बार
- ऑटोकैड सॉफ्टवेयर में कमांड का आह्वान
- फ़ाइल सुविधाएँ: नई और मौजूदा आरेखण फ़ाइल खोलना, फ़ाइल सेव करना, टेम्पलेट बनाना
- नए आरेखण जैसे इकाइयों, सीमाओं के लिए पैरामीटर सेट करना
- ग्रिड, स्नैप, ऑर्थो, ऑब्जेक्ट स्नैप जैसे ड्राइंग सहायकों का उपयोग
- फंक्शन-की , शार्ट-कट कुंजी वर्ण, अन्डू और रीडू करना
- ऑटोकैड सॉफ्टवेयर से बाहर निकलना

इन विषयों की समझ सामग्री को पढ़ने, हल की गई समस्याओं, गतिविधियों को पूरा करने, ऑटोकैड सॉफ्टवेयर पर अभ्यास करने और इस इकाई में उल्लिखित आईसीटी और वेब संसाधनों को देखने के बाद विकसित होगी ।

इकाई के अंत में सम्मिलित किए गए विषयों को संक्षेप में प्रस्तुत करने के लिए सारांश प्रदान किया गया है और अनुप्रयोगों का उल्लेख किया गया है ताकि शिक्षार्थी प्रस्तुत ज्ञान को वास्तविक जीवन और औद्योगिक स्थितियों के साथ सहसंबद्ध कर सके। शिक्षार्थी में जिज्ञासा पैदा करने के लिए कुछ गतिविधियों का उल्लेख किया गया है। ज्ञान के सुदृढ़ीकरण के लिए विषयपरक और वस्तुनिष्ठ प्रश्न दिए गए हैं और आगे सीखने के लिए संदर्भों और सुझाए गए रीडिंग की एक सूची भी प्रदान की गई है। क्यूआर कोड के साथ वीडियो संसाधनों का उल्लेख रुचि के विभिन्न विषयों पर अधिक जानकारी प्राप्त करने के लिए किया जाता है जिसे देखने के लिए मोबाइल फोन के माध्यम से सर्फ या स्कैन किया जा सकता है।

भूमिका

कई वर्षों से, ड्राइंग इंजीनियरिंग का एक अनिवार्य हिस्सा रहा है क्योंकि यह इंजीनियरिंग डिजाइन और निर्माण गतिविधियों के बीच की कड़ी है। निर्माण के लिए आयाम, टॉलरेंस, आकृति, आकार और अन्य विवरणों से संबंधित जानकारी निर्माण कर्मियों को निर्धारित प्रारूपण मानकों के अनुसार बनाए गए चित्रों के रूप में दी जाती है। निर्माण कर्मचारी और डिजाइनर इन प्रारूपण मानकों के आधार पर चित्रों को उसी अर्थ में समझ और व्याख्या कर सकते हैं।

इंजीनियरिंग ड्रॉइंग दो तरीकों से बनाई जाती है पहला इस पुस्तक की इकाई 1 से 4 मे उल्लेखित पारंपरिक विधियों से तथा कंप्यूटर का उपयोग करके(इस पुस्तक की इकाई 5 और 6)। पारंपरिक तरीकों में ड्राफ्टिंग बोर्ड, पेन, पेंसिल, स्याही, ट्रेसिंग पेपर आदि जैसे मैनुअल ड्राफ्टिंग इंस्ट्रूमेंट्स का उपयोग किया जाता है। कंप्यूटर का उपयोग करके बनाए गए ड्रॉइंग को कंप्यूटर एडेड ड्राफ्टिंग, कंप्यूटर एडेड डिजाइन एंड ड्राफ्टिंग, कंप्यूटर असिस्टेड ड्राफ्टिंग, कंप्यूटर ऑगमेंटेड ड्राफ्टिंग, कंप्यूटर ऑटोमेटेड प्रारूपण आदि कहा जाता है। यह इकाई कंप्यूटर एडेड ड्राफ्टिंग की मूल बातें और सॉफ्टवेयर के साथ कंप्यूटर प्रारूपण हार्डवेयर के इंटरफेस की आउट लाइन तैयार करती है। यह किसी भी प्रारूपण सॉफ़्टवेयर को शुरू करने के लिए प्रारंभिक चरणों का भी वर्णन करती है जैसे ऑटोकैड, ऑटोकैड मुख्य विंडो, नई ड्राइंग की स्थापना और कमांड्स को लागू करना आदि ।

पूर्व अपेक्षित ज्ञान

- इंजीनियरिंग ड्रॉइंग: इस पुस्तक की यूनिट-1 से 2 तक
- गणित: निर्देशांक और समतल ज्यामिति
- बुनियादी कंप्यूटर और एमएस विंडो संचालन

यूनिट आउटकम्स (UOs)

विद्यार्थी निम्नलिखित मे सक्षम होंगे।

U5-O1: कंप्यूटर एडेड ड्राफ्टिंग (CADr), संबंधित शब्दावली और इसके लाभ समझना

U5-O2: कंप्यूटर हार्डवेयर और सॉफ्टवेयर के लिए इंटरफेस समझना

U5 -O3: ऑटोकैड सॉफ्टवेयर में फाइल से संबंधित ऑपरेशन करना

U5 -O4: ऑटोकैड सॉफ्टवेयर में नई ड्राइंग सेट करना

U5 -O5: सटीक आरेखण के लिए स्टैटस टूलबार विकल्पों का उपयोग करना

कोर्स आउटकम्स (COs) के साथ यूनिट आउटकम्स (UOs) का परस्पर संबंध

यूनिट -5 आउटकम्स	कोर्स आउटकम्स के साथ अपेक्षित संबंध (1- कमजोर सहसंबंध; 2- मध्यम सहसंबंध; 3- मजबूत सहसंबंध)					
	CO-1	CO-2	CO-3	CO-4	CO-5	CO-6
U5-O1	-	-	-	-	-	1
U5-O2	-	-	-	-	-	2
U5-O3	-	-	-	-	-	3
U5-O4	-	-	-	-	-	3
U5-O5	-	-	-	-	-	3

5.1 परिचय

एक मशीन के किसी भी हिस्से (पार्ट) का निर्माण करने से पहले उसे डिजाइन किया जाता है और फिर उसकी ड्राइंग तैयार की जाती है। ड्राइंग में दिए गए विवरण के अनुसार इंडस्ट्री मे उसका निर्माण किया जाता है। इस प्रकार ड्राइंग, डिजाइन कार्यालय और निर्माण की कर्मशाला के बीच संचार का एकमात्र साधन है। अतः इंजीनियरिंग ड्राइंग इंजीनियरों के लिए काफी महत्वपूर्ण संचार का साधन है।

पहले इंजीनियरिंग ड्राइंग मैन्युअल रूप से बनाई जाती थी लेकिन अब वे कंप्यूटर और कंप्यूटर एडेड ड्राफ्टिंग (केड) सॉफ्टवेयर की मदद से बनाई जाती हैं।

चित्र 5.1 एक विशिष्ट औद्योगिक ड्राइंग कार्यालय में काम के प्रवाह को दर्शाता है।

ड्राफ्टिंग के लिए कई सॉफ्टवेयर उपलब्ध हैं लेकिन ऑटोकेड सबसे बहुमुखी और आमतौर पर उपयोग किया जाने वाला सॉफ्टवेयर है। इस पुस्तक में ऑटोकेड 2020 संस्करण का वर्णन किया जा रहा है।

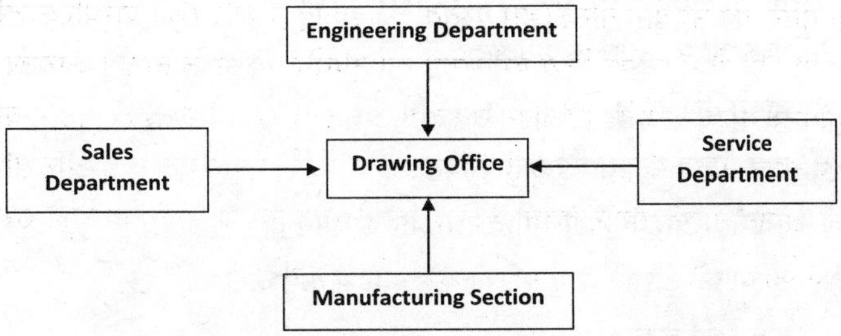

चित्र 5.1: विशिष्ट औद्योगिक ड्राइंग कार्यालय का कार्य प्रवाह (वर्क फ़्लो)

5.2 कम्प्यूटर एडेड ड्राफ्टिंग

CADR का मतलब कंप्यूटर एडेड ड्राफ्टिंग है। यह कंप्यूटर प्रारूपण सॉफ्टवेयर का उपयोग करके कंप्यूटर स्क्रीन पर किसी वस्तु का चित्र तैयार करने की एक प्रक्रिया है।

इंजीनियरिंग और विज्ञान के विभिन्न क्षेत्रों में कई तरह की ड्रॉइंग का उपयोग होता हैं। वैमानिकी इंजीनियरिंग और यांत्रिक के क्षेत्र में मशीन घटकों और लेआउट से संबंधित विभिन्न चित्र तैयार किए जाते हैं। सिविल इंजीनियरिंग के क्षेत्र में विभिन्न लेआउट और योजनाएं तैयार की जाती हैं। इलेक्ट्रिकल इंजीनियरिंग के क्षेत्र में, बिजली वितरण प्रणाली के लेआउट और सर्किट आरेख तैयार किए जाते हैं।

कंप्यूटर से इंजीनियरिंग ड्राइंग सहित कई क्षेत्रों में भारी बदलाव आए हैं। न केवल कंप्यूटर ऐडेड ड्राइंग या ड्राफ्टिंग में लगने वाला समय मैनुअल ड्राफ्टिंग में लगने वाले समय का एक अंश है, बल्कि इसकी सहायता से संपूर्ण ड्राइंग को परिवर्तन किए बिना रिवीजन भी जल्दी किया जा सकता है। CADr का उपयोग करके वस्तु के विभिन्न दृश्यों को बनाना करना बहुत आसान है। CADr सॉफ्टवेयर को प्रभावी ढंग से उपयोग करने के लिए उपयोगकर्ता को सभी कमांड्स को सीखना और अभ्यास करना चाहिए। यह इकाई और इसके आगे की इकाई ऑटोकैड सॉफ्टवेयर का उपयोग करके किसी भी सरल से जटिल 2डी ऑब्जेक्ट को आरेखित करने, संशोधित करने, संपादित करने, प्रबंधित करने और प्रिंट करने की क्षमता विकसित करने के लिए उपयोगी है। CADr का उपयोग उच्च ग्राफिक्स क्षमताएं प्रदान करने हेतु निम्नानुसार डिजाइनर को सहायता देता है ।

- उनके विचारों की कल्पना और अवधारणा करना
- बहुत जल्दी ड्राइंग, संशोधित, सेव करना और प्रिंट करना
- एनिमेशन बनाना और उपयोग करना
- डिजाइन गणना करना
- रंग, एर्गोनॉमिक्स, सौंदर्य और अन्य स्वरूपण सुविधाओं को आसानी से लागू करना

CADr में कंप्यूटर एडेड डिजाइन और ड्राफ्टिंग सॉफ्टवेयर जैसे ऑटोकैड, क्रेओ, कैटिया, यूनिग्राफिक्स, सॉलिडवर्क्स आदि का उपयोग करके कंप्यूटर स्क्रीन पर ड्राइंग बनाई जाती है। इन डिजिटल ड्रॉइंग में संशोधन और संपादन बहुत आसान है और एक बार पूरा होने पर ड्राइंग को बाहरी या आंतरिक मेमोरी जैसे कंप्यूटर हार्ड डिस्क / सीडी / फ्लॉपी / बाहरी एचडी / पेन ड्राइव मे सहेजा जा सकता है। एक बार ड्राइंग पूरी हो जाने के बाद इसे प्रिंटर या प्लॉटर का उपयोग करके प्रिंट किया जा सकता है। A3 आकार के ड्रॉइंग प्रिंटर का उपयोग किया जा सकता है जबकि बड़े और रंगीन ड्रॉइंग के लिए प्लॉटर का उपयोग किया जाता है। ऐसे चित्रों की गुणवत्ता उत्कृष्ट होती है और यह व्यक्ति के कौशल पर निर्भर नहीं करती है।

5.3 कम्प्यूटर एडेड ड्राफ्टिंग के लाभ

केड प्रणाली का कार्यान्वयन नीचे दिए गए अनुसार डिजाइन और उत्पादन में उद्योगों को विभिन्न प्रकार के लाभ प्रदान करता है:

1. प्रारूपण में बेहतर उत्पादकता
2. ड्राइंग के लिए कम तैयारी का समय
3. कम मानव शक्ति की आवश्यकता
4. ड्राइंग में ग्राहक संशोधन त्वरित और आसान हैं
7. ड्राइंग की ट्रांसक्रिप्शन त्रुटियों को कम से कम करना।
8. ड्राइंग की बेहतर सटीकता
9. दस्तावेज तैयार करने में सहायता
10. बेहतर डिजाइन विकसित किए जा सकते हैं
12. उत्पाद को अनुकूलित करने के लिए रंगों का उपयोग किया जा सकता है
13. आयामों और टोलेरेन्स के साथ लंबकोणीय प्रक्षेपण बनाना।
14. अलग-अलग पैटर्न के साथ सभी भागों की हैचिंग
15. असेंबली या सब असेंबली ड्रॉइंग तैयार करना
16. भाग सूची तैयार करना।
17. आवश्यक सतहों पर मशीनिंग और सहिष्णुता प्रतीक।
18. प्रतीकों के साथ हाइड्रोलिक और न्यूमटिक सर्किट आरेख।
19. छपाई किसी भी पैमाने पर की जा सकती है।

5.4 हार्डवेयर और विभिन्न केड सॉफ्टवेयर की उपलब्धता

केड सिस्टम में कंप्यूटर हार्डवेयर सिस्टम और सॉफ्टवेयर शामिल हैं।

5.4.1 केड (CAD) हार्डवेयर

केड हार्डवेयर कंप्यूटर सिस्टम है और यह निम्नलिखित मे से कोई हो सकता है

(a) एक वर्कस्टेशन कंप्यूटर या

(b) एक पर्सनल कंप्यूटर (पीसी) या

(c) एक लैपटॉप कंप्यूटर

वर्कस्टेशन में एक उच्च रिज़ॉल्यूशन 24/19 इंच का मॉनिटर और त्वरित प्रदर्शन के लिए ग्राफिक्स एक्सेलेरेटर कार्ड, कई विंडो के साथ काम करने की सुविधा, उच्च रैंडम एक्सेस मेमोरी (रैम) और उच्च हार्ड डिस्क स्टोरेज शामिल हैं। वर्कस्टेशन एक पर्सनल कंप्यूटर के समान दिखता है, लेकिन इसका प्रदर्शन उच्च है और यह लगभग पांच गुना अधिक महंगा होता है। इसमें उच्च गति और बेहतर मेमोरी और डिस्प्ले क्षमताएं होती हैं।

लैपटॉप कंप्यूटर पोर्टेबल कंप्यूटर होते हैं जिन्हें बैग में रखकर कहीं भी ले जाया जा सकता है। एक विशिष्ट लैपटॉप कंप्यूटर में प्रोसेसर के साथ मदरबोर्ड, साउंड कार्ड, ग्राफिक्स कार्ड, नेटवर्क कार्ड, आंतरिक हार्ड डिस्क, बाहरी उपकरणों को जोड़ने के लिए विभिन्न पोर्ट, स्क्रीन, कीबोर्ड, स्पीकर, कैमरा और माउस पैड शामिल होता हैं। वे सिस्टम को शक्ति प्रदान करने के लिए एक बैटरी के साथ आते हैं और बैटरी को पावर एडॉप्टर का उपयोग करके चार्ज किया जा सकता है।

एक पर्सनल कंप्यूटर/वर्कस्टेशन (केड हार्डवेयर) में सामान्यतः निम्नलिखित घटक होते हैं (चित्र 5.2)

1. उच्च-रिज़ॉल्यूशन मॉनिटर (21/19/14 इंच)
2. न्यूमेरिक को-प्रोसेसर के साथ सेंट्रल प्रोसेसिंग यूनिट, 8 से 32 एमबी रैम, एक हार्ड डिस्क ड्राइव, एक कैच मेमोरी, एक कलर ग्राफिक्स कार्ड।
3. स्पीकर
4. प्रिंटर/प्लॉटर
5. कीबोर्ड
6. तीन बटन वाला स्क्रॉल माउस/डिजिटाइज़र

चित्र 5.2: विशिष्ट कंप्यूटर सिस्टम

सेन्ट्रल प्रॉसेसिंग यूनिट (सीपीयू)

एक सेंट्रल प्रोसेसिंग यूनिट (सीपीयू), जिसे सेंट्रल प्रोसेसर भी कहते हैं , मेन प्रोसेसर या जस्ट प्रोसेसर भी कहा जाता है, कंप्यूटर का दिमाग होता है, जिसमें इनपुट, स्टोर डेटा और आउटपुट परिणामों को प्रोसेस करने के लिए आवश्यक सभी सर्किटरी होती है। सीपीयू प्रोग्राम में निर्देशों द्वारा निर्दिष्ट बुनियादी अंकगणित, लॉजिक, नियंत्रण और इनपुट/आउटपुट (I/O) संचालन करता है। एक विशिष्ट CPU में आंतरिक घटक हैं:

1. मदरबोर्ड।
2. नेटवर्किंग कार्ड
3. ग्राफिक्स कार्ड
4. प्रोसेसर
5. हार्ड ड्राइव
6. यूएसबी पोर्ट
7. मॉनिटर पोर्ट
8. पावर सप्लाइ

इनपुट डिवाइस

इनपुट डिवाइस का उपयोग मेनू से चयन करने, सूचना/कमांड टाइप करने, कर्सर को उचित स्थिति में रखने और स्क्रीन से इकाइयों का चयन करने आदि के लिए किया जाता है। कंप्यूटर में कमांड/सूचना भेजने से कंप्यूटर स्क्रीन पर डिजिटल ड्राइंग तैयार होती है। निम्नलिखित डिवाइस (चित्र. 5.3) इनपुट डिवाइस के रूप में उपयोग किए जाते हैं लेकिन कीबोर्ड और माउस सबसे अधिक उपयोग किए जाने वाले इनपुट डिवाइस हैं।

(a) एक कीबोर्ड, जहां आवंटित कुंजियां आवश्यक मूवमेंट को नियंत्रित करती हैं।

(b) एक माउस, एक छोटा बॉक्स जो एक सतह पर धकेलने पर उसी दिशा में मूवमेंट को नियंत्रित करता है।

(c) थंब व्हील , जहां एक पहिया क्षैतिज गति को नियंत्रित करता है और दूसरा पहिया ऊर्ध्वाधर गति को नियंत्रित करता है।

(d) एक लाइट पेन, जहां स्क्रीन पर सीधे पेन को इंगित करके आवश्यक स्थिति का चयन किया जाता है।

(e) एक जॉयस्टिक, एक बॉक्स में एक ऊर्ध्वाधर लीवर होता है जो किसी भी दिशा में मूवमेंट को नियंत्रित करता है।

(f) एक ट्रैकर बॉल, जो माउंटिंग मे रोल करती है, किसी भी दिशा में मूवमेंट को नियंत्रित करती है।

(g) एक पक या (h) स्टायलस, डिजिटाइज़िंग टैबलेट के साथ संयोजित, जो डिजिटाइज़र की सतह से जोड़कर और लाइनों, वक्रों आदि पर महत्वपूर्ण बिंदुओं को इंगित करके एक स्केच या आधी-अधूरी ड्राइंग से पूरी ड्राइंग को दर्ज कर सकता है, और प्रासंगिक कमांड को दर्ज कर सकता है।

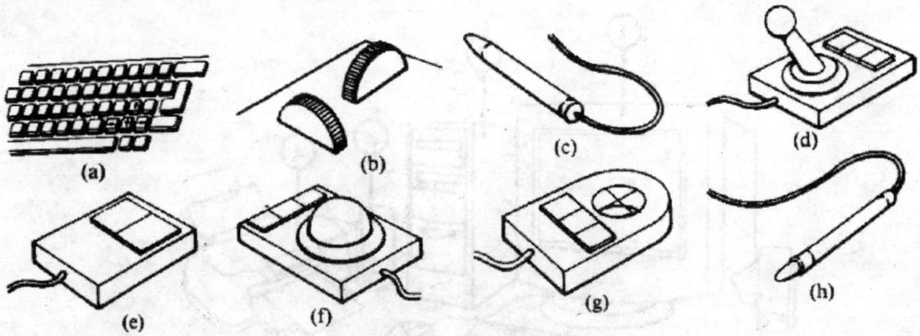

चित्र 5.3: इनपुट डिवाइस

आउटपुट डिवाइस

आउटपुट डिवाइस कंप्यूटर से डेटा प्राप्त करते हैं और स्क्रीन पर एक डिजिटल आउटपुट या प्रिंटर के माध्यम से एक हार्ड कॉपी प्रदान करते हैं। कंप्यूटर मॉनीटर और प्रिंटर/प्लॉटर मुख्य आउटपुट डिवाइस हैं। प्रिंटर इम्पैक्ट प्रकार के हो सकते हैं, जहां एक स्ट्राइकिंग क्रिया द्वारा इमेज बनाई जाती हैं या गैर- इम्पैक्ट प्रकार के।

1. ड्राइंग पुनरुत्पादन के लिए इम्पैक्ट प्रिंटर डॉट मैट्रिक्स प्रकार के होते हैं और प्रिंट हेड से छोटे डॉट्स के उपयुक्त चयन द्वारा आकार बनाते हैं;
2. गैर- इम्पैक्ट प्रिंटर में इलेक्ट्रोस्टैटिक, इंक-जेट और लेजर प्रिंटर शामिल हैं जैसे:

    (a) इलेक्ट्रोस्टैटिक प्रिंटर विशेष प्रिंटिंग पेपर पर एक पतली धातु कोटिंग को जलाकर आकार बनाते हैं;

    (b) इंक-जेट प्रिंटर एक प्रिंट हेड का उपयोग करते हैं जो कागज पर स्याही के एक जेट को आवश्यक आकार बनाने के लिए निर्देशित करता है;

    (c) लेज़र प्रिंटर आवश्यक आकार बनाने के लिए लेज़र प्रकाश की एक महीन किरण का उपयोग करते हैं।

दो बुनियादी प्रकार के प्लॉटर होते हैं, यानी फ्लैटबेड और ड्रम:

(a) *फ्लैटबेड प्लॉटर* के पास एक फ्लैट क्षेत्र होता है जिस पर किसी भी प्रकार और मोटाई का पेपर रखा जाता है और प्लॉटहेड के साथ विभिन्न मोटाई और स्याही रंगों के पेन किसी भी दिशा में चलने के लिए स्वतंत्र होते हैं जो सभी गति प्रदान करता है।

(b) *ड्रम प्लॉटर* में एक घूर्णन ड्रम होता है जिस पर कागज दो दिशाओं में घूम सकता है और पेन केवल ड्रम के पार जाने के लिए सीमित होते हैं और पेन की गति और ड्रम रोटेशन के संयोजन के साथ ड्रॉइंग बनाई जाती हैं। फ्लैटबेड प्लॉटर की तुलना मे लंबी लंबाई के लेकिन कभी-कभी कम सटीकता के चित्र तैयार किए जाते हैं।

5.4.2 कैड सॉफ्टवेयर

सॉफ्टवेयर एक दुभाषिया या अनुवादक होता है जो उपयोगकर्ता को कैड से संबंधित विशिष्ट प्रकार के एप्लिकेशन या जॉब करने की अनुमति देता है। प्रारूपण के लिए निम्नलिखित सॉफ्टवेयर उपलब्ध हैं।

1. ऑटोकैड
2. सोलिड वर्क्स
3. कैटिया
4. एनएक्स यूनिग्राफिक्स
5. क्रेओ
6. हाइपरमेश
7. एनसिस
8. एमएससी.नास्त्रन
9. फ्लूएन्ट - GAMBIT

उपरोक्त सॉफ्टवेयर का उपयोग उनके उपयोग के आधार पर किया जाता है।

ऑटोकैड सॉफ्टवेयर (छात्र संस्करण)

ऑटोकैड पैकेज इंजीनियरिंग डिजाइनों के सटीक और सही चित्रों के लिए उपयुक्त होता है। ऑटोकैड में मशीन के पुर्जे, आइसोमेट्रिक व्यू और असेंबली ड्रॉइंग की ड्राइंग बनाना संभव होता है। यह काफी विस्तृत है और अंतरराष्ट्रीय स्तर पर प्रारूपण उद्देश्यों के लिए जाना जाता है। इसे ऑटोडेस्क, Inc. द्वारा विकसित और विपणन किया गया है। ऑटोकैड को पहली बार दिसंबर 1982 में जारी किया गया था। ऑटोकैड डेस्कटॉप एप्लिकेशन के रूप में 2डी और 3डी कंप्यूटर एडेड ड्राफ्टिंग के लिए एक सॉफ्टवेयर एप्लीकेशन है और 2010 से मोबाइल-वेब और क्लाउड-आधारित ऐप के रूप में, वर्तमान में ऑटोकैड 360 के रूप में विपणन किया गया। इस पुस्तक में ऑटोकैड 2020 संस्करण का वर्णन किया जा रहा है।

ऑटोकैड को योग्य छात्रों और शिक्षकों के लिए वाणिज्यिक खुदरा मूल्य निर्धारण पर एक महत्वपूर्ण छूट पर लाइसेंस दिया जाता है, जिसमें 36 महीने का लाइसेंस उपलब्ध है। ऑटोकैड का छात्र संस्करण कार्यात्मक रूप से पूर्ण व्यावसायिक संस्करण के समान है, लेकिन एक अपवाद है : छात्र संस्करण द्वारा बनाई या संपादित की गई DWG फाइलों में एक आंतरिक बिट-फ्लैग सेट ("शैक्षिक ध्वज") होता है। जब ऐसी DWG फ़ाइल ऑटोकैड (वाणिज्यिक या छात्र) के किसी भी संस्करण द्वारा मुद्रित की जाती है, तो आउटपुट में चारों तरफ एक प्लॉट स्टैम्प / बैनर शामिल होता है। ऑटोडेस्क एजुकेशन कम्युनिटी पंजीकृत छात्रों और फैकल्टी को विभिन्न ऑटोडेस्क एप्लिकेशन तक मुफ्त पहुंच प्रदान करती है।

5.5 सिस्टम आवश्यकताएँ और इंटरफ़ेस को समझना

ऑटोकैड स्थापित करने के लिए न्यूनतम कंप्यूटर हार्डवेयर की आवश्यकता निम्नलिखित है:

- ऑपरेटिंग सिस्टम: माइक्रोसॉफ्ट विंडो-10 (केवल 64-बिट), 8.1 (केवल 64-बिट), या 7 SP1 (केवल 64-बिट)
- प्रोसेसर: 2.5 GHz (3+ गीगाहर्ट्ज़ अनुशंसित)
- मेमोरी: 8 जीबी (16 जीबी अनुशंसित)
- डिस्क मे जगह: 6.0 जीबी।
- डिस्प्ले: 1920 × 1080 रेजोल्यूशन ट्रू कलर के साथ। (हाई रेजोल्यूशन और 4K डिस्प्ले: रेजोल्यूशन 3840 × 2160 तक विंडोज 10, 64-बिट सिस्टम (सक्षम डिस्प्ले कार्ड के साथ) पर समर्थित)

- डिस्प्ले कार्ड बेसिक: 1जीबी जीपीयू, 29 GB/s बैंडविड्थ और DirectX11- के अनुरूप (अनुशंसित: 106 GB/s बैंडविड्थ के साथ 4 जीबी जीपीयू और DirectX11- के अनुरूप)
- कीबोर्ड
- 3 बटन माउस
- प्रिंटर या प्लॉटर।

5.6 ऑटोकैड स्थापना प्रक्रिया

वेबसाइट देखें: https://www.autodesk.com/education/free-software/all

1. ऑटोकैड पर क्लिक करें
2. एमआरसीईटी मेल आईडी xyz@mrcet.ac.in का उपयोग करके अपना लॉगिन खाता बनाएं। (आप सॉफ्टवेयर को 3 साल तक एक्सेस कर सकते हैं)।
3. अपना खाता बनाने के बाद, साइन इन करें और चुनें।
    (a) संस्करण: ऑटोकैड 2020
    (b) ऑपरेटिंग सिस्टम: 32 या 64 बिट (जानकारी खोजने के लिए, माई कंप्यूटर या माई पीसी पर राइट क्लिक करें और गुण चुनें।)
    (c) भाषा: अंग्रेजी (ताकि आपको अधिक प्रभावी तकनीकी सहायता मिल सके)
4. सीरियल नंबर और उत्पाद कुंजी प्रदर्शित की जाएगी। यह जानकारी सॉफ़्टवेयर को स्थापित करने के बाद सक्रियण के समय आवश्यक है।
5. डाउनलोड दो तरह से किया जा सकता है:
    (a) अभी डाउनलोड करें (अनुशंसित)
    (b) ब्राउज़र डाउनलोड
6. फाइल को डाउनलोड करने के बाद, इंस्टॉलेशन फाइल पर डबल क्लिक करें और फिर इंस्टॉलेशन को पूरा करने के लिए yes पर क्लिक करें।
7. अब Install पर क्लिक करें
8. बॉक्स को चेक करें मैं स्वीकार करता हूं अगला क्लिक करें।
9. स्टैंडअलोन लाइसेंस प्रकार डिफ़ॉल्ट विकल्प के लिए, इस सॉफ़्टवेयर संस्करण के लिए सॉफ़्टवेयर डेटाबेस पर पाए गए सीरियल कुंजी और उत्पाद कुंजी विवरण दर्ज करें।
10. इंस्टाल पर क्लिक करें और इंस्टॉलेशन को पूरा करने के लिए फिनिश पर क्लिक करें।

5.7 ऑटोकैड प्रोग्राम शुरू करना

अनुमान: लेखक पुस्तक में मानते हैं कि ऑटोकैड सॉफ्टवेयर कंप्यूटर सिस्टम पर स्थापित है और उपयोगकर्ता को कंप्यूटर का बुनियादी ज्ञान है। शुरू करने के लिए, डेस्कटॉप पर ऑटोकैड आइकन पर क्लिक करें या स्क्रीन के बाएं कोने में स्टार्ट बटन पर क्लिक करें। चयन का क्रम नीचे दिया गया है; सॉफ़्टवेयर लॉन्च करने के लिए कृपया इसका अनुसरण करें।

START → Programs → Autodesk AutoCAD2020

ऑटोकैड लॉन्च करना और ड्राइंग खोलना

ऑटोकैड मुख्य स्क्रीन

5.8 ऑटोकैड ओपनिंग स्क्रीन (यूजर इंटरफेस)

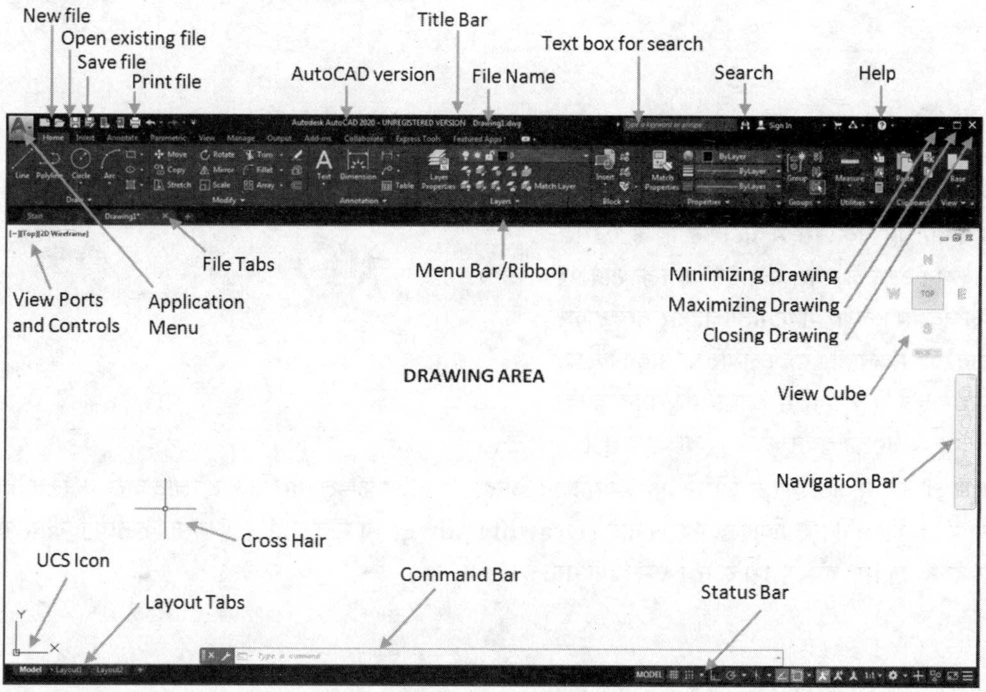

चित्र 5.4: ऑटोकैड 2020 ओपनिंग स्क्रीन

5.8.1 एप्लिकेशन मेनू 

ड्राइंग विंडो के ऊपरी बाएँ कोने में एप्लिकेशन बटन के माध्यम से मेनू उपलब्ध होता हैं। इस मेनू में आपकी ड्राइंग बनाने, सेव करने, प्रिंट करने और प्रबंधित करने के लिए उपयोग की जाने वाली कमांड होती हैं।

5.8.2 कमांड प्रॉम्प्ट

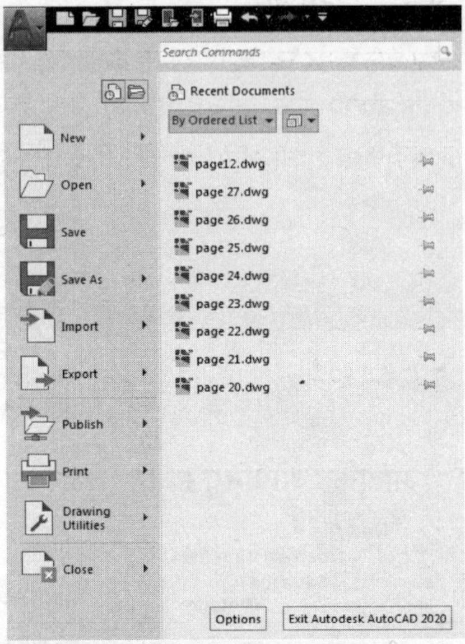

स्क्रीन के निचले हिस्से में आयताकार क्षैतिज विंडो को कमांड एरिया कहा जाता है। इस क्षेत्र में की-बोर्ड के माध्यम से कंप्यूटर को दिए गए निर्देशों को दिखाया जाता है। अपरिचित कमांड के साथ काम करते समय कमांड प्रॉम्प्ट को पढ़ना महत्वपूर्ण है। कीबोर्ड का उपयोग करके कमांड दर्ज करने के लिए, कमांड लाइन पर कमांड का नाम टाइप करें और एंटर या स्पेसबार दबाएं।

5.8.3 नेविगेशन बार

नेविगेशन बार एक यूजर इंटरफेस तत्व है जहां आप एकीकृत और उत्पाद-विशिष्ट नेविगेशन टूल दोनों तक पहुंच सकते हैं। एकीकृत नेविगेशन उपकरण वे हैं जो कई ऑटोडेस्क उत्पादों में पाए जा सकते हैं।

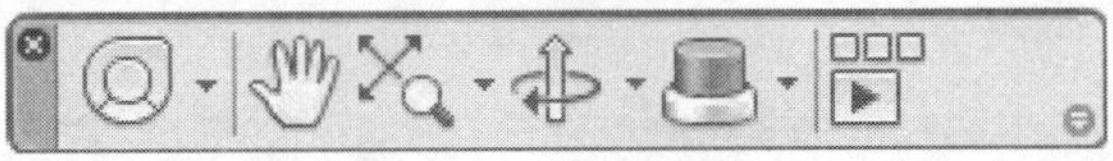

5.8.4 क्विक एक्सेस टूलबार

ड्राफ्टिंग और एनोटेशन वर्कस्पेस में प्रदर्शित क्विक एक्सेस टूलबार, एप्लिकेशन बटन के बगल में ड्राइंग विंडो के शीर्ष पर स्थित है। क्विक एक्सेस टूलबार मे कमांड जोड़कर या हटाकर अनुकूलित किया जा सकता है। यह टूलबार पर राइट क्लिक करके और कस्टमाइज़ क्विक एक्सेस टूलबार का चयन करके या टूलबार के अंत मे तीर का चयन करके किया जाता है ।

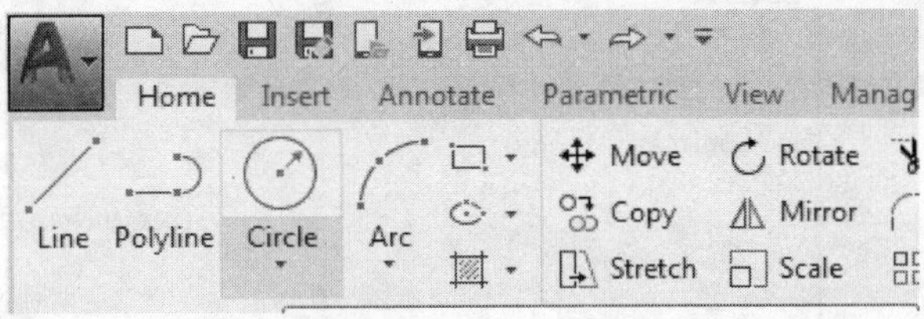

नई फ़ाइल खोलने, मौजूदा फ़ाइल खोलने, फ़ाइल सहेजने, अन्डू, रीडू और फ़ाइल नाम के बाद प्लॉट करने के लिए चिह्न शीर्ष पर मौजूद होते हैं। इस क्रम में एक डिफ़ॉल्ट फ़ाइल नाम [**Drawing1.dwg**] भी मौजूद होता है जैसा कि नीचे दिखाया गया है। इन कार्यों से संबंधित विवरण खंड 5.10 से 5.14 में दिया गया है।

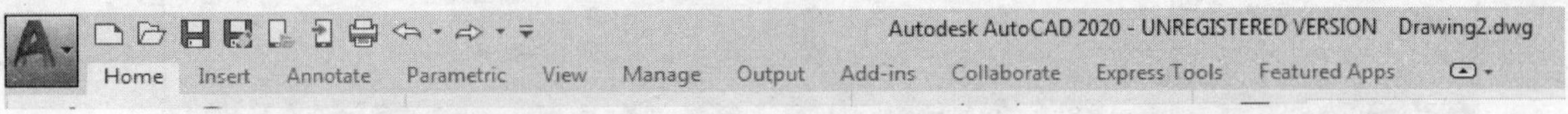

5.8.5 ड्राइंग क्षेत्र और क्रॉस हेयर

ड्राइंग क्षेत्र स्क्रीन के केंद्र में प्रमुख क्षेत्र होता है। इस क्षेत्र में चित्र बनाना होता है । यहां एक क्रॉस हेयर प्रदर्शित किया गया है जिसे माउस का उपयोग करके स्थानांतरित किया जा सकता है। यह ड्राइंग क्षेत्र के भीतर पिक एंड ड्रॉइंग पॉइंट की पहचान करता है। बिंदुओं का पता लगाने और वस्तुओं को चुनने-ड्रा-संशोधित करने के लिए क्रॉसहेयर का उपयोग करें, जो आपके पॉइंटिंग डिवाइस द्वारा नियंत्रित होते हैं। क्रॉस हेयर पोजीशन को स्टेटस बार के बायें सिरे पर दिखाए गए कोऑर्डिनेट वैल्यूज द्वारा दर्शाया जाता है।

5.8.6 स्टेटस बार

स्टेटस बार कर्सर स्थान, आरेखण उपकरण और आरेखण परिवेश को प्रभावित करने वाले उपकरण प्रदर्शित करती है। यह सबसे अधिक उपयोग किए जाने वाले ड्राइंग टूल, क्रॉस हेयर (कर्सर) के निर्देशांक और ग्रिड, स्नैप, ऑब्जेक्ट स्नैप, ऑब्जेक्ट स्नैप ट्रैकिंग, पोलर ट्रैकिंग, ऑर्थो और स्केल आदि के लिए त्वरित पहुंच प्रदान करता है।

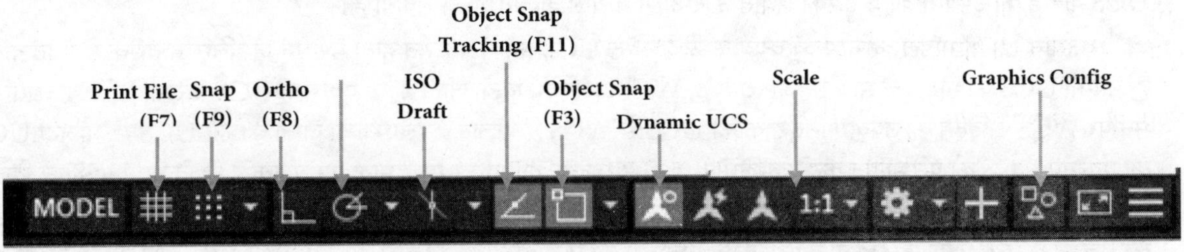

चित्र 5.5: ऑटोकैड 2020 स्टेटस बार

5.8.7 मेनू बार

मेन्यू बार, होम, इन्सर्ट एनोटेट आदि जैसे विकल्पों को प्रदर्शित करता है, जैसा कि नीचे दिखाया गया है। यदि यह दिखाई नहीं दे रहा है, तो आप कमांड लाइन पर सिस्टम वेरिएबल मेनूबार टाइप कर सकते हैं और इसके मान को प्रदर्शित करने के लिए 1 के रूप में सेट कर सकते हैं। एक शून्य मान इस बार को छुपाता है। प्रत्येक टैब/विकल्प से संबंधित रिबन को क्लिक करके सक्रिय किया जा सकता है। उदाहरण के लिए होम टैब में ड्रा, मॉडिफाई, एनोटेशन, लेयर्स, ब्लॉक और प्रॉपर्टीज आदि जैसे टूलबार होते हैं। किसी भी टूलबार को माउस का उपयोग करके स्क्रीन पर किसी भी सुविधाजनक स्थान पर ड्रैग करके रखा जा सकता है। प्रत्येक चिह्न के आकार को याद रखना अनिवार्य है। यदि आप याद नहीं रख सकते हैं तो माउस को थोड़ी देर के लिए आइकन पर लाने से एक टूल टिप डिस्प्ले आइकन को सौंपे गए कार्य को दिखाता है।

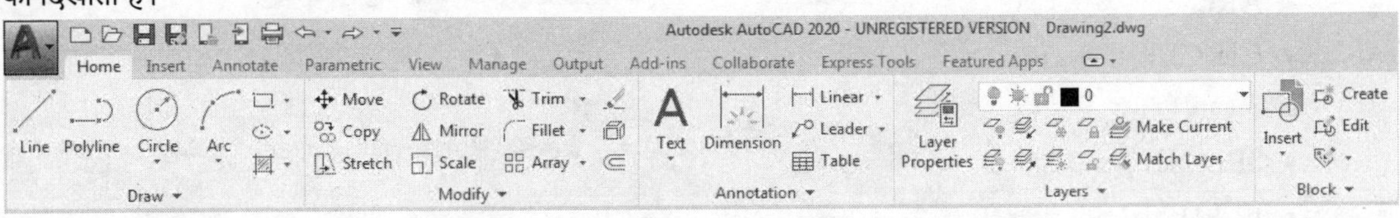

5.8.8 व्यूक्यूब

व्यूक्यूब एक नेविगेशन टूल है जो आपको देखने की दिशाओं के बीच स्विच करने की अनुमति देता है। यह 3डी स्पेस में बहुत उपयोगी होता है। यह ड्राइंग क्षेत्र के ऊपरी दाएं कोने में स्थित होता है।

5.8.9 UCS and WCS

डिफ़ॉल्ट रूप से UCS आइकन WCS के साथ मेल खाने वाले ड्राइंग क्षेत्र के निचले बाएँ कोने में स्थित होता है। ऑटोकैड -3आयामी समन्वय प्रणाली का उपयोग करता है। इस समन्वय प्रणाली को विश्व समन्वय प्रणाली (WCS) कहा जाता है। आरेखण क्षेत्र में इसका चिह्न निचले बाएँ कोने में दिखाया गया है, तीरों का उपयोग करके X और Y अक्ष को दिखाया गया है और प्रतिच्छेदन पर एक वर्ग दिखाया गया है। (चित्र 5.1)। Z दिशा को स्क्रीन के समकोण पर और बाहर की ओर ले जाया जाता है।

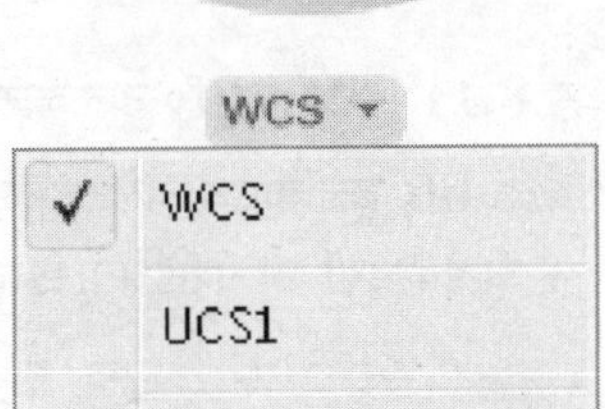

एक अन्य चल उपयोगकर्ता परिभाषित समन्वय प्रणाली है जिसे उपयोगकर्ता समन्वय प्रणाली (UCS) कहा जाता है। इसका ऑरिजिन WCS में कहीं भी सेट किया जा सकता है या इसके साथ मेल खा सकता है

WCS (चित्र 5.1 में यह WCS के साथ मेल खाता है)। अंतर करने के लिए, यूसीएस के साथ काम करते समय आइकन के केंद्र में वर्ग प्रदर्शित नहीं होता है। इसके डिस्प्ले को UCSICON कमांड का उपयोग करके ऑन या ऑफ किया जा सकता है। UCS कमांड का उपयोग करके इसकी स्थिति और अभिविन्यास को बदला जा सकता है।

वर्तमान UCS मॉडल का नाम व्यू क्यूब के नीचे स्थित UCS मेनू में प्रदर्शित होता है। मेनू निम्नलिखित तरीके से मदद करता है, नामित UCS को मॉडल के साथ सहेजा जाता है, WCS पर स्विच किया जाता है, या एक नया UCS परिभाषित किया जाता है। मेनू पर WCS आइटम का उपयोग निर्देशांक को UCS से WCS में बदलने के लिए किया जाता है। नए UCS में, मौजूदा UCS को एक नए UCS को परिभाषित करने के लिए 2 ,1 या 3 बिंदुओं के आधार पर घुमाया जा सकता है। यदि नए UCS पर क्लिक किया जाता है तो एक नया UCS डिफ़ॉल्ट नाम या अनाम के साथ प्रकट होता है। नाम विकल्प का उपयोग नए परिभाषित UCS को सहेजने के लिए किया जा सकता है। व्यू क्यूब मॉडलिंग की दिशा प्रदान करने वाले नए UCS या WCS को उन्मुख कर सकता है। WCS के साथ व्यू क्यूब का ओरिएंटेशन मॉडल को उत्तर और ऊपर की दिशाओं में नेविगेट करने में मदद करता है। नियंत्रण के लिए सेटिंग को ViewCube सेटिंग कहा जाता है।

5.8.10 ड्रा टूल बार

ड्रा टूल बार या पैलेट एक यूजर इंटरफेस तत्व है जिसमें निम्नलिखित कमांड होते हैं जिनका उपयोग किसी भी 2-डी और 3-डी इकाइयों को आकर्षित करने के लिए किया जाता है। इस टूल बार का विस्तृत विवरण अगले अध्याय में दिया गया है।

- LINE, XLINE, MLINE, PLINE
- POLYGON
- RECTANG
- ARC
- CIRCLE
- DONUT
- SPLINE
- ELLIPSE
- BLOCK
- POINT
- HATCH
- BHATCH
- REGION

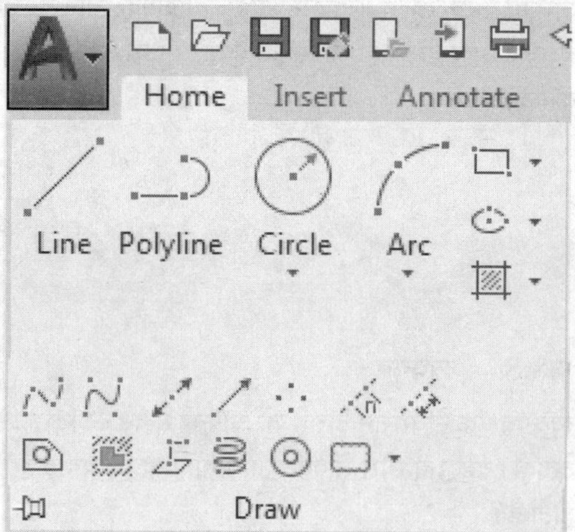

5.8.11 Modify टूल बार

Modify टूल बार या पैलेट एक यूजर इंटरफेस तत्व है जिसमें निम्नलिखित कमांड होते हैं जिनका उपयोग पहले से तैयार 2-डी और 3-डी इकाइयों को संशोधित/संपादित करने के लिए किया जाता है। इस टूल बार का विस्तृत विवरण अगले अध्याय में दिया गया है।

- ERASE
- COPY
- MIRROR

- OFFSET
- ARRAY
- MOVE
- ROTATE
- SCALE
- TRIM
- EXTEND
- CHAMFER
- FILLET
- BREAK
- EXPLODE

ड्रा एवं मोडिफ़ाई टूलबार

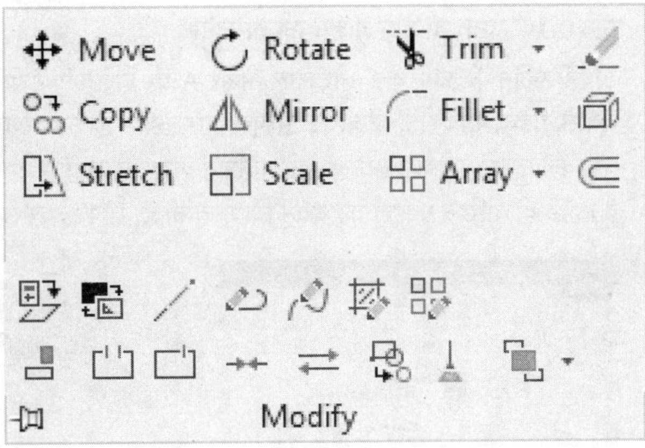

5.8.12 लेआउट लाइन

स्क्रीन पर लेआउट लाइन सबसे नीचे है। यह लेआउट का चयन करने में मदद करती है। डिफ़ॉल्ट मॉडल लेआउट है। अपने ड्राइंग को मॉडल (ड्राइंग) स्पेस और पेपर (लेआउट) स्पेस के बीच स्विच करें। आप आम तौर पर मॉडल स्पेस में अपने डिजाइन बनाते हैं, और फिर पेपर स्पेस में अपने ड्राइंग को प्लॉट और प्रिंट करने के लिए लेआउट बनाते हैं।

5.8.13 कमांड लाइन

कमांड लाइन स्क्रीन के बीच में लेआउट लाइन के ठीक ऊपर होती है। चित्र 5.4 देखें जहां «type a command» लिखा है। इस क्षेत्र का उपयोग कमांड टाइप करने के लिए किया जाता है। आवश्यक डेटा के लिए संकेत यहां प्रदर्शित किए गए हैं। प्रांप्ट पढ़ें, मांगे गए डेटा को टाइप करें और फिर एंटर की () दबाएं।

5.9 ऑटोकैड में कमांड का आह्वान

कमांड शुरू करने के लिए आप निम्न में से किसी भी तरीके का उपयोग कर सकते हैं।

(a) मेनू बार: मेनू बार पर एक विकल्प पर क्लिक करें। पॉपअप मेनू से, उस पर माउस क्लिक करके एक विकल्प चुनें।

(b) टूलबार/रिबन: बाईं माउस बटन के साथ रिबन के एक आइकन पर क्लिक करें।

(c) कमांड लाइन: कमांड लाइन पर कीबोर्ड का उपयोग करके एक कमांड टाइप करें और फिर एंटर की दबाएं (↵).

- अंतिम कमांड दोहराने के लिए: ENTER या SPACEBAR दबाएँ या ड्राइंग क्षेत्र में दायाँ क्लिक करें और Repeat चुनें।
- पिछले छह कमांडों में से एक को दोहराने के लिए: कमांड विंडो या टेक्स्ट विंडो में राइट क्लिक करें और शॉर्टकट मेनू से हाल के कमांड चुनें।
- एक ही कमांड को कई बार दोहराने के लिए: कमांड प्रॉम्प्ट पर मल्टीपल एंटर करें और अगले प्रॉम्प्ट पर वह कमांड एंटर करें जिसे आप रिपीट करना चाहते हैं।
- कमांड रद्द करने के लिए: ESC दबाएँ।

5.10 एक ड्राइंग को खोलना

5.10.1 एक मौजूदा ड्राइंग को खोलना

अपनी स्क्रीन के ऊपर बाईं ओर लाल अक्षर A पर क्लिक करें या क्विक एक्सेस बार पर दूसरा आइकन दबाएं। यह ड्राइंग, ऑटोकैड वेब से ड्राइंग, शीट सेट, डीजीएन, सैम्पल फाइल जैसे विकल्प खोलता है जैसा कि चित्र 5.6 में दिखाया गया है। पहले विकल्प ड्रॉइंग पर क्लिक करें, जो उस ब्राउज़र को प्रदर्शित करता है जहाँ से आप देख सकते हैं और सूची में से कोई भी मौजूदा फ़ाइल चुन सकते हैं। जैसे ही वांछित फ़ाइल का चयन किया जाता है, सॉफ्टवेयर उसे स्क्रीन पर खोलता है।

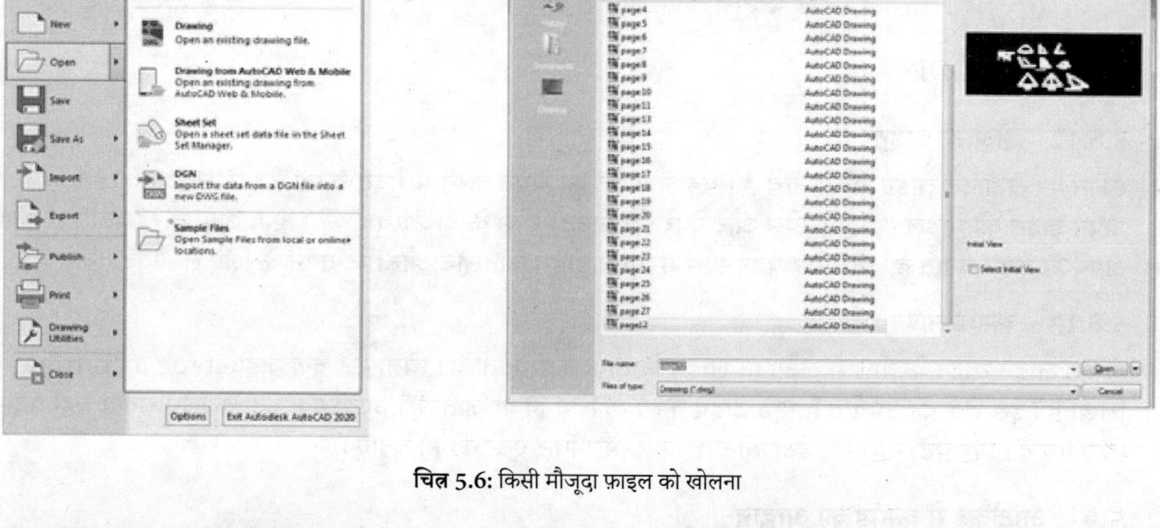

चित्र 5.6: किसी मौजूदा फ़ाइल को खोलना

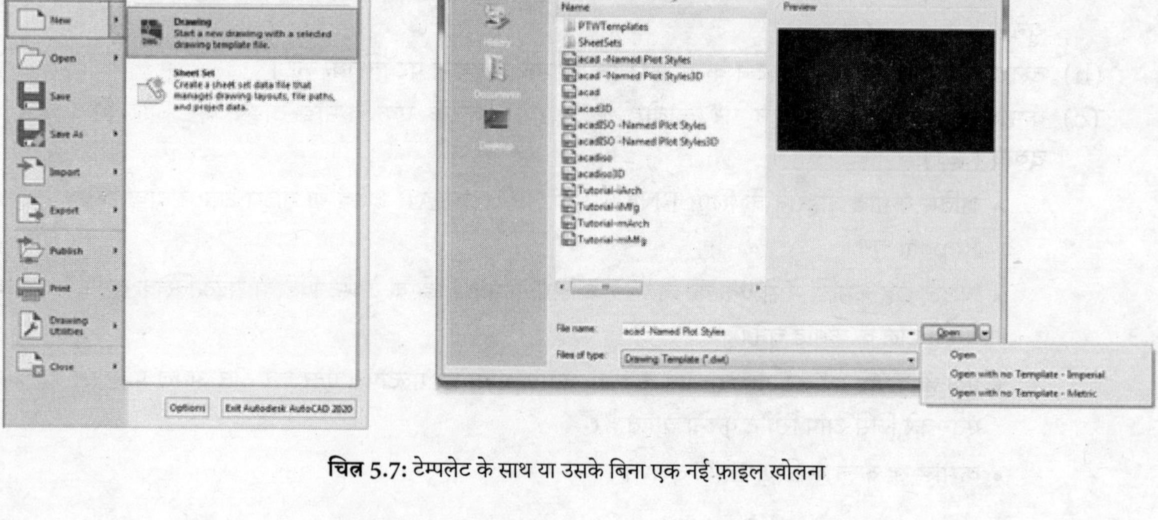

चित्र 5.7: टेम्पलेट के साथ या उसके बिना एक नई फ़ाइल खोलना

5.10.2 टेम्पलेट का उपयोग करना

यदि उपरोक्त मामले में आप open का विकल्प चुनते हैं तो आप सूची से चुने गए रेडीमेड टेम्पलेट के आधार पर एक नई ड्राइंग खोलेंगे। सूची टेम्पलेट फ़ाइलों (.dwt एक्सटेंशन) को प्रदर्शित करती है जो विकल्प संवाद बॉक्स में निर्दिष्ट के अनुसार आरेखण टेम्पलेट फ़ाइल स्थान में मौजूद होती हैं। टेम्पलेट फ़ाइल एक ड्राइंग के लिए सभी सेटिंग्स को संग्रहीत करती है और इसमें पूर्वनिर्धारित layer, आयाम शैली और दृश्य भी शामिल हो सकते हैं।

5.11 ड्राइंग फाइलों को सेव करना

SAVE, SAVE AS और QSAVE तीनों कमांड आपको अपनी ड्राइंग को स्थायी स्टोरेज डिवाइस जैसे हार्ड ड्राइव / पेनड्राइव/ एक्सटर्नल हार्ड डिस्क ड्राइव पर लिखकर सेव करने की अनुमति देते हैं। SAVE कमांड वर्तमान नामित ड्राइंग को सेव करता है। save as कमांड वर्तमान आरेखण का नाम आपके द्वारा निर्दिष्ट नई फ़ाइल नाम पर सेव करता है। QSAVE कमांड आपको फ़ाइल नाम दर्ज करने के लिए कहे बिना वर्तमान नामित ड्राइंग को सहेजता है, इस प्रकार आपको एक त्वरित सेव करने की अनुमति देता है। आप सेव कमांड का आह्वान कर सकते हैं:

- एप्लिकेशन आइकन से इसे चुनकर  सूची।
- क्विक एक्सेस टूलबार से और
- कमांड लाइन में टाइप करके: SAVE , SAVE AS , QSAVE

5.12 उपयोगकर्ता द्वारा परिभाषित टेम्पलेट बनाना

ड्रॉइंग टेम्प्लेट फ़ाइल एक ड्रॉइंग फ़ाइल है जिसे .dwt फ़ाइल एक्सटेंशन के साथ save किया जाता है, और यह शीर्षक ब्लॉकों सहित, ड्रॉइंग में स्टाइल , सेटिंग्स और लेआउट को निर्दिष्ट करती है। आप अपनी आवश्यकता के अनुसार एक नई ड्राइंग शुरू करने के लिए टेम्प्लेट सूची से एक अलग टेम्प्लेट फ़ाइल निर्दिष्ट कर सकते हैं।

एक कस्टम (उपयोगकर्ता परिभाषित) टेम्पलेट बनाने के लिए:

- new drewing पर क्लिक करें।
- सिलेक्ट टेम्प्लेट डायलॉग बॉक्स में, टेम्प्लेट की सूची से acad.dwt चुनें और फिर टेम्प्लेट को संशोधित करें.
- आप आरेखण में वरीयताएँ या नियंत्रण बदल सकते हैं, बॉर्डर या शीर्षक ब्लॉक जोड़ या बदल सकते हैं, मानकों को आयात या कॉन्फ़िगर कर सकते हैं, और आरेखण तत्वों को मिटा या जोड़ सकते हैं।
- ऑटोकैड ड्राइंग टेम्प्लेट के रूप में save पर क्लिक करें।
- डिफ़ॉल्ट रूप से, सॉफ़्टवेयर नए टेम्पलेट को ProgramData\Autodesk\.........\Template फ़ोल्डर में save करता है।
- फ़ाइल नाम के लिए, नए टेम्पलेट के लिए एक नाम दर्ज करें, और save पर क्लिक करें।
- टेम्प्लेट विकल्प संवाद बॉक्स में, टेम्प्लेट का संक्षिप्त विवरण दर्ज करें, और माप निर्दिष्ट करें।

5.13 ड्रॉइंग एड्स

5.13.1 इकाइयाँ स्थापित करना

UNIT कमांड का उपयोग ड्राइंग के लिए इकाइयों के प्रकार को निर्धारित करने के लिए किया जाता है। इसे निम्नानुसार आमंत्रित किया जा सकता है

- कमांड लाइन में UN टाइप करके
- ऐप्लकैशन पर क्लिक करके बटन और आरेखण उपयोगिताओं को चुनना। ड्राइंग यूटिलिटीज के तहत यूनिट्स पर क्लिक करें।

दोनों ही स्थितियों में आरेखण इकाइयाँ संवाद बॉक्स मे प्रदर्शित होती है।

- ऊपरी बाएँ कोना लंबाई टाइल प्रदर्शित करता है। इस टाइल के कॉम्बो बॉक्स में तीर पर क्लिक करें और एक टाइप और भिन्न चुनें (चित्र 5.8)।
- लंबाई के लिए, दशमलव सबसे आम है और कोण के लिए, दशमलव डिग्री सबसे आम है।
- परिशुद्धता दशमलव बिंदु के बाद आयाम के साथ प्रदर्शित होने वाले अंकों की संख्या है, उदाहरण के लिए, 12.1 या 12.67।
- कॉम्बो बॉक्स में उपयुक्त इकाइयों(यूनिट) का चयन करें। यह सेटिंग डायलॉग बॉक्स के नीचे नमूना आउटपुट टाइल में प्रदर्शित होती है।
- जिस दिशा से सभी कोणों को मापा जाता है वह डायलॉग बॉक्स के नीचे स्थित Direction बटन पर क्लिक करके निर्धारित किया जाता है। दिशा नियंत्रण संवाद बॉक्स मे प्रदर्शित होता है। पूर्व दिशा क्षैतिज दिशा के रूप में प्रदर्शित होती है। चाहे गए किसी एक रेडियो बटन पर क्लिक करें और फिर ok क्लिक करें।
- सेव करने और बाहर निकलने के लिए OK बटन पर क्लिक करें।

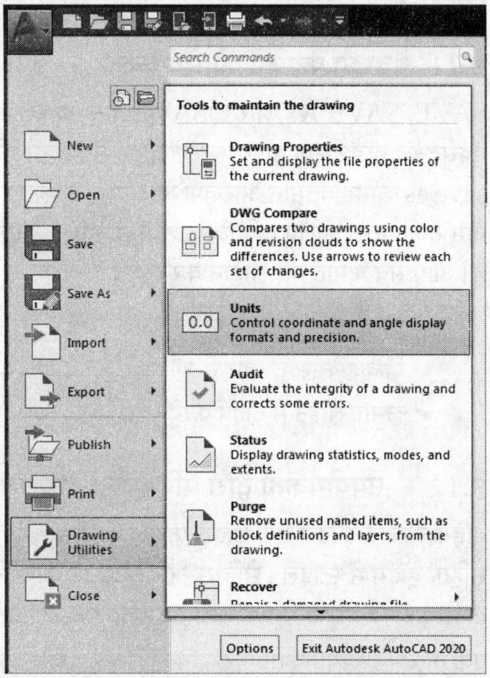

चित्र 5.8: ड्रॉइंग यूनिट्स को सेट करना

5.13.2 आरेखण सीमाएं

ऑटोकैड में Limit कमांड का उपयोग ड्राइंग क्षेत्र या व्यूपोर्ट में एक अदृश्य आयताकार सीमा निर्धारित करने के लिए किया जाता है। ड्राइंग शुरू करने से पहले आप मैट्रिक या अंग्रेजी में ड्राइंग क्षेत्र की सीमा निर्धारित कर सकते हैं। सीमा निर्धारित करना एक संदर्भ उपकरण के रूप में कार्य करता है जो आपके ड्राइंग में उस क्षेत्र को चिह्नित करता है जिसमें आप वर्तमान में काम कर रहे हैं। यह क्षेत्र तब प्रदर्शित होगा जब आप 'ज़ूम' 'ऑल' (जेड ↵ A ↵) करेंगे। यह वह क्षेत्र भी है जिसमें दृश्यमान ग्रिड और स्नैप ग्रिड का विस्तार किया जाता है। यदि limit चालू हैं, तो आप किसी भी ड्रॉइंग को सीमा से बाहर नहीं खींच सकते। Grid ON करके आप ड्रॉइंग एरिया देख सकते हैं। ड्राइंग की सीमाएं आमतौर पर ड्राइंग पेपर की शीट के आकार से मेल खाने के लिए निर्धारित की जाती हैं। इसका मतलब यह है कि जब ड्राइंग प्लॉट की जाती है और हार्ड कॉपी बनाई जाती है, तो वह ड्राइंग पेपर पर फिट हो जाएगी। सीमा निर्धारित करने के लिए:

- फ़ॉर्मैट मेन्यू ड्रॉइंग limits पर क्लिक करें।
- ग्रिड limit के निचले-बाएँ कोने में किसी बिंदु के लिए निर्देशांक दर्ज करें।
- ग्रिड limit के ऊपरी-दाएँ कोने में एक बिंदु के लिए निर्देशांक दर्ज करें।

5.13.3 SNAP, GRID एण्ड ORTHO

ग्रिड क्षैतिज और ऊर्ध्वाधर दिशाओं में समान रूप से निर्दिष्ट दूरी पर स्क्रीन पर छोटे बिंदुओं का प्रदर्शन है। ग्रिड को घुमाया भी जा सकता है। आरेखण करते समय ग्रिड बिंदु दिखाई नहीं देते हैं। स्टेटस बार (चित्र 5.5) पर स्क्रीन के नीचे GRID बटन पर क्लिक करके या फ़ंक्शन कुंजी F7 दबाकर या निम्नानुसार कमांड टाइप करके ग्रिड को सक्रिय किया जा सकता है:

Command: **GRID**

Specify grid spacing (X) or [ON/OFF/Snap/Aspect] <10.0000>:

Specify a value of grid spacing

स्नैप इंक्रीमेंट की सबसे छोटी अदृश्य दूरी है जिसे माउस के लिए सेट किया जा सकता है। यदि स्नैप चालू है, तो माउस सेट वृद्धि के चरणों में चलता है। ग्रिड के बिंदुओं के बीच किसी भी मध्यवर्ती बिंदु का चयन करने के लिए, F9 दबाकर या स्टेटस बार (चित्र 5.5) दबाकर स्नैप ऑफ करें (चित्र 5.5) स्नैप बटन पर क्लिक करें या निम्नानुसार कमांड टाइप करें:

Command: SNAP

Specify snap spacing or [ON/OFF/Aspect/Rotate/Style/Type] <10.00000>:

Specify snap increment or put it off

ऑर्थो, ऑर्थोगोनल का संक्षिप्त रूप है और इसका अर्थ एक दूसरे से 90° होता है। यदि यह मोड चालू है, तो सभी रेखाएँ केवल X और Y दिशाओं में खींची जाती हैं। स्टेटस बार (चित्र 5.5) पर, इसे चालू या बंद करने के लिए ओर्थो बटन पर क्लिक करें या F8 फंक्शन कुंजी दबाएं या कमांड लाइन पर निम्नानुसार कमांड टाइप करें:

Command: ORTHO

Enter mode [ON/OFF] <ON>: Type an option: On or Off as desired.

- स्टेटस बार मे, स्नैप मोड पर राइट-क्लिक करें स्नैप सेटिंग्स ढूंढें और चुनें।
- ड्राफ्टिंग सेटिंग डायलॉग बॉक्स में, स्नैप और ग्रिड टैब, स्नैप ऑन पर क्लिक करें।
- स्नैप टाइप के अंतर्गत, सुनिश्चित करें कि ग्रिड स्नैप और आयताकार स्नैप चयनित हैं।
- स्नैप एक्स स्पेसिंग बॉक्स में, इकाइयों में क्षैतिज स्नैप स्पेसिंग मान दर्ज करें।
- चेक बॉक्स, समान X और Y specing, स्नैप और ग्रिड specing दोनों पर लागू होता है।
- अन्य सेटिंग्स को आवश्यकतानुसार संशोधित करें।
- स्नैप मोड को F9 कुंजी से चालू और बंद किया जा सकता है। ऑब्जेक्ट बनाते या संशोधित करते समय आप F9 को दबाकर अस्थायी रूप से स्नैप को रद्द कर सकते हैं।

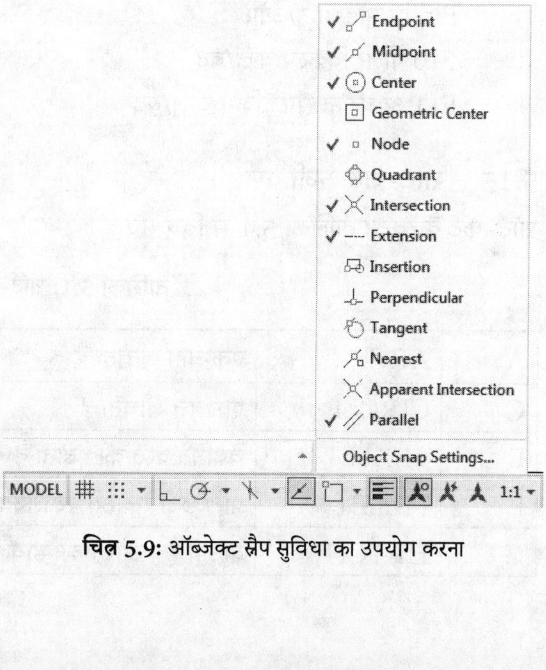

चित्र 5.9: ऑब्जेक्ट स्नैप सुविधा का उपयोग करना

5.13.4 ऑब्जेक्ट स्नैप्स

ऑटोकैड जल्दी और सटीक रूप से चित्र बनाने के लिए ट्रैकिंग और ऑब्जेक्ट स्नैप टूल प्रदान करता है। ऑब्जेक्ट स्नैप सुविधा आपके

आरेखण में मौजूदा ऑब्जेक्ट के आधार पर सटीक रूप से स्थानों का चयन करती है। जब आप ऑब्जेक्ट स्नैप का उपयोग किए बिना स्क्रीन से बिंदुओं पर क्लिक करते हैं, तो आपकी स्क्रीन का रिज़ॉल्यूशन आपके लिए ड्रॉइंग डेटाबेस में संग्रहीत सटीकता के साथ बिंदुओं का चयन करना असंभव बना देता है।

ऑब्जेक्ट स्नैप आपके लिए किसी ऑब्जेक्ट के केंद्र, एंडपॉइंट, मिडपॉइंट, आदि पर स्नैप करके अपनी ड्राइंग ज्यामिति पर बिंदुओं को सटीक रूप से क्लिक करना संभव बनाता है। जब भी किसी बिंदु या स्थान का चयन करने के लिए कहा जाए, तो आप सटीक चयन करने में सहायता के लिए ऑब्जेक्ट स्नैप का उपयोग कर सकते हैं।

आप इस कमांड का चयन कर सकते हैं

- स्टेटस टूलबार से: स्टेटस बार पर ऑब्जेक्ट स्नैप बटन के बगल में डाउन एरो पर क्लिक करें या राइट-क्लिक करें (चित्र 5.7)।
- कमांड लाइन में टाइप करें : DSETTINGS, OSNAP

5.14 फ़ंक्शन की असाइनमेंट

निर्देशांक डिस्प्ले, ऑर्थो आदि की स्थिति बदलने के लिए आप फ़ंक्शन और नियंत्रण कुंजियों का उपयोग कर सकते हैं। फ़ंक्शन और नियंत्रण कुंजियों की सूची निम्नानुसार हैं।

F1 सहायता प्रदर्शित करता है

F2 टेक्स्ट और ग्राफिक्स स्क्रीन के बीच टॉगल करता है

F3 रनिंग ऑब्जेक्ट स्नैप ऑन/ऑफ

F4 टैबलेट (एक इनपुट डिवाइस) चालू/बंद

F5 आइसोमेट्रिक ड्रॉइंग के लिए शीर्ष, सामने और किनारे के दृश्यों के बीच स्विच करता है

F6 गतिशील UCS को चालू या बंद पर स्विच करता है

F7 ग्रिड चालू/बंद

F8 ऑर्थो ऑन/ऑफ; यदि चालू है, तो रेखाएँ या तो क्षैतिज या लंबवत हैं

F9 स्नैप मोड ऑन/ऑफ

F10 पोलर विकल्प चालू/बंद

F11 ऑब्जेक्ट स्नैप ट्रैकिंग चालू/बंद

5.15 शॉर्ट-कट कुंजी वर्ण

शॉर्ट-कट कैरेक्टर तालिका 5.1 में दिए गए हैं।

तालिका 5.1: शॉर्ट-कट कुंजी कमांड नाम फ़ंक्शन

A	ARC	एक चाप खींचता है
C	CIRCLE	एक वृत्त खींचता है
E	ERASE	चयनित वस्तु को हटाता है
F	FILLET	प्रतिच्छेदी रेखाओं पर त्रिज्या बनाता है
G	HATCH	बाउंड्री हैच और फिल डायलॉग बॉक्स प्रदर्शित करता है

L	LINE	एक रेखा खींचता है
M	MOVE	आरेखण को एक स्थान से दूसरे स्थान पर ले जाता है लेकिन आरेखण निर्देशांक बदल जाते हैं
O	OFFSET	निर्दिष्ट दूरी पर एक समानांतर रेखा या चाप खीचता है।
P	PAN	अपने निर्देशांक बदले बिना ड्राइंग को स्क्रीन पर ले जाता है।
R	REDRAW	पूरी ड्राइंग को फिर से बनाता है।
S	STRETCH	निर्दिष्ट दूरी से एक इकाई को बढ़ाता है।
T	TEXT	पाठ लिखता है।
V	VIEW	दृश्य संवाद बॉक्स प्रदर्शित करता है।
W	WBLOCK	ब्लॉक लिखें संवाद बॉक्स प्रदर्शित करता है।
X	EXPLODE	वस्तुओं के समूह को अलग-अलग वस्तुओं में तोड़ता है।
Z	ZOON	दृश्य को बड़ा या छोटा करता है

यूनिट सारांश

इस इकाई में आपने सीखा:

1. कंप्यूटर एडेड ड्राफ्टिंग और संबंधित शब्दावली का अर्थ।
2. सीएडीआर के लिए आवश्यक कंप्यूटर एडेड हार्डवेयर और सॉफ्टवेयर के बारे में।
3. ऑटोकैड छात्र संस्करण कैसे स्थापित करें।
4. ऑटोकैड मुख्य विंडो यूजर इंटरफेस के बारे में।
5. नया खोलना/बाहर निकलना, ड्रॉइंग को बंद करना और सहेजना।
6. उपयोगकर्ता परिभाषित टेम्पलेट कैसे बनाएं।
7. इकाइयों और सीमाओं का निर्धारण।
8. सटीक ड्राइंग बनाने के लिए स्नैप, ग्रिड, ऑब्जेक्ट स्नैप जैसे विभिन्न ड्राइंग एड्स।
9. शॉर्ट कट की और फंक्शन की के बारे में।

अभ्यास

A बहुविकल्पीय प्रश्न

5.1. कंप्यूटर के लिए RAM का अर्थ है

(a) नियमित और सटीक मेमोरी (b) रैंडम एक्सेस मेमोरी

(c) रैपिड एक्सेस मैनेजमेंट (d) सही वास्तविक मोड

5.2. डिस्प्ले यूनिट का आकार निम्न के रूप में मापा जाता है

(a) स्क्रीन की चौड़ाई (b) स्क्रीन की ऊंचाई

(c) स्क्रीन के विकर्ण कोनों में दूरी (d) स्क्रीन की चौड़ाई और ऊंचाई का औसत

5.3. एक माउस है:

(a) स्क्रीन पर पॉइंटिंग डिवाइस (b) कंप्यूटर में गड़बड़ी

(c) गलती का पता लगाने के लिए उपकरण (d) जटिल चित्र बनाने के लिए उपकरण

5.4. फाइलों को इंटरनेट पर एक्सेस किया जा सकता है यदि कंप्यूटर में हो एक

(a) वीजीए कार्ड (b) नेटवर्क कार्ड

(c) मोडेम कार्ड (d) साउंड कार्ड

5.5. कंप्यूटर से ड्राइंग के A0 आकार की हार्ड कॉपी बनाने की युक्ति है

(a) डिजिटाइज़र (b) प्रिंटर

(c) स्कैनर (d) प्लॉटर

5.6. ऑटोकैड निम्नलिखित के लिए एक सॉफ्टवेयर है

(a) प्रारूपण (b) डिजाइनिंग

(c) डिजाइन और प्रारूपण (d) प्रारूपण और निर्माण

5.7. ऑटोकैड स्क्रीन पर मेनू बार में शामिल हैं

(a) File, Edit, view, आदि (b) Drew , modify , आदि।

(c) cut, copy, paste, आदि। (d) उपरोक्त में से कोई नहीं

5.8. ऑटोकैड में दिए गए कमांड दिखाई देते हैं

(a) ड्राइंग क्षेत्र में (b) कमांड के टूलबार पर

(c) कमांड लाइन पर (d) स्टेटस लाइन पर

5.9. फंक्शन-की का उपयोग करके स्नैप को चालू या बंद किया जाता है

(a) F4 (b) F6

(c) F7 (d) F9

5.10. फंक्शन की F8 का प्रयोग टॉगल करने के लिए किया जाता है

(a) कोऑर्डिनेट डिस्प्ले (b) ग्रिड डिस्प्ले

(c) स्टेटस बार (d) ऑर्थो

बहुविकल्पीय प्रश्नों के उत्तर									
5.1 (b)	5.2 (c)	5.3 (a)	5.4 (c)	5.5 (d)	5.6 (a)	5.7 (a)	5.8 (c)	5.9 (d)	5.10 (d)

B . विषयात्मक प्रश्न

5.1. कप्यूटर एडेड ड्राफ्टिंग के क्या लाभ हैं।

5.2. ऑटोकैड स्क्रीन पर विभिन्न डिस्प्ले का वर्णन करें।

5.3. ऑटोकैड में नई फाइल खोलने की विधि समझाइए।

5.4 . ऑटोकैड में फंक्शन कुंजियों (F1 से F11) के कार्यों का वर्णन करें।

5.5. यूसीएस आइकन के महत्व पर चर्चा करें। आप UCS आइकन को कैसे चालू और बंद कर सकते हैं?

अधिक जानिए

शिक्षक को ऑटोकैड 2020 की कमांड रेफरेंस गाइड डाउनलोड करनी चाहिए।

इनपुट सत्र के दौरान शिक्षक को विद्यार्थी की संबंधित इंजीनियरिंग शाखा से संबंधित उदाहरण देना चाहिए।

जैसे मैकेनिकल और संबद्ध विषयों / इलेक्ट्रिकल और संबद्ध विषयों / इलेक्ट्रॉनिक्स आदि।

शिक्षक को ऑटोकैड सॉफ्टवेयर और गाइड के माध्यम से उपरोक्त सभी कमांड्स का प्रदर्शन करना चाहिए

व्यावहारिक सत्रों में छात्र उल्लिखित अवधारणाओं को समझाने के लिए वीडियो/एनीमेशन फिल्में दिखाएं।

ऑटोकैड सॉफ्टवेयर सिखाने के लिए वीडियो/स्पोकन ट्यूटोरियल का उपयोग करें।

शिक्षक को ऑटोकैड 2020 का उपयोग करते हुए 3डी मॉडलिंग का भी ज्ञान होना चाहिए।

अनुप्रयोग (वास्तविक जीवन / औद्योगिक)

कंप्यूटर ने इंजीनियरिंग ड्राइंग सहित कई क्षेत्रों में भारी बदलाव लाया हैं। न केवल कंप्यूटर एडेड ड्रॉइंग या ड्राफ्टिंग में लगने वाला समय मैनुअल ड्राफ्टिंग में शामिल समय का एक अंश है, बल्कि संपूर्ण ड्राइंग को पुनः ड्रा किए बिना ड्रॉइंग के किसी भी हिस्से को बहुत ही कम समय मे संशोधित किया जा सकता है। CADr का उपयोग करके वस्तु के विभिन्न दृश्यों को बनाना बहुत आसान है। वर्तमान में, उद्योग, पेशेवर और इंजीनियर संबद्ध इंजीनियरिंग कार्यक्षेत्र में डिजिटल उत्पादन चित्र बनाने के लिए, सिविल इंजीनियरिंग और आर्किटेक्चर कार्यक्षेत्र में डिजिटल बिल्डिंग और निर्माण चित्र, डिजिटल पाइप लाइन, रासायनिक और खाद्य प्रसंस्करण क्षेत्रों में लेआउट बनाने के लिए, इलेक्ट्रिकल इंजीनियरिंग कार्यक्षेत्र में बिजली वितरण प्रणाली और इलेक्ट्रिक सर्किट के डिजिटल लेआउट कंप्यूटर एडेड ड्राफ्टिंग सॉफ्टवेयर का उपयोग कर रहे हैं। CADr सॉफ्टवेयर का प्रभावी ढंग से उपयोग करने के लिए उपयोगकर्ता को सभी कमांड, शॉर्टकट और फंक्शन-की को सीखना और अभ्यास करना चाहिए।

जिज्ञासा हेतु

1. ऑटोकैड का छात्र संस्करण डाउनलोड करें और उपरोक्त कमांड्स को सीखने का प्रयास करें।
2. टेम्पलेट के साथ और बिना टेम्पलेट के एक नई ड्राइंग खोलें और अंतर देखें।
3. एक मौजूदा ड्राइंग फ़ाइल खोलें और इसे दूसरे नाम से सेव करें।
4. एक मौजूदा फ़ाइल खोलें और उसकी इकाइयों और सीमाओं की जाँच करें।
5. एक नई फ़ाइल खोलें और इकाइयों को मिमी पर सेट करें। ग्रिड को चालू/बंद करें और स्नैप ऑन/ऑफ करें। स्नैप की सेटिंग बदलें और कर्सर की गति को देखें।

प्रायोगिक कार्य

प्रायोगिक कार्य

पाठ्यचर्या के अनुसार इकाई-5 से संबंधित प्रायोगिक कार्य हैं: निरंक

संदर्भ एवं अध्ययन हेतु सुझाव

1. Machine Design Includes AutoCAD Second Edition, Ajeet Singh, Tata McGraw Hill Education Private Limited, New Delhi, 2018.
2. AutoCAD 2020: A Problem-Solving Approach, Basic and Intermediate, 26th Edition, Sham Tickoo, CADCIM Technologies, 2019.
3. AutoCAD 2013, Command Reference Guide, Autodesk Inc.
4. AutoCAD Shortcuts Guide, Autodsek Inc.
5. https://knowledge.autodesk.com/support

6 कंप्यूटर एडेड ड्राफ्टिंग

यूनिट विशिष्ट

यह इकाई निम्नलिखित विषयों से संबंधित जानकारी प्रस्तुत करती है:

- रेखा, वृत्त, चाप, बहुभुज, दीर्घवृत्त, आयत, मल्टी लाइन, पॉलीलाइन जैसी बुनियादी इकाइयाँ को आरेखित करना।
- बिंदुओं को निर्दिष्ट करने की विधि: निरपेक्ष और सापेक्ष कार्तीय और ध्रुवीय निर्देशांक।
- ट्रिम, एक्सटेंड, डिलीट, कॉपी, ऑफसेट, एरे, ब्लॉक, लेयर्स जैसे कमांड को संशोधित और संपादित करना।
- डिजिटल ड्राइंग का आयाम: रैखिक, क्षैतिज, लंबवत, संरेखित, घुमाया गया, आधार रेखा, निरंतर, व्यास, त्रिज्या, कोणीय। डिम स्केल वेरिएबल, आयाम का संपादन
- डिजिटल ड्राइंग पर टेक्स्ट लिखना: सिंगल और मल्टीलाइन टेक्स्ट।
- पेपर साइज, ड्राइंग ओरिएंटेशन, प्लॉट स्केल, प्लॉट ऑफसेट, प्लॉट एरिया, प्रिंट प्रीव्यू जैसे विभिन्न प्लॉटिंग मापदंडों का चयन करना।

इन विषयों की समझ सामग्री को पढ़ने, हल की गई समस्याओं, गतिविधियों को पूरा करने, ऑटोकैड सॉफ्टवेयर पर अभ्यास करने और इस इकाई में उल्लिखित आईसीटी और वेब संसाधनों को देखने के बाद विकसित होगी।

इकाई के अंत में सम्मिलित किए गए विषयों को संक्षेप में प्रस्तुत करने के लिए सारांश प्रदान किया गया है और अनुप्रयोगों का उल्लेख किया गया है ताकि शिक्षार्थी प्रस्तुत ज्ञान को वास्तविक जीवन और औद्योगिक स्थितियों के साथ सहसंबद्ध कर सके। शिक्षार्थी में जिज्ञासा पैदा करने के लिए कुछ गतिविधियों का उल्लेख किया गया है। ज्ञान के सुदृढ़ीकरण के लिए विषयपरक और वस्तुनिष्ठ प्रश्न प्रदान किए गए हैं और आगे सीखने के लिए संदर्भों और सुझाए गए रीडिंग की एक सूची भी प्रदान की गई है। क्यूआर कोड के साथ वीडियो संसाधनों का उल्लेख रुचि के विभिन्न विषयों पर अधिक जानकारी प्राप्त करने के लिए किया जा सकता है जिसे देखने के लिए मोबाइल फोन के माध्यम से सर्फ या स्कैन किया जा सकता है। ड्राइंग और ड्राफ्टिंग कौशल को बढ़ाने के लिए विवरण के साथ प्रायोगिक कार्य (प्रैक्टिकल) प्रदान किए गए हैं।

भूमिका

आज हर उद्योग को डिफ़ॉल्ट रूप से कम्प्यूटरीकृत चित्रों की आवश्यकता होती है। कम्प्यूटरीकृत चित्रों में भंडारण, पुनर्प्राप्ति, संशोधन में आसानी, संचरण आदि के अपने फायदे हैं। इसके अलावा सबसे महत्वपूर्ण कारक है, समग्र डिजाइन के निर्माण और विशेष रूप से ऐसे वक्र जो मैनुअल रूप से/हाथों से नहीं बनाए जा सकते हैं,उन्हें सटीकता के साथ बनाया जा सकता है। छात्रों की रोजगार क्षमता में सुधार के लिए दुनिया भर के कई इंजीनियरिंग संस्थानों ने इस दृष्टिकोण को अपनाया है। आमतौर अधिक जटिल आकार बनाने के लिए डिजिटल ड्रॉइंग कई अलग-अलग बुनियादी आदिम आकृतियों को जोड़कर और संशोधित करके बनाई जाती हैं, जैसे कि रेखाएं, वृत्त और चाप। व्यापक रूप से इन डिजिटल चित्र बनाने के लिए डिज़ाइन और प्रारूपण सॉफ़्टवेयर AutoCAD का उपयोग

किया जाता है। इस पुस्तक में AutoCAD 2020 संस्करण का वर्णन किया जा रहा है। इस इकाई के परिणाम प्रदर्शन आधारित हैं, इसलिए, एक बार जब आप इकाई को पूरा कर लेंगे, तो आप इकाई में सूचीबद्ध परिणामों को निष्पादित करने में सक्षम होंगे। इस इकाई में छात्र रेखाएं, चाप और वृत्त आदि सहित आरेखण वस्तुओं को बनाने और संशोधित करने की अवधारणाओं को सीखेंगे। यह इकाई कमांड उपयोग के लिए अभ्यास के साथ-साथ प्रत्येक कमांड का उपयोग करने के लिए चरण-दर-चरण निर्देश प्रदान करती है।

पूर्व अपेक्षित ज्ञान

इस इकाई को पढ़ने से पहले छात्र को सलाह दी जाती है कि वह निम्नलिखित पर दोबारा गौर करें:

- यूनिट-5 में उल्लिखित बेसिक ऑटोकैड कमांड
- गणित: निर्देशांक और समतल ज्यामिति

यूनिट आउटकम्स (UOs)

विद्यार्थी निम्नलिखित मे सक्षम होंगे।

U6-O1: ऑटोकैड सॉफ्टवेयर के ड्रा टूल बार का उपयोग करके सादी 2-डी इकाइयों को बनाना।

U6-O2: ऑटोकैड सॉफ्टवेयर के modify टूल बार का उपयोग करके 2-डी इकाइयों का सम्पादन/संशोधन करना।

U6-O3: ऑटोकैड में ब्लॉक्स, एरे और लेयर कमांड का उपयोग करके चित्र बनाना।

U6-O4: ऑटोकैड सॉफ्टवेयर का उपयोग करके साधारण 2-डी इकाइयों में आयाम लागू करना।

U6-O5: ऑटोकैड सॉफ्टवेयर का उपयोग करके ड्रॉइंग में टेक्स्ट लिखना।

U6-O6: ऑटोकैड सॉफ्टवेयर में ड्राइंग को प्लॉट करना।

कोर्स आउटकम्स (COs) के साथ प्रोग्राम आउटकम्स (POs) का परस्पर संबंध

यूनिट-6 आउटकम्स	प्रोग्राम आउटकम्स (POs) के साथ अपेक्षित संबंध *(1- कमजोर सहसंबंध; 2- मध्यम सहसंबंध; 3- मजबूत सहसंबंध)*					
	CO-1	CO-2	CO-3	CO-4	CO-5	CO-6
U6-O1	3	-	2	-	-	3
U6-O2	3	-	2	-	-	3
U6-O3	3	-	2	-	-	3
U6-O4	-	3	-	-	-	2
U6-O5	-	3	-	-	-	2
U6-O6	-	-	-	-	-	2

6.1 प्रस्तावना

इस इकाई में छात्र रेखाएं, चाप और वृत्त आदि सहित ड्राइंग ऑब्जेक्ट बनाने और संशोधित करने की अवधारणाओं को सीखेंगे और सटीक चित्र बनाने के लिए ऑब्जेक्ट स्नैप, ऑब्जेक्ट स्नैप ट्रैकिंग, पोलर ट्रैकिंग कोऑर्डिनेट विधियों और आयाम का उपयोग भी करेंगे। यूनिट में लेयर्स, ब्लॉक्स, टेक्स्ट राइटिंग और हैचिंग के निर्माण और संशोधन से संबंधित ज्ञान तत्वों को भी शामिल किया गया है। छात्र यह भी सीखेंगे कि पैन और जूम कमांड के साथ ड्रॉइंग के माध्यम से कैसे नेविगेट करें, डू और अनडू करें और अंत में ड्राइंग को सेव करने के बाद ऑटोकैड से बाहर निकलें। आने वाले अनुभाग मे प्रत्येक कमांड का उपयोग करने के लिए चरण-दर-चरण निर्देश दिए गए हैं, जिसके बाद कमांड का अभ्यास करने के लिए डिज़ाइन किए गए अभ्यास दिए गए हैं।

6.2 माउस का उपयोग करना

यह माना जाता है कि आप एक माउस का उपयोग मध्य रोलर-बटन के साथ कर रहे हैं जैसा कि चित्र 6.1 में दर्शाया गया है।

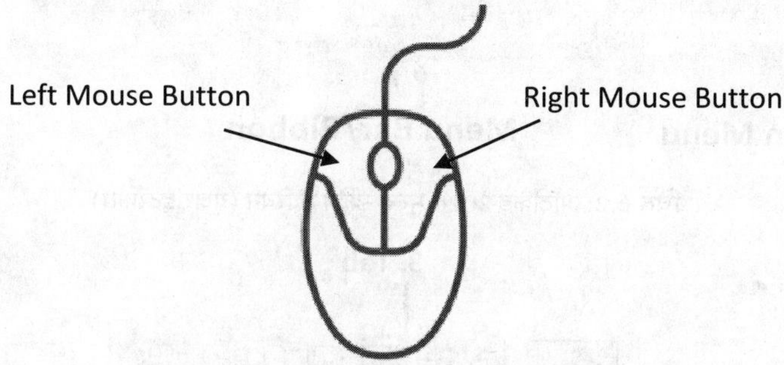

चित्र 6.1: विशिष्ट माउस: बाएँ और दाएँ क्लिक

चुनें या क्लिक करें	जल्दी से दबाएं और फिर बाईं माउस बटन को छोड़ दें
दाएँ क्लिक करें	दायां माउस बटन तुरंत दबाएं और छोड़ें
डबल क्लिक करें	बाईं माउस बटन को दो बार तेजी से क्लिक करें
ड्रैग	माउस को हिलाने पर बाएँ माउस बटन को दबाकर रखें
पॉइंट	माउस को तब तक हिलाएं जब तक कि स्क्रीन पर माउस पॉइंटर (कर्सर) आपके इच्छित आइटम पर स्थित न हो जाए
सिलेक्ट	माउस पॉइंटर/ड्राइंग कर्सर को किसी आइटम पर रखें और बाईं माउस बटन पर क्लिक करें

6.3 कमांड का चयन कैसे करें

ऑटोकैड आपको कमांड चुनने के दो अलग-अलग तरीके प्रदान करता है:

1. एक रिबन/पैलेट से एक टूल का चयन कर रहा है
2. दूसरा कमांड लाइन में कमांड टाइप कर रहा है।

दोनों विधियां एक ही अंतिम परिणाम प्राप्त करेंगी। आप तय करें कि आपको कौन सा तरीका पसंद है।

उदाहरण के लिए:

विधि 1: रिबन से एक टूल का चयन करना (चित्र 6.2)

1. सबसे पहले Tab को सेलेक्ट करें जैसे Home।
2. सही पैनल/टूल बार/पैलेट का पता लगाएँ जैसे ड्रा (चित्र 6.3)।
3. टूल का चयन करें जैसे सर्कल ।

यदि टूल में कई प्रकार शामिल हैं, तो इसमें एक डाउन-एरो होगा। यदि आप डाउन-एरो का चयन करते हैं, तो एक उप-मेनू दिखाई देगा। वांछित प्रकार का चयन करें जैसे कि 2-पॉइंट।

नवीनतम चयन तब वर्तमान प्रदर्शित टूल बन जाएगा क्योंकि ऑटोकैड मानता है कि आपको उस टूल की फिर से आवश्यकता हो सकती है।

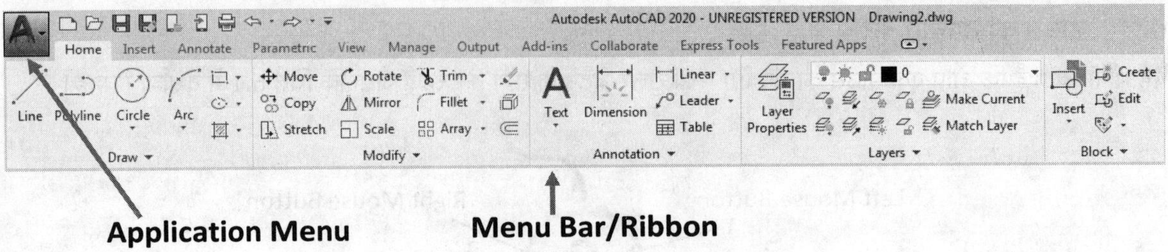

चित्र 6.2: ऑटोकैड 2020 मुख्य स्क्रीन में रिबन (यूजर इंटरफेस)

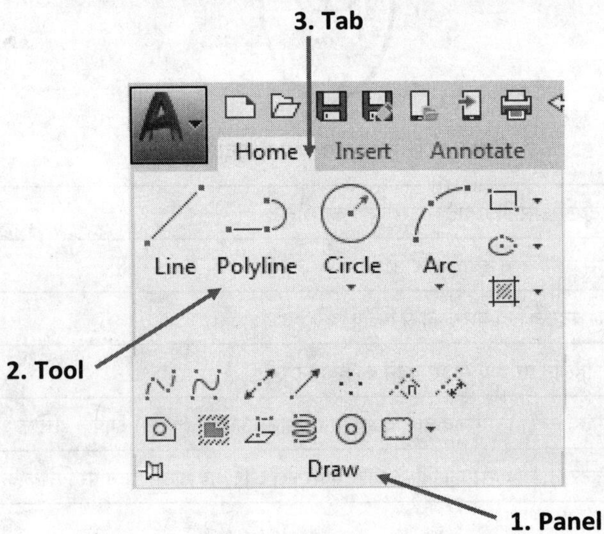

चित्र 6.3: रिबन से टूल का चयन

विधि 2: की-बोर्ड प्रविष्टि

आप कमांड लाइन पर या डायनेमिक इनपुट टूलटिप में कमांड टाइप कर सकते हैं (अगले भाग में दिखाया गया है)। यह इस बात पर निर्भर करता है कि आपके पास डायनामिक इनपुट चालू है या बंद।

6.4 कमांड लाइन

कमांड लाइन, कमांड दर्ज करने के लिए प्रयुक्त होता है।

- कमांड का पहला अक्षर टाइप करें, जैसे सर्कल के लिए c।
- अक्षर c से शुरू होने वाले कमांड की एक सूची दिखाई देगी। सूची से वांछित कमांड का चयन करें क्योंकि c क्लोज, चेंज प्रॉपर्टीज, कंबाइन आदि से भी संबंधित है।
- जब आप सर्किल जैसे कमांड दर्ज करते हैं, तो कमांड लाइन पर प्रॉम्प्ट और विकल्प प्रदर्शित होंगे।
- सर्कल कमांड के लिए प्रॉम्प्ट आपसे पूछता है: "Specify center point for circle" or [3P/2P/Ttr (tan tan radius)]
- [ ] कोष्ठक में दी गई जानकारी विकल्प हैं जिन्हें आप चुन सकते हैं। क्लिक करने योग्य विकल्प नीले रंग में प्रदर्शित होते हैं जबकि काले रंग में प्रदर्शित विकल्पों को कमांड लाइन में टाइप किया जाना चाहिए या विकल्प मेनू से चुना जाना चाहिए।

- जैसे ही आप कमांड दर्ज करते हैं ऑटोकैड उन्हें "history" के रूप में रिकॉर्ड करता है। आप इस history को <F2> या कमांड लाइन के दाहिने छोर पर ऊपर तीर दबाकर प्रदर्शित कर सकते हैं। हालिया कमांड टूल हाल ही में चयनित कमांड को प्रदर्शित करता है।
- आप अपने कीबोर्ड पर <Ctrl+9 > का उपयोग करके कमांड लाइन को चालू और बंद कर सकते हैं।

6.5 डायनामिक इनपुट टूलटिप

डायनामिक इनपुट कमांड, वैल्यू और चुनिंदा विकल्पों को इनपुट करने का एक और तरीका है। डायनामिक इनपुट का उपयोग करने के लिए आपको स्टेटस बार में डायनामिक इनपुट बटन को चालू करना होगा। यदि आप डायनामिक इनपुट का उपयोग करना चुनते हैं, तो कमांड कर्सर के बगल में टूलटिप बॉक्स में दर्ज किया जाएगा।

- कर्सर को आरेखण क्षेत्र में रखें। (जरूरी)
- कमांड का पहला अक्षर टाइप करें, जैसे सर्कल के लिए 'c'।
- 'c' अक्षर से शुरू होने वाले commands की एक सूची दिखाई देगी।
- सूची से कमांड का चयन करें।
- यदि आप ↓ डाउन एरो दबाते हैं, तो प्रॉम्प्ट के नीचे विकल्प दिखाई देंगे (चित्र 6.4)।

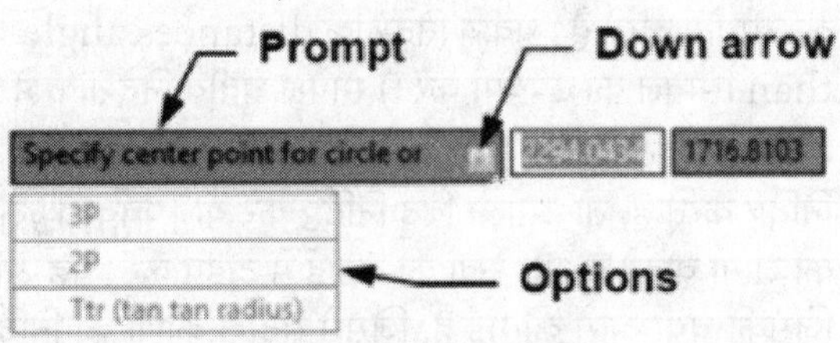

चित्र 6.4: कमांड दर्ज करने के लिए गतिशील इनपुट विधि

6.6 टूल/आइकन टिप सहायता

- जब आप किसी टूल/आइकन पर अपना कर्सर घुमाते हैं तो एक प्रारंभिक टूलटिप आपको संक्षिप्त विवरण के साथ टूल का नाम बताते हुए दिखाई देगी (चित्र 6.5 (a))।
- यदि आप कुछ समय के लिए कर्सर को आइकान पर रखते हैं, तो सहायता प्रणाली से सीधे एक ग्राफिक डिस्प्ले दिखाई देगा (चित्र 6.5 (b)।

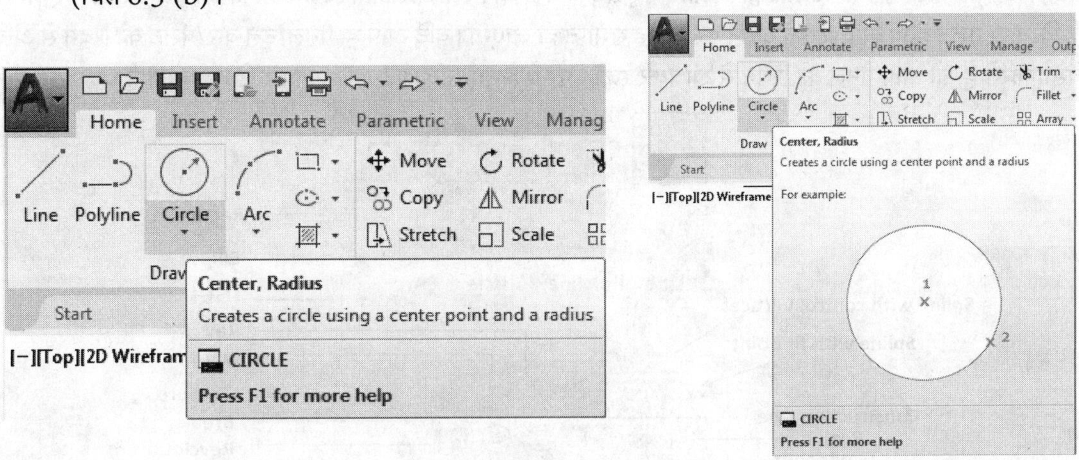

(a) (b)

चित्र 6.5: ऑटोकैड 2020 में टूल टिप्स

6.7 कॉर्डिनेट प्रणाली

निरपेक्ष समन्वय प्रणाली (एब्सोल्यूट कोऑर्डिनेट सिस्टम): एब्सोल्यूट कोऑर्डिनेट सिस्टम में पॉइंट्स ओरिजिन (0,0) के सापेक्ष स्थित होते हैं। एक्स और वाई निर्देशांक दर्ज करके पूर्ण निर्देशांक निर्दिष्ट किए जाते हैं। उदाहरण के लिए बिंदु 2,3 मूल बिंदु से X=2 (अर्थात क्षैतिज) और Y=3 (अर्थात ऊर्ध्वाधर) के साथ बिंदु का प्रतिनिधित्व करता है।

सापेक्ष कार्टेशियन निर्देशांक(रिलेटिव कोऑर्डिनेट सिस्टम): सापेक्ष निर्देशांक पिछले बिंदु से X और Y दूरी निर्दिष्ट करते हैं। उन्हें सापेक्ष निर्देशांक कहा जाता है क्योंकि उनके पास केवल पहले निर्दिष्ट बिंदु के सापेक्ष अर्थ होता है। आप @ प्रतीक का उपयोग करके ऑटोकैड को बताते हैं कि निर्देशांक सापेक्ष हैं। उदाहरण के लिए @ 5 ,2 का एक सापेक्ष निर्देशांक दाएँ 5 इकाइयों तक जाएगा और दर्ज किए गए अंतिम बिंदु से 2 इकाई ऊपर जाएगा।

ध्रुवीय निर्देशांक: एक अन्य सामान्य स्थिति किसी बिंदु की दूरी और कोण को 0,0 या पिछले बिंदु से जानना है। इस मामले में, आप ध्रुवीय निर्देशांक का उपयोग कर सकते हैं, जो या तो निरपेक्ष या सापेक्ष हो सकते हैं। आमतौर पर, आप सापेक्ष ध्रुवीय निर्देशांक का उपयोग करते हैं। ध्रुवीय निर्देशांक distance<angle का रूप लेते हैं। (कोण चिह्न टाइप करने के लिए, अपने कीबोर्ड पर less than सिम्बल का उपयोग करें।) सापेक्ष ध्रुवीय निर्देशांक में निर्देशांक से पहले @ चिह्न होना चाहिए।

डायरेक्ट डिस्टेंस एंट्री: निर्देशांक दर्ज करने का एक शॉर्टकट डायरेक्ट डिस्टेंस एंट्री है। जब आप किसी रेखा का प्रारंभ बिंदु निर्दिष्ट करते हैं, तो अगला बिंदु निर्दिष्ट करें या [पूर्ववत करें]: प्रॉम्प्ट पर, बस माउस कर्सर को उस दिशा में ले जाएँ जहाँ आप रेखा को जाना चाहते हैं और रेखा की लंबाई में टाइप करें। यह ऑर्थोगोनल मोड में या ध्रुवीय ट्रैकिंग के साथ सबसे अच्छा काम करता है, जिसकी चर्चा आगे की गई है, जिससे सटीक कोणों को निर्दिष्ट करना आसान हो जाता है। आप किसी भी कमांड के लिए डायरेक्ट डिस्टेंस एंट्री का उपयोग कर सकते हैं जिसके लिए आपको दूरी और दिशा निर्दिष्ट करने की आवश्यकता होती है, जिसमें ड्राइंग और एडिटिंग कमांड दोनों शामिल हैं।

6.8 प्रारंभिक वस्तुएँ बनाना (ड्रा टूल बार)

ऑटोकैड में स्क्रीन, एक ड्राइंग शीट के रूप में कार्य करती है और ड्राइंग यंत्रों से नहीं बनाया जाता है, बल्कि बटन दबाकर या लाइन, सर्कल, आर्क, आयत, बहुभुज आदि जैसी बुनियादी कमांड द्वारा बनाया जाता है। ऑटोकैड में एक ड्राइंग बनाने के लिए, ड्रा टूल बार का उपयोग किया जाता है (चित्र 6.6 और 6.7)। कोई भी इकाई (प्वाइंट, लाइन, आर्क, सर्कल आदि) बनाने के लिए या तो ड्रा टूल बार में उपलब्ध संबंधित आइकन पर क्लिक करें या कमांड लाइन पर संबंधित कमांड टाइप करें और फिर संकेत के अनुसार मान निर्दिष्ट / आपूर्ति करें। बस सॉफ़्टवेयर द्वारा बताए गए संदेशों पर नज़र रखें और आवश्यक डेटा की आपूर्ति करें। अगर आपको लगता है कि कुछ गलत हुआ तो Esc की दबाने पर कमांड समाप्त हो जाएगी। यदि आप ड्रा पैनल/टूल बार/पैलेट को रिबन से अलग करना पसंद करते हैं, तो आप पैनल को रिबन से खींचकर स्क्रीन पर एक नए सुविधाजनक स्थान पर ले जा सकते हैं।

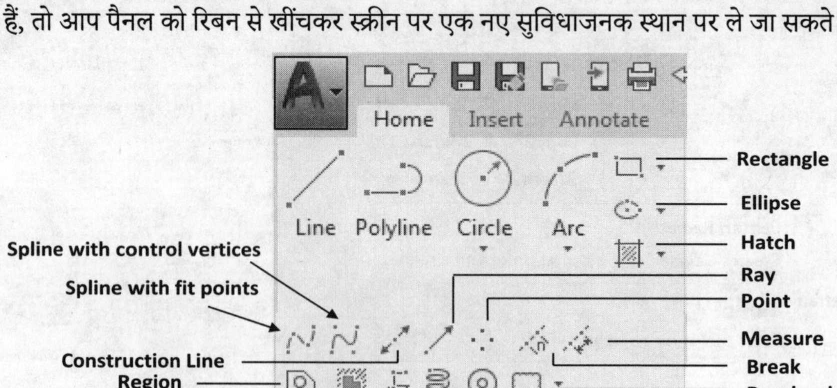

चित्र 6.6: ऑटोकैड 2020 मुख्य स्क्रीन रिबन में पैनल/टूलबार/पैलेट

6.8.1 बिंदु

- POINT कमांड आपके ड्राइंग में आपके द्वारा चुने गए स्थान पर या कमांड विंडो में आपके द्वारा दर्ज किए गए किसी भी समन्वय स्थान पर एक बिंदु मार्कर सम्मिलित करेगा।
- एक बिंदु को परिभाषित करने के अन्य तरीकों को फ्लाई-आउट मेनू के माध्यम से एक्सेस किया जा सकता है।
- डिफ़ॉल्ट बिंदु शैली एक साधारण बिंदु है, जिसे देखना अक्सर मुश्किल होता है लेकिन आप बिंदु शैली संवाद बॉक्स का उपयोग करके बिंदु शैली को अधिक आसानी से दिखाई देने वाली या विस्तृत चीज़ में बदल सकते हैं। (PDMODE और PDSIZE आज़माएं)

Tool Bar: Menu → Draw → Point

Command: PO

6.8.2 रेखा

- LINE कमांड सीधी रेखा खंड बनाता है।
- इसका प्रयोग लगातार रेखाएँ खींचने के लिए किया जाता है। प्रत्येक खंड एक लाइन वस्तु है जिसे अलग से संपादित किया जा सकता है।
- क्षैतिज और लंबवत रेखाएँ खींचने के लिए ऑर्थो ऑन करें।
- टूल बार: मेनू → ड्रा → लाइन
- कमांड : L
- पहला बिंदु निर्दिष्ट करें, अंतिम खींची गई रेखा या चाप से जारी रखने के लिए ENTER दबाएँ या कोई बिंदु निर्दिष्ट करें।
- विभिन्न विकल्प निम्नानुसार हैं:
  - Continue: सबसे हाल ही में खींची गई रेखा के अंतिम बिंदु से एक रेखा को जारी रखता है।
  - Close : पहली पंक्ति खंड की शुरुआत में रेखा खंड को समाप्त करें, जो रेखा खंड का एक बंद लूप बनाता है।
  - Undo: एक रेखा अनुक्रम के सबसे हाल के खंड को मिटा देता है।

अभ्यास 6.1 ***किसी भी आयाम के साथ निम्नलिखित आकृति बनाएं।***

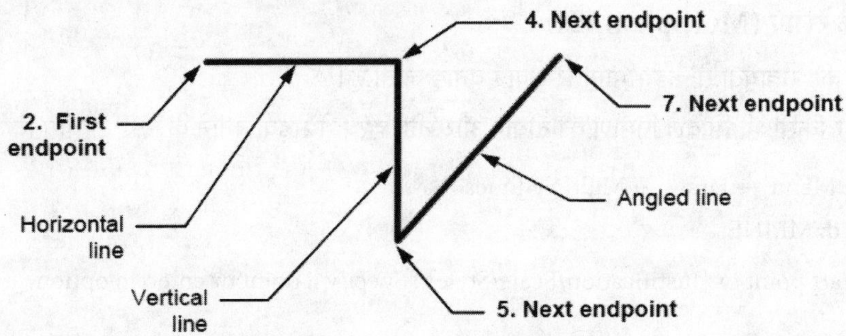

चित्र 6.7: उदाहरण 6.1 का हल

1. line कमांड चुनें।
2. पहले समापन बिंदु को ड्राइंग क्षेत्र में कहीं भी रखें।
3. ऑर्थो बटन या <F8> का चयन करके ऑर्थो को चालू करें। ("ऑर्थो" बटन चालू होने पर निऑन नीले रंग में बदल जाएगा।)

4. कर्सर को दाईं ओर ले जाएं और अगला समापन बिंदु रखने के लिए बाईं माउस बटन दबाएं। (लाइन पूरी तरह से क्षैतिज दिखाई देनी चाहिए।)
5. कर्सर को नीचे ले जाएँ और अगला समापन बिंदु रखने के लिए बायाँ माउस बटन दबाएँ। (लाइन पूरी तरह से लंबवत दिखाई देनी चाहिए।)
6. अब Ortho बटन को सेलेक्ट करके Ortho को बंद कर दें। ("ऑर्थो" बटन बंद होने पर ग्रे में बदल जाएगा।)
7. कर्सर को एक कोण पर ऊपर और दाईं ओर ले जाएं (लाइन को अब स्वतंत्र रूप से आगे बढ़ना चाहिए) और अगला समापन बिंदु रखने के लिए बायां माउस बटन दबाएं।
8. आरेखण को इस रूप में सहेजें: Ex-1-line (या कोई भी नाम)

6.8.3 निर्माण रेखाएं

- यह एक अनंत रेखा है जो दो चुने हुए बिंदुओं से होकर गुजरती है।
- यह निर्माण ढांचे या ग्रिड बनाने के लिए बहुत उपयोगी होती है।
- निर्माण लाइनों को आम तौर पर तैयार चित्रों में वस्तुओं के रूप में उपयोग नहीं किया जाता है। इसलिए सामान्यतः सभी निर्माण लाइनों को एक अलग परत (खंड 6.13) पर बनाया जाता है, जिसे छपाई से पहले अदृश्य कर दिया जाता है।
- टूल बार: मेनू → ड्रा → कंस्ट्रक्शन लाइन 
- कमांड: XLINE
- Specify a point or [Hor/Ver/Ang/Bisect/Offset]: Specify a point or enter an option.
- विभिन्न विकल्प हैं:
  (a) Hor: एक क्षैतिज निर्माण रेखा बनाता है।
  (b) Ver: एक लंबवत निर्माण रेखा बनाता है।
  (c) Ang: एक निर्दिष्ट कोण पर एक निर्माण रेखा बनाता है।
  (d) Bisect: एक निर्माण रेखा बनाएं जो 3 बिंदुओं से परिभाषित कोण को समद्विभाजित करे।
  (e) Offset: एक निर्माण लाइन बनाता है जो एक मौजूदा लाइन से एक निर्दिष्ट दूरी से ऑफसेट होती है।

6.8.4 एकाधिक रेखाएं (Multiple lines)

- इस कमांड की सहायता से कई समानांतर रेखाएँ बनाई जाती है।
- आमतौर पर किसी भी सिविल निर्माण की दीवार और शीर्ष दृश्य में सड़क बनाने के लिए उपयोग किया जाता है।
- **Tool Bar:** Menu → Draw → Multiple Lines 
- **Command:** MLINE
- Specify start point or [Justification/Scale/Style] : Specify a point or enter an option.

6.8.5 पॉलीलाइन

- यह द्वि-आयामी पॉलीलाइन बनाता है ।
- एक पॉलीलाइन एक रेखा के समान होती है। यह उसी तरह बनाया जाता है जैसे एक रेखा खींची जाती है। इसके लिए पहले और दूसरे समापन बिंदु की आवश्यकता होती है। लेकिन एक पॉलीलाइन में अतिरिक्त विशेषताएं होती हैं, जो इस प्रकार हैं:

(a) पॉलीलाइन एक आकृति होती है, इसके कई खंड हो सकते हैं।

(b) आप प्रत्येक खंड के लिए एक विशिष्ट चौड़ाई निर्दिष्ट कर सकते हैं।

(c) आप पॉलीलाइन खंड के प्रारंभ और अंत के लिए भिन्न चौड़ाई निर्दिष्ट कर सकते हैं।

(d) पॉलीलाइन में आप चाप से रेखा पर और इसके विपरीत स्विच कर सकते हैं।

- **Tool Bar:** Menu → Draw → Poly Lines
- **Command:** PLINE
- Specify start point :Specify point (1)
- Current line-width is <current>
- Specify next point or [Arc/Close/Halfwidth/Length/Undo/Width]: Specify a point (2) or enter an option.

विभिन्न विकल्प हैं:

- Width : प्रारंभ और अंत मे चौड़ाई निर्दिष्ट करता है । आप अलग-अलग प्रारंभ और अंत चौड़ाई निर्दिष्ट करके एक tapered पॉलीलाइन बना सकते हैं।
- Arc: यह विकल्प आपको 360 डिग्री से कम की गोलाकार पॉलीलाइन बनाने की अनुमति देता है।
- Close: यह विकल्प वही है जो लाइन कमांड में है। Close अंतिम खंड को पहले खंड से जोड़ता है।
- Length: यह विकल्प आपको अंतिम खींची गई पॉलीलाइन के समान कोण पर एक पॉलीलाइन खींचने की अनुमति देता है। यह विकल्प काफी हद तक ऑफसेट कमांड के समान है। आप पहला समापन बिंदु और लंबाई निर्दिष्ट करते हैं। नई पॉलीलाइन स्वचालित रूप से पिछली पॉलीलाइन के समान कोण पर खींची जाती है।

6.8.6 Polygon

- बराबर भुजाओं की किसी भी संख्या का बहुभुज बनाता है।
- टूल बार: मेनू → ड्रा → बहुभुज
- कमांड : Polygon
- भुजाओं की संख्या दर्ज करें <current> : 3 और 1024 के बीच एक मान दर्ज करें और ENTER दबाएं।
- बहुभुज का केंद्र निर्दिष्ट करें या [किनारे]: केंद्र का बिंदु निर्दिष्ट करें
- 'सी' दर्ज करें (सर्कल के बारे में परिचालित)।
- त्रिज्या लंबाई निर्दिष्ट करें। अपने पॉइंटिंग डिवाइस के साथ त्रिज्या निर्दिष्ट करना बहुभुज के घूर्णन और आकार को निर्धारित करता है। त्रिज्या को एक मान के साथ निर्दिष्ट करना वर्तमान स्नैप रोटेशन कोण पर बहुभुज के निचले किनारे को खींचता है।
- विभिन्न विकल्प हैं:

  (a) Centre of Polygon: *बहुभुज के केंद्र को परिभाषित करता है।*

  (b) Inscribed in Circle: *एक वृत्त की त्रिज्या निर्दिष्ट करता है जिस पर बहुभुज रेखा के सभी शीर्ष होते हैं।*

  (c) Circumscribe about circle: *बहुभुज के केंद्र से बहुभुज के किनारों के मध्य बिंदुओं तक की दूरी निर्दिष्ट करता है।*

  (d) Edge: *पहले किनारे के अंतिम बिंदुओं को निर्दिष्ट करके बहुभुज को परिभाषित करता है।*

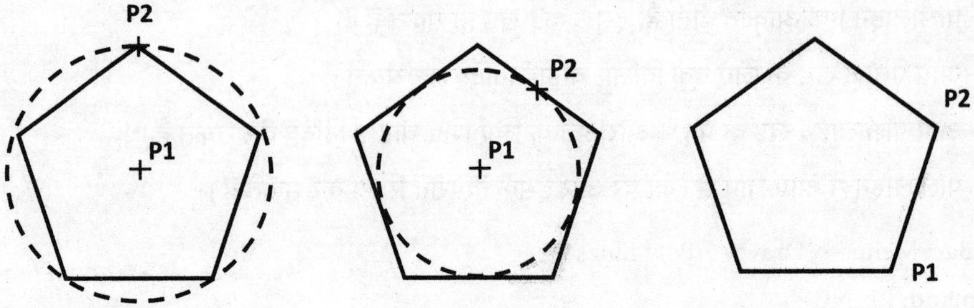

6.8.7 RECTANGLE

- यह एक आयत बनाता है।
- टूल बार: मेनू → ड्रा → आयत
- कमांड : Rectangle
- पहला कोना बिंदु या [चम्फर/एलीवेशन/फ़िलेट/मोटाई/चौड़ाई] निर्दिष्ट करें: एक विकल्प दर्ज करें या एक बिंदु निर्दिष्ट करें (P1)।
- पहला कोना
- अन्य कोने बिंदु निर्दिष्ट करें : एक बिंदु निर्दिष्ट करें (P2)
- विभिन्न विकल्प हैं (चित्र 6.8):
    - (a) Chamfer : चम्फर दूरियों को निर्दिष्ट करके चम्फर के साथ एक आयत बनाता है।
    - (b) Fillet: पट्टिका त्रिज्या निर्दिष्ट करके एक पट्टिका आयत बनाता है।
    - (c) Width: आयत की रेखा चौड़ाई को नियंत्रित करता है।
    - (e) Thickness: आयत की मोटाई को नियंत्रित करता है।
    - (f) Elevation: XY तल से एक निर्दिष्ट ऊँचाई पर एक आयत बनाना।

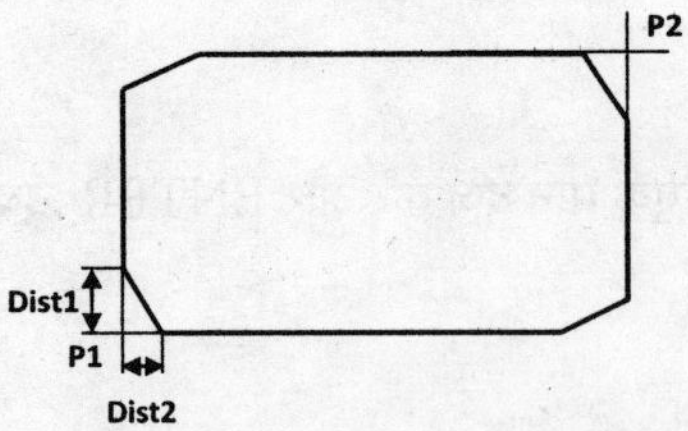

(a) चम्फर विकल्प के साथ आयत

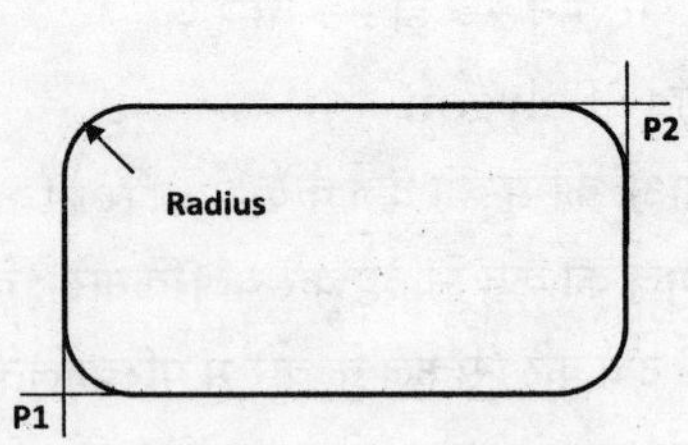

(b) fillet विकल्प के साथ आयत option

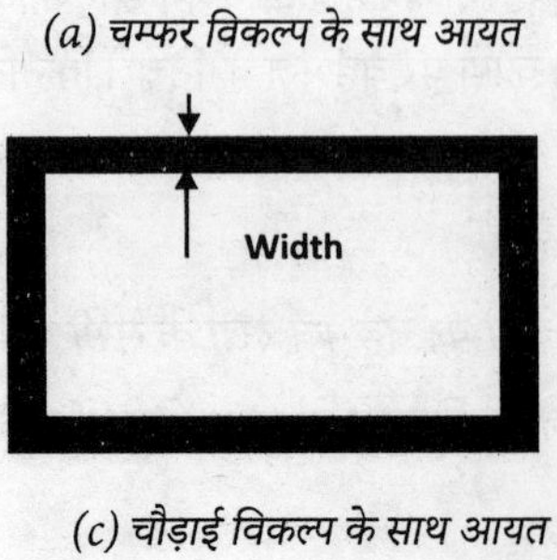

(c) चौड़ाई विकल्प के साथ आयत

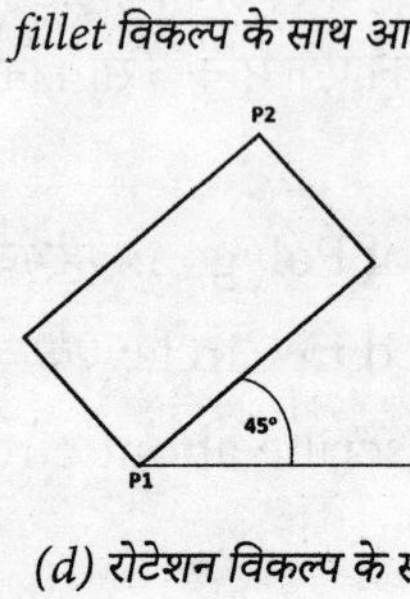

(d) रोटेशन विकल्प के साथ आयत

चित्र 6.8: विभिन्न विकल्पों के साथ आयत बनाना

6.8.8 Circle (वृत)

- यह वृत बनाता है
- टूल बार: मेनू → ड्रा → सर्कल
- कमांड: circle
- Specify center point for circle or [3P/2P/Ttr(tan tan radius)] : Specify a point or enter an option.
- विभिन्न विकल्प निम्नानुसार हैं:
  - (a) Center, radius: वृत्त के केंद्र बिंदु और त्रिज्या को परिभाषित करके
  - (b) Two Points : वृत्त व्यास के अंतिम बिंदुओं को निर्दिष्ट करके
  - (c) Three Points: वृत्त पर 3 बिंदु निर्दिष्ट करके
  - (d) Tan, Tan, radius: दो वस्तुओं (रेखा, वृत्त या चाप) और एक निर्दिष्ट त्रिज्या के साथ एक स्पर्शरेखा वृत्त बानता है।

Center, Radius:

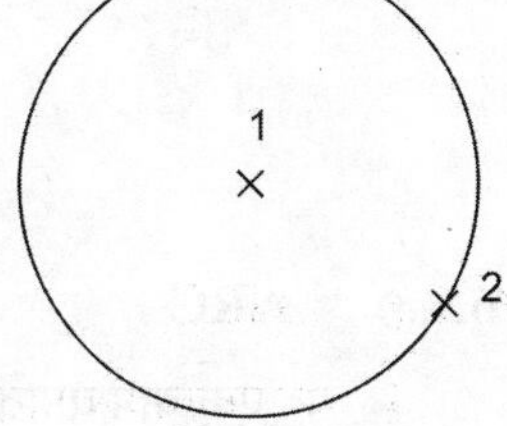

- ड्रॉइंग क्षेत्र (P1) में कर्सर को वांछित स्थान पर ले जाकर वृत्त के केंद्र बिंदु का पता लगाएँ और बायाँ माउस बटन दबाएँ।
- अब कर्सर को केंद्र बिंदु से दूर ले जाएँ और आपको एक वृत्त बनता हुआ दिखाई देगा।
- जब वृत्त वांछित आकार (P2) हो, तो बायाँ माउस बटन दबाएँ, या त्रिज्या टाइप करें और फिर ENTER दबाएँ।.

Center point, Diameter:

वृत्त के व्यास को परिभाषित करता है.

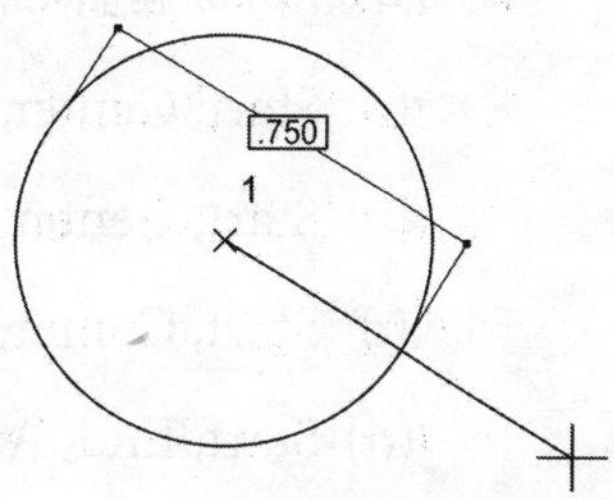

3P (Three Points):

परिधि पर तीन बिंदुओं के आधार पर एक वृत्त खींचता है-

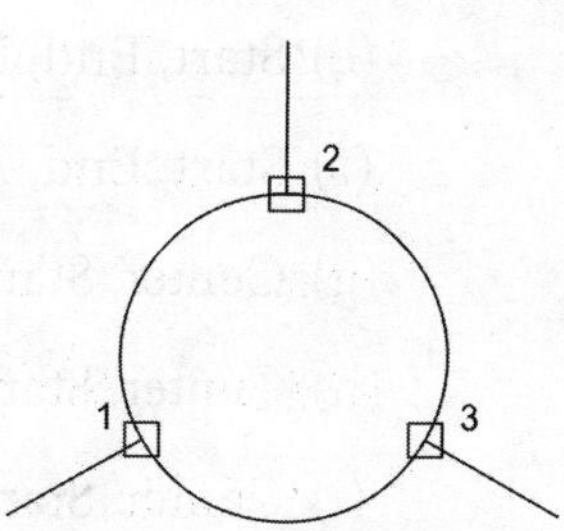

2P (Two Points):

व्यास के दो समापन बिंदुओं के आधार पर एक वृत्त खींचता है।

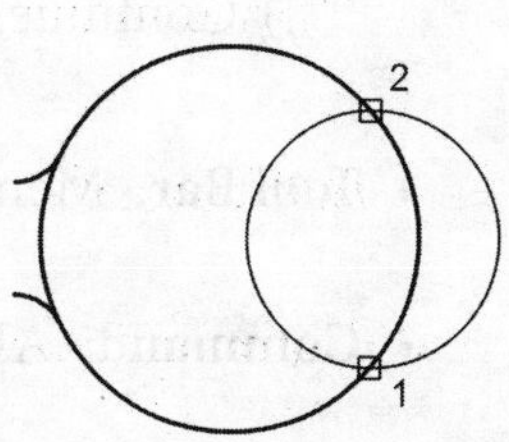

Tan, Tan, Tan:
तीन objects के लिए स्पर्शरेखा वृत्त बनाता है।

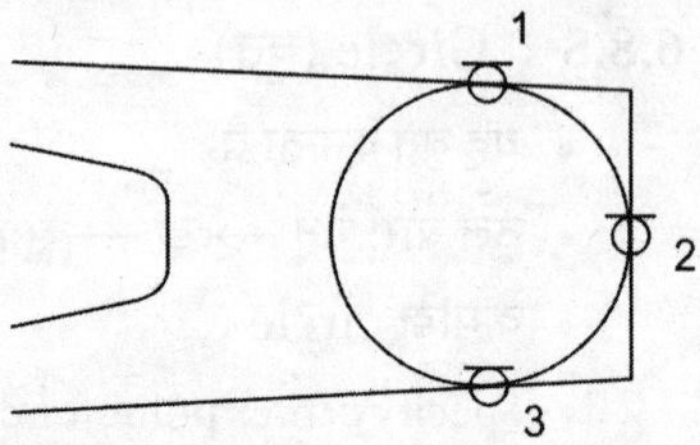

Tan, Tan, Radius:
एक निर्दिष्ट त्रिज्या और दो वस्तुओं के स्पर्शरेखा के साथ एक वृत्त बनाता है।

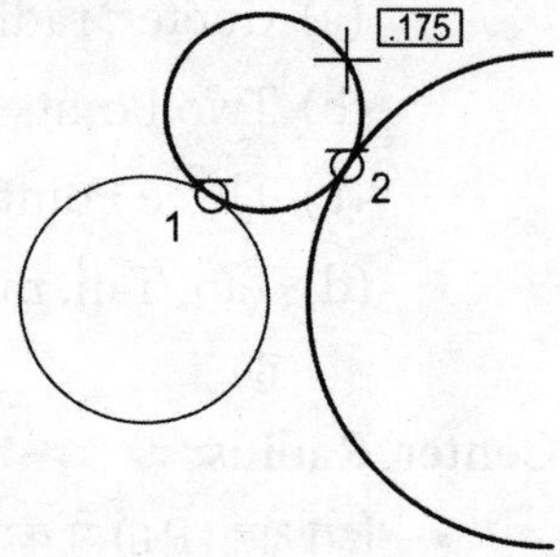

6.8.9 ARC

- यह एक चाप बनाता है। ऑटोकैड में एक चाप को 11 अलग-अलग तरीकों से खींचा जा सकता है।
- चाप खींचने की डिफ़ॉल्ट विधि 3बिंदु विधि है। अन्य विकल्प निम्नानुसार हैं:
    - (a) Start, Center, End:चाप का प्रारंभ बिंदु, केंद्र बिंदु और अंत बिंदु निर्दिष्ट करता है
    - (b) Start, Center, Angle: प्रारंभ बिंदु, केंद्र बिंदु और चाप का सम्मिलित कोण निर्दिष्ट करता है
    - (c) Start, Center, Length: प्रारंभ बिंदु, केंद्र बिंदु और कॉर्ड लंबाई निर्दिष्ट करता है
    - (d) Start, End, Angle: प्रारंभ बिंदु, अंत बिंदु और शामिल कोण निर्दिष्ट करता है
    - (e) Start, End, Direction: चाप का प्रारंभ बिंदु, अंत बिंदु और प्रारंभिक दिशा निर्दिष्ट करता है
    - (f) Start, End, Angle:चाप का प्रारंभ बिंदु, अंत बिंदु और त्रिज्या निर्दिष्ट करता है
    - (g) Center, Start, End:चाप का केंद्र बिंदु, प्रारंभ बिंदु और अंत बिंदु निर्दिष्ट करें
    - (h) Center, Start, Angle: केंद्र बिंदु, प्रारंभ बिंदु और चाप के शामिल कोण निर्दिष्ट करता है
    - (i) Center, Start, Length: केंद्र बिंदु, प्रारंभ बिंदु और कॉर्ड लंबाई निर्दिष्ट करता है
    - (j) Continue: पहले से खींचे गए चाप से एक चाप खींचना जारी रखता है

- **Tool Bar:** Menu → Draw → Arc 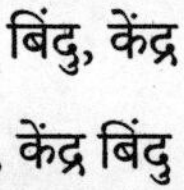
- **Command:** ARC

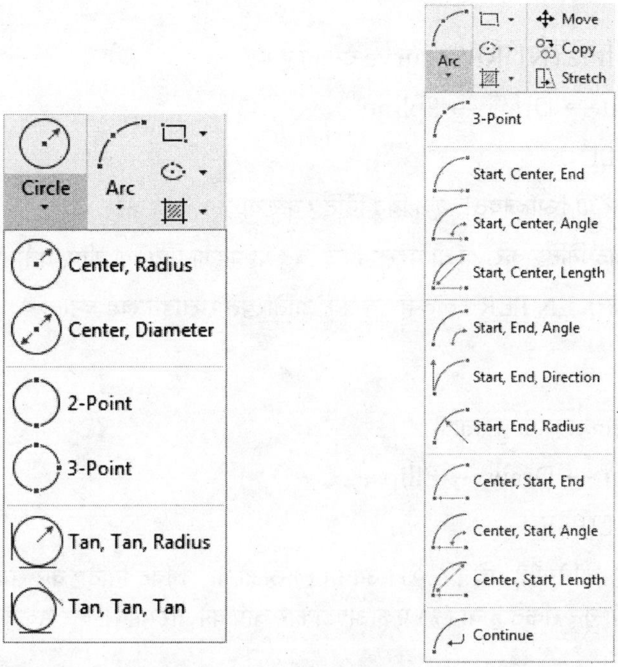

चित्र 6.9: ऑटोकैड में सर्कल और आर्क के लिए विभिन्न विकल्प

- आर्क कमांड निम्नलिखित सूची में से किन्हीं तीन निर्दिष्ट मानों से एक आर्क बनाता है। प्रांप्ट पर पूछे गए मान को निर्दिष्ट करें या [ ] के भीतर अन्य मान निर्दिष्ट करने के लिए अपरकेस में प्रदर्शित वर्ण टाइप करें और ENTER कुंजी दबाएं।

उदाहरण -1

  (a) Start point
  (b) Center point
  (c) End point
  (d) Radius
  (e) Included angle
  (f) Chord length
  (h) Direction at start point.

6.8.10 Donut(डूनट)

- यह भरे हुए वृत्त और वलय बनाने के लिए उपयोग किया जाता है।
- **टूल बार: मेनू → ड्रा → डूनट** 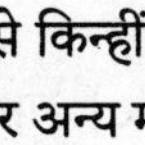
- कमांड : DONUT
- **डूनट के अंदर का व्यास निर्दिष्ट करें <वर्तमान>: दूरी निर्दिष्ट करें या ENTER दबाएँ**
- **डूनट का बाहरी व्यास निर्दिष्ट करें <वर्तमान>: दूरी निर्दिष्ट करें या ENTER दबाएँ**
- **डूनट का केंद्र व्यास निर्दिष्ट करें <निकास>: एक बिंदु निर्दिष्ट करें या आदेश समाप्त करने के लिए ENTER दबाएं.**

6.8.11 Spline

- यह एक cubic spline (NURBS) curve बनाता है।
- **Tool Bar:** Menu → Draw → Spline 
- **Command:** SPLINE
- पहला बिंदु निर्दिष्ट करें या [ऑब्जेक्ट]: एक बिंदु निर्दिष्ट करें या 'O' दर्ज करें
- स्प्लाइन का पहला बिंदु निर्दिष्ट करें, या तो पहला फिट बिंदु या पहला नियंत्रण शीर्ष, वर्तमान पद्धति पर निर्भर करता है।
- अगला बिंदु निर्दिष्ट करें: ENTER दबाते हैं तब तक अतिरिक्त स्प्लाइन खंड बनाता है।

6.8.12 Ellipse

- यह दीर्घवृत्त या अण्डाकार चाप बनाता है
- **Tool Bar:** Menu → Draw → Ellipse 
- **Command:** ELLIPSE
- दीर्घवृत्त खींचने की 3 विधियाँ हैं (चित्र 6.9)। आप (1) अक्षों के 3 बिंदु निर्दिष्ट कर सकते हैं, (2) केंद्र बिंदु और अक्ष बिंदुओं को परिभाषित कर सकते हैं या (3) एक अण्डाकार चाप को परिभाषित कर सकते हैं।

ऐक्सिस एण्ड विधि

- कमांड: ELLIPSE
- दीर्घवृत्त के अक्ष का छोर बिंदु निर्दिष्ट करें [Acr/Center/Isocircle]: या तो दीर्घ या लघु अक्ष (P1) का पहला बिंदु रखें। [चित्र 6.10 (a) देखें]
- अक्ष के अन्य छोर बिंदु निर्दिष्ट करें: पहले अक्ष के दूसरे बिंदु को रखें (P2)।
- अन्य अक्ष से दूरी निर्दिष्ट करें या [रोटेशन]: बिंदु को पहले अक्ष पर लंबवत रखें (P3)।
- केंद्र विधि
- कमांड : ELLIPSE
- Specify center of ellipse: दीर्घवृत्त का केंद्र (P1)। *[चित्र 6.10 (b) देखें]*
- Specify endpoint of axis: पहला अक्ष छोर बिंदु (या तो अक्ष) (P2) रखें।
- Specify distance to other axis or [Rotation]: बिंदु को पहले अक्ष पर लंबवत रखें (P3)।

आइसोसर्कल विकल्प

- सममितीय दृश्यों में, एक वृत्त एक दीर्घवृत्त के रूप में दिखता है, जिसे समवृत्ताकार कहा जाता है। यह आइसोमेट्रिक व्यू के लिए बहुत उपयोगी है।
- Isocircle विकल्प केवल तभी उपलब्ध होता है जब आप SNAP के स्टाइल विकल्प को Isocircle पर सेट करते हैं। यह तभी दिखाई देता है जब आइसोमेट्रिक स्नैप चालू हो।
- सामने, पार्श्व और शीर्ष दृश्य के लिए Isocircle के विभिन्न आकारों के लिए F5 फ़ंक्शन कुंजी का उपयोग करें।

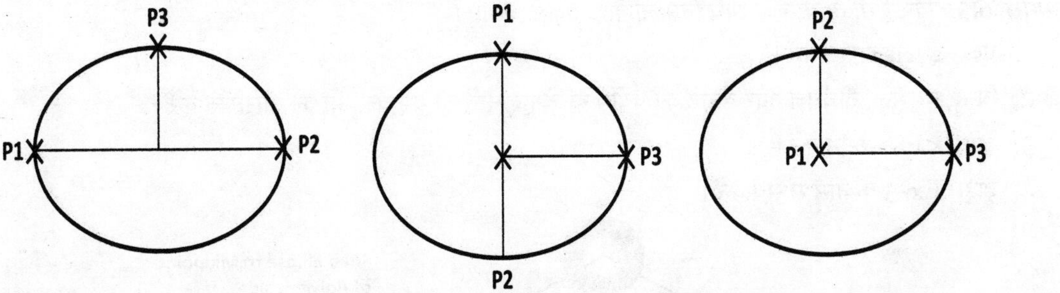

Specifying Major axis first (P1/P2), then Minor axis (P3)

Specifying Minor axis first (P1/P2), then Major axis (P3)

Specify Center (P1) then P3 and P2

(a) Axis, End method

(b) Center method

चित्र 6.10: ऑटोकैड में दीर्घवृत्त खींचने के लिए विभिन्न विकल्प

अभ्यास 6.2 : किसी भी आयाम के साथ निम्नलिखित आकृति बनाएं।

1. एक नई फ़ाइल प्रारंभ करें।
2. सबसे पहले केंद्र/त्रिज्या विकल्प का उपयोग करके वृत्त बनाएं।
3. ऑब्जेक्ट स्नैप का उपयोग करके वृत को घेरते हुए बहुभुज बनाएं।
4. वृत्त के केंद्र में बहुभुज के केंद्र का पता लगाने के लिए सेंटर करें और Quadrant Object Snap से वृत्त पर बहुभुज की त्रिज्या ज्ञात करें।
5. ऑब्जेक्ट स्नैप्स मिडपॉइंट और एंडपॉइंट का उपयोग करके अंतिम रेखाएं बनाएं।
6. ऑर्थो <F8> ऑन करें।
7. ड्राइंग को Ex-2 के नाम से सेव करें:

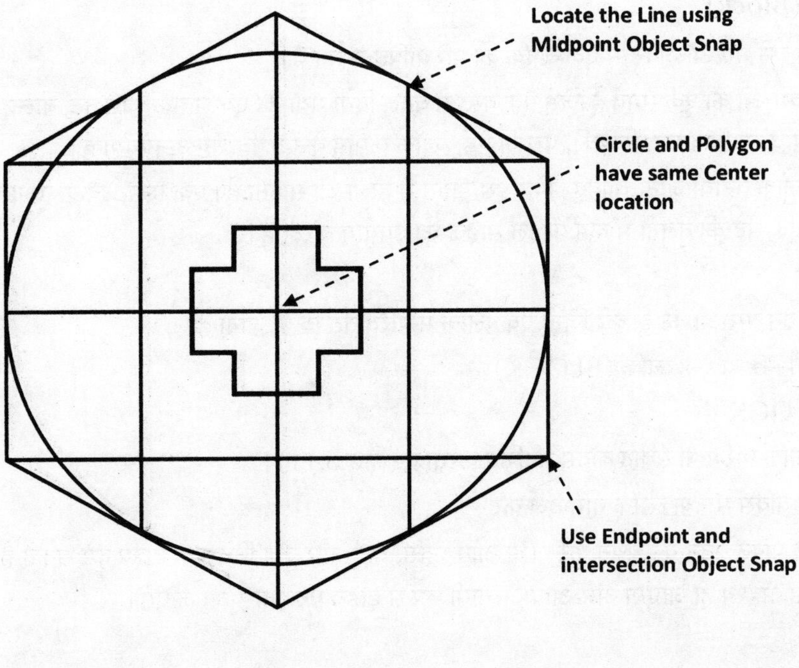

अभ्यास 6.3: *किसी भी आयाम के साथ निम्नलिखित आकृति बनाएं।*

1. एक नई फाइल शुरू करें।
2. बिन्दु, बहुभुज, दीर्घवृत्त और डोनट का प्रयोग करते हुए नीचे दी गई वस्तुओं को आरेखित करें।
3. ऑर्थो <F8> ऑन करें।
4. ड्राइंग Ex-3 के नाम से सेव करें।

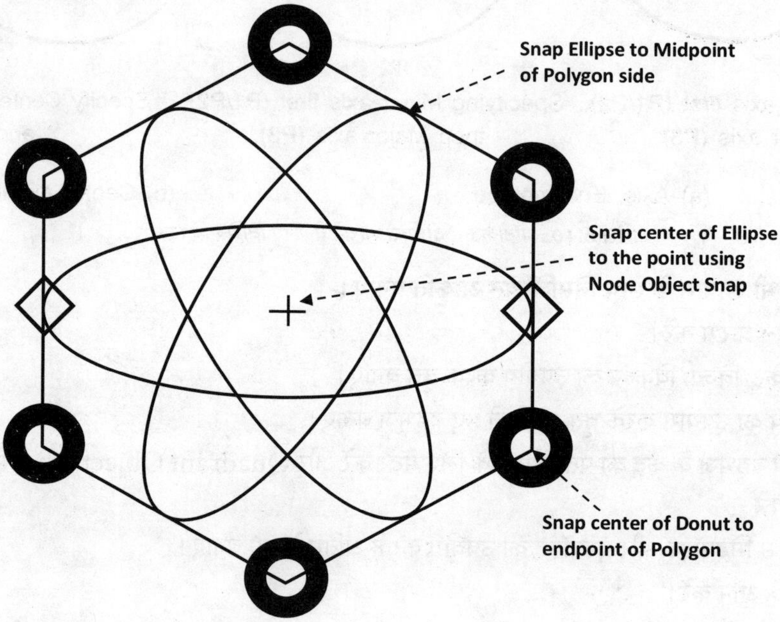

6.8.13 ब्लॉक (Block)

- आपके द्वारा चुने गए ऑब्जेक्ट से एक ब्लॉक को परिभाषित करता है।
- एक ब्लॉक वस्तुओं का एक समूह है जिसे एक वस्तु में बदल दिया गया है। एक प्रतीक, जैसे नट, बोल्ट, कीलक, गियर टूथ, ट्रांजिस्टर, बाथरूम फिक्स्चर, खिड़की, पेंच या पेड़, ब्लॉक कमांड के एक विशिष्ट अनुप्रयोग है।
- पहले एक ब्लॉक बनाया जाना चाहिए। फिर इसे ड्राइंग में डाला जा सकता है। एक इन्सर्ट किया हुआ ब्लॉक कॉपी की गई वस्तुओं के एक सेट की तुलना में कम फ़ाइल साइज़ का उपयोग करता है।

एक ब्लॉक बनाना

- सबसे पहले उन वस्तुओं को ड्रा करें जिन्हें एक ब्लॉक में परिवर्तित किया जाना है।
- टूल बार: मेनू → ड्रा → ब्लॉक (BLOCK) 
- कमांड : BLOCK
- ऑटोकैड ब्लॉक परिभाषा संवाद बॉक्स प्रदर्शित करता है (चित्र 6.11)।
    1. नाम बॉक्स में नया ब्लॉक नाम दर्ज करें
    2. पिक पॉइंट बटन का चयन करें। (या आप एक्स, वाई और जेड निर्देशांक टाइप कर सकते हैं।) ब्लॉक परिभाषा बॉक्स अदृश्य हो जाएगा और आप अस्थायी रूप से ड्राइंग पर वापस आ जाएंगे।

3. उस स्थान का चयन करें जहां आप ब्लॉक के लिए सम्मिलन बिंदु चाहते हैं। बाद में जब आप इस ब्लॉक को सम्मिलित करते हैं, तो ब्लॉक इस सम्मिलन बिंदु पर कर्सर से जुड़ी स्क्रीन पर दिखाई देगा। आमतौर पर यह बिंदु किसी वस्तु का केंद्र, मध्यबिंदु या अंत /छोर बिंदु होता है।

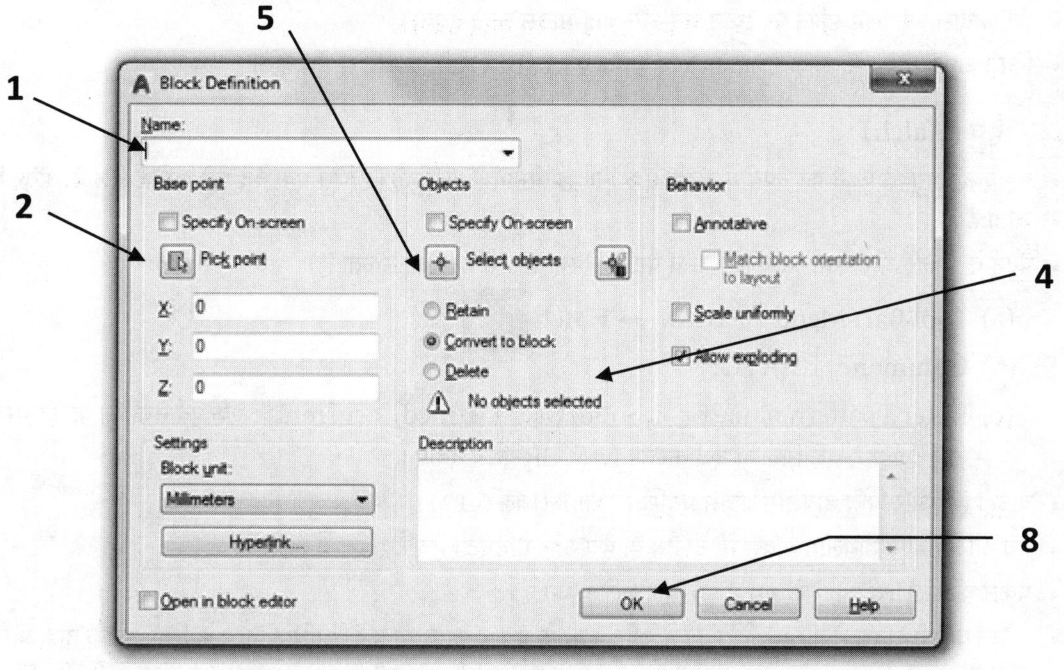

चित्र 6.11: ऑटोकैड में ब्लॉक परिभाषा संवाद बॉक्स

4. विकल्पों में से एक का चयन करें:
   (a) बनाए रखें (Retain): यदि यह विकल्प चुना जाता है, तो ब्लॉक बनने के बाद मूल वस्तुएं स्क्रीन पर दिखाई देंगी।
   (b) ब्लॉक में कनवर्ट करें (Convert to block): यदि यह विकल्प चुना जाता है, तो ब्लॉक बनने के बाद मूल ऑब्जेक्ट *अदृश्य* हो जाएंगे, लेकिन तुरंत ब्लॉक के रूप में फिर से दिखाई देंगे।
   (c) हटाएँ (Delete): यदि यह विकल्प चुना जाता है, तो ब्लॉक बनने के बाद मूल वस्तुएँ स्क्रीन से *अदृश्य* हो जाएँगी।
5. सिलेक्ट ऑब्जेक्ट बटन पर क्लिक करें।
6. ब्लॉक में इच्छित ऑब्जेक्ट चुनें, फिर ENTER दबाएँ।
7. ब्लॉक डेफिनिशन बॉक्स *अदृश्य* हो जाएगा और आप अस्थायी रूप से ड्राइंग पर लौट आएंगे।
8. OK बटन चुनें।
9. नया ब्लॉक अब ड्राइंग की ब्लॉक परिभाषा तालिका में संग्रहीत है।

एक ब्लॉक सम्मिलित करना

ब्लॉक बनाना

- ड्राइंग के भीतर किसी भी स्थान पर एक ब्लॉक डाला जा सकता है। ब्लॉक डालते समय, आप इसे स्केल कर सकते हैं, घुमा सकते हैं या विभक्त कर सकते हैं।
- निम्न में से किसी एक का उपयोग करके इन्सर्ट कमांड का चयन करें:

- Ribbon → Insert Tab → Block Panel → Insert Block
- Keyboard → insert ENTER
- इन्सर्ट विंडो दिखाई देगी। वांछित ब्लॉक चुनें।
- ब्लॉक डालने के लिए स्क्रीन पर स्थान चुनें और बाईं माउस बटन दबाएं।
- किसी अन्य फाइल में ब्लॉक डालने के लिए ब्लॉक को WBLOCK कमांड से सेव करें।

6.8.14 हैच (Hatch)

- यह एक उपयुक्त पैटर्न का उपयोग करके एक निर्दिष्ट सीमा को भरता है। हैचिंग एक बंद परिभाषित क्षेत्र के अंदर किया जाता है ।
- पैटर्न के प्रकार और पैटर्न चर को उपलब्ध पैटर्न की लाइब्रेरी से चुना जा सकता है।
  (a) **Tool Bar:** Menu → Draw → Hatch 
  (b) **Command:** BHATCH
  (c) Enter a pattern name or [?/Solid/User Defined] <current>: एक पूर्वनिर्धारित या कस्टम पैटर्न नाम दर्ज करें, एक विकल्प दर्ज करें या ENTER कुंजी दबाएँ।
- बाउंड्री हैच और फिल डायलॉग बॉक्स प्रदर्शित होता है (चित्र 6.12)।
- हैच और ग्रेडिएंट डायलॉग बॉक्स में, दो टैब हैं: हैच और ग्रेडिएंट। हैच टैब पर क्लिक करें।
- प्रकार को डिफ़ॉल्ट प्रकार के रूप में पूर्व-परिभाषित होने दें।
- पैटर्न कॉम्बो बॉक्स में तीर पर क्लिक करें और पैटर्न के प्रकार का चयन करें। अधिक पैटर्न के लिए, इसके दाईं ओर तीन डॉट्स बटन पर क्लिक करें। हैच पैटर्न पैलेट संवाद बॉक्स प्रदर्शित होता है। इस डायलॉग बॉक्स से एक पैटर्न चुनें। ओके बटन पर क्लिक करें। आप हैच और ग्रेडिएंट डायलॉग बॉक्स पर वापस आ गए हैं।
- चयनित पैटर्न उस कॉम्बो बॉक्स के नीचे एक विंडो में दिखाया गया है।
- कोण कॉम्बो बॉक्स में कोण को शून्य और स्केल को 1.0000 के रूप में रहने दें।
- हैचिंग के लिए सीमा का चयन करने के लिए, आप दाहिनी ओर दो बटनों में से किसी एक का उपयोग कर सकते हैं; जोड़ें: अंक चुनें या जोड़ें: वस्तुओं का चयन करें।
- यदि आप पिक प्वाइंट विकल्प चुनते हैं, तो डायलॉग बॉक्स गायब हो जाता है और फिर आप बंद सीमा में कहीं भी क्लिक करते हैं जहां हैचिंग की आवश्यकता होती है। डोटेड लाइनें चयनित सीमा को प्रदर्शित करेंगी।
- यदि आप Select Object बटन चुनते हैं तो आपको एक-एक करके उन पर क्लिक करके एक सीमा बनाने वाली सभी वस्तुओं का चयन करना होगा।
- चयन करने के बाद ENTER कुंजी दबाएं।
- प्रीव्यू पर क्लिक करें, हैचिंग प्रदर्शित होती है।
- इस स्तर पर यदि आप हैचिंग लाइनों के अंतराल और कोण से संतुष्ट नहीं हैं तो आप स्केल और कोण मान को बढ़ा/घटा सकते हैं। फिर से प्रीव्यू पर क्लिक करें और यदि संतुष्ट हो तो OK बटन दबाएं।
- हैच के स्थान पर यदि आप संलग्न क्षेत्र में रंग भरना चाहते हैं, तो हैच पैटर्न पैलेट संवाद बॉक्स में अन्य पूर्वनिर्धारित टैब पर क्लिक करें और सालिड चुनें और उस क्षेत्र को छायांकित करने के लिए जिसमें एक चुने हुए पैटर्न में रंग धीरे-धीरे फीका पड़ जाता है, ग्रेडिएंट टैब पर क्लिक करें।

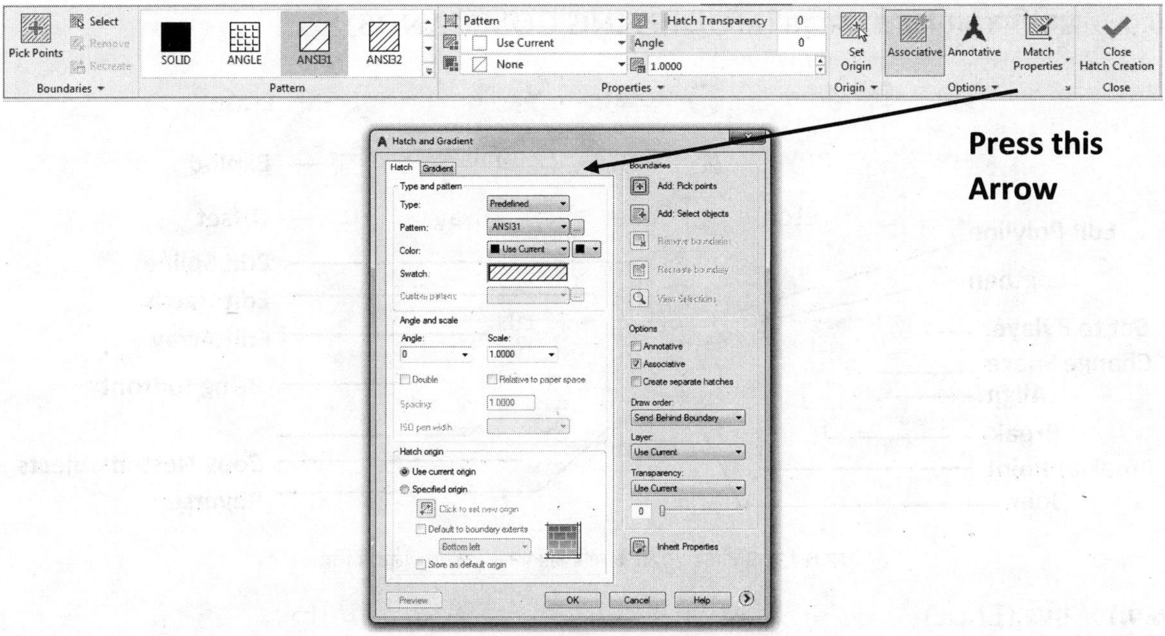

चित्र 6.12: ऑटोकैड में बाउंड्री हैच और फिल डायलॉग बॉक्स

6.8.15 Region (क्षेत्र)

यह मौजूदा वस्तुओं के चयन सेट से वस्तुओं का एक क्षेत्र बनाता है

क्षेत्रों को परिभाषित करें

- **Tool Bar:** Menu → Draw → Region 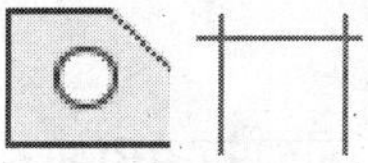
- **Command:** REGION
- क्षेत्र बनाने के लिए वस्तुओं का चयन करें। इन वस्तुओं में से प्रत्येक को एक संलग्न क्षेत्र बनाना चाहिए, जैसे कि एक वृत्त या एक बंद पॉलीलाइन।
- ENTER कुंजी दबाएँ। कमांड प्रॉम्प्ट पर एक संदेश इंगित करता है कि कितने लूप पाए गए और कितने क्षेत्र बनाए गए।

सीमाओं के साथ क्षेत्रों को परिभाषित करें

- **Tool Bar:** Menu → Draw → Boundary 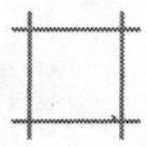
- Command: BOUNDARY
- सीमा निर्माण संवाद बॉक्स (Boundary Creation dialog box) में, वस्तु प्रकार सूची में, क्षेत्र (boundary) का चयन करें।
- पिक पॉइंट्स पर क्लिक करें।
- प्रत्येक बंद क्षेत्र के अंदर अपने आरेखण में एक बिंदु निर्दिष्ट करें जिसे आप एक क्षेत्र के रूप में परिभाषित करना चाहते हैं और ENTER दबाएँ।
- इस बिंदु को आंतरिक बिंदु के रूप में जाना जाता है।
- सीमा निर्धारित करने के लिए उपयोग की जाने वाली वस्तुओं को सीमित करने के लिए आप एक नया सीमा सेट बना सकते हैं।

6.9 संशोधित करने वाले कमांड्स (MODIFYING COMMANDS)

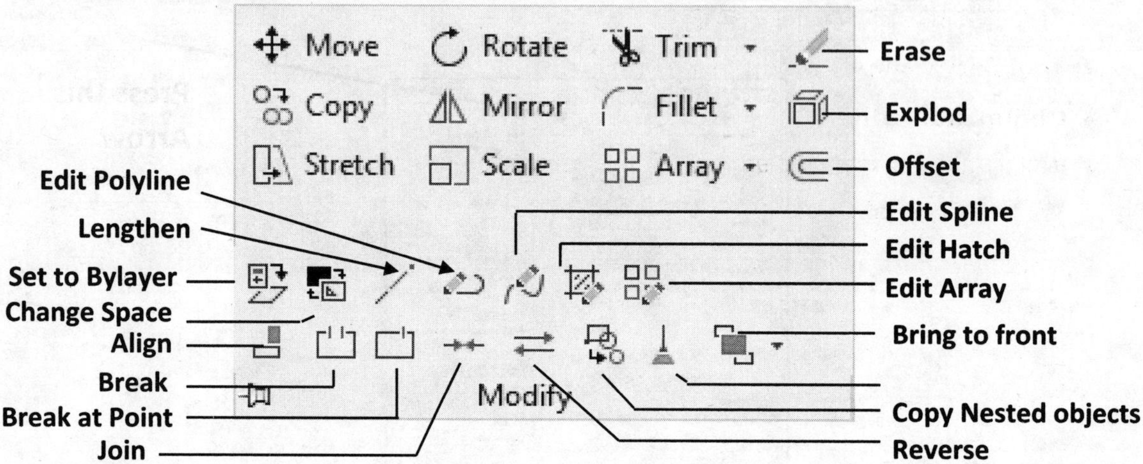

चित्र 6.13: ऑटोकैड 2020 के मोडिफ़ाई पैनल/टूल बार/पैलेट में चिह्न

6.9.1 इरेज (Erase)

- ड्राइंग से चयनित वस्तुओं को हटाता है
- आरेखण से वस्तुओं को मिटाने (हटाने) की ३ विधियाँ हैं। वे सभी समान रूप से अच्छा काम करते हैं।
- **Tool Bar:** Menu → Modify → Erase 
- **Command:** ERASE

विधि 1:

- पहले ERASE कमांड का चयन करें और फिर वस्तुओं का चयन करें।
- वस्तुओं का चयन करें: एक या अधिक वस्तुओं को चुनें।
- वस्तुओं का चयन करें: ENTER दबाएँ और चयनित वस्तुएँ अदृश्य हो जाएँगी।

विधि 2:

- मिटाई जाने वाली वस्तु का चयन करें।
- <ERASE > कुंजी दबाएं।

विधि 3:

- मिटाई जाने वाली वस्तु का चयन करें।
- दायां माउस बटन दबाएं।
- बाईं माउस बटन का उपयोग करके शॉर्टकट मेनू से ERASE चुनें।

6.9.2 कॉपी (COPY)

- यह कमांड पहले से बनाई गई वस्तुओं के डुप्लीकेट बनाता है।
- आवश्यक कदम हैं:

  (a) कॉपी की जाने वाली वस्तुओं का चयन करें।

(b) एक आधार बिंदु चुनें।

(c) नई प्रति के लिए एक नया स्थान चुनें।

- **Tool Bar:** Menu → Modify → Copy 
- **Command:** COPY
- कॉपी की जाने वाली वस्तुओं का चयन करें (एकाधिक चयन के लिए शिफ्ट दबाएं और चुनें)
- ENTER कुंजी दबाएं
- आधार बिंदु या विस्थापन निर्दिष्ट करें, या [एकाधिक]: एक प्रति के लिए एक बिंदु निर्दिष्ट करें या एकाधिक प्रतियों के लिए 'एम' दर्ज करें।
- दूसरा बिंदु निर्दिष्ट करें। आपके द्वारा चुने गए ऑब्जेक्ट को पहले और दूसरे बिंदुओं के बीच की दूरी और दिशा द्वारा निर्धारित एक नए स्थान पर कॉपी किया जाता है।
- कभी-कभी कॉपी दिखाई नहीं दे सकती है। यह ऑब्जेक्ट स्नैप ऑन के कारण हो सकता है। यदि दूसरा बिंदु आधार बिंदु के बहुत निकट है, तो स्नैप बंद करने के लिए F3 दबाएं और कॉपी कमांड दोहराएं।

विस्थापन का उपयोग करके किसी वस्तु की प्रतिलिपि बनाएँ

- **Tool Bar:** Menu → Modify → Copy
- कॉपी करने के लिए वस्तुओं का चयन करें और ENTER दबाएँ।
- विस्थापन को कार्टेशियन, ध्रुवीय, बेलनाकार, या गोलाकार निर्देशांक मान के रूप में दर्ज करें। @ चिह्न शामिल न करें, क्योंकि एक सापेक्ष समन्वय माना जाता है।
- दूसरे बिंदु के लिए प्रांप्ट पर, ENTER दबाएँ।
- निर्देशांक मानों का उपयोग आधार बिंदु के स्थान के बजाय एक सापेक्ष विस्थापन के रूप में किया जाता है। चयनित ऑब्जेक्ट आपके द्वारा दर्ज किए गए सापेक्ष समन्वय मानों द्वारा निर्धारित एक नए स्थान पर कॉपी किए जाते हैं।

6.9.3 मिरर (Mirror)

वस्तुओं की एक दर्पण छवि प्रतिलिपि बनाता है

- **Tool Bar:** Menu → Modify → Mirror 
- **Command:** MIRROR
- मिरर के लिए वस्तुओं का चयन करें: एक वस्तु चयन पद्धति का उपयोग करें और समाप्त करने के लिए ENTER दबाएँ
- मिरर रेखा का पहला बिंदु निर्दिष्ट करें: एक बिंदु निर्दिष्ट करें (1)
- मिरर रेखा का दूसरा बिंदु निर्दिष्ट करें : एक बिंदु (2) निर्दिष्ट करें (चित्र 6.14 और 6.15)
- मिरर कमांड का उपयोग करते समय टेक्स्ट के मिररिंग को नियंत्रित करने के लिए मिरर कमांड के उपयोग से पहले निम्न कार्य करें:

(a) कमांड लाइन प्रकार पर: mirrtext ENTER

(b) यदि आप टेक्स्ट को मिरर (रिवर्स रीडिंग) में देखना चाहते हैं, तो टाइप करें: 1 और ENTER

(c) यदि आप टेक्स्ट को मिरर नहीं करना चाहते हैं, तो टाइप करें: 0 और ENTER

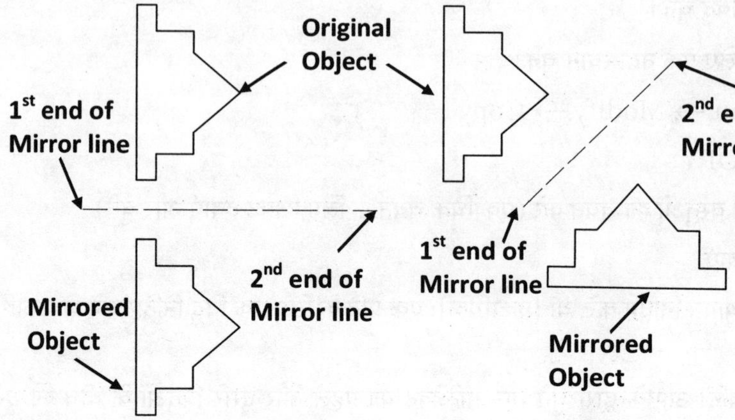

चित्र 6.14: मिरर कमांड का उपयोग: मिरर लाइन

चित्र 6.15: मिरर कमांड का उपयोग: एक कोण पर मिरर लाइन

6.9.4 ऑफसेट (Offset)

- एक निर्दिष्ट दूरी पर मूल वस्तु के समानांतर एक वस्तु की नकल करता है। आप रेखाओं, चापों, वृत्तों, दीर्घवृत्तों, 2D पॉलीलाइनों और स्प्लिनों को ऑफसेट कर सकते हैं।
- **Tool Bar:** Menu → Modify → Offset
- **Command:_** OFFSET
- [थ्रू] <वर्तमान> की ऑफ़सेट दूरी निर्दिष्ट करें ऑफ़सेट दूरी निर्दिष्ट करें या 't' (थ्रू) दर्ज करें।

ऑफसेट दूरी विकल्प

- आप या तो एक मान दर्ज कर सकते हैं या दो बिंदुओं के साथ दूरी निर्धारित करने के लिए पॉइंटिंग डिवाइस का उपयोग कर सकते हैं।
- ENTER कुंजी दबाएं
  यह इंगित करने के लिए एक बिंदु निर्दिष्ट करें कि वस्तु को मूल वस्तु के अंदर या बाहर ऑफसेट किया जाना है या नहीं।

विकल्प के माध्यम से

- एक बिंदु निर्दिष्ट करें जिसके माध्यम से ऑफसेट वस्तु गुजरेगी।
- ऑफसेट करने के लिए वस्तु का चयन करें।
- ENTER कुंजी दबाएं
- [through] <current> की ऑफ़सेट दूरी निर्दिष्ट करें ऑफ़सेट दूरी निर्दिष्ट करें या 't' (through) दर्ज करें।

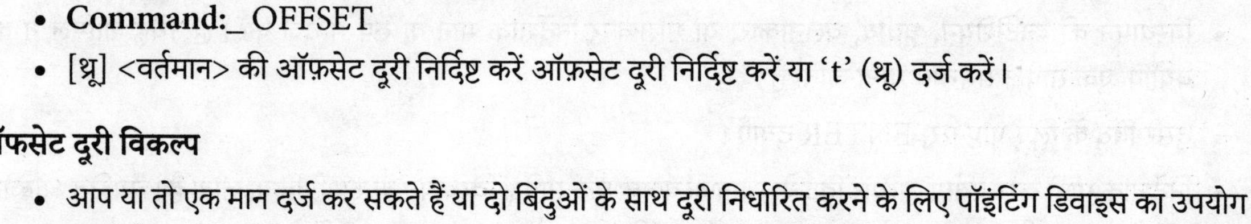

Original Object　　Single Offset　　Multi Offset

6.9.5 एरे (Array)

ऐरे कमांड आपको एक आयताकार या ध्रुवीय (गोलाकार) पैटर्न में और यहां तक कि एक पथ पर भी कई प्रतियां बनाने की अनुमति देता है (चित्र 6.16)।

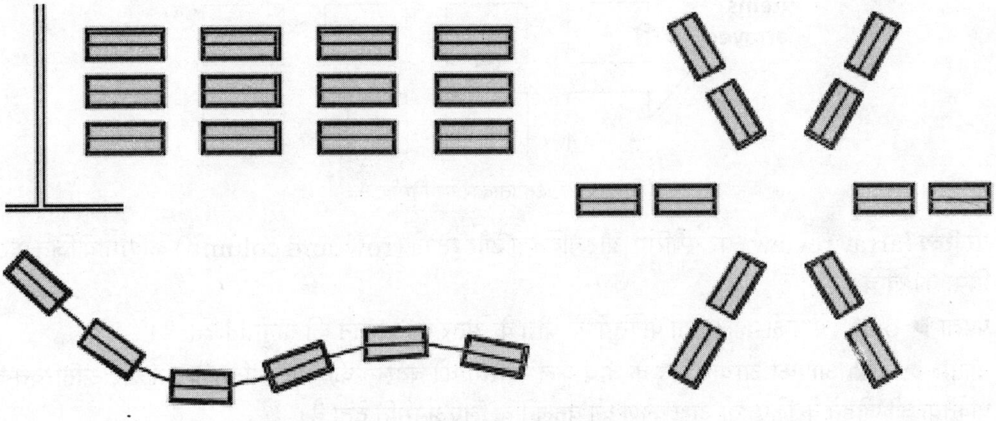

चित्र 6.16: ऐरे के प्रकारों का उदाहरण

- **Tool Bar:** Menu → Modify → Array 

- **Command:** _ARRAY

आयताकार एरे

यह विधि आपको एक आयताकार पैटर्न में वस्तुओं की कई प्रतियां बनाने की अनुमति देती है। आप पंक्तियों की संख्या (क्षैतिज), कॉलम (ऊर्ध्वाधर) और पंक्तियों और स्तंभों के बीच की दूरी निर्दिष्ट करते हैं। प्रतियों के बीच समान रूप से अंतर रखा जाएगा।

- Tool Bar: Menu → Modify → Array → Rectangular Array 
- Command: _ARRAY
- सारणीबद्ध की जाने वाली वस्तु(वस्तुओं) का चयन करें।
- ऑब्जेक्ट चुनें: और ऑब्जेक्ट चुनें या रोकने के लिए ENTER करें।
- ऐरे का प्रकार दर्ज करें [आयताकार/ध्रुवीय]<वर्तमान>
  आयताकार ऐरे दर्ज करें और ENTER कुंजी दबाएं।
- ऐरे क्रिएशन टैब प्रकट होता है (चित्र 6.17) और ऑब्जेक्ट का 3 × 4 डिफ़ॉल्ट ग्रिड ऐरे चयनित हो जाता है ।

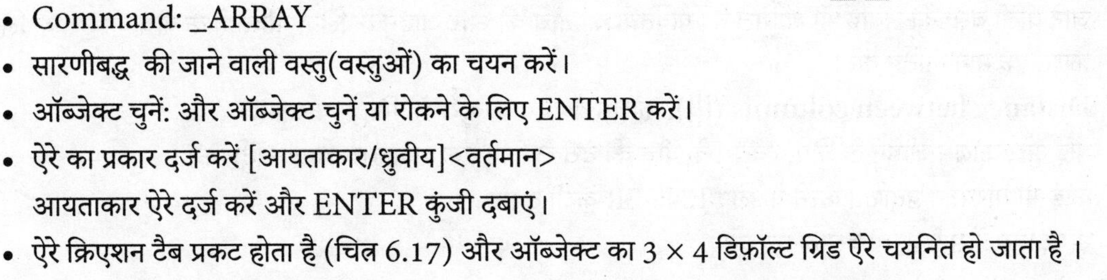

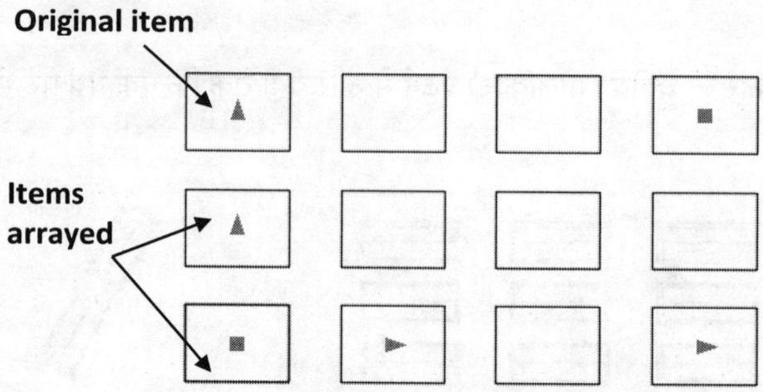

चित्र 6.17: आयताकार एरे निर्माण टैब

- एरे रिव्यू (array review) पर, स्पैसिंग और पंक्तियों और स्तंभों (row and column) को समायोजित करने के लिए ग्रिप्स को खींचें।

  पहला ▶ or ▲ आपको कॉलम या पंक्तियों के बीच के अंतर को बदलने की अनुमति देता है।

  अंतिम ▶ या ▲ आपको आधार बिंदु के बीच कुल स्पैसिंग को बदलने की और अंतिम ▶ या ▲, अतिरिक्त कॉलम या पंक्तियों को जोड़ने के लिए, या अक्ष कोण को बदलने के लिएअनुमति देता है।
- आपको कुल पंक्ति और स्तंभ स्पैसिंग को एक साथ बदलने की अनुमति देता है, और साथ ही साथ अतिरिक्त स्तंभ और पंक्तियाँ जोड़ने की अनुमति देता है।

  पूरे एरे को ले जाने के लिए बेस प्वाइंट ग्रिप का उपयोग करें।
- या एरे क्रिएशन टैब में आवश्यक कोई भी परिवर्तन करें:

  Number of rows (---): गैर-शून्य पूर्णांक का उपयोग करके पंक्तियों की संख्या निर्दिष्ट करता है। यदि आप एक पंक्ति निर्दिष्ट करते हैं, तो आपको एक से अधिक कॉलम और इसके विपरीत निर्दिष्ट करना होगा।

  Number of columns (|||):स्तंभों की संख्या निर्दिष्ट करता है।

  Distance between rows or specify unit cell: पंक्तियों के बीच की दूरी को निर्दिष्ट करता है, जिसमें सरणी की जाने वाली वस्तु की लंबाई भी शामिल है। पंक्तियों को नीचे की ओर जोड़ने के लिए, पंक्तियों के बीच की दूरी के लिए एक ऋणात्मक मान निर्दिष्ट करें।

  Distance between columns (|||): कॉलम के बीच की दूरी को निर्दिष्ट करता है।

  बाईं ओर कॉलम जोड़ने के लिए, कॉलम के बीच की दूरी के लिए एक ऋणात्मक मान निर्दिष्ट करें।
- कोई भी परिवर्तन प्रदर्शित करने के लिए ENTER कुंजी दबाएं।

  अगर डिस्प्ले सही है, तो क्लोज ऐरे चुनें।

पोलर एरे (Polar Array)

- यह विधि आपको एक गोलाकार पैटर्न में कई प्रतियां बनाने की अनुमति देती है। आप किसी विशिष्ट कोण को भरने के लिए प्रतियों की कुल संख्या निर्दिष्ट कर सकते हैं या भरने के लिए प्रत्येक प्रतिलिपि और कोण के बीच का कोण निर्दिष्ट कर सकते हैं।
- पोलर एरे कमांड का उपयोग करने के लिए आप एरे के लिए ऑब्जेक्ट का चयन करते हैं, एरे के केंद्र को निर्दिष्ट करते हैं, कॉपियों की संख्या या कॉपियों के बीच के कोण, भरने के लिए कोण को निर्दिष्ट करते हैं, और यदि आप चाहते हैं कि कॉपियों को बनने के साथ घूमती भी जाएं।

  Tool Bar: Menu → Modify → Array → Polar Array

- **Command:** ARRAY
- एरे में रखी जाने वाली वस्तु(वस्तुओं) को ड्रॉ करें और संदर्भ के लिए बिंदीदार रेखा के साथ एक वृत्त खींचना उचित होगा।
- सारणीबद्ध की जाने वाली वस्तु (वस्तुओं) का चयन करें।
- ऑब्जेक्ट चुनें: और ऑब्जेक्ट चुनें या रोकने के लिए ENTER करें।

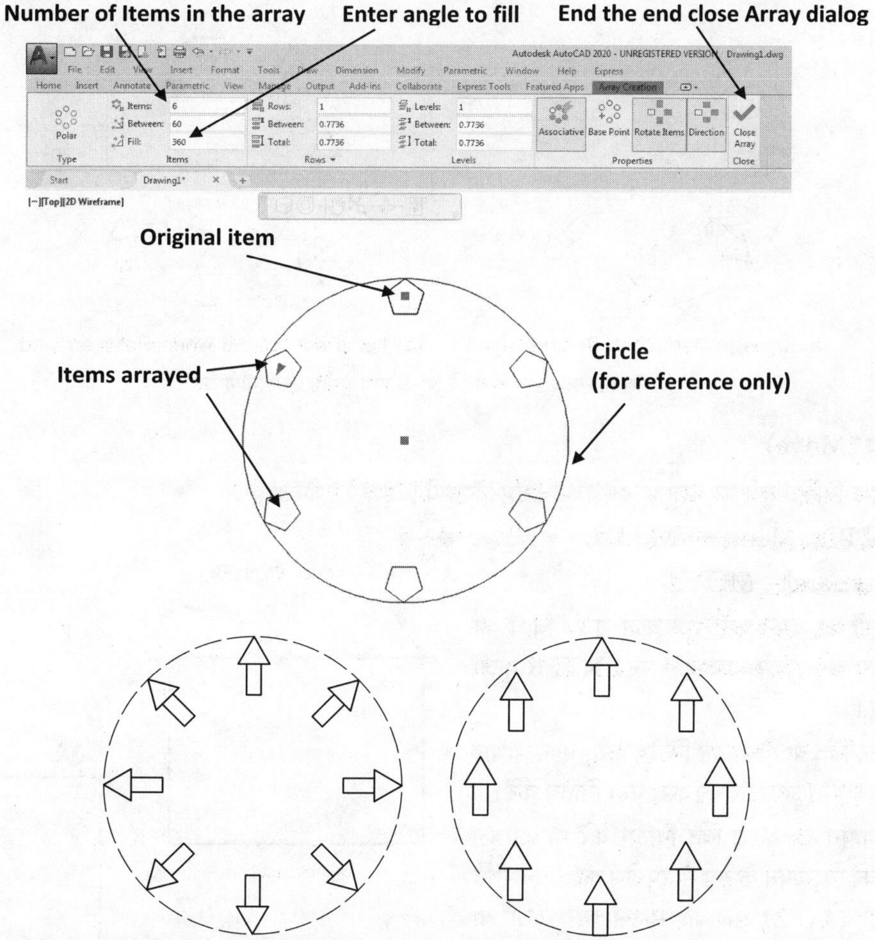

Items rotated when Polar arrayed   Items not rotated when Polar arrayed

चित्र 6.18: 360° भरण कोण के साथ ध्रुवीय एरे निर्माण टैब

- एरे का प्रकार दर्ज करें [आयताकार/ध्रुवीय]<वर्तमान>
- Polar Array दर्ज करें और ENTER कुंजी दबाएं।
- एरे का केंद्र बिंदु निर्दिष्ट करें या [आधार बिंदु / रोटेशन की धुरी]: संदर्भ सर्कल के केंद्र बिंदु का चयन करें। (यदि वृत्त पहले से ही स्क्रीन पर उपलब्ध है अन्यथा स्क्रीन पर कहीं भी क्लिक करें)
- एरे क्रिएशन टैब प्रकट होता है और एरे डिफ़ॉल्ट रूप से 6 आइटम्स पर आ जाता है (चित्र 6.18)। मदों की संख्या दर्ज करें और वस्तुओं के बीच का कोण दर्ज करें और भरण कोण दर्ज करें। यदि मदों की संख्या 12 है, वस्तुओं के बीच का कोण 30° है और भरण का कोण 360° है, तो 12 वस्तुओं को समान रूप से 360 डिग्री के भीतर वितरित किया जाता है जैसा

कि चित्र 6.18 में दिखाया गया है। एक अन्य स्थिति में यदि मदों की संख्या 6 है, मदों के बीच का कोण 45° है और भरण कोण 225° है तो 6 वस्तुओं को चित्र 6.19 में दर्शाए अनुसार रखा जाता है।

- चयनों को प्रदर्शित करने के लिए ENTER दबाएँ।
- डिस्प्ले सही होने पर क्लोज एरे का चयन करें।

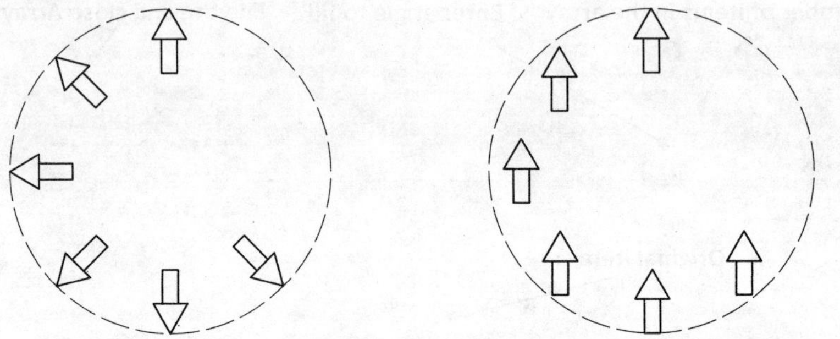

(a) Items rotated when Polar arrayed (b) Items not rotated when Polar arrayed

चित्र 6.19: 225° भरण कोण के साथ ध्रुवीय एरे निर्माण टैब

आयताकार एवं पोलर एरे

6.9.6 मूव (Move)

- यह एक निश्चित दूरी पर वस्तुओं को एक निर्दिष्ट दिशा में विस्थापित करता है।
- **Tool Bar:** Menu → Modify → Move
- **Command:** _MOVE
- वस्तुओं का चयन करें: एक वस्तु चयन विधि का उपयोग करें और समाप्त होने पर ENTER कुंजी दबाएं।
- आधार बिंदु या विस्थापन निर्दिष्ट करें। एक आधार बिंदु (P1) (आमतौर पर वस्तु पर) निर्दिष्ट करें।
- विस्थापन का दूसरा बिंदु निर्दिष्ट करें या <पहले बिंदु को विस्थापन के रूप में उपयोग करें> एक बिंदु निर्दिष्ट करें (P2) और बाईं माउस बटन दबाएं या ENTER कुंजी दबाएं (चित्र 6.20)

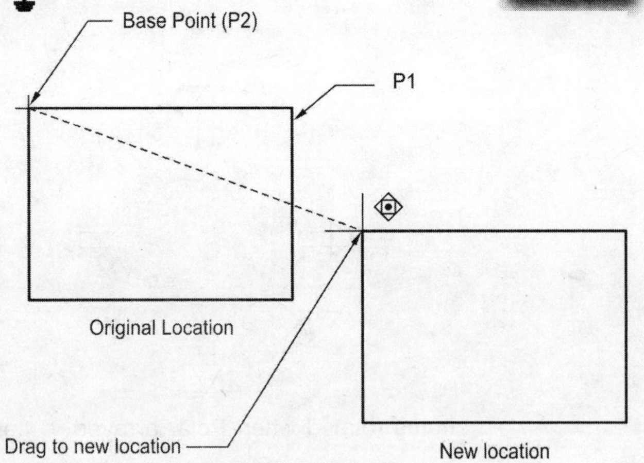

चित्र 6.20: मूव (MOVE) कमांड

6.9.7 रोटेट (Rotate)

- एक आधार बिंदु (धुरी बिंदु) के बारे में वस्तुओं को घुमाता है
- वस्तुओं और आधार बिंदु का चयन करने के बाद, वर्तमान घूर्णन कोण आप घूर्णन कोण इंटर करेंगे या एक संदर्भ कोण का चयन करेंगे जिसके बाद नया कोण का चयन करेंगे।
- एक धनात्मक घूर्णन कोण वस्तुओं को घड़ी की विपरीत दिशा में घुमाता है। एक ऋणात्मक घूर्णन कोण वस्तुओं को दक्षिणावर्त घुमाता है।
- **Tool Bar:** Menu → Modify → Rotate

- **Command:** _ROTATE
- वस्तु का चयन करें और ENTER कुंजी दबाएं।
- रोटेशन के लिए आधार बिंदु निर्दिष्ट करें।
- रोटेशन कोण निर्दिष्ट करें या [संदर्भ]: एक कोण निर्दिष्ट करें, एक बिंदु निर्दिष्ट करें, या 'r' दर्ज करें
- निम्न में से एक कार्य करें:
- रोटेशन का कोण दर्ज करें।
- ऑब्जेक्ट को उसके आधार बिंदु के चारों ओर खींचें और उस बिंदु स्थान को निर्दिष्ट करें जिस पर आप ऑब्जेक्ट को घुमाना चाहते हैं।
- चयनित वस्तुओं की एक प्रति बनाने के लिए 'c' दर्ज करें।
- चयनित ऑब्जेक्ट को एक निर्दिष्ट संदर्भ कोण से एक निरपेक्ष कोण पर घुमाने के लिए 'r' दर्ज करें। संदर्भ: पूर्ण वर्तमान रोटेशन कोण और वांछित नया रोटेशन कोण निर्दिष्ट करता है। आप किसी ऑब्जेक्ट को सीधा करने के लिए संदर्भ विकल्प का उपयोग कर सकते हैं या इसे किसी आरेखण में अन्य सुविधाओं के साथ संरेखित कर सकते हैं।

6.9.8 स्केल (Scale)

- चयनित वस्तुओं को X, Y और Z दिशाओं में समान रूप से बड़ा या घटाता है।
- **Tool Bar:** Menu → Modify → Scale 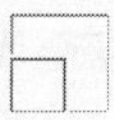
- **Command:** _SCALE
- Select objects: एक वस्तु चयन विधि का उपयोग करें और समाप्त होने पर ENTER दबाएँ
- Specify base point: एक बिंदु निर्दिष्ट करें
- Specify scale factor or [Reference]: एक स्केल निर्दिष्ट करें या ENTER कुंजी दबाएँ
- स्केल फैक्टर: चयनित वस्तुओं के आयामों को निर्दिष्ट पैमाने से गुणा करता है। 1 से बड़ा स्केल फैक्टर वस्तुओं को बड़ा करता है। 0 और 1 के बीच का पैमाना कारक वस्तुओं को सिकोड़ता है।

6.9.9 ट्रिम (Trim)

- Trims objects at a cutting edge defined by other objects.
- **Tool Bar:** Menu → Modify → Trim 
- **Command:** _TRIM
- एक अत्याधुनिक या किनारों का चयन करें और ENTER कुंजी दबाएं।
- छंटनी की जाने वाली वस्तु का चयन करें। कटिंग एज कोई भी लाइन, आर्क, सर्कल आदि हो सकता है। चयनित कटिंग एज से परे चयनित इकाइयाँ छंटनी की जाती हैं। चयन की स्थिति ट्रिम किए जाने वाले पक्ष को तय करती है। यदि दो कटिंग किनारों का उपयोग किया जाता है तो दो कटिंग किनारों के बीच की इकाई को ट्रिम कर दिया जाता है।

6.9.10 एक्सटेंड (Extend)

- यह किसी वस्तु को दूसरी वस्तु से मिलाने के लिए बढ़ाता है।
- **Tool Bar:** Menu → Modify → Extend 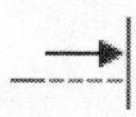

- **Command:** _EXTEND
- सीमा किनारों का चयन करें।
- Select objects: एक वस्तु चयन विधि का उपयोग करें और समाप्त होने पर ENTER दबाएँ
- Select object to extend or {Project/Edge/Undo]: किसी वस्तु का चयन करें या कोई विकल्प दर्ज करें।

6.9.11 चेमफर (Chamfer)

- यह कमांड दो 2D वस्तुओं के किनारों को या 3D ठोस के आसन्न फलकों को बेवल या चम्फर करता है ।
- **Tool Bar:** Menu → Modify → Chamfer 
- **Command:** CHAMFER
- पहली लाइन या [पॉलीलाइन/दूरी/कोण/ट्रिम/विधि] चुनें
- चेमफर को परिभाषित करने के लिए दो वस्तुओं में से पहली या 2डी पॉलीलाइन के पहले लाइन सेगमेंट का चयन करें (चित्र 6.21)।
- चेमफर को परिभाषित करने के लिए 2डी पॉलीलाइन के दूसरे ऑब्जेक्ट या लाइन सेगमेंट का चयन करें।
- पालीलाइन : 2डी पॉलीलाइन के प्रत्येक शीर्ष पर एक चेमफर लाइन डालें जहां दो सीधी रेखा खंड मिलते हैं।
- दूरी: पहली और दूसरी वस्तुओं के प्रतिच्छेदन बिंदुओं से चम्फर की दूरी निर्धारित करता है।

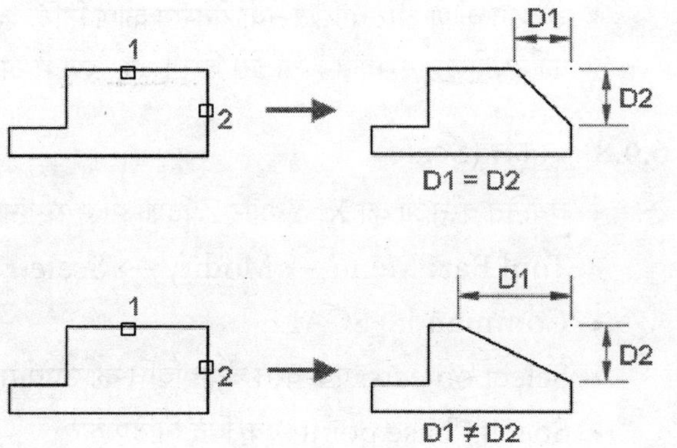

चित्र 6.21: चम्फर कमांड

- कोण: चयनित वस्तुओं के प्रतिच्छेदन बिंदु से चेमफर की दूरी और पहली वस्तु या रेखा खंड से XY कोण सेट करता है।
- ट्रिम: यह नियंत्रित करता है कि चेमफर लाइन के अंतिम बिंदुओं को पूरा करने के लिए चयनित वस्तुओं को ट्रिम किया गया है या नहीं।
- विधि: यह नियंत्रित करती है कि चयनित वस्तुओं या रेखा खंडों के प्रतिच्छेदन बिंदु से चेमफर लाइन की गणना कैसे की जाती है।

6.9.12 फिलेट (Fillet)

यह कमांड वस्तुओं के किनारों को गोल और फ़िलेट करने के लिए उपयोग किया जाता है।

- वस्तुएँ एक दूसरे को छू भी सकती हैं और नहीं भी। यदि दो समानांतर रेखाएँ चुनी जाती हैं, तो यह एक पूर्ण त्रिज्या (चित्र 6.22) का निर्माण करेगी।
- **Tool Bar:** Menu → Modify → Fillet 
- **Command:** _FILLET
- कमांड प्रॉम्प्ट पर, 'r' (त्रिज्या) दर्ज करें।
- एक नया फ़िलेट त्रिज्या मान दर्ज करें।

- एक बार फ़िलेट त्रिज्या सेट हो जाने के बाद, उन वस्तुओं या रेखा खंडों का चयन करें जो बनने वाली चाप की स्पर्शरेखा के बिंदुओं को परिभाषित करते हैं या कमांड को समाप्त करने के लिए ENTER दबाएं।

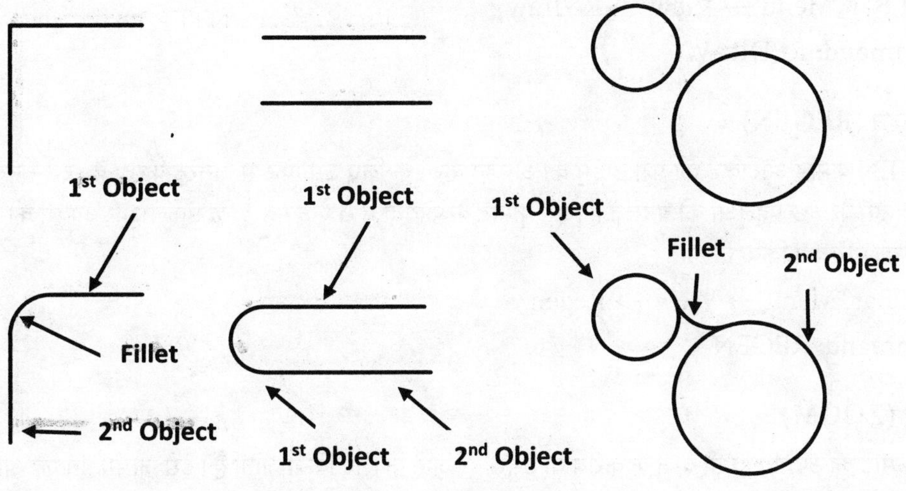

चित्र 6.22: फिलेट कमांड

6.9.13 ब्रेक (Break)

- यह कमांड किसी वस्तु को दो भागों में विभाजित करता है
- **Tool Bar:** Menu → Modify → Break 
- **Command:** _BREAK
- तोड़ने के (ब्रेक) लिए वस्तु का चयन करें।
- डिफ़ॉल्ट रूप से, जिस बिंदु पर आप वस्तु का चयन करते हैं वह पहला ब्रेक बिंदु होता है। ब्रेक बिंदुओं की एक अलग जोड़ी का चयन करने के लिए, 'f' (प्रथम) दर्ज करें और पहला ब्रेक बिंदु निर्दिष्ट करें।
- दूसरा ब्रेक बिंदु निर्दिष्ट करें।
- बिना गैप बनाए किसी वस्तु को तोड़ने के लिए, पिछले बिंदु को निर्दिष्ट करने के लिए @ 0,0 दर्ज करें।

6.9.14 एक्सप्लोड (Explode)

- एक यौगिक वस्तु को उसके घटक वस्तुओं में तोड़ता है।
- **Tool Bar:** Menu → Modify → Explode 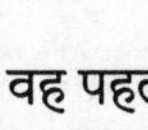
- **Command:** _EXPLODE
- विस्फोट की जाने वाली वस्तुओं का चयन करें।
- अधिकांश वस्तुओं के लिए, विस्फोट का कोई दृश्य प्रभाव नहीं होता है।

उदाहरण-2 एरे

6.10 ड्राइंग डिस्प्ले को नियंत्रित करना

6.10.1 रीड्रॉ (Redraw)

- यह वर्तमान व्यूपोर्ट में डिस्प्ले को रिफ्रेश करता है।

- VSLIDE द्वारा छोड़े गए अस्थायी ग्राफिक्स और वर्तमान व्यूपोर्ट से कुछ संचालन को हटा देता है। अनुपयोगी पिक्सेल हटाने के लिए, REGEN कमांड का उपयोग करें।
- **Tool Bar:** Menu → View → Redraw
- **Command:** REDRAW

6.10.2 रीजेन (REGEN)

- REGEN कमांड ऑटोकैड को पूरी ड्राइंग को अपडेट करने के लिए उसे फिर से जनरेट करता है। रेजेन तब होता है जब आप ड्राइंग के कुछ पहलुओं को बदलते हैं। इस कमांड के फायदों में से एक यह है कि सर्कल और आर्क्स को चिकना करके ड्राइंग को परिष्कृत किया जाता है।
- Tool Bar: Menu → View → Regen
- Command: REGEN

6.10.3 ज़ूम (ZOOM)

- ज़ूम कमांड का उपयोग किसी वस्तु के करीब या उससे दूर जाने के लिए किया जाता है। इसे ज़ूमिंग इन एंड आउट कहते हैं। ज़ूम कमांड ड्राइंग के सूक्ष्म विवरणों पर काम करने के लिए उपयोगी है।
- Tool Bar: Menu → View → Zoom 
- Command: ZOOM

6.10.4 पैन (PAN)

- यह कमांड देखने की दिशा या आवर्धन को बदले बिना दृश्य को बदल देता है।
- कर्सर को प्रारंभ स्थान पर रखें और बाईं माउस बटन को नीचे दबाएं। कर्सर को नए स्थान पर खींचें। आप माउस स्क्रॉल व्हील या मध्य बटन को नीचे भी दबा सकते हैं और कर्सर को पैन में खींच सकते हैं।
- **Tool Bar:** Menu → View → Pan 
- **Command:** PAN

6.11 टेक्स्ट और आयाम

6.11.1 टेक्स्ट (text)

- शब्दों, संदेशों और नंबरों को एक इंजीनियरिंग ड्राइंग पर आवश्यकतानुसार डाला जा सकता है। अल्फ़ान्यूमेरिक कीबोर्ड का उपयोग टेक्स्ट जैसे गैर-ग्राफ़िकल इनपुट के लिए बड़े पैमाने पर किया जाता है। टेक्स्ट शैली, ऊंचाई, टेक्स्ट कोण, पक्षानुपात, रंग इत्यादि कुछ हैं टेक्स्ट से जुड़े गुण। इन विशेषताओं को आवश्यकता के अनुसार बदला जा सकता है।
- टेक्स्ट का उपयोग टाइल ब्लॉकों को लिखने, विशिष्टताओं को लिखने, ड्राइंग पर भागों को लेबल करने के लिए किया जाता है।
- आप टेक्स्ट की एक या अधिक पंक्तियाँ बनाने के लिए एकल-पंक्ति टेक्स्ट का उपयोग कर सकते हैं, जहाँ प्रत्येक टेक्स्ट पंक्ति एक स्वतंत्र वस्तु है जिसे आप स्थानांतरित कर सकते हैं, स्वरूपित कर सकते हैं या अन्यथा संशोधित कर सकते हैं। शॉर्टकट मेनू पर विकल्पों का चयन करने के लिए टेक्स्ट बॉक्स में राइट-क्लिक करें।

- **Tool Bar:** Menu → Annotation panel → Single Line Text
- **Command:** _TEXT
- सम्मिलन बिंदु निर्दिष्ट करें।
- यदि आप ENTER दबाते हैं, तो प्रोग्राम आपके द्वारा बनाए गए अंतिम टेक्स्ट ऑब्जेक्ट, यदि कोई हो, के ठीक नीचे नया टेक्स्ट सम्मिलित करता है।
- ऊंचाई दर्ज करें या टेक्स्ट की ऊंचाई निर्दिष्ट करने के लिए क्लिक करें। यदि वर्तमान टेक्स्ट शैली में एक विशिष्ट टेक्स्ट ऊंचाई सेट की गई है, तो यह संकेत छोड़ दिया जाता है।
- कोण मान दर्ज करें या रोटेशन कोण निर्दिष्ट करने के लिए क्लिक करें।
- **टेक्स्ट** दर्ज करें। टाइप करते समय, टेक्स्ट को क्षैतिज रूप से और सुपाठ्य आकार में प्रदर्शित किया जा सकता है।
- अन्य एकल-पंक्ति **टेक्स्ट** बनाने के लिए, निम्न में से कोई एक कार्य करें:
  तुरंत नीचे टेक्स्ट की दूसरी लाइन शुरू करने के लिए ENTER दबाएँ।
  अगले टेक्स्ट ऑब्जेक्ट के लिए किसी स्थान पर क्लिक करें।
- कमांड को समाप्त करने के लिए एक खाली लाइन पर ENTER दबाएँ।

6.11.2 बहुपंक्ति टेक्स्ट (Multiline Text)

- मल्टीलाइन टेक्स्ट में आपके द्वारा निर्दिष्ट चौड़ाई के भीतर फिट होने वाली टेक्स्ट लाइनों या अनुच्छेदों की संख्या होती है
- **Tool Bar:** Menu → Annotation panel→ Multiline Text
- **Command:** _TEXT
- मल्टीलाइन टेक्स्ट ऑब्जेक्ट की चौड़ाई को परिभाषित करने के लिए बाउंडिंग बॉक्स के विपरीत कोनों को निर्दिष्ट करें। यदि रिबन सक्रिय है, तो टेक्स्ट एडिटर प्रासंगिक टैब प्रदर्शित करता है (चित्र 6.23)

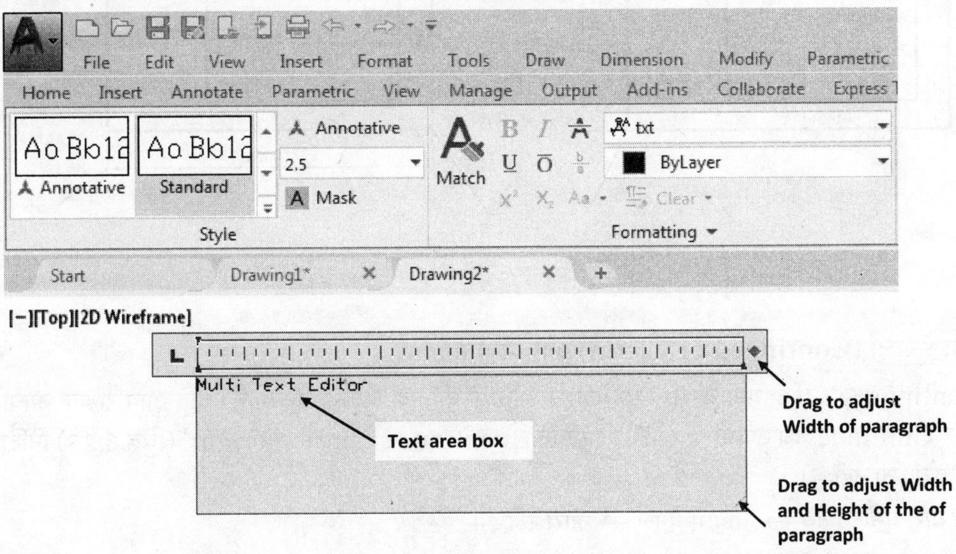

चित्र 6.23: टेक्स्ट एडिटर प्रासंगिक टैब

6.11.3 आयाम (Dimensioning)

- क्षैतिज, लंबवत और संरेखित आयाम रेखाओं के साथ रैखिक आयाम बनाएं। आधार रेखा या जंजीर आयाम बनाएं। आयाम रेखाओं को विस्तार रेखाओं के कोण पर रखें, या विस्तार रेखाओं को तिरछा बनाएं।
- **Tool Bar:** Annotate tab → Dimensions panel → Dimension 
- **Command:** DIM
- एक रेखा का चयन करें या पहली और दूसरी विस्तार रेखा के मूल बिंदु निर्दिष्ट करें।
- अपने पॉइंटिंग डिवाइस को वांछित स्थिति और आयाम की ओरिएंटेशन पर ले जाएं।
- आयाम रेखा स्थान निर्दिष्ट करने से पहले, आप टेक्स्ट को संपादित या घुमा सकते हैं।
- आयाम रेखा रखने के लिए क्लिक करें।
- डाइमेंशन जारी रखने के लिए चरणों को दोहराएं या डाइमेंशन खत्म करने के लिए ENTER दबाएँ।
- इस कमांड में विकल्पों का उपयोग करके निरंतर, आधार रेखा और निर्देशांक आयाम बनाए जा सकते हैं।

एक रैखिक आयाम बनाएँ

- Tool Bar: Annotate tab → Dimensions panel → Linear
- Command: _DIMLINEAR
- पहली और दूसरी एक्सटेंशन लाइन मूल निर्दिष्ट करें।
- प्रांप्ट पर, 'r' (रोटैट) दर्ज करें।
- आयाम रेखा के लिए एक कोण दर्ज करें।
- आयाम रेखा लगाने के लिए क्लिक करें (चित्र 6.24)।

आयाम

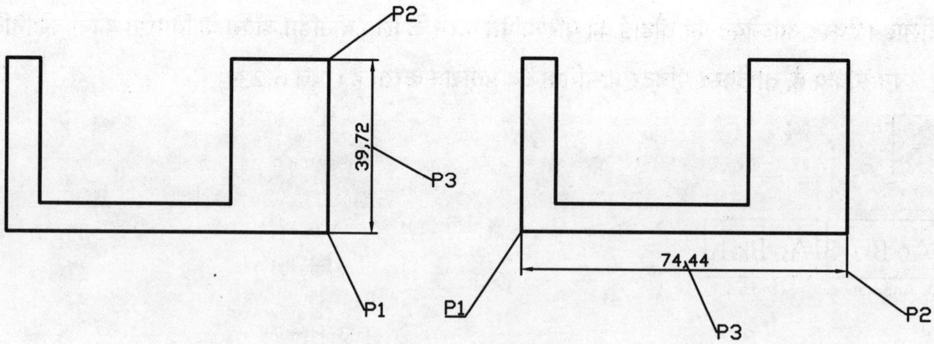

चित्र 6.24: *रैखिक आयाम*

एक सतत या श्रृंखला (Continued or Chain) आयाम बनाएँ

- Continue मौजूदा आयाम के साथ इन-लाइन आयामों की एक श्रृंखला बनाता है। यदि आप रैखिक आयाम के तुरंत बाद 'Continue' का उपयोग करते हैं, तो आपको 'continue extension origin' (चित्र 6.25) निर्दिष्ट करने की आवश्यकता नहीं है।
- टूल बार: एनोटेट टैब → आयाम पैनल → जारी रखें 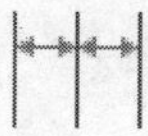
- कमांड: _DIMCONTINUE

- संकेत मिलने पर, जारी रखने के लिए आयाम चुनें. यह संकेत छोड़ दिया जाता है यदि पहली विस्तार रेखा की उत्पत्ति को अंतिम निर्मित रैखिक या कोणीय आयाम की दूसरी विस्तार रेखा के मूल से माना जा सकता है।
- अतिरिक्त एक्सटेंशन लाइन ऑरिजिन निर्दिष्ट करने के लिए ऑब्जेक्ट स्नैप्स का उपयोग करें।
- कमांड को समाप्त करने के लिए दो बार एंटर दबाएं।

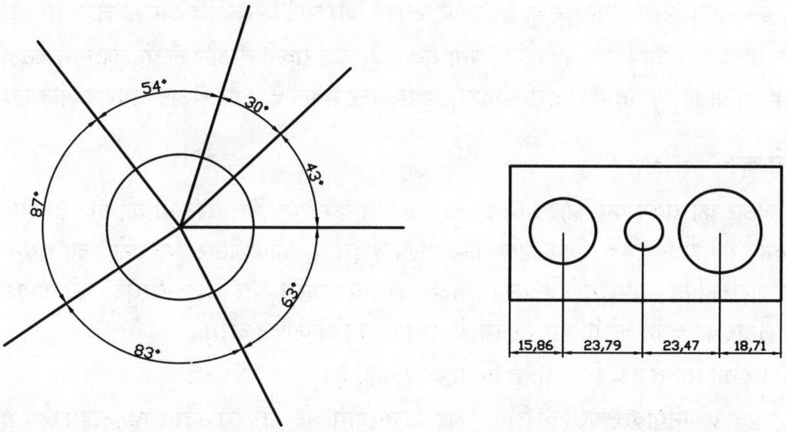

Angular Continue Dimensioning   Linear Continue Dimensioning

चित्र 6.25: निरंतर आयाम

एक आधारभूत (Baseline) आयाम बनाएँ

- बेसलाइन डायमेंशन आपको क्रमिक आयामों के लिए एक आधार रेखा स्थापित करने की अनुमति देता है (चित्र 6.26)।
- Tool Bar: Annotate tab → Dimensions panel → Baseline
- Command: _DIMBASELINE
- प्रॉम्प्ट मिलने पर, आधार आयाम चुनें. यह प्रॉम्प्ट हट जाता है यदि पहली विस्तार रेखा की उत्पत्ति, अंतिम निर्मित रैखिक या कोणीय आयाम से मानी जाती है।
- दूसरी एक्सटेंशन लाइन ऑरिजिन का चयन करने के लिए ऑब्जेक्ट स्नैप का उपयोग करें, या आधार आयाम के रूप में किसी भी आयाम का चयन करने के लिए एंटर दबाएं।
- दूसरी आयाम रेखा स्वचालित रूप से डायमेंशन स्टाइल मैनेजर, लाइन्स टैब में बेसलाइन स्पेसिंग विकल्प द्वारा निर्दिष्ट दूरी पर स्थित होती है।

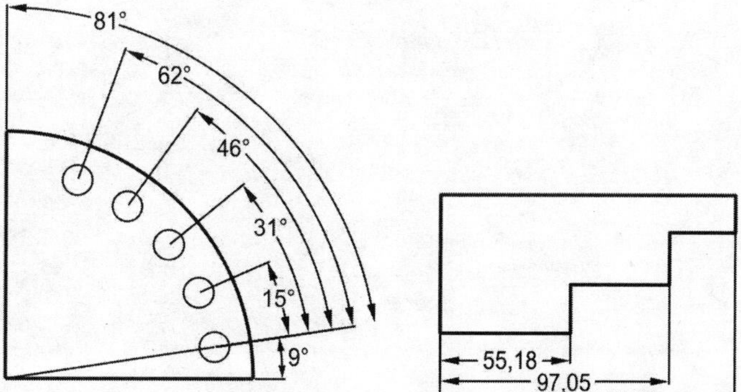

कोणीय बेसलाइन आयाम   *रैखिक बेसलाइन आयाम*

चित्र 6.26: बेसलाइन आयाम

- अगली एक्सटेंशन लाइन का ऑरिजिन निर्दिष्ट करने के लिए ऑब्जेक्ट स्नैप का उपयोग करें।
- आवश्यकतानुसार एक्सटेंशन लाइन ऑरिजिन का चयन करना जारी रखें।
- कमांड को समाप्त करने के लिए दो बार एंटर दबाएं।

6.12 लैअर (LAYERS)

- ऑटोकैड में एक लैअर एक पारदर्शिता की तरह होती है जिस पर एक ड्राइंग बनाई जाती है। एक ड्राइंग के भीतर कई लैअर का उपयोग किया जा सकता है। यह सुविधा सभी इंजीनियरिंग विषयों में बहुत उपयोगी है उदाहरण: मैकेनिकल इंजीनियरिंग ड्रॉइंग में, कंपोनेंट आउटलाइन एक लेयर पर हो सकती है, कंपोनेंट का हैचिंग या सेक्शनेड व्यू दूसरी लेयर पर हो सकता है, डाइमेंशन दूसरी लेयर पर हो सकता है, टेक्स्ट और पार्ट लिस्ट कई अगली लेयर पर हो सकती है।
- इस कमांड के माध्यम से आप एक नई लैअर बना सकते हैं, हटा सकते हैं और लैअर का नाम बदल सकते हैं, उनके गुण बदल सकते हैं, लेआउट व्यूपोर्ट में संपत्ति ओवरराइड सेट कर सकते हैं, और लैअर विवरण जोड़ सकते हैं (चित्र 6.27)।

परतों का उपयोग कैसे करें

- हमेशा पहले लैअर का चयन करें और फिर वस्तुओं को ड्रा करें। संबंधित वस्तुओं को एक ही लैअर पर खींचना अच्छा "ड्राइंग प्रबंधन" है। उदाहरण के लिए, एक वास्तुशिल्प ड्राइंग में, आप लैअर "दीवारों" का चयन करेंगे और फिर फर्श योजना तैयार करेंगे। फिर आप "इलेक्ट्रिकल" लैअर का चयन करेंगे और विद्युत वस्तुओं को आकर्षित करेंगे। फिर आप "नलसाजी" लैअर का चयन करेंगे और नलसाजी वस्तुओं को आकर्षित करेंगे।
- तब प्रत्येक लैअर को स्वतंत्र रूप से नियंत्रित किया जा सकता है।
- वस्तुओं की दृश्यता को नियंत्रित करने के लिए लैअर का उपयोग करें और रंग और लाइनटाइप जैसे गुणों को असाइन करें। एक लैअर पर वस्तुएँ सामान्य रूप से उस लैअर के गुणों को ग्रहण करती हैं। हालाँकि, आप किसी ऑब्जेक्ट की किसी भी लैअर गुण को ओवरराइड कर सकते हैं।

  उदाहरण के लिए, यदि किसी वस्तु का रंग गुण BYLAYER पर सेट है, तो वस्तु उस लैअर का रंग प्रदर्शित करती है। यदि वस्तु का रंग लाल पर सेट है, तो वस्तु लाल रंग के रूप में प्रदर्शित होती है, चाहे उस लैअर को कोई भी रंग क्यों न दिया गया हो।
- यदि कोई लैअर जमी हुई है (Frozen), तो वह दिखाई नहीं देती है। जब आप लैअर को पिघलाते हैं तो यह फिर से दिखाई देने लगती है।

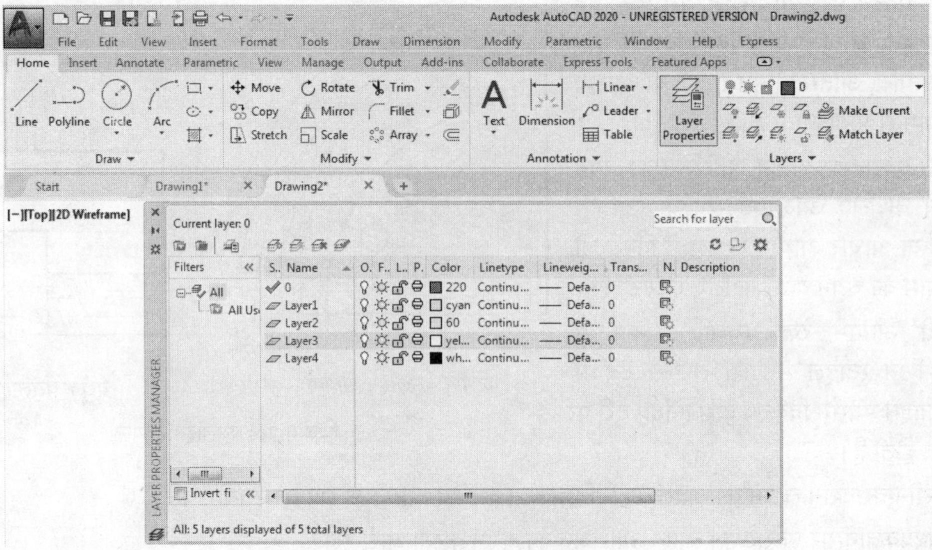

चित्र 6.27: लैअर प्रॉपर्टी मैनेजर

एक लैअर बनाएं

- लैअर गुण प्रबंधक में, नई लैअर पर क्लिक करें।
- लैअर सूची में एक लैअर का नाम जोड़ा जाता है।
- हाइलाइट की गई लैअर के नाम पर टाइप करके एक नया लैअर नाम दर्ज करें।
- कई लैअर वाले जटिल आरेखण के लिए, विवरण कॉलम में वर्णनात्मक टेक्स्ट दर्ज करें।
- प्रत्येक कॉलम में क्लिक करके नई लैअर की सेटिंग्स और डिफ़ॉल्ट गुण निर्दिष्ट करें।

एक लैअर (LAYER) चुनें

- टूल बार: होम → क्विक एक्सेस टूलबार → लेयर 
- कमांड: _LAYER
- लेयर पैनल प्रदर्शित किया जाएगा। 
- ड्रॉप-डाउन तीर का चयन करें। वांछित लेयर को हाइलाइट करें और बाईं माउस बटन दबाएं।
- चयनित लेयर "वर्तमान" लेयर बन जाती है। इस लेयर पर सभी ऑब्जेक्ट तब तक बनाए जाएंगे जब तक आप एक अलग लेयर का चयन नहीं करते।

एक लैअर का नाम बदलें

- लैअर गुण प्रबंधक में, एक लैअर का चयन करने के लिए क्लिक करें।
- लैअर के नाम पर क्लिक करें या F2 दबाएं।
- एक नया नाम दर्ज करें।

एक लैअर को हटाना (Remove)

- लैअर गुण प्रबंधक में, एक लैअर का चयन करने के लिए क्लिक करें।
- लैअर हटाएँ (Delete Layer) क्लिक करें.
- निम्न लैअर को हटाया नहीं जा सकता:
  - layers 0 और Defpoints
  - ब्लॉक परिभाषाओं में वस्तुओं सहित वस्तुओं वाली लैअर
  - वर्तमान लैअर
  - बाहरी संदर्भ में उपयोग की जाने वाली लैअर
- सभी अप्रयुक्त लैअर को हटाने के लिए, पर्ज का उपयोग करें।

एक लैअर *की स्थिति*

लैअर *ड्रॉप-डाउन तीर का उपयोग करके निम्नलिखित नियंत्रणों तक पहुँचा जा सकता है।*

- ऑन या ऑफ : यदि कोई लैअर चालू है, तो वह दिखाई देती है। यदि कोई लैअर बंद है, तो वह दिखाई नहीं देती है। केवल जो लैअर चालू हैं उन्हें संपादित या प्लॉट किया जा सकता है।

- फ्रीज़ या थॉ: फ्रीज़ और थॉ ऑन और ऑफ़ के समान हैं। जमी हुई लैअर दिखाई नहीं देती और पिघली हुई लैअर दिखाई देती है। केवल पिघली हुई लैअर को संपादित या प्लॉट किया जा सकता है।
- इसके अतिरिक्त: जमी हुई लैअर पर मौजूद वस्तुओं को गलती से (accidentally) नहीं मिटाया जा सकता है। बड़े और जटिल आरेखणों के साथ काम करते समय, समय की बचत होती है क्योंकि जब आप ज़ूम इन और आउट करते हैं तो जमी हुई लैअर पुन: उत्पन्न नहीं होती हैं।
- लॉक या अनलॉक: लॉक की गई लैअर दिखाई देती हैं लेकिन संपादित नहीं की जा सकतीं। दिखाई देने पर ही उन्हें प्लॉट किया जा सकता है।

एक लैअर को संशोधित करना

- एक नई लैअर बनाना
- लैअर का नाम बदलना
- लैअर रंग
- लाइन वजन
- रेखा प्रकार

एरे का उपयोग

6.13 वस्तुओं के चयन की विधियाँ

कई ऑटोकैड कमांड आपको "ऑब्जेक्ट्स का चयन करने" के लिए प्रेरित करते हैं। इसका मतलब है कि उन वस्तुओं का चयन करें जिसके लिए आप कमांड को प्रभावी बनाना चाहते हैं। इसकी 3 विधियाँ हैं।

विधि 1:

पिक (Pick) बहुत आसान है और यदि उपयोगकर्ता एक या कुछ वस्तुओं का चयन करना चाहता है तो इसका उपयोग किया जाना चाहिए।

इस पद्धति का उपयोग करके वस्तु (वस्तुओं) का चयन करने के लिए बस माउस कर्सर को बिना दबाए वस्तु पर रखें। यह ऑब्जेक्ट को हाइलाइट करेगा और इंगित करेगा कि ऑब्जेक्ट चयन के लिए तैयार है। यदि यह वही वस्तु है जिसे आप चुनने का इरादा रखते हैं तो अंत में इसे चुनने के लिए बाएं माउस बटन पर क्लिक करें अन्यथा, वांछित वस्तु को हाइलाइट करने के लिए माउस कर्सर को बाएं/दाएं या ऊपर/नीचे की ओर ले जाएं। इस उपस्थिति परिवर्तन को "रोलओवर हाइलाइटिंग" कहा जाता है। एकाधिक वस्तुओं का चयन करने के लिए बस अगली वस्तु पर होवर करें और बाईं माउस बटन पर क्लिक करें और इसी तरह अगली वस्तु का चयन करें।

विधि 2:

क्रॉसिंग (Crossing) माउस कर्सर को ऊपर और वस्तु (वस्तुओं) के दाईं ओर रखकर, बाईं माउस बटन पर क्लिक करके और इसे जारी करके (दबाए गए स्थिति में बटन को न पकड़ें) और फिर इसे तिरछे विपरीत कोने में खींचकर ऑब्जेक्ट का चयन करें। अर्थात वस्तु (वस्तुओं) के नीचे और बाईं ओर तथा फिर से बाईं माउस बटन पर क्लिक करें। हरे रंग की छाया और बिंदीदार बॉउन्ड्री वाली एक विंडो बनेगी और इसके अंदर और इस खिड़की से पार की गई कोई भी चीज चयनित हो जाएगी।

विंडो (Window) : इस प्रकरण में बस पिछले का विपरीत करें, अर्थात, माउस कर्सर को ऊपर और वस्तु के बाईं ओर रखें, बाईं माउस बटन पर क्लिक करें और इसे छोड़ दें (दबाए गए स्थिति में बटन को न पकड़ें) और फिर इसे तिरछे विपरीत कोने तक खींचें अर्थात वस्तु (वस्तुओं) के नीचे और दाईं ओर तथा फिर से बाईं ओर माउस क्लिक करें। ब्लू शेड और सॉलिड बाउंड्री वाली एक विंडो बनेगी और इस विंडो के अंदर की कोई भी चीज सिलेक्ट हो जाएगी।

विधि 3:

लासो चयन, विंडो चयन की तुलना में थोड़ा अधिक कठिन है।

अपने कर्सर को उस क्षेत्र में ऊपर और दाईं ओर रखें जिसे आप चुनना चाहते हैं (P1) फिर बाईं माउस बटन को दबाकर रखें। (माउस बटन को न छोड़ें।) फिर कर्सर को वामावर्त दिशा में तब तक घुमाएं जब तक कि आप उन वस्तुओं को पार नहीं कर लेते जिन्हें आप चुनना चाहते हैं (P2) फिर बाईं माउस बटन को छोड़ दें। केवल उन्हीं वस्तुओं का चयन किया जाएगा जिन्हें लासो विंडो पार करती है।

6.14 पूर्ववत करें और फिर से करें (UNDO AND REDO)

Undo और Redo टूल आपको आरेखण में पिछली गतिविधियों को रद्द करने या फिर से करने की अनुमति देते हैं। मान लीजिए, यदि कोई वस्तु गलती से हट जाती है, तो पिछला कमांड पूर्ववत किया जा सकता है और वस्तु फिर से दिखाई देने लगेगी। ड्राइंग बंद होने तक कई बार अन्डू / रीडू करने का प्रयास किया जा सकता है।

6.15 मॉडल और पेपर लेआउट

"मॉडल स्पेस" और "पेपर स्पेस" नामक दो अलग-अलग कार्य वातावरण हैं, जिसमें आप ड्राइंग में वस्तुओं के साथ काम कर सकते हैं।

डिफ़ॉल्ट रूप से, आप एक असीमित 3D ड्राइंग क्षेत्र में काम करना शुरू करते हैं जिसे मॉडल स्पेस कहा जाता है। आप यह तय करके शुरू करते हैं कि क्या एक इकाई एक मिलीमीटर, एक सेंटीमीटर, एक इंच, एक फुट, या जो भी इकाई सबसे सुविधाजनक है, उसका प्रतिनिधित्व करती है। फिर आप 1:1 के पैमाने पर ड्रा करते हैं ।

अपनी ड्राइंग को प्रिंटिंग के लिए तैयार करने के लिए, पेपर स्पेस पर स्विच करें। यहां आप टाइटल ब्लॉक और नोट्स के साथ अलग-अलग लेआउट सेट कर सकते हैं; और प्रत्येक लेआउट पर, आप लेआउट व्यूपोर्ट बनाते हैं जो मॉडल स्थान के विभिन्न दृश्य प्रदर्शित करते हैं। लेआउट व्यूपोर्ट में, आप– पेपर स्पेस के सापेक्ष मॉडल स्पेस व्यू को स्केल करें। पेपर स्पेस में एक इकाई पेपर की शीट पर वास्तविक दूरी का प्रतिनिधित्व करती है, या तो मिलीमीटर या इंच में, इस पर निर्भर करता है कि आप अपने पेज सेटअप को कैसे कॉन्फ़िगर करते हैं।

मॉडल स्पेस मॉडल टैब से पहुँचा जा सकता है और पेपर स्पेस लेआउट टैब से पहुँचा जा सकता है।

मॉडल स्पेस को सक्रिय करने के लिए उपयोगकर्ता को मुख्य विंडो के निचले-बाएँ कोने में उपलब्ध मॉडल टैब पर क्लिक करना होगा (चित्र 6.28)।

इस पर निर्भर करते हुए कि आप मॉडल स्पेस में हैं या पेपर स्पेस में, स्टेटस बार के टूल बदल जाते हैं।

यदि मॉडल और लेआउट टैब छिपे हुए हैं, तो LAYOUTTAB सिस्टम वेरिएबल को 1 पर सेट करें।

डिफ़ॉल्ट रूप से, एक मॉडल टैब और कई नामित लेआउट टैब ड्राइंग क्षेत्र के निचले-बाएं कोने पर प्रदर्शित होते हैं एप्लिकेशन विंडो के नीचे स्थित स्टेटस बार पर मॉडल या पेपर में से किसी एक पर क्लिक करें।

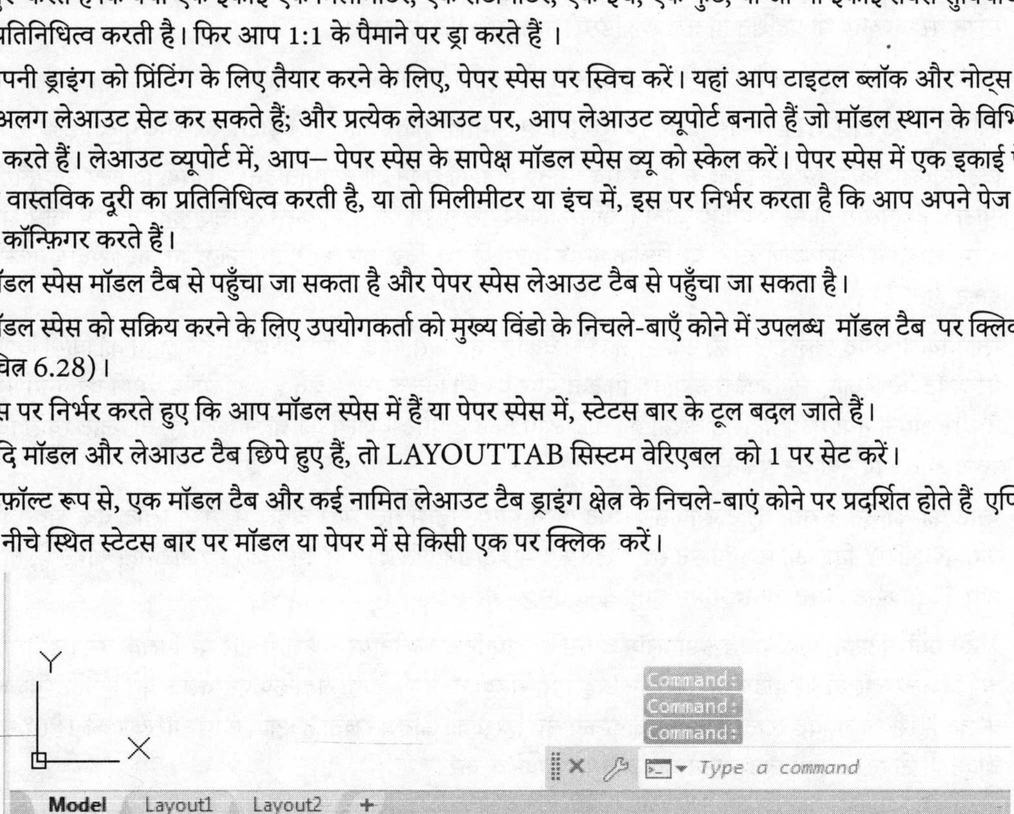

चित्र 6.28: मॉडल और पेपर स्पेस

6.16 रेखाचित्रों का आलेखन (PLOTTING OF DRAWING)

- प्लॉट कमांड एक प्लॉटर/प्रिंटर/फाइल को ड्राइंग की छपाई के लिए निर्देश देता है
- ड्राइंग प्रिंट करने के लिए: प्लॉट क्षेत्र के भीतर ड्राइंग को केन्द्रित करने के लिए ज़ूम / ऑल करें।
- **Tool Bar:** Quick Access Toolbar → Plot 
- **Command:** PLOT
- यह दो पेजों वाला एक डायलॉग बॉक्स खोलता है, जिसका नाम है 'प्लॉट डिवाइस और प्लॉट सेटिंग्स'।
- प्लॉट डिवाइस पेज में प्लॉटर कॉन्फ़िगरेशन या इसके समकक्ष का चयन करना होगा और प्लॉट सेटिंग पेज में सेट किए जाने वाले निम्नलिखित विकल्प:
  - पृष्ठ का आकार: A4 (210 × 297 मिमी) या A3 आदि। (प्रिंटर के विनिर्देशों के अनुसार)
  - इकाइयां: मिमी
  - ड्राइंग ओरिएंटेशन: पोर्ट्रेट / लैंडस्केप
  - प्लॉट एरिया: प्लॉट एरिया टाइल में, व्हाट्स टू प्लॉट: कॉम्बो बॉक्स के नीचे, एरो पर क्लिक करें। चार विकल्प प्रदर्शित होते हैं: डिस्प्ले, इक्स्टेन्ट , बॉउन्ड्री और विंडो। प्रत्येक का अर्थ इस प्रकार है:
- स्क्रीन पर जो कुछ भी प्रदर्शित होता है उसे डिस्प्ले विकल्प प्लॉट करता है।
- इक्स्टेन्ट विकल्प संपूर्ण आरेखण को चुनता है, भले ही वह निर्दिष्ट सीमा से बाहर हो।
- लिमिट ऑप्शन LIMIT कमांड द्वारा निर्धारित निर्दिष्ट सीमा के भीतर आने वाले ड्राइंग को प्लॉट करता है।
- विंडो विकल्प स्क्रीन पर एक विंडो के भीतर एक निर्दिष्ट क्षेत्र को चुनने की अनुमति देता है। विंडो विकल्प आमतौर पर चुना जाता है। डायलॉग बॉक्स गायब हो जाता है और आपको उस ड्राइंग का चयन करने के लिए कहा जाता है जिसे आप प्लॉट करना चाहते हैं। दो विकर्ण कोनों पर क्लिक करके ड्राइंग में एक विंडो बनाकर ड्रॉइंग का चयन करें। संवाद बॉक्स फिर से प्रकट होता है।
- **प्लॉट स्केल:** प्लॉट स्केल टाइल में, एक स्केल चुनें। वैकल्पिक रूप से, यदि आप नहीं चाहते कि ड्राइंग को किसी विशेष पैमाने पर प्लॉट किया जाए, तो आप चेक बॉक्स फ़िट टू पेपर पर भी क्लिक कर सकते हैं। ऑटोकैड पैमाने की पुनर्गणना करता है और अपना नया मूल्य प्रदर्शित करता है। यदि आप फ़िट टू पेपर विकल्प का चयन करते हैं, तो प्लॉट स्केल विकल्प ग्रे रहेगा और आप नहीं चुन सकते।
- **प्लॉट को केन्द्रित करना:** प्लॉट ऑफ़सेट (प्रिंट करने योग्य क्षेत्र में मूल सेट) टाइल में, मध्य प्लॉट चेक बॉक्स में क्लिक करें। X और Y दिशाओं में ऑफ़सेट स्वचालित रूप से प्रदर्शित होते हैं। यदि आप केंद्र में प्लॉट नहीं चाहते हैं, तो आप X और Y ऑफ़सेट टेक्स्ट बॉक्स में मन चाही वैल्यू एन्टर कर सकते हैं।
- **ड्रॉइंग ओरिएंटेशन:** प्लॉट-मॉडल डायलॉग बॉक्स के दाएं निचले कोने पर सर्कल में तीर पर क्लिक करें। डायलॉग बॉक्स कई विकल्प खोलता है। ड्रॉइंग ओरिएंटेशन टाइल में, रेडियो बटन पोर्ट्रेट या लैंडस्केप पर क्लिक करें। पोर्ट्रेट विकल्प ड्राइंग के लंबे हिस्से को लंबवत रखता है जबकि लैंडस्केप लंबे हिस्से को क्षैतिज रखता है। यदि आप आरेखण को 180° से उलटना चाहते हैं, तो प्लॉट अपसाइड-डाउन चेक बॉक्स पर क्लिक करें।
- **प्रीव्यू और प्लॉटिंग:** संवाद बॉक्स के निचले भाग में, प्रीव्यू बटन पर क्लिक करें। संतुष्ट होने पर, चयनित ड्राइंग का प्रिंट प्राप्त करने के लिए डायलॉग बॉक्स में ENTER कुंजी या OK बटन दबाएं, यदि संतुष्ट नहीं हैं, तो सेटिंग्स बदलें।

6.17 ऑटोकैड से बाहर निकलने के लिए

ऑटोकैड सॉफ़्टवेयर को बंद/बाहर करने के लिए या फ़ाइल (फ़ाइलों) को बंद करने के लिए:

उदाहरण-3: फ्लाइव्हील

- सभी खुले चित्र सेव करें ।
- निम्न में से किसी एक का उपयोग करके बाहर निकलें:
  (a) एप्लिकेशन मेनू पर क्लिक करें → क्लिक करें Exit Autodesk AutoCAD 2020
  (b) दाएँ शीर्ष कोने के क्रॉस प्रतीक का उपयोग करके फ़ाइल बंद करें। 
- यदि आप केवल वर्तमान ड्राइंग को बंद करना चाहते हैं तो एप्लिकेशन मेनू पर क्लिक करें, क्लोज विकल्प पर जाएं और 'वर्तमान ड्राइंग' चुनें। यदि आप 'ऑल ड्रॉइंग' विकल्प चुनते हैं तो वर्तमान में खुली हुई सभी ड्रॉइंग बंद हो जाएंगी। दोनों ही मामलों में 'क्या आप परिवर्तनों को सेव करना चाहते हैं?' परिवर्तनों को सेव करने के लिए याद दिलाने के लिए चेतावनी संदेश प्रदर्शित किया जाएगा। हां, नहीं या रद्द करने के विकल्प का चयन करना होगा।

हल किए गए अभ्यास (बढ़ती कठिनाई स्तर के साथ)

अभ्यास 6.4: ऑटोकैड में निम्नलिखित चित्र बनाइए।

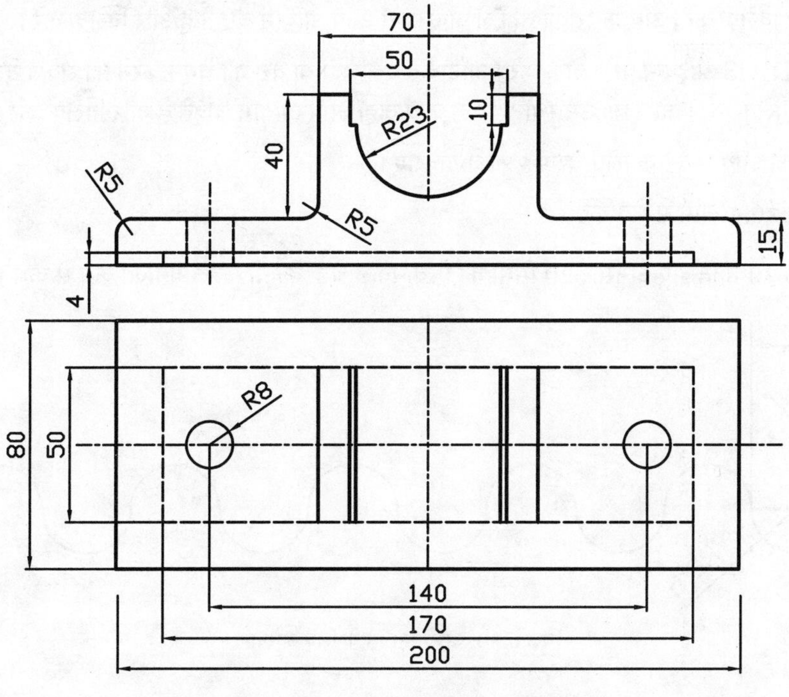

चित्र 6.29: अभ्यास 6.4 के लिए आरेखण

समाधान

1. एक नई फाइल खोलें और तीन लेयर बनाएं। नामों को परत 0, 1, 2 और 3 होने दें। प्रत्येक परत के लिए शैली निर्दिष्ट करें।
2. परत उपकरण पट्टी पर, सेटिंग कॉम्बो बॉक्स में तीर पर क्लिक करें। परत 0 पर क्लिक करें।

3. RECTANG, LINE, CIRCLE और ARC कमांड का उपयोग करके रूपरेखा तैयार करें।
4. लेयर प्रॉपर्टी मैनेजर डायलॉग बॉक्स के दाहिने पैनल में लेयर 2 पर क्लिक करें।
5. OFFSET कमांड का उपयोग करके शीर्ष दृश्य का आंतरिक आयत बनाएं। सामने के दृश्य की भी (dashed) रेखाएँ खींचें। ध्यान दें कि लाइन प्रकार स्वचालित रूप से धराशायी है और नीले रंग में है।
6. परत गुण प्रबंधक संवाद बॉक्स के दाहिने पैनल में परत 3 पर क्लिक करें। दोनों दृश्यों में केंद्र रेखाएं बनाएं। ध्यान दें कि लाइनटाइप स्वचालित रूप से केंद्र है और सियान रंग में है।
7. लेयर प्रॉपर्टी मैनेजर डायलॉग बॉक्स के दाहिने पैनल में लेयर 1 पर क्लिक करें।
8. डिमलाइनर आइकन पर क्लिक करें। ऑटोकैड पहली एक्सटेंशन लाइन मूल के लिए संकेत देता है। शीर्ष दृश्य की निचली पंक्ति के बाएँ कोने पर क्लिक करें। फिर दूसरे विस्तार बिंदु को उसी पंक्ति के दूसरे दाहिने चरम कोने के रूप में निर्दिष्ट करें। अब उस कर्सर को ले जाएँ जहाँ आप आयाम दिखाना चाहते हैं और वहाँ क्लिक करें। आयाम 200 लाल रंग में दिखाई देता है।
9. सभी क्षैतिज और लंबवत रेखाओं के लिए चरण 8 दोहराएं।
10. DIMDIAMETER आइकन पर क्लिक करें। ऑटोकैड एक चाप या वृत्त का चयन करने का संकेत देता है। शीर्ष दृश्य में मंडली पर क्लिक करें। अब कर्सर को वहाँ ले जाएँ जहाँ आप आयाम चाहते हैं और क्लिक करें।
11. DIMRADIUS आइकन पर क्लिक करें। ऑटोकैड एक चाप या वृत्त का चयन करने का संकेत देता है। सामने के दृश्य में चाप पर क्लिक करें। कर्सर को उस स्थान पर ले जाएँ जहाँ आप आयाम चाहते हैं और क्लिक करें।
12. फ़िललेट्स को आयाम देने के लिए चरण ११ को दोहराएं।
13. फ़ाइल को Ex6.4 नाम से सेव करें

अभ्यास 6.5: चित्र 6.30 में दिखाए अनुसार 20 मिमी की पिच नकल थ्रेड का प्रोफ़ाइल बनाएं। कम से कम ६ थ्रेड दिखाएँ.

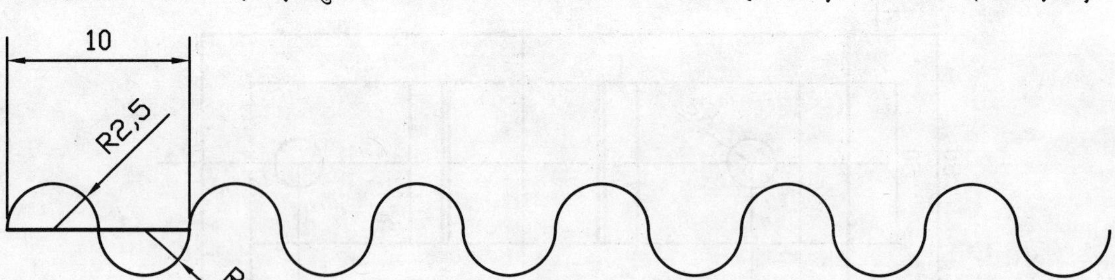

चित्र 6.30: अभ्यास 6.5 के लिए आरेखण

समाधान

1. ARC कमांड का उपयोग करके स्क्रीन पर कहीं भी 5-मिमी त्रिज्या के केवल पहले 2 आर्क बनाएं।
2. ऐरे कमांड का प्रयोग करें। ऐरे डायलॉग बॉक्स में, आयताकार विकल्प पर क्लिक करें।
3. सिलेक्ट ऑब्जेक्ट बटन पर क्लिक करें। संवाद बॉक्स गायब हो जाता है और आरेखण प्रदर्शित होता है। दोनों चापों पर क्लिक करें।

4. टेक्स्ट बॉक्स में पंक्तियों के लिए संख्या 1 और कॉलम 6 के रूप में निर्दिष्ट करें।
5. कॉलम ऑफ़सेट को 20 के रूप में निर्दिष्ट करें। पंक्ति ऑफ़सेट के मान का यहाँ कोई प्रभाव नहीं पड़ता है क्योंकि पंक्तियों की संख्या केवल 1 है। मान लीजिए कि सरणी का कोण 0 है।
6. डायलॉग बॉक्स के नीचे दाईं ओर प्रीव्यू बटन पर क्लिक करें और फिर एंटर की दबाएं।
7. पांच और थ्रेड प्रोफाइल कॉपी किए गए हैं। मूल वस्तु सहित कुल छह होंगे।
8. फाइल को Ex 6.5. नाम से सेव करें।

अभ्यास 6.6: निम्न आकृति में दिखाए गए अनुसार 100 मिमी के पिच सर्कल व्यास पर 10-मिमी भुजा के समान कोणों पर छह वर्ग बनाएं।

समाधान

1. 50 मिमी लंबाई की क्षैतिज रेखा O-1 खींचने के लिए LINE कमांड का उपयोग करें।
2. वर्ग बनाने के लिए RECTANG कमांड का उपयोग करें। एक कोने के लिए ऑब्जेक्ट स्नैप से उपयोग करें। आधार बिंदु के लिए बिंदु 1 पर क्लिक करें। ऑफसेट दूरी को (@)-5,-5 (बिंदु 1 से बिंदु A) के रूप में निर्दिष्ट करें। ऑब्जेक्ट स्नैप बंद करने के लिए F3 दबाएं। दूसरे कोने के लिए सी सापेक्ष निर्देशांक @10,10 के रूप में निर्दिष्ट करें। स्नैप ऑन करने के लिए फिर से F3 दबाएं।
3. ARRAY कमांड का प्रयोग करें। एरे डायलॉग बॉक्स में पोलर ऑप्शन पर क्लिक करें।
4. Select objects बटन पर क्लिक करें। SQUARE पर क्लिक करें।
5. केंद्र बिंदु के सामने एक बटन पर क्लिक करें। एरे के केंद्र के रूप में बिंदु O पर रेखा के बाएं छोर पर क्लिक करें।
6. "आइटम की कुल संख्या और भरने के लिए कोण" विकल्प चुनें।
7. मदों की कुल संख्या 6 के रूप में निर्दिष्ट करें।
8. 360° भरने के लिए कोण निर्दिष्ट करें।
9. आइटमों की प्रतिलिपि बनाते समय ROTATE में चेक बॉक्स पर क्लिक करें। एक टिक चिन्ह दिखाई देता है। यदि यह पहले से मौजूद है, तो इस चरण को अनदेखा करें।
10. डायलॉग बॉक्स के निचले दाएं भाग पर PREVIEW बटन पर क्लिक करें और फिर ENTER कुंजी दबाएं।
11. केंद्र बिंदु के चारों ओर पांच और वर्ग कॉपी किए गए हैं। मूल वस्तु सहित कुल छह होंगे।
12. चरण 3 से 9 तक दोहराएँ लेकिन चरण 8 पर आइटम को कॉपी करते समय ROTATE चेक बॉक्स को uncheck रहने दें। प्रभाव देखें कि सभी वर्ग क्षैतिज रहें।
13. फ़ाइल को Ex6.6 नाम से सेव करें।

यूनिट सारांश

इस यूनिट में आपने निम्न के बारे में सीखा:

1. ड्रा और मॉडिफाई टूल बार के अंतर्गत कमांड।
2. सरल, सीधी दूरी प्रविष्टि, पूर्ण और सापेक्ष समन्वय प्रणाली।
3. वृत्त (केंद्र-त्रिज्या-व्यास, 2बिंदु, 3बिंदु, tan-tan-radius))

4. अंडाकार (केंद्र-अक्ष-अंत) और अंडाकार चाप।
5. आयत, आयाम शैली प्रबंधक।
6. बहुभुज (वृत्त के भीतर और वृत्त में परिबद्ध)
7. पॉलीलाइन और पेडिट।
8. चाप, स्प्लाइन , ठोस, डोनट।
9. पट्टिका, चम्फर, स्केल, रोटैट , स्ट्रेच, और जॉइन हो।
10. मूव, कॉपी, ज़ूम, पैन, ऑफसेट, एक्सटेंड, ट्रिम।
11. मिरर, मिरर टेक्स्ट, ब्रेक, ट्रिम, एरेज़, अन्डू, रीडू।
12. फ़ंक्शन कुंजियाँ और सेटिंग।
13. टेक्स्ट (T -Multiple & Dt- सिंगल लाइन टेक्स्ट और चेंज)।
14. एरे (आयताकार और ध्रुवीय)।
15. ब्लॉक (बनाना और सम्मिलित करना, एट्रिब्यूटेड डेफिनिशन, डायनेमिक ब्लॉक एडिटर)।
16. प्वाइंट, एमपॉइंट, डीडीपीटाइप, डिवाइड, मेजर, हैचिंग, ग्रेडिएंट, एडिटिंग, लाइनटाइप, एलटीस्केल।
17. टेम्पलेट, इकाइयों की स्थापना, एक्सप्लोड।
18. लैअर (लैअर और सेटिंग बनाना), लैअर टूल प्रॉपर्टी, ग्रिप (विकल्प), स्टैटस।

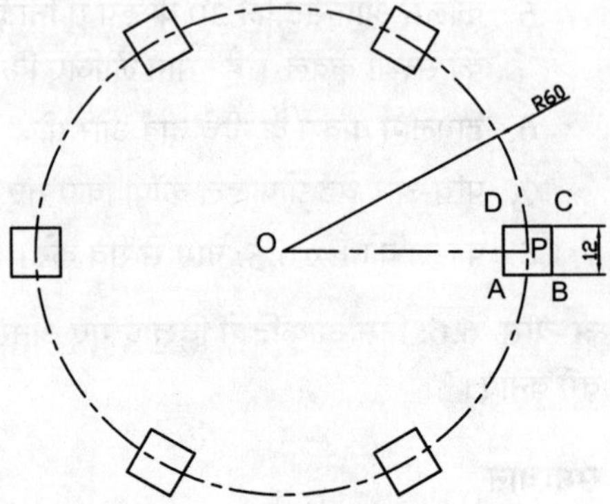

चित्र 6.31: अभ्यास 6.6 के लिए आरेखण

अभ्यास

A. बहुविकल्पीय प्रश्न

6.1. AutoCAD में दिए गए कमांड दिखाई देते हैं।

(a) ड्राइंग क्षेत्र में (b) कमांड के टूलबार पर

(c) कमांड लाइन पर (d) स्टेटस लाइन पर

6.2. ऑर्थो, स्नैप, ग्रिड इत्यादि को निम्न पर प्रदर्शित किया जाता है।

(a) ऑब्जेक्ट स्नैप टूलबार (b) व्यू टूलबार

(c) दाहिने हाथ की ओर मेनू (d) स्टैटस बार

6.3 फंक्शन की का उपयोग करके स्नैप को चालू या बंद किया जाता है।

(a) एफ4 (b) एफ6

(c) एफ 7 (d) एफ 9

6.4 फंक्शन की F8 का प्रयोग टॉगल करने के लिए किया जाता है।

(a) कॉर्डिनेट डिस्प्ले (b) ग्रिड डिस्प्ले

(c) स्टेटस बार (d) ऑर्थो

6.5 Object Snap का प्रयोग निम्न को बढ़ाने के लिए किया जाता है।

(a) गति, सटीकता और प्रारूपण में आसानी (b) ड्राइंग की गति

(c) मसौदा तैयार करते समय सटीकता (d) स्मृति उपयोग

6.6 CIRCLE कमांड के 2 बिंदु विकल्प में, परिभाषित किए जाने वाले दो बिंदु हैं।

(a) केंद्र और परिधि पर एक बिंदु (b) परिधि पर दो व्यास विपरीत बिंदु
(c) परिधि पर कोई दो बिंदु (d) क्षैतिज रेखा पर दो व्यास विपरीत बिंदु

6.7 ARC कमांड में दिशा विकल्प निम्नलिखित की दिशा है।

(a) अंत बिंदु पर स्पर्शरेखा (b) प्रारंभिक बिंदु पर स्पर्शरेखा
(c) केंद्र और प्रारंभ बिंदु के बीच रेडियल रेखा (d) केंद्र बिंदु और अंत बिंदु के बीच रेडियल रेखा

6.8 ELLIPSE कमांड में रोटेशन विकल्प एक ellipse खींचता है जिसका

(a) प्रमुख अक्ष निर्दिष्ट रोटेशन कोण द्वारा उन्मुख है
(b) लघु अक्ष निर्दिष्ट रोटेशन कोण द्वारा उन्मुख है
(c) प्रमुख अक्ष अंत बिंदुओं द्वारा निर्दिष्ट दिशा में रहता है
(d) प्रमुख/लघु अक्ष अनुपात घूर्णन कोण के sine के बराबर हो जाता है

6.9 कॉपी कमांड निम्न को बनाने की अनुमति देता है

(a) एक समय में एक इकाई की केवल एक प्रति (b) कई वस्तुओं की कई प्रतियां
(c) एक या कई वस्तुओं की एक या कई प्रतियां (d) केवल एक इकाई की कई प्रतियां

6.10 MIRROR कमांड का प्रयोग निम्नलिखित को बनाने के लिए किया जाता है

(a) किसी वस्तु की एक प्रति
(b) मूल वस्तु के साथ या उसके बिना किसी वस्तु की दर्पण प्रति
(c) केवल एक्स अक्ष के बारे में किसी वस्तु की दर्पण प्रति
(d) मूल वस्तु के बिना किसी वस्तु की दर्पण प्रति

6.11 OFFSET कमांड एक बार में किसी वस्तु को ऑफसेट करने की अनुमति देता है

(a) एक निश्चित दूरी पर वस्तु के केवल एक तरफ (b) वस्तु के दोनों किनारों पर एक निश्चित दूरी पर
(c) एक चर दूरी पर वस्तु के केवल एक तरफ (c) एक परिवर्तनीय दूरी पर वस्तु के दोनों किनारों पर

6.12 टेक्स्ट कमांड में रोटेशन एंगल

(a) एक निर्दिष्ट कोण द्वारा टेक्स्ट की लाइन को झुकाता है
(b) प्रत्येक वर्ण को उस कोण से झुकाता है लेकिन रेखा क्षैतिज रहती है
(c) टेक्स्ट को गोलाकार चाप के रूप में घुमाता है
(d) टेक्स्ट को उल्टा प्रदर्शित करता है

6.13 टेक्स्ट को एडिट करने का कमांड है:

(a) TEXT (b) DDEDIT (c) ETEXT (d) MTEXT

6.14 निम्नलिखित में से कौन सा विकल्प पूरी ड्राइंग को प्रिंट करेगा

(a) डिस्प्ले (b) इक्स्टेन्ट (b) लिमिट (d) विंडो

6.15 प्रिंटआउट का आकार

(a) ड्राइंग के समान ही रहता है
(b) केवल प्लॉटिंग करते समय बढ़ाया जा सकता है
(c) केवल प्लॉटिंग के दौरान घटाया जा सकता है
(d) प्लॉटिंग करते समय बढ़ाया या घटाया जा सकता है

6.16 एक ब्लॉक का सम्मिलन आधार बिंदु

(a) ब्लॉक पर होना चाहिए
(b) ब्लॉक पर या ब्लॉक से दूर कहीं भी हो सकता है
(c) इसके आधार पर होना चाहिए
(d) एक सपाट सतह पर होना चाहिए

6.17 एक आयताकार एरे में दो आसन्न वस्तुओं के बीच का अंतर

(a) वस्तु के आकार से अधिक होना चाहिए
(b) वस्तु के आकार से कम या अधिक हो सकता है
(c) वस्तु का कम से कम 1.5 गुना होना चाहिए
(d) कई मानकों पर निर्भर करता है

6.18 पोलर विकल्प के साथ ARRAY वस्तुओं के लिए लागू है

(a) जो पोलर निर्देशांक का उपयोग करके तैयार किए जाते हैं
(b) जहां पोलर निर्देशांक का उपयोग करके वस्तु की कम से कम एक इकाई खींची जाती है
(c) जहां पोलर निर्देशांक का उपयोग करके वस्तु की कम से कम दो इकाइयां खींची जाती हैं
(d) निर्देशांक प्रणाली की किसी भी विधि द्वारा तैयार किया गया हो

6.19 यदि किसी ब्लॉक का उपयोग किसी अन्य ड्राइंग फाइल में किया जाना है, तो ब्लॉक को सेव करने का कमांड है

(a) INSERT
(b) BLOCK
(c) WBLOCK
(d) MINSERT

6.20 WBLOCK कमांड से निम्न से फाइल बनती है

(a) एक ब्लॉक
(b) चयनित वस्तुओं
(c) पूर्ण ड्राइंग फ़ाइल
(d) उपरोक्त में से कोई एक

उत्तर									
6.1 (c)	6.2 (d)	6.3 (d)	6.4 (d)	6.5 (a)	6.6 (b)	6.7 (b)	6.8 (c)	6.9 (c)	6.10 (b)
6.11 (a)	6.12 (a)	6.13 (b)	6.14 (b)	6.15 (d)	6.16 (b)	6.17 (b)	6.18 (d)	6.19 (c)	6.20 (d)

B. विषयात्मक प्रश्न

6.1 LIMITS कमांड के उपयोग का वर्णन करें।

6.2 स्नैप और ग्रिड के उपयोग का वर्णन करें।

6.3 ऑब्जेक्ट स्नैप के उपयोग की व्याख्या करें। संचालन के विभिन्न तरीकों पर चर्चा करें।

6.4 आरेखण टूलबार पर चिह्नों की सूची बनाएं और ड्रॉइंग इकाई के लिए किन्हीं पांच चिह्नों पर चर्चा करें।

6.5 तीन रेखाओं का प्रयोग करते हुए एक समबाहु त्रिभुज बनाने का कमांड क्रम दीजिए।

6.6 वृत्त खींचने के लिए कोई तीन विकल्प लिखिए।

6.7 चाप खींचने की विधि का वर्णन कीजिए।

6.8 दिए गए केंद्र और किनारे की लंबाई वाला बहुभुज बनाने के स्टेप्स लिखिए।

6.9 किसी वस्तु का चयन करते समय विंडो और क्रॉसिंग विंडो में अंतर स्पष्ट करें।

6.10 कॉपी और मूव कमांड में अंतर स्पष्ट करें? उदाहरण द्वारा स्पष्ट कीजिए।

6.11 EXPLODE कमांड के उपयोग की व्याख्या करें।

6.12 SCALE कमांड की उपयोगिता समझाइए। इस कमांड का उपयोग करते समय, क्या आपके पास X और Y दिशाओं में अलग-अलग पैमाने हो सकते हैं?

6.13 प्रत्येक साइड के लिए अलग-अलग चेमफ़र दूरी निर्दिष्ट करने हेतु शून्य त्रिज्या के साथ चेमफ़र (CHAMFER) कमांड का उपयोग करने के लिए स्टेप्स लिखें।

6.14 FILLET कमांड के उपयोग का वर्णन करें। आप फिलेट त्रिज्या कैसे बदलते हैं। शून्य त्रिज्या के साथ इस कमांड का उपयोग करने के प्रभाव क्या है?

प्रायोगिक कार्य

पाठ्यचर्या के अनुसार इकाई -6 से संबंधित प्रायोगिक अभ्यास निम्नलिखित हैं:

1. बेसिक 2-D इकाइयां बनाएं जैसे: ऑटोकैड का उपयोग करके आयत, समचतुर्भुज, बहुभुज (प्रिंट आउट प्रगतिशील मूल्यांकन का एक हिस्सा होना चाहिए)।
2. बुनियादी 2-D इकाइयां बनाएं जैसे: ऑटोकैड का उपयोग करके वृत और चाप (प्रिंटआउट प्रगतिशील मूल्यांकन का एक हिस्सा होना चाहिए)।
3. बुनियादी 2-D इकाइयां बनाएं जैसे: ऑटोकैड का उपयोग करके वृत्ताकार और आयताकार एरे (प्रिंटआउट प्रगतिशील मूल्यांकन का एक हिस्सा होना चाहिए)।
4. 2-D इकाइयों के ड्रा करें जैसे : आयत, समचतुर्भुज, बहुभुज, वृत्त, चाप, वृत्ताकार और आयताकार एरे, ऑटोकैड का उपयोग करने वाले ब्लॉक । (प्रिंट आउट प्रगतिशील मूल्यांकन का एक हिस्सा होना चाहिए)।
5. ऑटोकैड का उपयोग करके विद्यार्थी की मूल इंजीनियरिंग शाखा से संबंधित विशिष्ट घटकों को 2-D में बनाएं (प्रिंट आउट टर्म वर्क का एक हिस्सा होना चाहिए)।
6. ऑटोकैड का उपयोग करके विद्यार्थी की मूल इंजीनियरिंग शाखा से संबंधित जटिल घटकों को 2-D में ड्रा करें (प्रिंट प्रगतिशील मूल्यांकन का एक हिस्सा होना चाहिए)।

प्रयोग -1 ऑटोकैड का उपयोग करके आयत, समचतुर्भुज, बहुभुज बनाएं।

प्रायोगिक कथन

ऑटोकैड का उपयोग करते हुए आयत, समचतुर्भुज, बहुभुज जैसी बुनियादी 2D इकाइयां बनाएं।

प्रायोगिक महत्त्व

आमतौर पर जटिल डिजिटल चित्र कई अलग-अलग मूल आदिम आकृतियों को मिलाकर और संशोधित करके बनाए जाते हैं, जैसे कि रेखाएं, वृत्त, चाप, बहुभुज आदि।

प्रासंगिक सिद्धांत

खंड 6.9.2 देखें (रेखा खींचना)

खंड 6.9.6 देखें (बहुभुज बनाना)

खंड 6.9.7 देखें (आयत बनाना)

खंड 6.12 देखें (टेक्स्ट और आयाम)

प्रैक्टिकल आउटकम्स (PrO)

इस पाठ्यक्रम से निम्नलिखित प्रैक्टिकल आउटकम्स प्राप्त होते हैं:

PrO1: बुनियादी 2D निकाय बनाने के लिए AutoCAD के ड्रा टूल बार कमांड का उपयोग करें।

PrO2: ऑटोकैड का उपयोग करके दी गई 2D इकाई को आयाम दें।

PrO3: AutoCAD का उपयोग करके दिए गए 2D निकाय पर टेक्स्ट लिखें।

प्रायोगिक व्यवस्था (ड्राइंग/स्केच/सर्किट आरेख/कार्य स्थिति)

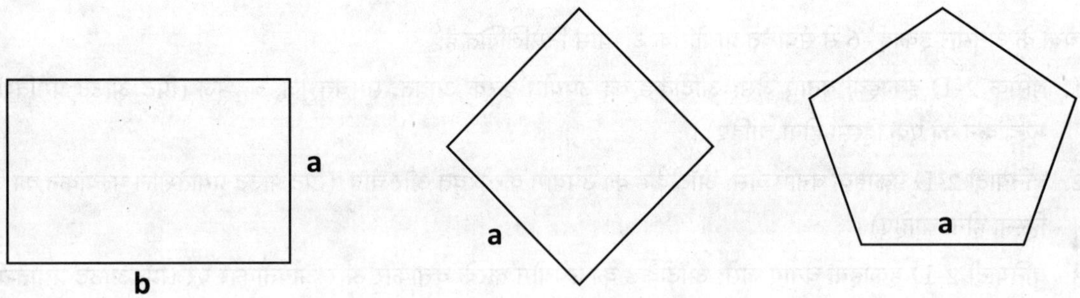

a =100 mm and b = 300 mm

आवश्यक संसाधन

Sr. No	Suggested Resources required Machines/Tools/ Instruments with vital specifications	Qty	Actual Resources used Machines/Tools/ Instruments with broad specifications (to be filled by the student)	Remarks (if any)
1	ऑटोकैड 2020 सॉफ्टवेयर छात्र संस्करण	1 User		
2	कंप्यूटर सिस्टम पीसी/लैपटॉप विंडो और एंटी-वायरस सॉफ्टवेयर के साथ	1		

सावधानियाँ

1. डेटा हानि से बचने के लिए ड्राइंग को नियमित अंतराल पर सहेजें।
2. जब उपयोग में न हो तो कंप्यूटर सिस्टम को बंद कर दें।
3. कंप्यूटर सिस्टम में एंटीवायरस सॉफ्टवेयर का इस्तेमाल करें

प्रयोग विधि

प्रारंभिक चरण:

- इस पुस्तक में यह माना गया है कि ऑटोकैड सॉफ्टवेयर कंप्यूटर पर स्थापित है और उपयोगकर्ता को कंप्यूटर का बुनियादी ज्ञान है।
- कंप्यूटर सिस्टम को चालू करें।
- डेस्कटॉप पर ऑटोकैड आइकन पर क्लिक करें या
- स्क्रीन के निचले बाएँ कोने में START बटन पर क्लिक करें, उसके बाद PROGRAM और फिर सूची में AutoCAD 2020 पर क्लिक करें। सॉफ़्टवेयर को पूरी तरह से लॉन्च करने के लिए और स्क्रीन पर मुख्य ऑटोकैड सॉफ़्टवेयर विंडो प्रदर्शित होने तक कुछ सेकंड प्रतीक्षा करें।
- संस्थान विशिष्ट टेम्पलेट के साथ नई ड्राइंग खोलें।
- 230 मिमी × 310 मिमी (A4 आकार) की सीमा निर्धारित करें।
- इकाइयों को मीट्रिक पर सेट करें।
- 5mm पर स्नैप सेटिंग के साथ ग्रिड ऑन और स्नैप ऑन करें।

ऑटोकैड में आयत बनाने के लिए:

1. टूल बार: मेनू → ड्रा → rectangle 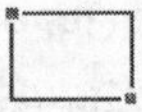
2. पहले कोने का बिंदु या [चम्फर/एलीवेशन/फिलेट/मोटाई/चौड़ाई] निर्दिष्ट करें: एक विकल्प दर्ज करें या स्क्रीन पर कहीं भी एक बिंदु (P1) निर्दिष्ट करें।
3. अन्य कोने बिंदु निर्दिष्ट करें: दिए गए भुजाओं 'a ' और 'b ' के अनुसार एक बिंदु (P 2) निर्दिष्ट करें।
4. आयत का आयाम दें।
5. टूल बार: एनोटेट टैब → आयाम पैनल → linear 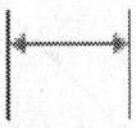
6. पहली और दूसरी एक्सटेंशन लाइन ओरिजिन निर्दिष्ट करें।
7. आयाम रेखा को आयत की चौड़ाई पर रखने के लिए क्लिक करें।
8. आयत की लंबाई की तरफ आयाम रखने के लिए चरण 10 से 12 दोहराएं।
9. ड्राइंग को इस प्रकार सेव करें: Pr-12।

AutoCAD में समचतुर्भुज आरेखित करने के लिए:

1. टूल बार: मेनू → ड्रा → rectangle 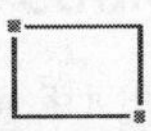
2. पहले कोने बिंदु या [चम्फर/एलीवेशन/फिलेट/मोटाई/चौड़ाई] निर्दिष्ट करें: पहले से खींची गई इकाई से पर्याप्त दूरी के साथ स्क्रीन पर कहीं भी एक विकल्प दर्ज करें या एक बिंदु (पी 1) निर्दिष्ट करें।
3. अन्य कोने बिंदु निर्दिष्ट करें : P1 के ठीक नीचे एक बिंदु (P2) को इस प्रकार निर्दिष्ट करें कि P1 और P2 के बीच की दूरी a$\sqrt{2}$ हो।
4. आउटपुट एक समचतुर्भुज है।
5. समचतुर्भुज का आयाम दें।
6. टूल बार: एनोटेट टैब → आयाम पैनल → aligned 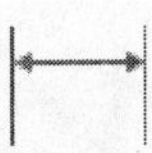

7. पहली और दूसरी एक्सटेंशन लाइन ओरिजिन निर्दिष्ट करें।
8. आयाम रेखा को समचतुर्भुज के किसी एक तरफ रखने के लिए क्लिक करें।
9. ड्रॉइंग को सेव करें।

ऑटोकैड में बहुभुज बनाने के लिए: (माना कि एक पेंटागन):

1. टूल बार: मेनू → ड्रा → polygon 
2. पहले से खींची गई इकाइयों से पर्याप्त दूरी के साथ स्क्रीन पर पहले बिंदु पर क्लिक करें।
3. साइड्स की संख्या दर्ज करें <वर्तमान> : 100 मिमी और दबाएं। इंटर दबाएं ।
4. बहुभुज का केंद्र निर्दिष्ट करें या [एज]: edge और ENTER दबाएँ।
5. किनारे की लंबाई 50 के रूप में निर्दिष्ट करें और ENTER दबाएँ।
6. पेंटागन पूरा हुआ
7. पेंटागन का आयाम दें।
8. टूल बार: एनोटेट टैब → आयाम पैनल → aligned 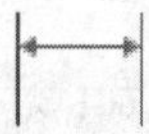
9. पहली और दूसरी एक्सटेंशन लाइन ओरिजिन निर्दिष्ट करें।
10. आयाम रेखा को पेंटागन के किसी एक तरफ रखने के लिए क्लिक करें।
11. 6.12.1 में उल्लिखित प्रक्रिया का उपयोग करते हुए सभी तीनों इकाइयों पर टेक्स्ट लिखें।
12. ड्राइंग को सेव करें।

प्रेक्षण

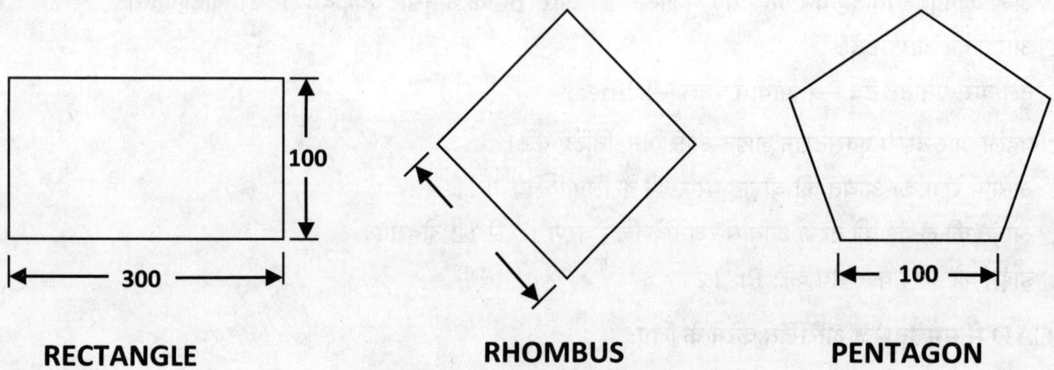

चित्र: आयत, समचतुर्भुज, बहुभुज के ऑटोकैड चित्र

प्रयोग संबंधित प्रश्न

1. क्या हम लाइन कमांड का उपयोग करके ये आंकड़े खींच सकते हैं? कैसे?
2. यदि परिबद्ध वृत्त की त्रिज्या 'r' दी गई है तो 'a' भुजा का एक पंचभुज कैसे खींचा जाएगा?

अध्ययन हेतु सुझाए गए संसाधन

यूनिट-6 देखें

सुझाई गई मूल्यांकन योजना

(शिक्षक द्वारा भरा जाना है)

दिए गए प्रदर्शन संकेतक प्रक्रिया और उत्पाद से संबंधित अंकों के मूल्यांकन के लिए एक दिशानिर्देश के रूप में कार्य करना चाहिए।

	प्रदर्शन संकेतक	वेटेज / अंक	अंक प्रदान किए गए
प्रक्रिया संबंधित: 10 अंक* (66%)			
1	नई ड्राइंग और उपयोग के लिए पैरामीटर सेट करना संस्थान विशिष्ट टेम्पलेट	2	
2	वांछित ड्राइंग बनाने के लिए प्रयुक्त कमांड का प्रकार	2	
3	ड्राइंग बनाने के लिए कीबोर्ड और माउस का उपयोग करने में आसानी	2	
4	लिया गया समय	2	
5	व्यावहारिक मौखिक प्रश्नों के उत्तर	2	
उत्पाद संबंधित: 5 अंक* (33%)			
6	आउटपुट की आयामी सटीकता	3	
7	आयाम और पाठ लेखन	2	
	कुल	100 %	

* उत्पाद और प्रक्रिया मूल्यांकन के लिए अंक और प्रतिशत भार शिक्षक द्वारा तय किया जाएगा।

छात्र का नाम:.. प्रदान किए गए अंक			दिनांक के साथ शिक्षक के हस्ताक्षर
प्रक्रिया संबंधित	उत्पाद संबंधित	कुल	

प्रयोग-2 ऑटोकैड का उपयोग करके वृत्त और चाप बनाएं।

प्रायोगिक कथन

AutoCAD का उपयोग करके मूल 2D निकाय जैसे वृत्त और चाप बनाएं।

प्रायोगिक महत्व

आमतौर पर जटिल डिजिटल चित्र कई अलग-अलग मूल आदिम आकृतियों को मिलाकर और संशोधित करके बनाए जाते हैं, जैसे कि रेखाएं, वृत्त, चाप, बहुभुज आदि।

प्रासंगिक सिद्धांत

खंड 6.9.8 का संदर्भ लें (वृत्त बनाएं)

खंड 6.9.9 देखें (आर्क बनाएं)

खंड 6.12 देखें (टेक्स्ट और आयाम)

प्रैक्टिकल आउटकम्स (PrO)

इस पाठ्यक्रम से निम्नलिखित प्रैक्टिकल आउटकम्स प्राप्त होते हैं:

PrO1: बुनियादी 2D इकाइयां बनाने के लिए AutoCAD के ड्रा टूल बार कमांड का उपयोग करें।

PrO2: ऑटोकैड का उपयोग करके दी गई 2D इकाई को आयाम दें।

PrO3: AutoCAD का उपयोग करके दिए गए 2D इकाई पर टेक्स्ट लिखें।

प्रायोगिक व्यवस्था (ड्राइंग/स्केच/सर्किट आरेख/कार्य स्थिति)

सभी आयाम मिमी में हैं और चाप के मामले में शामिल कोण एबीसी 75º है

आवश्यक संसाधन

जैसा कि यूनिट -6 के प्रयोग-1 में बताया गया है।

सावधानियाँ

जैसा कि यूनिट-6 के प्रयोग-1 में बताया गया है।

प्रयोग विधि

प्रारंभिक चरण: जैसा कि यूनिट -6 के प्रयोग -1 में बताया गया है।

ऑटोकैड में वृत्त खींचने के लिए: केंद्र-त्रिज्या विकल्प के साथ

1. इस प्रयोग में दिए गए केंद्र बिंदु (50, 50) और त्रिज्या 50 मिमी के निर्देशांक के साथ खंड 6.9.8 में वर्णित केंद्र और त्रिज्या विकल्प के साथ एक वृत्त खींचने की प्रक्रिया का पालन करें।
2. सर्कल को आयाम दें।
3. टूल बार: एनोटेट टैब → डाइमेंशन पैनल → linear → radius
4. वृत्त का चयन करें और आयाम को स्थान दें।
5. ड्राइंग को Pr-3 के नाम से सेव करें।

ऑटोकैड में आर्क ड्रा करने के लिए: सेंटर-स्टार्ट-एंगल विकल्प के साथ

1. टूल बार: मेनू → ड्रा → आर्क 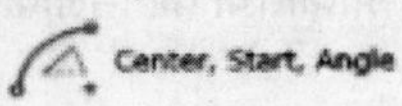

2. चाप का केंद्र बिंदु निर्दिष्ट करें: बिंदु निर्दिष्ट करें (0,100)
3. चाप का प्रारंभ बिंदु निर्दिष्ट करें: बिंदु निर्दिष्ट करें (100,100)
4. शामिल कोण निर्दिष्ट करें: 75
5. चाप पूर्ण करें।
6. चाप का आयाम दें
7. टूल बार: एनोटेट टैब → डाइमेंशन पैनल → radius
8. चाप का चयन करें और आयाम की स्थिति बनाएं।

9. 6.12.1 . में उल्लिखित प्रक्रिया का उपयोग करते हुए दो इकाइयों पर टेक्स्ट लिखें
10. ड्राइंग को सेव करें।

प्रेक्षण

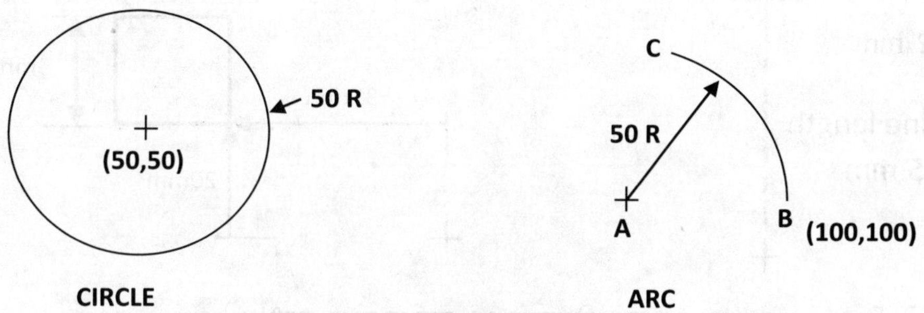

सर्कल और आर्क की ऑटोकैड ड्राइंग

प्रयोग संबंधित प्रश्न

1. क्या हम सेंटर-स्टार्ट-रेडियस विकल्प का उपयोग करके दिए गए आर्क को ड्रा कर सकते हैं? कैसे?
2. ऑटोकैड में वृत्त खींचने के अन्य तरीके क्या हैं?

आवश्यक संसाधन

यूनिट-4 देखें

सुझाई गई मूल्यांकन योजना

जैसा कि यूनिट -6 के प्रयोग-1 में बताया गया है

प्रयोग-3 ऑटोकैड का उपयोग करके वृत्ताकार और आयताकार एरे बनाएं।

प्रायोगिक कथन

बुनियादी 2D निकाय बनाएं जैसे: AutoCAD का उपयोग करके वृत्ताकार और आयताकार एरे।

प्रायोगिक महत्त्व

ध्रुवीय और आयताकार एरे को घटकों के जटिल डिजिटल चित्र विकसित करने की आवश्यकता होती है, जिसमें रिपीटेड पैटर्न जैसे कि रिवेटेड जोड़ में रिवेट्स को लगाना; कंप्यूटर कैबिनेट /मोटर आदि में वृत्ताकार /वर्गाकार /आयताकार छिद्र; स्क्रू/नट/नॉट/स्क्रू जैक/लीड स्क्रू आदि पर अलग-अलग थ्रेड; विंडो के पैटर्न; की-बोर्ड पर वृत्ताकार प्लेटों/फ्लैंजेस/बटनों की परिधि पर छेद, विभिन्न हाउसहोल्ड/औद्योगिक घटकों पर नियमित आकार का पैटर्न।

प्रासंगिक सिद्धांत

खंड 6.10.5 (ध्रुवीय और आयताकार एरे) देखें खंड 6.12 (टेक्स्ट और आयाम) देखें।

प्रैक्टिकल आउटकम्स (PrO)

व्यावहारिक परिणाम इस पाठ्यक्रम के पाठ्यक्रम से प्राप्त होते हैं:

PrO1: ध्रुवीय और आयताकार एरे बनाने के लिए ऑटोकैड के ड्रा टूल बार कमांड का उपयोग करें।

PrO2: ऑटोकैड का उपयोग करके दी गई 2D इकाई को आयाम दें।

PrO3: AutoCAD का उपयोग करके दिए गए 2D इकाई पर टेक्स्ट लिखें।

प्रायोगिक व्यवस्था (ड्राइंग/स्केच/सर्किट आरेख/कार्य स्थिति)

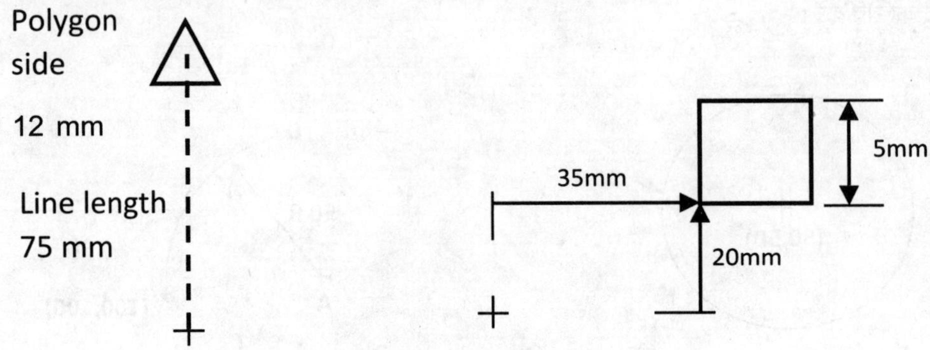

पोलर एरे: फिल कोण 360°; एरे में मदों की संख्या: 12; शामिल कोण: 75^0

आयताकार एरे : कॉलम: 5; कॉलम दूरी: 20 मिमी; पंक्ति:4; पंक्ति दूरी: 15mm

आवश्यक संसाधन

जैसा कि यूनिट-6 के प्रयोग-1 में बताया गया है।

सावधानियाँ

जैसा कि यूनिट -6 के प्रयोग-1 में बताया गया है।

प्रयोग विधि

प्रारंभिक चरण: जैसा कि यूनिट-6 के प्रयोग-1 में बताया गया है।

ध्रुवीय एरे खींचने के लिए:

LINE कमांड का उपयोग करके 75 मिमी लंबाई की एक रेखा बनाएं।

1. लाइन कमांड पर क्लिक करें।
2. पहला बिंदु निर्दिष्ट करें: 100,150।
3. अगले बिंदु पर क्लिक करें: @ 0,75 और कीबोर्ड से Esc दबाएं।
4. रेखा पूरी हुई।

12 मिमी त्रिज्या और 3 भुजाओं वाला बहुभुज(polygon) बनाएं।

1. भुजाओं की संख्या दर्ज करें: 3
2. केंद्र बिंदु या [किनारे] निर्दिष्ट करें: पहले से खींची गई रेखा का शीर्ष अंत बिंदु।
3. परिवृत्त की त्रिज्या निर्दिष्ट करें:12
4. बहुभुज पूरा हुआ।

पोलर एरे :

1. Polar Array कमांड चुनें: Home Tab → Modify Panel → Array
2. Polar Array चुनें।
3. वस्तुओं का चयन करें: एरे के लिए वस्तु का चयन करें (बहुभुज)।

4. ऑब्जेक्ट चुनें: अधिक ऑब्जेक्ट चुनें या रोकने के लिए <Enter> चुनें।
5. ऐरे का केंद्र बिंदु निर्दिष्ट करें या [आधार बिंदु / रोटेशन की धुरी]: रेखा के निचले अंत बिंदु का चयन करें।
6. ऐरे क्रिएशन टैब प्रकट होता है और 6 आइटम्स के साथ डिफॉल्ट पोलर ऐरे प्रदर्शित होता है।
7. आइटम दर्ज करें: 12
8. फिल दर्ज करें: 360
9. चयनों को प्रदर्शित करने के लिए <Enter> दबाएं।
10. अगर डिस्प्ले सही है तो Close Array चुनें।
11. पोलर एरे पूर्ण हुआ।
12 . एरे का आयाम: बहुभुज की भुजा, रेखा की लंबाई और दो बहुभुजों के बीच का कोण शामिल है।
13. ड्राइंग को Pr-14a के नाम से सेव करें।

विभिन्न वैल्यू के साथ एक ही प्रक्रिया को दोहराएं:

1. लाइन और पॉलीगॉन की एक कॉपी बनाएं और इसे स्क्रीन पर पिछले पोलर ऐरे से उचित दूरी पर रखें।
2. चरण 9 से 14 तक दोहराएं।
3. आइटम दर्ज करें: 6
4. बीच में दर्ज करें: 45
5. फिल दर्ज करें: 360
6. अगर डिस्प्ले सही है तो Close Array चुनें।
7. नया पोलर ऐरे पूरा हुआ।
8. ड्राइंग को सेव करें।

आयताकार एरे बनाने के लिए:

5 मिमी भुजा का वर्ग बनाएं।

1. समान पैरामीटर के साथ एक नया आरेखण प्रारंभ करें।
2. आयत कमांड पर क्लिक करें
3. पहला बिंदु निर्दिष्ट करें: बिंदु निर्दिष्ट करें (35,20)
4. दूसरा बिंदु निर्दिष्ट करें [क्षेत्र/आयाम/घूर्णन]: दर्ज करें d दबाएं ENTER
5. आयत के लिए लंबाई निर्दिष्ट करें: 5
6. आयत के लिए चौड़ाई निर्दिष्ट करें: 5
7. आयत पूर्ण

आयताकार एरे :

1. आयताकार ऐरे (Rectangular Array) कमांड का चयन करें: होम टैब → मोडिफ़ाई पैनल → एरे
2. आयताकार एरे का चयन करें।

3. ऑब्जेक्ट चुनें: ऐरे किए जाने वाले ऑब्जेक्ट का चयन करें (स्क्वायर) और ENTER दबाएँ।
4. ऐरे क्रिएशन टैब एक 3 रो और 4 कॉलम डिफ़ॉल्ट आयताकार ऐरे के साथ प्रकट होता है।
5. कॉलम दर्ज करें: 5
6. दूरी के बीच: 20
7. पंक्तियाँ दर्ज करें: 4
8. बीच की दूरी : 15
9. चयनों को प्रदर्शित करने के लिए <Enter> दबाएं।
10. आयताकार ऐरे पूर्ण।
11. ऐरे का आयाम: मूल वर्ग के किनारे, कॉलम की दूरी, रो की दूरी, UCS से मूल वर्ग के एक कोने की क्षैतिज और ऊर्ध्वाधर दूरी।
12. ड्रॉइंग को P-14b के नाम से सेव करें

प्रेक्षण

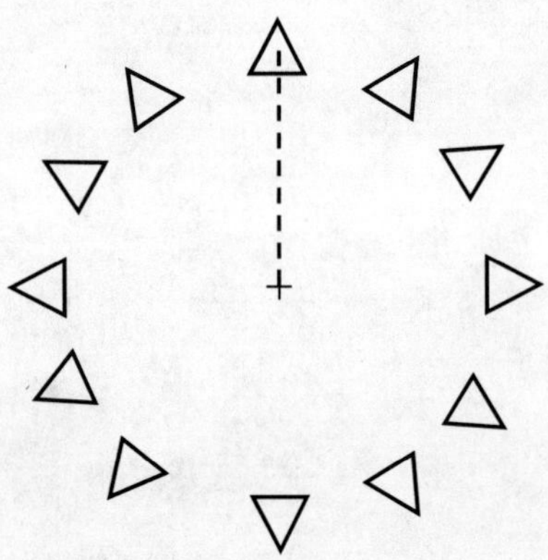

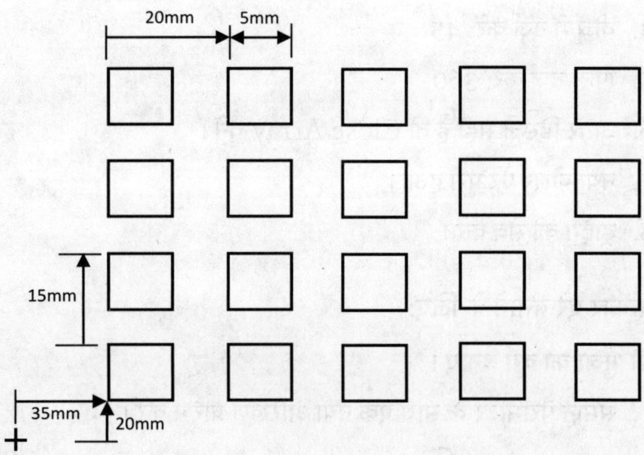

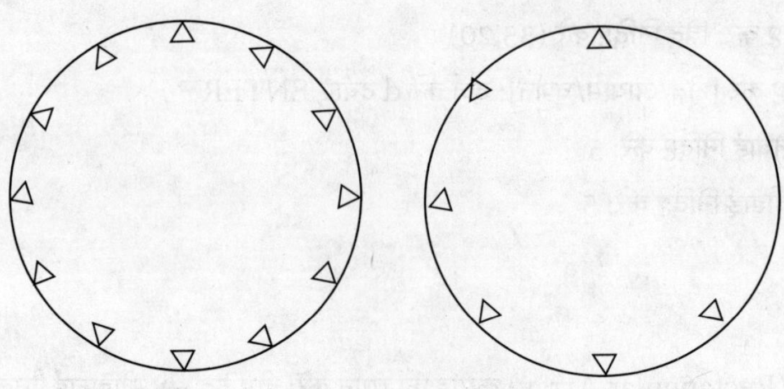

प्रयोग संबंधित प्रश्न

1. क्या हम सरणी के लिए 1 से अधिक इकाई का चयन कर सकते हैं? कैसे?
2. क्या हम इसके निर्माण के बाद सरणी को संपादित कर सकते हैं? कैसे?

अध्ययन हेतु सुझाए गए संसाधन

यूनिट-6 देखें

सुझाई गई मूल्यांकन योजना

जैसा कि यूनिट -6 के प्रयोग-1 में बताया गया है।

प्रयोग- 4 ऑटोकैड का उपयोग करके 2D इकाइयों के ब्लॉक बनाएं।

प्रायोगिक कथन

ऑटोकैड का उपयोग करते हुए आयत, समचतुर्भुज, बहुभुज, वृत्त, चाप, वृत्ताकार और आयताकार एरे वाले 2D इकाइयों के ब्लॉक ड्रॉ करें।

प्रायोगिक महत्त्व

ब्लॉक का उपयोग एक ही इकाई या 2D इकाइयों के संयोजन का कई बार उपयोग करने के लिए किया जाता है। आम तौर पर, ऐसे मामलों में जहां एक ही सब-असेंबली या घटकों को एक ही या अलग-अलग ओरीएन्टेशन /स्केल के साथ बार-बार उपयोग करने की आवश्यकता हो, तो उन इकाई या इकाई समूह को ब्लॉक में परिवर्तित कर दिया जाता है और एक नाम/पहचान के साथ सेव किया जाता है ताकि जब भी आवश्यकता हो समय और प्रयासों को बचाने के लिए सम्मिलित किया जा सके। उदाहरण के लिए, विभिन्न प्रकार के नट-बोल्ट, बेयरिंग, गियर, बेट्स, स्प्रोकेट, स्क्रू, चेयर, दरवाजे, खिड़कियां, रेसिस्टर्स, कैपेसिटर, बैटरी आदि।

प्रासंगिक सिद्धांत

खंड 6.9 और 6.10 देखें। (टूल बार बनाएं और संशोधित करें)

खंड 6.9.13 (ब्लॉक) देखें।

खंड 6.10.5 (ध्रुवीय और आयताकार एरे) देखें।

खंड 6.12 (टेक्स्ट और आयाम) देखें।

प्रैक्टिकल आउटकम्स (PrO)

इस पाठ्यक्रम क से पाठ्यक्रम से प्राप्त होते हैं:

PrO1: ध्रुवीय और आयताकार एरे बनाने के लिए ऑटोकैड के ड्रा टूल बार कमांड का उपयोग करें।

PRO2: ऑटोकैड का उपयोग करके दी गई 2D इकाई को आयाम दें।

PRO3: AutoCAD का उपयोग करके दिए गए 2D इकाई पर टेक्स्ट लिखें।

प्रायोगिक व्यवस्था (ड्राइंग/स्केच/सर्किट आरेख/कार्य स्थिति)

- चित्र (A) में दिखाए अनुसार वस्तुओं को ड्रा करें।
- चित्र (B) में दर्शाए अनुसार एक ब्लॉक बनाने के लिए एक ध्रुवीय एरे बनाएं।
- पोलर एरे पैरामीटर्स: फिल एंगल 360^0 और एरे में आइटम्स की संख्या 8 है।
- चित्र (C) में दर्शाए अनुसार एक आयताकार एरे बनाएं।
- आयताकार एरे पैरामीटर: कॉलम: 4; कॉलम दूरी: 40 मिमी; रो :4; रो दूरी:

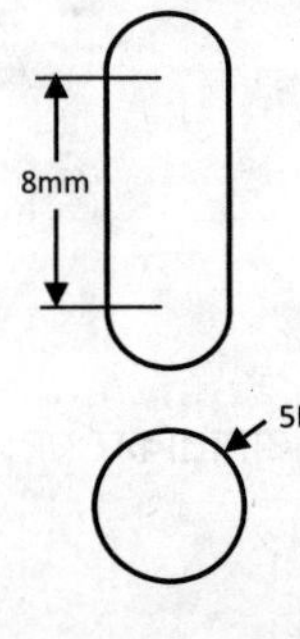

(A) OBJECTS

(B) POLAR ARRAY CONVERTED TO BLOCK

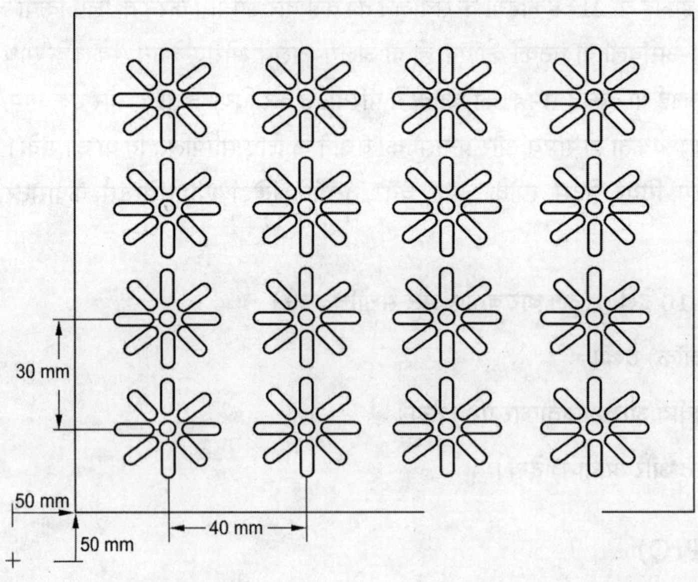

आवश्यक संसाधन

जैसा कि यूनिट-6 के प्रयोग-1 में बताया गया है।

सावधानियाँ

जैसा कि यूनिट-6 के प्रयोग-1 में बताया गया है।

प्रयोग विधि

प्रारंभिक चरण: जैसा कि यूनिट-6 के प्रयोग-1 में बताया गया है।

वृत्त ड्रा करें:

1. सर्कल कमांड पर क्लिक करें।
2. केंद्र निर्दिष्ट करें: 80, 80।
3. त्रिज्या दर्ज करें: 2.5
4. सर्कल पूरा हुआ।

आयत ड्रा करें:

1. Rectangle कमांड पर क्लिक करें
2. पहला बिंदु निर्दिष्ट करें: बिंदु निर्दिष्ट करें (50,50)
3. दूसरा बिंदु निर्दिष्ट करें [क्षेत्र/आयाम/घूर्णन]: दर्ज करें d ENTER दबाएं
4. आयत के लिए लंबाई निर्दिष्ट करें: 180
5. आयत के लिए चौड़ाई निर्दिष्ट करें: 150
6. आयत पूर्ण हुआ।

अण्डाकार स्लॉट ड्रा करें:

1. लाइन कमांड पर क्लिक करें।
2. पहला बिंदु निर्दिष्ट करें: बिंदु निर्दिष्ट करें (78,85)
3. दूसरा बिंदु निर्दिष्ट करें: @ 0,8
4. ऑफसेट कमांड पर क्लिक करें।
5. वस्तु का चयन करें और एंटर दबाएं।
6. ऑफसेट दूरी निर्दिष्ट करें: 4
7. साइड निर्दिष्ट करें: दाईं ओर
8. फिलेट कमांड पर क्लिक करें
9. पट्टिका त्रिज्या दर्ज करें: 2
10. पहली वस्तु का चयन करें: ऊपर की तरफ पहली पंक्ति का चयन करें।
11. दूसरी वस्तु का चयन करें: ऊपरी तरफ दूसरी पंक्ति का चयन करें।
12. पूर्ण पट्टिका बनाई जाएगी।
13. दो पंक्तियों के निचले हिस्से के लिए भी पट्टिका आदेश दोहराएं।
14. अण्डाकार स्लॉट पूरा हुआ।

पोलर एरे ड्रा करें:

1. Polar Array कमांड चुनें: Home Tab → Modify Panel → Array
2. Polar Array चुनें।
3. वस्तुओं का चयन करें: एरे के लिए वस्तु का चयन करें (अण्डाकार स्लॉट)।
4. ऑब्जेक्ट चुनें: अधिक ऑब्जेक्ट चुनें या रोकने के लिए <Enter> चुनें।
5. एरे के केंद्र बिंदु या [आधार बिंदु / रोटेशन की धुरी] निर्दिष्ट करें: सर्कल के केंद्र का चयन करें।
6. ऐरे क्रिएशन टैब प्रकट होता है और 6 आइटम्स के साथ डिफॉल्ट पोलर ऐरे प्रदर्शित होता है।
7. आइटम दर्ज करें: 8
8. फिल दर्ज करें: 360
9. चयनों को प्रदर्शित करने के लिए <Enter> दबाएं।
10. अगर डिस्प्ले सही है तो Close Array चुनें।
11. पोलर एरे पूर्ण।
12. ड्राइंग को सेव करें।

Polar Array का ब्लॉक बनाएं।

1. मेनू → ड्रा → block करें पर क्लिक करें
2. ऑटोकैड ब्लॉक डेफिनिशन डायलॉग बॉक्स प्रदर्शित करता है (चित्र 6.11)।
3. नाम बॉक्स में नया ब्लॉक नाम दर्ज करें: xyz
4. पिक पॉइंट बटन चुनें। ब्लॉक परिभाषा बॉक्स गायब हो जाएगी और आप अस्थायी रूप से ड्राइंग पर वापस आ जाएंगे।
5. ब्लॉक के लिए सम्मिलन बिंदु का चयन करें: सर्कल के केंद्र का चयन करें।
6. कन्वर्ट टू ब्लॉक चुनें। select object बटन पर क्लिक करें।
7. ब्लॉक डेफिनिशन बॉक्स गायब हो जाएगा और आप अस्थायी रूप से ड्राइंग पर लौट आएंगे।
8. वस्तुओं का चयन करें: मध्य वृत्त और आठ अण्डाकार स्लॉट, फिर ENTER दबाएँ।
9. OK बटन चुनें।
10. नया ब्लॉक अब ड्राइंग की ब्लॉक परिभाषा तालिका में संग्रहीत है।
11. ब्लॉक बनाया गया।
12. ड्राइंग को सेव करें।

आयताकार एरे ड्रा करें:

1. आयताकार ऐरे कमांड का चयन करें: होम टैब → modify panel → array
2. आयताकार एरे (rectangular array) का चयन करें।
3. वस्तुओं का चयन करें: पूर्ण ब्लॉक का चयन करें।
4. एरे क्रिएशन टैब एक 3 रो और 4 कॉलम डिफ़ॉल्ट आयताकार एरे के साथ प्रकट होता है।

5. कॉलम दर्ज करें: 4
6. बीच की दूरी : 40
7. रो दर्ज करें: 4
8. बीच की दूरी: 30
9. चयनों को प्रदर्शित करने के लिए <Enter> दबाएं।
10. आयताकार एरे पूर्ण।
11. ड्राइंग को सेव करें।

प्रेक्षण

चित्र (c) में दिखाए गए अनुसार आउटपुट ड्राइंग।

प्रयोग संबंधित प्रश्न

1. क्या हम एरे के लिए 1 से अधिक इकाई का चयन कर सकते हैं? कैसे?
2. क्या हम इसके निर्माण के बाद एरे को संपादित कर सकते हैं? कैसे?

अध्ययन हेतु सुझाए गए संसाधन

1. यूनिट-6 देखें
2. सुझाई गई मूल्यांकन योजना
3. जैसा कि यूनिट -6 के प्रैक्टिकल -1 में बताया गया है

प्रयोग-5 ऑटोकैड का उपयोग करके इंजीनियरिंग की मूल शाखा से संबंधित घटकों को 2डी में ड्रा करें।

प्रायोगिक कथन

ऑटोकैड का उपयोग करते हुए इंजीनियरिंग विषयों से संबंधित बुनियादी 2डी घटकों, जैसे मेकेनिकल इंजीनियरिंग मे नट को ड्रा करें।

प्रायोगिक महत्त्व

आमतौर पर सरल यांत्रिक घटकों, विद्युत घटकों, कंप्यूटर और इलेक्ट्रॉनिक्स घटकों, रासायनिक और प्रक्रिया घटकों के डिजिटल चित्र कई अलग-अलग बुनियादी आदिम आकृतियों, जैसे कि रेखाएं, वृत्त, चाप, बहुभुज आदि को मिलाकर और संशोधित करके बनाए जाते हैं।

प्रासंगिक सिद्धांत

खंड 6.9 देखें (टूल बार बनाएं)

खंड 6.10 देखें (टूल बार संशोधित करें)

खंड 6.12 देखें (टेक्स्ट और आयाम)

प्रैक्टिकल आउटकम्स (PrO)

इस पाठ्यक्रम से निम्नलिखित प्रैक्टिकल आउटकम्स प्राप्त होते हैं:

PrO1: विभिन्न इंजीनियरिंग विषयों से संबंधित सरल घटकों को बनाने के लिए ऑटोकैड के ड्रा और मोडिफ़ाई टूल बार कमांड का उपयोग करें।

प्रायोगिक व्यवस्था (ड्राइंग/स्केच/सर्किट आरेख/कार्य स्थिति)

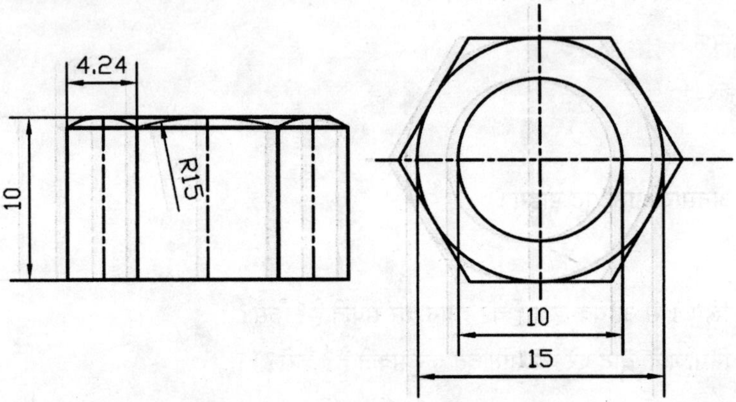

आवश्यक संसाधन

जैसा कि यूनिट-6 के प्रयोग-1 में बताया गया है।

सावधानियाँ

जैसा कि यूनिट-6 के प्रयोग-1 में बताया गया है।

प्रयोग विधि

प्रारंभिक चरण:

जैसा कि यूनिट-6 के प्रयोग-11 में बताया गया है।

ऑटोकैड में आयत बनाने के लिए:

1. दिए गए नट के शीर्ष दृश्य से शुरू करें।
2. LINE कमांड का उपयोग करके मूल (50,50) से 15-मिमी लंबाई की क्षैतिज रेखा A-B खीचें।
3. इसके मध्य बिंदु पर CIRCLE कमांड का उपयोग करके 5 मिमी और 7.5 मिमी त्रिज्या के दो वृत्त बनाएं।
4. पॉलीगॉन कमांड का उपयोग करके, 7.5 मिमी त्रिज्या के साथ एक ही केंद्र के साथ एक षट्भुज को (with circumscribed option) बनाएं।
5. नट का शीर्ष दृश्य पूरा हुआ।
6. फ्रंट व्यू को ड्रा करने के लिए F8 दबाकर ओर्थो ऑन सेट करें और लाइन A-B को कॉपी करें, तथा उपयुक्त ऊंचाई पर C–D के रूप मे पेस्ट करें ।
7. ऑफ़सेट कमांड का उपयोग करके रेखा E–F बनाएं: ऑफ़सेट दूरी 10 निर्दिष्ट करें, लाइन C–D के रूप में ऑफ़सेट करने के लिए ऑब्जेक्ट का चयन करें और लाइन C–D के ऊपर साइड क्लिक के लिए।

8. MID ऑब्जेक्ट स्नैप की सहायता से बिंदु G से लंबवत केंद्र रेखा खींचें।
9. षट्भुज के कोनों से रेखा E-F तक उर्ध्वाधर रेखाएँ खींचिए।
10. लाइन C–D के नीचे खड़ी रेखाओं को हटाने के लिए TRIM कमांड का उपयोग करें।
11. 2P विकल्प के साथ एक वृत्त बनाएं। पहले बिंदु को बिंदु G और अन्य @0, -30 के रूप में निर्दिष्ट करें। (त्रिज्या 15 मिमी, इसलिए व्यास 30)
12. बिंदु H और I के बाहर के वृत्त को हटाने के लिए TRIM कमांड का उपयोग करें।
13. बिंदु H और I से होकर जाने वाली H-K क्षैतिज रेखाएँ खींचिए और फिर H-J रेखा खींचिए।
14. बिंदु H और J के बीच की दूरी 4.28 है। इसे या तो डाइमेंशन द्वारा या डिस्ट कमांड द्वारा पाया जा सकता है।
15. बिंदु L और M से लंबवत रेखाएँ प्राप्त करने के लिए OFFSET कमांड का उपयोग करें। ऑफसेट दूरी को 2.14 (4.28 का आधा) पर निर्दिष्ट करें।
16. ARC कमांड का उपयोग करके 3 पॉइंट ऑप्शन के साथ, J-L-H और I-M-K आर्क्स ड्रा करें।
17. क्षैतिज रेखाओं E-F और J-K के बीच खड़ी रेखाओं को हटाने के लिए TRIM कमांड का उपयोग करें।
18. बिंदु J पर किसी भी लम्बाई, मान लीजिए 5 मिमी, और कोण 30° और बिंदु K पर 150° कोण की झुकी हुई रेखा खींचिए।
19. झुकी हुई रेखाओं और शीर्ष क्षैतिज रेखा L-M को भरने के लिए 0 त्रिज्या के साथ FILLET कमांड का उपयोग करें।
20. सेंटर लाइन लोड करने के लिए DDLTYPE कमांड का उपयोग करें।
21. मेनू बार पर modify पर क्लिक करें और सेंटर लाइनों को निरंतर लाइनों से केंद्र लाइनों में बदलने के लिए modify चुनें। चित्र को P-16 नाम से सेव करें।

प्रेक्षण

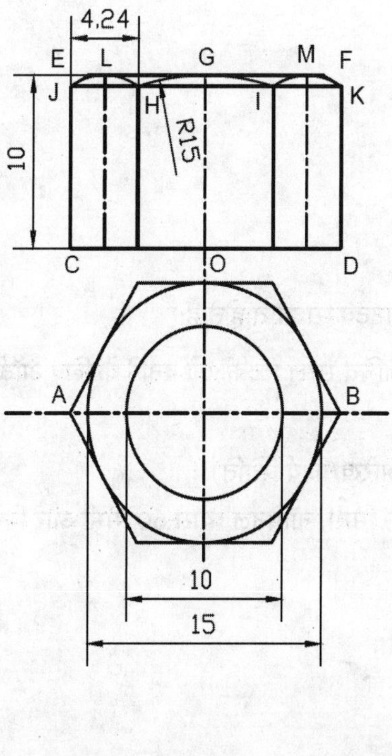

प्रयोग संबंधित प्रश्न

1. नट का व्यास कितना है?
2. एक मानक नट के व्यास और ऊंचाई/चौड़ाई के बीच संबंध लिखिए।

अध्ययन हेतु सुझाए गए संसाधन

1. यूनिट-6 देखें
2. सुझाई गई मूल्यांकन योजना
3. जैसा कि यूनिट-6 के प्रयोग-1 में बताया गया है।

प्रयोग-6:

ऑटोकैड का उपयोग करके 2डी में इंजीनियरिंग की ब्रांच से संबंधित जटिल घटकों (Complicated components) को ड्रा करें

प्रायोगिक कथन

ऑटोकैड का उपयोग करके जटिल शाखा विशिष्ट 2D घटकों को ड्रा करें जैसे मैकेनिकल इंजीनियरिंग मे लैथ के स्क्वायर थ्रेड लीड स्क्रू। इसी प्रकार अन्य इंजीनियरिंग विषयों से संबंधित घटक बनाएं।

प्रायोगिक महत्त्व

आमतौर पर जटिल यांत्रिक घटकों, विद्युत घटकों, कंप्यूटर और इलेक्ट्रॉनिक्स घटकों, रासायनिक और प्रक्रिया घटकों के डिजिटल चित्र कई अलग-अलग मूल आदिम आकृतियों, जैसे कि रेखाएं, वृत्त, चाप, बहुभुज आदि को मिलाकर और संशोधित करके बनाए जाते हैं।

प्रासंगिक सिद्धांत

खंड 6.9 देखें (टूल बार बनाएं)
खंड 6.10 देखें (टूल बार संशोधित करें)
खंड 6.12 देखें (टेक्स्ट और आयाम)

प्रैक्टिकल आउटकम्स (PrO)

इस पाठ्यक्रम से निम्नलिखित प्रैक्टिकल आउटकम्स प्राप्त होते हैं:

PrO1: विभिन्न इंजीनियरिंग विषयों से संबंधित सरल घटकों को बनाने के लिए ऑटोकैड के ड्रा और modify टूल बार कमांड का उपयोग करें।

प्रायोगिक व्यवस्था (ड्राइंग/स्केच/सर्किट आरेख/कार्य स्थिति)

चित्र मे दर्शाए गए अनुसार कोर व्यास 40 मिमी, नॉमिनल व्यास 60 मिमी और पिच 20 मिमी के लिए आठ चौकोर थ्रेड बनाएं।

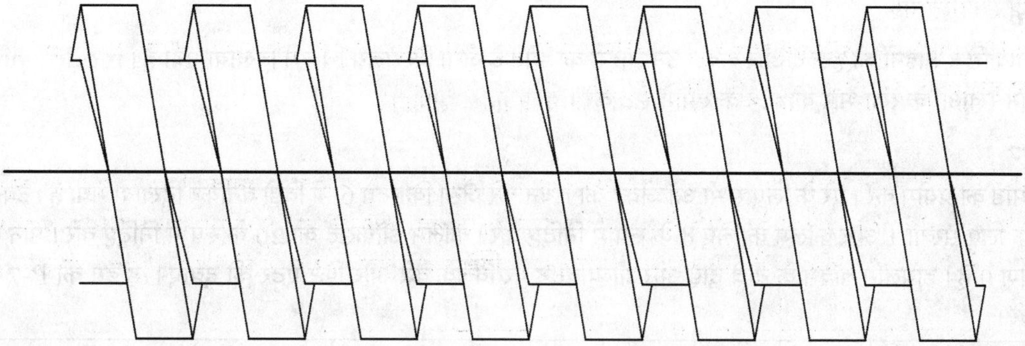

आवश्यक संसाधन

जैसा कि यूनिट-6 के प्रयोग-1 में बताया गया है।

सावधानियाँ

जैसा कि यूनिट-6 के प्रयोग-1 में बताया गया है।

प्रयोग विधि

प्रारंभिक चरण: जैसा कि यूनिट-6 के प्रयोग-1 में बताया गया है।

स्टेप -1

LINE कमांड का उपयोग करके 100 मिमी लंबाई की 1-2 लंबवत रेखा खींचें। LINE कमांड का उपयोग करते हुए ऑफसेट दूरी 10 मिमी के साथ 3-4 और 5-6 रेखाएँ खींचे जैसा कि संलग्न चित्र में दिखाया गया है।

LINE कमांड का उपयोग करके अंक 2-6 और 1-5 को मिलाएं। ऑफ़सेट कमांड का उपयोग ऑफ़सेट 10 ड्रा लाइन 7-8 और 9-10 के साथ करना।

रेखाओं के बीच में केंद्र रेखा खींचें।

स्टेप -2

2 से 3 और 4 से 5 को मिला कर झुकी हुई रेखाएँ 2-3 और 4-5 प्राप्त करें।

स्टेप -3

मिरर कमांड का उपयोग करें: लाइन 2-11 प्राप्त करने के लिए ऑब्जेक्ट टू मिरर लाइन 2-3 और मिरर एक्सिस को लाइन 1-2 के रूप में चुनें। इसी तरह MIRROR कमांड का उपयोग मिरर लाइन 4-5 को मिरर एक्सिस के साथ 5-6 के रूप में लाइन 5-12 प्राप्त करने के लिए करें।

स्टेप -4

क्रमशः 2-13 और 5-14 रेखाओं को प्राप्त करने के लिए 2-11 और 5-12 लाइनों को ट्रिम करने के लिए EXTEND और TRIM कमांड का उपयोग करें।

स्टेप -5

बिंदु 17 प्राप्त करने के लिए बिंदु 1 पर रेखा 2-13 को कॉपी करें। बिंदु 9 से झुकी हुई रेखा तक छोटी क्षैतिज रेखा को कॉपी करें और इसे ऊपरी झुकाव वाली रेखा से चिपकाकर बिंदु 18 प्राप्त करें।

बिंदु 7 से 15 और 10 से 16 तक रेखाएँ खींचिए।

स्टेप -6

सभी अवांछित लाइनों को हटा दें और केवल उन लाइंस को छोड़ दें जैसा कि संलग्न चित्र में दिखाया गया है। modify property द्वारा इन रेखाओं के रेखा भार को 0.5 के रूप में सेट करें।

स्टेप -7

एरे कमांड का प्रयोग करें। एरे के लिए सभी ऑब्जेक्ट का चयन करें जैसा कि स्टेप 6 में विंडो बनाकर दिखाया गया है। टेक्स्ट बॉक्स में रो के लिए संख्या 1 और कॉलम के लिए 8 के रूप में निर्दिष्ट करें। कॉलम ऑफ़सेट को 20 के रूप में निर्दिष्ट करें। मान लें कि एरे का कोण 0 है। डायलॉग बॉक्स के नीचे दाईं ओर प्रीव्यू बटन पर क्लिक करें और फिर एंटर की दबाएं। ड्रॉइंग को P-7 के रूप में सेव करें।

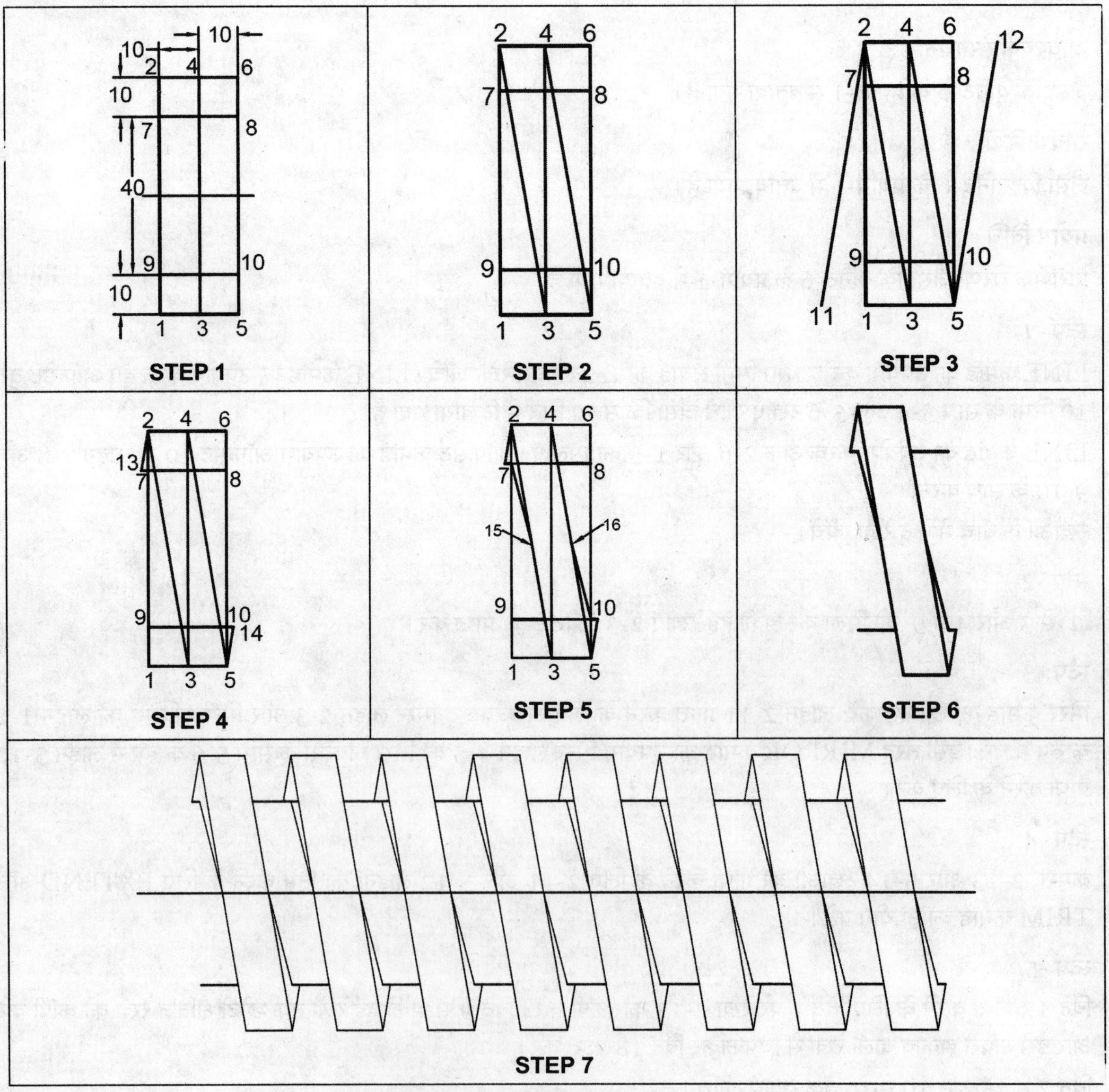

चित्र: लैथ लीड स्क्रू की ऑटोकैड ड्राइंग

प्रेक्षण

चरण-7 मे प्राप्त चित्र लैथ लीड स्क्रू की ऑटोकैड ड्रॉइंग को दर्शाता है।

प्रयोग संबंधित प्रश्न

1. क्या चरण 7 में दिखाए गए ऑब्जेक्ट का केवल ऊपरी आधा भाग बनाना संभव है ? और फिर MIRROR/COPY/ SYMMETRY कमांड्स का उपयोग करते हुए चरण 7 में दिखाया गया पूरा ऑब्जेक्ट प्राप्त करें। कैसे ?

अध्ययन हेतु सुझाए गए संसाधन

यूनिट-6 देखें

सुझाई गई मूल्यांकन योजना

जैसा कि यूनिट-6 के प्रयोग -1 में बताया गया है।

अधिक जानिए

- शिक्षक को ऑटोकैड 2020 की कमांड रेफरेंस गाइड डाउनलोड करनी चाहिए।
- इनपुट सत्र के दौरान शिक्षक को संबंधित शाखा से संबंधित उदाहरण देना चाहिए। जैसे मैकेनिकल और संबद्ध विषयों / इलेक्ट्रिकल और संबद्ध विषयों / इलेक्ट्रॉनिक्स आदि।
- प्रयोगिकक सत्रों में शिक्षक को ऑटोकैड सॉफ्टवेयर और गाइड के माध्यम से उपरोक्त सभी कमांड्स का प्रदर्शन करना चाहिए।
- उल्लिखित अवधारणाओं को समझाने के लिए वीडियो/एनीमेशन फिल्में दिखाएं।
- संस्थान टेम्पलेट ड्राइंग कार्य तैयार करने में छात्रों का मार्गदर्शन करें।
- ऑटोकैड सॉफ्टवेयर सिखाने के लिए वीडियो/स्पोकन ट्यूटोरियल का उपयोग करें।
- शिक्षकों को छात्रों से पुस्तक में उपलब्ध url/qr कोड को आगे समझने के/अवधारणाओं का अभ्यास के लिए उपयोग करने के लिए कहना चाहिए/
- शिक्षक को ब्लॉक, लेयर्स, टेक्स्ट राइटिंग आयाम, सरणी और हैचिंग जैसे कमांड पर अधिक सत्र लेने चाहिए।
- शिक्षक को ऑटोकैड 2020 का उपयोग करते हुए 3डी मॉडलिंग का भी ज्ञान होना चाहिए।

अनुप्रयोग (वास्तविक जीवन / औद्योगिक)

1. आमतौर पर डिजिटल चित्र कई अलग-अलग बुनियादी आदिम आकृतियों को मिलाकर और संशोधित करके बनाए जाते हैं, जैसे कि से रेखाएं, वृत्त और चाप, जिसका विस्तृत विवरण इस इकाई में, गियर, स्प्रिंग्स, जोड़ों, कपलिंग, आर्मेचर, नट-बोल्ट, बेयरिंग, स्प्रोकेट, कैम, रोटर, टर्बाइन/कंप्रेसर ब्लेड, पंप, मोटर्स, आईसी इंजन के पुर्जे, ऑटोमोबाइल कंपोनेंट्स, मेडिकल इंस्ट्रूमेंट्स, मैकेनिकल कंपोनेंट्स, प्लास्टिक कंपोनेंट्स, इलेक्ट्रॉनिक कंपोनेंट्स, हाउस होल्ड आइटम्स, आर्टिफैक्ट्स आदि जैसे अधिक

जिज्ञासा हेतु

1. चूंकि इंजीनियरिंग ग्राफिक्स एक कौशल उन्मुख पाठ्यक्रम है और इसके लिए निरंतर अभ्यास की आवश्यकता होती है

   इकाई में उल्लिखित विभिन्न कमांड और तकनीकों के उपयोग पर क्षमता को समझें और विकसित करें, इसलिए, छात्रों को कौशल को आगे बढ़ाने के लिए औद्योगिक घटकों के छोटे जटिल 2D ज्यामिति को बनाने और अभ्यास करने की सलाह दी जाती है। अपने इंजीनियरिंग ब्रांच के किसी भी घटक को चुनें और ऑटोकैड में उल्लिखित चरणों का उपयोग करके इसे ड्रॉ करें।

2. छात्रों को आस-पास से प्रोडक्शन ड्रॉइंग, बिल्डिंग ड्रॉइंग, पास की कार्यशालाओं/उद्योगों/बिल्डरों/ठेकेदारों से लेआउट एकत्र करना चाहिए और इस इकाई में उल्लिखित ऑटोकैड कमांड्स का उपयोग करके फिर से तैयार करने का प्रयास करना चाहिए।

अभिनव प्रयोग / परियोजनाएं / गतिविधियां

छात्र 5-6 छात्रों का एक समूह बनाएगा और संकाय के मार्गदर्शन में एक या दो सूक्ष्म परियोजना (ओं) / गतिविधि (ओं) को शुरू करेगा और इसे व्यक्तिगत भागीदारी के साथ समूह के रूप में भी प्रस्तुत करेगा। एक नमूना सूची नीचे दी गई है:

1. निम्नलिखित आयामों और विवरणों के साथ अपने संस्थान का ड्राइंग टेम्प्लेट विकसित करें।

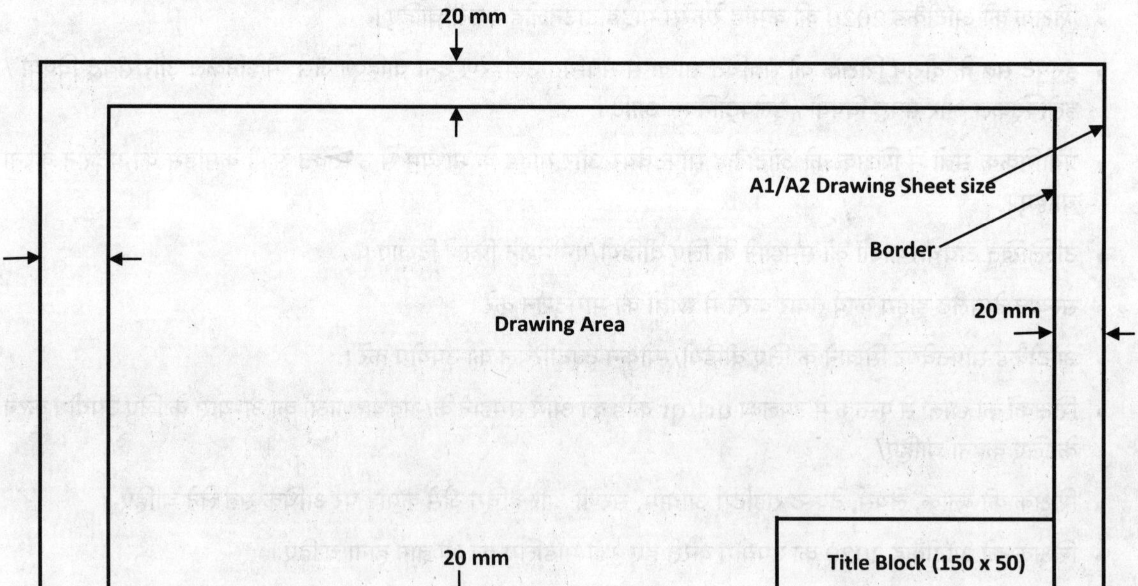

संस्थान ड्राइंग टेम्पलेट

<table>
<tr><td>Name:</td><td colspan="2">Title:</td></tr>
<tr><td>Class:</td><td colspan="2">Description :</td></tr>
<tr><td>Roll No.:</td><td>Sheet No:</td><td>Date:</td></tr>
<tr><td>Institute Name:
Institute Logo</td><td colspan="2">Projection:</td></tr>
</table>

संस्थान के लोगो (logo) के साथ शीर्षक ब्लॉक

2. एक विशिष्ट कनेक्टिंग रॉड का निम्नलिखित दृश्य बनाइये।

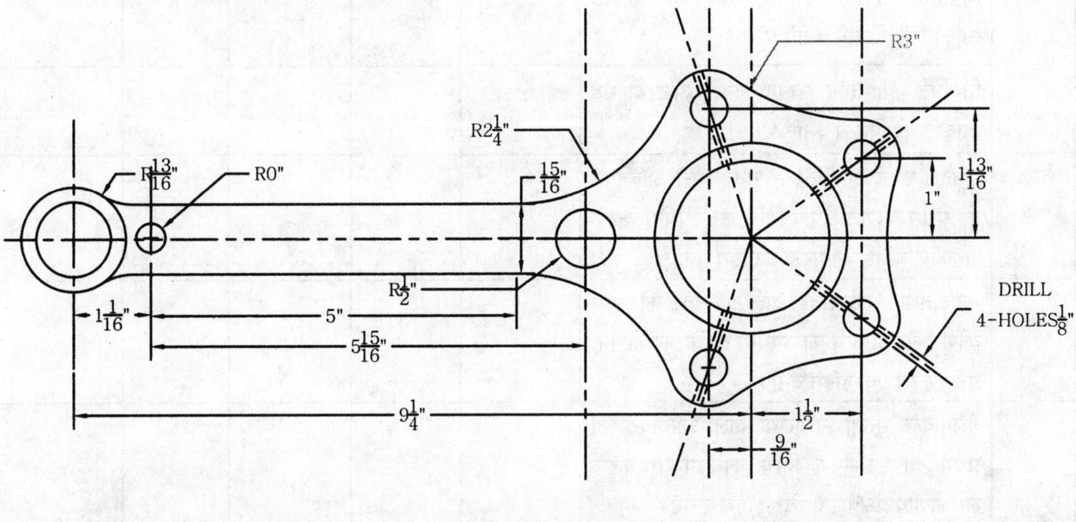

संदर्भ एवं अध्ययन हेतु सुझाव

1. Machine Design Includes AutoCAD Second Edition, Ajeet Singh, Tata McGraw Hill Education Private Limited, New Delhi, 2018.
2. AutoCAD 2020: A Problem-Solving Approach, Basic and Intermediate, 26th Edition, Sham Tickoo, CADCIM Technologies, 2019.
3. AutoCAD 2013, Command Reference Guide, Autodesk Inc.
4. AutoCAD Shortcuts Guide, Autodesk Inc.
5. Autodesk knowledge network, tutorials, documentation, downloads, troubleshooting articles, https://knowledge.autodesk.com/support

परिशिष्ट

परिशिष्ट-I: प्रैक्टिकल रिकॉर्ड

क्र.	पृष्ठ क्र.	प्रयोग का नाम	दिनांक			अंक	हस्ताक्षर
			वास्तविक	दोबारा	रिकार्ड		
1		टी और सेट स्क्वायर/ड्राफ्टर का उपयोग करके क्षैतिज, लंबवत, 30 डिग्री, 45 डिग्री, 60 और 75 डिग्री पर झुकी रेखाएं, विभिन्न प्रकार की रेखाएं, आयाम शैलियों को आरेखित करें।					
2		अक्षर और संख्यात्मक लिखें (केवल लंबवत)					
3		नियमित ज्यामितीय रचनाएँ बनाएँ और दी गई आकृति को फिर से बनाएँ भाग I					
4		नियमित ज्यामितीय रचनाएँ बनाएँ और दी गई आकृति को फिर से बनाएँ भाग II					
5		समतल सतह और तिरछी सतह वाले ऑब्जेक्ट की प्रथम कोण प्रक्षेपण विधि का उपयोग करके लंबकोणीय प्रक्षेपण पर एक ड्रॉइंग बनाएं।					
6		स्लॉट तथा तिरछी सतहों वाले ऑब्जेक्ट की प्रथम कोण प्रक्षेपण विधि का उपयोग करके लंबकोणीय प्रक्षेपण पर एक ड्रॉइंग बनाएं।					
7		बेलनाकार सतहों, पसलियों वाले ऑब्जेक्ट की प्रथम कोण प्रक्षेपण विधि का उपयोग करके लंबकोणीय प्रक्षेपण पर दो ड्रॉइंग बनाएं।					
8		प्राकृतिक पैमाने का उपयोग करके समतल और तिरछी सतह वाली साधारण वस्तुओं के सममितीय दृश्य पर दो ड्रॉइंग बनाइए।					
9		सममितीय पैमाने का उपयोग करके बेलनाकार सतह वाली साधारण वस्तुओं के सममितीय प्रक्षेपण पर कुछ ड्रॉइंग बनाइए।					
10		थ्रेड प्रोफाइल, नट, बोल्ट, स्टड, सेट स्क्रू, वाशर, लॉकिंग व्यवस्था जैसे स्केच बुक में मशीन तत्वों के फ्री हैंड स्केच / पारंपरिक ड्रॉइंग बनाएं।					

क्र.	पृष्ठ क्र.	प्रयोग का नाम	दिनांक			अंक	हस्ताक्षर
			वास्तविक	दोबारा	रिकार्ड		
11		समस्या आधारित शिक्षा: कुछ लुप्त रेखाओं वाली कम से कम तीन वस्तुओं के लंबकोणीय दृश्यों को देखते हुए, छात्र संबंधित वस्तुओं की कल्पना करने, दृश्यों को पूरा करने और इन दृश्यों को स्केच बुक में बनाने का प्रयास करेगा।					
12		ऑटोकैड का उपयोग करके मूल 2D निकाय जैसे: आयत, समचतुर्भुज, बहुभुज बनाएं।					
13		ऑटोकैड का उपयोग करके बुनियादी 2डी इकाइयां बनाएं जैसे: सर्कल, आर्क, सर्कुलर बनाएं।					
14		ऑटोकैड का उपयोग करके बुनियादी 2D निकाय जैसे: वृत्ताकार और आयताकार एरे बनाएं।					
15		ऑटोकैड का उपयोग करके आयत, समचतुर्भुज, बहुभुज, वृत्त, चाप, वृत्ताकार और आयताकार एरे वाली 2D इकाइयों के ब्लॉक बनाएं।					
16		ऑटोकैड का उपयोग करके मूल शाखा विशिष्ट घटकों को 2डी में बनाएं।					
17		ऑटोकैड का उपयोग करके 2डी में जटिल शाखा विशिष्ट घटकों को बनाएं।					

परिशिष्ट-II: ड्राइंग हॉल/कंप्यूटर एडेड ड्राफ्टिंग सॉफ्टवेयर लैब में काम करते समय सामान्य और विशिष्ट निर्देश

सामान्य निर्देश

1. यह एक वास्तविक तथ्य है कि प्रायोगिक सत्र का उद्देश्य आपको को विषय का गहरा ज्ञान प्रदान करना होता है और जिससे आपके द्वारा एकत्र किए गए ज्ञान का सत्यापन भी होता है। प्रयोगों को इस तरह से डिज़ाइन किया गया है ताकि थ्योरी में सीखी गई अवधारणाओं का समर्थन और सुदृढ़ीकरण हो सके।
2. केवल अपनी रुचि के साथ प्रयोग करने से ही सभी बारीक बिंदुओं से परिचित होना संभव है और आपको ड्राइंग इंस्ट्रूमेंट्स और कंप्यूटर एडेड ड्राफ्टिंग सॉफ्टवेयर से परिचित कराना संभव है।
3. अपने द्वारा एकत्रित किए गए सैद्धांतिक ज्ञान को सत्यापित करने के लिए हमेशा सीखने के दृष्टिकोण और अपनी रुचि के साथ व्यावहारिक प्रदर्शन करें।
4. ड्राइंग हॉल/प्रयोगशाला में समय पर पहुंचने के लिए और हमेशा व्यावहारिक के बारे में स्पष्ट ज्ञान के साथ उचित तैयारी के साथ विशेष रूप से तैयार रहें।

विशिष्ट निर्देश

1. ड्राइंग हॉल में व्यावहारिक और असाइनमेंट की सूची के अनुसार चित्र तैयार करने के लिए ड्राइंग शीट, स्केच बुक, पेंसिल, इरेज़र, शार्पनर, नैपकिन, और सभी आवश्यक ड्राइंग उपकरणों के साथ आना अनिवार्य है जैसा कि संबंधित प्रयोगों में सूचीबद्ध है।
2. ड्राइंग हॉल से निकलने से पहले ड्राइंग शीट पर या स्केच बुक में पूर्ण कार्य अपने शिक्षक/प्रशिक्षक को दिखाना होगा।
3. सभी छात्रों को भरी हुई ड्राइंग शीट/स्केच बुक की अलग-अलग प्रति रखनी होगी।
4. प्रत्येक ड्राइंग अभ्यास प्रश्न के लिए आयाम और अन्य एनोटेशन गतिविधियों को हमेशा उचित इकाइयों के साथ किया जाना चाहिए।
5. प्रत्येक अभ्यास समस्या के लिए आवश्यक स्थान की उचित योजना बनाकर ड्राइंग शीट का इष्टतम तरीके से उपयोग करने का प्रयास करें और निर्धारित अभ्यास समस्याओं को पूरा करने के लिए ड्राइंग शीट के दोनों किनारों का उपयोग करें।
6. प्रायोगिक सत्रों में काम के घंटों के दौरान आपको अवधि का पूरी तरह से उपयोग करना चाहिए और काम के घंटों के पूरा होने से पहले ड्राइंग हॉल से बाहर नहीं निकलना चाहिए। यदि आप जल्दी समाप्त कर लेते हैं, तो आप शेष समय ड्राइंग शीट/स्केच बुक में समान अतिरिक्त अभ्यास समस्याओं को पूरा करने में लगा सकते हैं।
7. कम्प्यूटर एडेड ड्राफ्टिंग साफ्टवेयर लैब से संबंधित प्रैक्टिकल के मामले में नियमित अंतराल पर किये गये कार्यों को सेव कर लें और प्रैक्टिकल पूरा होने के बाद कम्प्यूटर को ठीक से बंद कर दें। पूर्ण किए गए कार्य को पेन ड्राइव या ईमेल पर सेव करें या डिजिटल सबमिशन बॉक्स/ड्राइव में जमा करें।
8. कौशल को बढ़ाने के लिए और अधिक ड्राइंग का अभ्यास करने का प्रयास करें।

CO और PO अटैनमेंट तालिका

पाठ्यक्रम पूर्ण होने के उपरांत कोर्स आउटकम्स (COs) को प्रोग्राम आउटकम्स (POs) के साथ मैप (परस्पर संबंध) किया जा सकता है तथा अन्तर का विश्लेषण करने के लिए POs प्राप्ति हेतु सहसंबंध स्थापित किया जा सकता है। POs प्राप्ति में अन्तर के उचित विश्लेषण पश्चात प्राप्त कमियों को दूर करने के लिए उचित उपाय भी किये जा सकते हैं।

CO और PO अटैनमेंट तालिका

कोर्स आउटकम्स (COs)	प्रोग्राम आउटकम्स (POs) के साथ अपेक्षित संबंध *(1- कमजोर सहसंबंध; 2- मध्यम सहसंबंध; 3- मजबूत सहसंबंध)*						
	PO-1	PO-2	PO-3	PO-4	PO-5	PO-6	PO-7
CO-1							
CO-2							
CO-3							
CO-4							
CO-5							
CO-6							

उपरोक्त तालिका में उल्लेखित किये गए आंकड़ों का उपयोग, अन्तर के विश्लेषण करने में किया जा सकता है ।

आगामी अध्ययन हेतु संदर्भ

कुछ पुस्तकों की सूची नीचे दी गई है जिनका उपयोग इच्छुक छात्रों द्वारा विषय (सैद्धांतिक और प्रायोगिक दोनों) को आगे सीखने के लिए किया जा सकता है:

1. Bureau of Indian Standards, *Engineering Drawing Practice for Schools and Colleges IS: SP-46*, BIS, Government of India, Third Reprint, October 1998; ISBN: 81-7061-091-2.
2. N.D. Bhatt, *Engineering Drawing*, Charotar Publishing House, Anand, Gujrat 2010; ISBN: 978-93- 80358-17-8.
3. Jain & Gautam, *Engineering Graphics & Design*, Khanna Publishing House, New Delhi; ISBN: 978-93-86173-478.
4. D.A. Jolhe, *Engineering Drawing*. Tata McGraw Hill Edu. New Delhi, 2010; ISBN: 978-0-07-064837-1.
5. R.K. Dhawan, *Engineering Drawing*, S. Chand and Company, New Delhi; ISBN: 81-219-1431-0.
6. P. J. Shah, *Engineering Drawing*, S. Chand & Company, New Delhi, 2008, ISBN:81-219-2964-4.
7. N.S. Parthasarathy, Vela Murali, *Engineering Drawing*, Oxford University Press, 2015.
8. K. Venkata Reddy, *A Text Book of Engineering Drawing*, BS Publication, 2008.
9. D. M. Kulkarni, A.P Rastogi, A.K. Sarkar, *Engineering Graphics with AutoCAD*. PHI Learning Private Limited-New Delhi (2010); ISBN: 978-8120337831.
10. T. Jeyapoovan, *Essentials of Engineering Drawing and Graphics using AutoCAD*, Vikas Publishing House Pvt. Ltd, Noida, 2011; ISBN: 978-8125953005.
11. Autodesk, *AutoCAD User Guide*, Autodesk Press, USA, 2015.
12. Sham, Tickoo. *AutoCAD 2016 for Engineers and Designers*. Dreamtech Press; Galgotia Publication, New Delhi, 2015; ISBN 978-9351199113.
13. Yasser Shoukry, Jaiprakash Pandey, P*ractical Autodesk AutoCAD 2021 and AutoCAD LT 2021: A no-nonsense, beginner's guide to drafting and 3D modeling with Autodesk AutoCAD*, Packt Publishing, 1st edition, 2020.
14. B.V.R. Gupta, M. Raja Roy, *Engineering Drawing With Auto CAD*, Third Edition, Dreamtech Press, 2020.
15. Roop Lal, Ramakant Rana, *A Textbook of Engineering Drawing : Along with an introduction to AutoCAD (R) 2015*, I K International Publishing House Pvt. Ltd, 2015.
16. D.A. Hindoliya, A Textbook of Engineering Graphics, B.S. Publication, 2014, ISBN:978-93-83635-21-4.

अनुक्रमणिका

शब्द कोष-Glossary

इकाई	Entity
अक्ष	Axis
अक्षमितिक	Axonometric
अनंत रेखा	Infinite line
अर्धवृत्ताकार	Semi-Circular
अवधारणा	Concept
अष्ट भुज	Octagon
आयताकार	Rectangular
आयाम	Dimensions
आयामहीन	Dimensionless
आरेखण	Drawing
आरेखण उपकरण	Drawing instruments
ईबोनी एज	Ebony edge
ऊर्ध्वाधर	Vertical
ऊर्ध्वाधर रेखा	Vertical line
एकाधिक रेखाएं	multiple lines
एरे	Array
औचित्य	Rationale
औद्योगिक ड्राइंग	Industrial drawing
कार्ट्रिज	Cartridge
कुंजी	Key
कैवेलियर	Cavalier
क्षैतिज	Horizontal
गुणवत्ता	Quality
घन	Cube
चरण-दर-चरण	Step-by Step
चित्रात्मक	Pictorial
चेमफर	Chamfer
छात्र संस्करण	Student Version
छिन्नक	Frustum
ज्यामितीय	Frustum
टेक्स्ट	Text
तल	Plane
तृतीय कोण प्रक्षेपण	Third angle projection
त्रिआयामी	Three dimensional
त्रिज्या	Radius
दीर्घवृत्त	Ellipse
दृश्य	View
दृष्टिकोण	Viewpoint
निरूपण	Representation
निर्देशांक प्रणाली	Coordinate System
पंचभुज	Pentagon
पट्टिका	Fillet
परिच्छेद दृश्य	Section view
परिप्रेक्ष्य	Perspective
पर्स्पेक्टिव प्रक्षेप	Perspective projection
पुनर्प्राप्ति	Recovery
पैमाना	Scale
पौलीलाइन	Poly line
प्रक्षेपण	Projection
प्रक्षेपी	Observer
प्रतिनिधित्व	Representation
प्रथम कोण प्रक्षेपण	First angle projection
प्राकृतिक पैमाना	Natural scale
प्रायोगिक कार्य	Practical work
प्रायोगिक महत्व	Practical importance
प्रारंभिक चरण	Initial stage
प्रारूपण	Drafting
प्रेक्षण	Observation
बंधन	Fastening

छिपी रेखा	Hidden Line	बहु दृश्य प्रक्षेपण	Multi view projection
जटिल	Complicated	बहु-लंबकोणीय	Multi orthographic
ज्यामिती	Geometry	बाज़ू से दृश्य	Side view
बिंदीदार	Dashed	षट्भुजाकार	Hexagonal
बेलनाकार	Cylindrical	संदर्भ तल	Reference plane
भंडारण	Storage	संदर्भित	Referenced
मशीन घटक	Machine components	संपादित करना	To edit
मानक	Standard	संरेखित	Aligned
माप प्रणाली	Measurement System	संवाद बॉक्स	Dialogue box
मुक्तहस्त	Free Hand	संशोधित	Modified
परियोजना	Project	संशोधित करना	To modify
रेखा खंड	Line Segment	सकेंद्री	Concentric
रेखाचित्र	Drawing	सचित्र चित्र	Pictorial drawing
लंबकेंद्र	Ortho center	सचित्र प्रक्षेपण	Pictorial projection
लंबकोणीय	Orthographic	समचतुर्भुज	Rhombus
लंबवत	Perpendicular	समद्विभाजित	Equally divided
वक्र रेखा	Curve line	सममितीय प्रक्षेप	Isometric projection
वर्ग	Square	सममितीय अक्ष	Isometric axis
वर्गाकार	Square	सममितीय दृश्य	Isometric view
विकर्ण	Diagonal	सममितीय पैमाना	Isometric scale
विकर्ण पैमाना	Diagonal Scale	सममितीय रेखाएं	Isometric lines
वृत	Circle	समानांतर रेखा	Parallel line
वृत्ताकार	Circular	समानांतर चतुर्भुज	Parallelogram
शंकु	Cone	समापन बिंदु	End point
शंकुकार	Conical	सम्मुख दृश्य	Front view
शिकंजा	Screw	सरल रेखा	Straight line
शीर्ष दृश्य	Top view	सहेजना	To save
शीर्षक ब्लॉक	Top block	सादा पैमाना	Plain scale
शीर्षलंब	Altitude	सुदृढ़ीकरण	Strengthening
षटभुज	Hexagon	स्पर्शरेखा	Tangent